● 电脑办公应用技能培训教材

Excel 2007
应用技能培训教程

李 凤◎编著

● 知识讲解——透彻全面
● 上机练习——理解实践
● 技能实训——巩固提高

海洋出版社

内 容 简 介

本书是专为想在较短时间内学习并掌握办公软件 Excel 2007 的使用方法和技巧而编写的培训教程。本书语言平实，内容丰富、专业，并采用了由浅入深、图文并茂的叙述方式，从最基本的技能和知识点开始，辅以大量的上机实例作为导引，帮助读者轻松掌握 Excel 2007 的基本知识与操作技能，并做到活学活用。

本书内容：全书由 16 章构成，通过经典的实例设计以及课堂实训的实际操作，形象直观地讲解了 Excel 2007 的知识和技巧，并着重介绍了 Excel 2007 中的工作簿、单元格的知识和操作技巧；数据类型；模板的创建、应用与修改；公式的输入、修改、显示、删除、单元格的应用和公式的审核；函数的使用；数据透视表的创建、编辑和美化；Excel 2007 高级计算的知识；宏的录制、运行和管理；最后一章通过制作职工工资表，全面系统地讲解了 Excel 2007 在表格制作和数据分析方面的强大功能。

本书特点：1. 基础知识讲解与范例操作紧密结合贯穿全书，边讲解边操练，学习轻松，上手容易；2. 提供重点实例设计思路，激发读者动手欲望，注重学生动手能力和实际应用能力的培养；3. 实例典型、任务明确，由浅入深、循序渐进、系统全面，为职业院校和培训班量身打造；4. 每章后都配有练习题和上机实训，利于巩固所学知识和创新。

适用范围：各类计算机培训中心和职业院校办公自动化专业课教材，也可作为广大初、中级读者实用的自学指导书。

图书在版编目（CIP）数据

Excel 2007 应用技能培训教程/李凤编著. —北京：海洋出版社，2010.8
ISBN 978-7-5027-7787-6

Ⅰ.①E…　Ⅱ.①李…　Ⅲ.①电子表格系统，Excel 2007—技术培训—教材　Ⅳ.①TP391.13

中国版本图书馆 CIP 数据核字（2010）第 139947 号

总 策 划：刘　斌		发 行 部：（010）62174379（传真）（010）62132549
责任编辑：刘　斌		（010）62100075（邮购）（010）62173651
责任校对：肖新民		网　　址：www.oceanpress.com.cn
责任印制：刘志恒		承　　印：北京朝阳印刷厂有限责任公司
排　　版：海洋计算机图书输出中心　晓阳		版　　次：2015 年 8 月第 1 版第 2 次印刷
出版发行：海洋出版社		开　　本：787mm×1092mm　1/16
地　　址：北京市海淀区大慧寺路 8 号（705 房间）		印　　张：19.75
100081		字　　数：474 千字
经　　销：新华书店		印　　数：4001～6100 册
技术支持：（010）62100055		定　　价：32.00 元（含 1CD）

本书如有印、装质量问题可与发行部调换

前 言

　　Excel 是 Office 办公软件中的组件之一，主要用于数据库的创建和管理。目前最新版本为 Excel 2007，与以前的版本相比，其界面更为美观大方、功能更加完善、使用更加方便。

　　本书以由浅入深、循序渐进的方式，图文并茂地讲解了关于 Excel 电子表格的使用，从最基本的启动与退出 Excel、在表格中输入数据开始，一步步地引导，使用户最终能达到独立使用 Excel 2007 创建各种类型的电子表格的目的。

　　本书以"学以致用"为宗旨，并根据初学者的学习习惯，将全书分为了 16 章。第 1 章介绍了 Excel 的应用范围、启动、退出以及其工作窗口等知识；第 2 章主要介绍了新建工作簿、保存工作簿、关闭工作簿、打开工作簿、保护工作簿、使用工作表标签、选择工作表、重命名工作表、插入工作表、删除工作表、移动与复制工作表、隐藏与显示工作表、保护工作表、选择单元格、命名单元格、插入单元格、删除单元格、合并与拆分单元格、隐藏与显示单元格和保护单元格等知识；第 3 章介绍了普通型数据、小数型数据、分数型数据、文本型数据、符号型数据、货币型数据、日期型数据的输入、修改数据、移动与复制数据、查找与替换数据、快速填充数据以及撤消与恢复等知识；第 4 章介绍了更改数据类型、美化数据字体、设置对齐方式、调整单元格行高与列宽、添加边框和底纹、设置工作表标签颜色、添加工作表背景、套用表格格式、插入剪贴画、插入外部图片、插入自选图形、插入艺术字、插入 SmartArt 图形、插入文本框和插入批注等知识；第 5 章介绍了模板的创建、应用、修改以及样式的应用、修改、创建、删除和合并等知识；第 6 章介绍了公式的输入、修改、显示、删除、单元格的引用以及公式的审核等知识；第 7 章介绍了函数的插入与编辑、自动求和、自动计算、函数的嵌套以及 SUM、AVERAGE 等近 10 种常用函数的使用等知识；第 8 章介绍了图表的结构与类型、图表的创建、图表的编辑、图表的美化以及趋势线和误差线的使用等知识；第 9 章介绍了记录单的使用、数据的各种排序、各种筛选方法以及数据的分类汇总等知识；第 10 章介绍了数据透视表的创建、编辑、美化、更新和删除以及数据透视图的创建等知识；第 11 章介绍了合并计算、方程求解、数组计算和矩阵计算等 Excel 高级计算的知识；第 12 章介绍了包括计算折旧、最优信贷方案、投资预算、模拟运算、债券计算等多种财务函数的使用等知识；第 13 章介绍了宏的录制、运行以及管理等知识；第 14 章介绍了共享 Excel 工作表、设置数据有效性、共享 Word 和 Access 的数据、使用超链接、发布 Excel 工作表以及发送 Excel 工作表等知识；第 15 章介绍了页面设置和打印设置等关于 Excel 表格打印方面的知识；第 16 章介绍了综合利用所学知识制作员工工资表的知识。

本书在写作方式上采取"知识讲解＋上机练习＋技能实训"的方式，通过实例与知识点的结合，引导用户在一步步操作的过程中，有目的性地练习和掌握某种技巧和方法。书中给出的一些技巧和提示，都是作者在长期使用 Excel 2007 过程中的经验总结，具有很高的实用价值。

在此感谢购买本书的读者，你们的支持是我们最大的动力，我们将不断勤奋努力，为您奉献更优秀的电脑图书。

最后，衷心希望您在本书的帮助下，成为一个优秀的电脑办公专家！

编　者

目　录

第1章　初识 Excel 2007 1
1.1　了解 Excel 的广泛用途 1
1.2　启动 Excel 2007 2
1.2.1　通过"开始"菜单启动 Excel 2007 2
1.2.2　利用快捷图标启动 Excel 2007 3
1.3　熟悉 Excel 2007 的工作界面 3
1.3.1　标题栏 4
1.3.2　功能选项卡 4
1.3.3　编辑栏 5
1.3.4　工作表区 5
1.3.5　状态栏 6
1.3.6　自定义工作界面 6
1.4　退出 Excel 2007 7
1.5　技能实训 7
1.6　习题 8

第2章　工作簿、工作表和单元格 10
2.1　认识工作簿、工作表和单元格 10
2.1.1　工作簿 10
2.1.2　工作表 10
2.1.3　单元格 11
2.1.4　工作簿、工作表和单元格之间的关系 11
2.2　工作簿的操作 11
2.2.1　新建工作簿 11
2.2.2　保存工作簿 13
2.2.3　关闭工作簿 15
2.2.4　打开工作簿 15
2.2.5　保护工作簿 16
2.3　工作表的操作 17
2.3.1　使用工作表标签 17
2.3.2　选择工作表 17
2.3.3　重命名工作表 17
2.3.4　插入工作表 18
2.3.5　删除工作表 19
2.3.6　移动与复制工作表 19
2.3.7　隐藏与显示工作表 21
2.3.8　保护工作表 22
2.4　单元格的操作 22
2.4.1　选择单元格 23
2.4.2　命名单元格 23
2.4.3　插入单元格 24
2.4.4　删除单元格 25
2.4.5　合并与拆分单元格 25
2.4.6　隐藏与显示单元格 26
2.4.7　保护单元格 27
2.5　技能实训 28
2.6　习题 31

第3章　数据的输入 33
3.1　各种类型数据的输入 33
3.1.1　普通型数据 33
3.1.2　小数型数据 34
3.1.3　分数型数据 34
3.1.4　文本型数据 35
3.1.5　符号型数据 36
3.1.6　货币型数据 36
3.1.7　日期型数据 37
3.2　数据的编辑 38
3.2.1　修改数据 38
3.2.2　移动与复制数据 38
3.2.3　查找与替换数据 39
3.3　数据的快速填充 41
3.3.1　利用对话框填充 41
3.3.2　拖动填充柄填充 42
3.3.3　使用鼠标右键填充 43
3.4　撤消与恢复 43
3.4.1　撤消操作 43
3.4.2　恢复操作 43
3.5　技能实训 44
3.6　习题 46

第4章　美化制作的表格 49
4.1　格式化数据 49

| 4.1.1 更改数据类型 49
| 4.1.2 美化数据字体 50
| 4.1.3 设置对齐方式 50
| 4.2 美化单元格 51
| 4.2.1 调整单元格行高与列宽 51
| 4.2.2 为单元格添加边框 52
| 4.2.3 为单元格填充底纹 53
| 4.3 美化工作表 53
| 4.3.1 设置工作表标签颜色 53
| 4.3.2 为工作表添加背景 54
| 4.3.3 快速套用表格格式 55
| 4.4 丰富表格内容 56
| 4.4.1 插入剪贴画 56
| 4.4.2 插入外部图片 58
| 4.4.3 插入自选图形 59
| 4.4.4 插入艺术字 60
| 4.4.5 插入 SmartArt 图形 62
| 4.4.6 插入文本框 65
| 4.4.7 插入批注 67
| 4.5 技能实训 69
| 4.6 习题 73

第 5 章 模板与样式 75
    5.1 模板的使用 75
        5.1.1 创建模板 75
        5.1.2 应用模板 76
        5.1.3 修改模板 77
    5.2 样式的使用 78
        5.2.1 应用样式 78
        5.2.2 修改样式 79
        5.2.3 创建样式 80
        5.2.4 删除样式 82
        5.2.5 合并样式 82
    5.3 技能实训 83
    5.4 习题 89

第 6 章 公式的使用 91
    6.1 公式的定义与规则 91
        6.1.1 公式的概述 91
        6.1.2 运算符的使用 91
    6.2 输入与编辑公式 92
        6.2.1 输入公式 92

        6.2.2 修改公式 93
        6.2.3 复制公式 94
        6.2.4 显示公式 94
        6.2.5 删除公式 95
    6.3 单元格引用 96
        6.3.1 相对引用 96
        6.3.2 绝对引用 98
        6.3.3 混合引用 99
        6.3.4 引用其他工作表 100
    6.4 公式的审核 102
        6.4.1 追踪引用和从属单元格 102
        6.4.2 检查错误 103
    6.5 技能实训 105
    6.6 习题 108

第 7 章 函数的使用 110
    7.1 函数的概述 110
        7.1.1 函数的参数 110
        7.1.2 函数的分类 111
    7.2 插入与编辑函数 111
        7.2.1 插入函数 111
        7.2.2 编辑函数 113
    7.3 自动求和与自动计算 113
        7.3.1 自动求和功能 114
        7.3.2 自动计算功能 114
    7.4 函数嵌套 115
    7.5 常见函数的使用方法 117
        7.5.1 SUM 函数 118
        7.5.2 AVERAGE 函数 118
        7.5.3 IF 函数 119
        7.5.4 MAX 函数 121
        7.5.5 MIN 函数 122
        7.5.6 LOOKUP 函数 123
        7.5.7 COUNTIF 函数 125
        7.5.8 COUNT 函数 126
    7.6 技能实训 128
    7.7 习题 131

第 8 章 图表的使用 134
    8.1 图表的结构与类型 134
        8.1.1 图表结构解析 134
        8.1.2 图表的类型与用途 136

8.2 创建图表 138
8.3 编辑图表 138
 8.3.1 更改图表类型 139
 8.3.2 修改图表数据 139
 8.3.3 调整图表大小和位置 143
 8.3.4 重新组织图表数据 145
8.4 美化图表 145
 8.4.1 美化图表标题 145
 8.4.2 美化绘图区 146
 8.4.3 美化数据系列 147
 8.4.4 美化数据标签 148
 8.4.5 美化图例 149
 8.4.6 美化坐标轴 150
 8.4.7 美化坐标轴标题 151
8.5 趋势线与误差线的使用 152
 8.5.1 使用趋势线 153
 8.5.2 使用误差线 154
8.6 技能实训 155
8.7 习题 159

第 9 章 数据的管理
9.1 记录单 161
 9.1.1 数据清单 161
 9.1.2 编辑记录 162
 9.1.3 查找记录 164
9.2 数据的排序 165
 9.2.1 简单排序 165
 9.2.2 多重排序 165
 9.2.3 按行排序 166
9.3 数据的筛选 167
 9.3.1 自动筛选 167
 9.3.2 自定义筛选 168
 9.3.3 高级筛选 169
9.4 数据分类汇总 170
 9.4.1 创建分类汇总 170
 9.4.2 控制分类汇总显示级别 171
 9.4.3 取消分类汇总 172
9.5 技能实训 172
9.6 习题 174

第 10 章 数据的分析
10.1 使用数据透视表 177
 10.1.1 创建数据透视表 177
 10.1.2 编辑数据透视表 179
 10.1.3 删除数据透视表 184
10.2 使用数据透视图 185
 10.2.1 创建数据透视图 185
 10.2.2 将数据透视图独立为工作表 188
10.3 技能实训 189
10.4 习题 192

第 11 章 数据的高级运算
11.1 合并计算 194
 11.1.1 按位置合并 194
 11.1.2 按类合并 196
11.2 方程求解 197
 11.2.1 一元一次方程 197
 11.2.2 多元一次方程组 199
11.3 数组和矩阵计算 202
 11.3.1 计算数组 203
 11.3.2 计算矩阵 204
11.4 技能实训 205
11.5 习题 208

第 12 章 财务应用
12.1 计算折旧值 210
 12.1.1 DB 函数的使用 210
 12.1.2 DDB 函数的使用 212
 12.1.3 VDB 函数的使用 213
 12.1.4 SYD 函数的使用 215
12.2 选择最优信贷方案 216
 12.2.1 PMT 函数的使用 216
 12.2.2 创建方案 218
 12.2.3 管理与选择最优方案 220
12.3 投资预算 221
 12.3.1 NPER 函数的使用 221
 12.3.2 PV 函数的使用 222
 12.3.3 FV 函数的使用 223
12.4 模拟运算 224
 12.4.1 单变量数据分析 224
 12.4.2 双变量数据分析 226
12.5 债券计算 227
 12.5.1 定期付息债券应计利息的计算 ... 227

12.5.2 到期日支付利息债券年收益率的计算 228
12.5.3 完全投资型债券金额的计算 229
12.5.4 完全投资型债券利率的计算 230
12.6 技能实训 231
12.7 习题 233

第13章 宏的使用 235
13.1 认识宏 235
13.2 录制宏 235
13.3 保存含有宏的工作簿 237
13.4 打开含有宏的工作簿 237
13.5 运行宏 238
　　13.5.1 利用对话框运行 238
　　13.5.2 利用快速访问工具栏运行 239
　　13.5.3 利用快捷键运行 240
13.6 管理宏 241
　　13.6.1 编辑宏 241
　　13.6.2 调试宏 242
　　13.6.3 删除宏 243
　　13.6.4 宏病毒 243
13.7 技能实训 244
13.8 习题 246

第14章 网络与共享 248
14.1 共享 Excel 工作表 248
　　14.1.1 在局域网中共享工作表 248
　　14.1.2 数据有效性 253
　　14.1.3 在 Internet 中共享工作表 255
14.2 Office 组件间的链接和嵌入 256
　　14.2.1 共享 Word 2007 的资源 256
　　14.2.2 共享 Access 2007 的资源 260
14.3 超链接 262
　　14.3.1 创建超链接 262
　　14.3.2 编辑超链接 263
　　14.3.3 删除超链接 264
14.4 发布 Excel 工作表 264
14.5 以邮件方式发送 Excel 工作表 267
14.6 技能实训 269
14.7 习题 273

第15章 打印表格 275
15.1 页面设置 275
　　15.1.1 页面总体设置 275
　　15.1.2 页边距设置 276
　　15.1.3 页眉与页脚设置 276
15.2 打印设置 278
　　15.2.1 打印区域设置 278
　　15.2.2 打印任务设置 279
15.3 技能实训 279
15.4 习题 281

第16章 综合案例 282
16.1 案例分析 282
16.2 案例操作 283
　　16.2.1 制作职工工资表框架 283
　　16.2.2 制作"性别"项目 287
　　16.2.3 制作"基本工资"、"提成"项目 288
　　16.2.4 制作"奖金"项目 289
　　16.2.5 制作"补贴"、"社保"项目 290
　　16.2.6 制作"考勤扣除"项目 291
　　16.2.7 制作"应发工资"项目 292
　　16.2.8 制作"个人所得税"项目 292
　　16.2.9 制作"实发工资"项目 294
　　16.2.10 分析与管理职工工资数据 294
　　16.2.11 创建职工实发工资柱形图 296
16.3 案例总结 298
16.4 习题 299

习题参考答案 300

第 1 章　初识 Excel 2007

本章内容提要

Excel 是办公系统软件 Office 的核心组件之一，它既可用于表格的制作，也可进行数据的处理和分析。本章将对 Excel 2007 的基础知识进行介绍，包括 Excel 的广泛用途、启动 Excel 2007、Excel 2007 的工作界面和退出 Excel 2007 等。

本章重点与难点

> - 了解 Excel 的广泛用途
> - 启动 Excel 2007
> - 熟悉 Excel 2007 的工作界面
> - 退出 Excel 2007

1.1　了解 Excel 的广泛用途

Excel 是一个功能强大的电子表格软件，它广泛应用于生产管理、人力资源、财务管理和行政管理等众多领域，主要作用表现在以下几个方面：

（1）在生产管理中 Excel 广泛应用于仓库管理、生产订单管理、产品质量管理和生产人员管理等方面，如图 1-1 所示的产品库存管理图中便详细列出了每一种产品的库存量，以便对各产品库存进行分析对比。

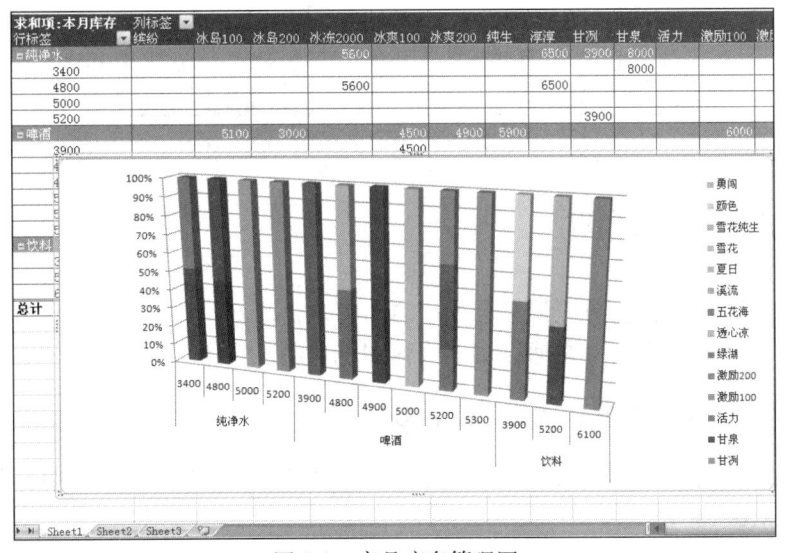

图 1-1　产品库存管理图

（2）在人力资源管理中 Excel 广泛应用于员工出勤统计、档案管理、人事动态、社会保险申缴、人才评测、人力资源规划与分析等方面，具有很强的实用性和可操作性，如图 1-2 所示即为教职工信息表，其中详细列出了每一位教职工的基本信息，以方便做档案存底。

（3）在财务管理中 Excel 广泛应用于项目预算、项目分析和决策、风险管理、成本控制与分析等方面，如图 1-3 所示的购车计划表中便详细展示了贷款方面的数据，如还款期限、每期还款金额等，以方便在进行借贷业务时具备详细的还款计划。

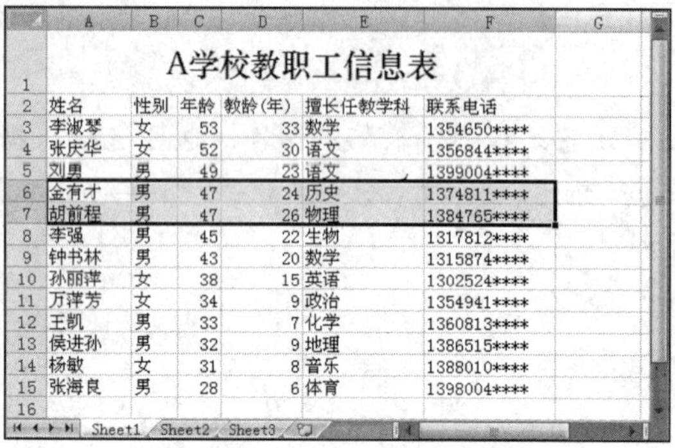

A学校教职工信息表

姓名	性别	年龄	教龄(年)	擅长任教学科	联系电话
李淑琴	女	53	33	数学	1354650****
张庆华	女	52	30	语文	1356844****
刘男	男	49	23	语文	1399004****
金有才	男	47	24	历史	1374811****
胡前程	男	47	26	物理	1384765****
李强	男	45	22	生物	1317812****
钟书林	男	43	20	数学	1315874****
孙丽萍	女	38	15	英语	1302524****
万萍芳	女	34	9	政治	1354941****
王凯	男	33	7	化学	1360813****
侯进孙	男	32	9	地理	1386515****
杨敏	女	31	8	音乐	1388010****
张海良	男	28	6	体育	1398004****

图 1-2　职工信息表

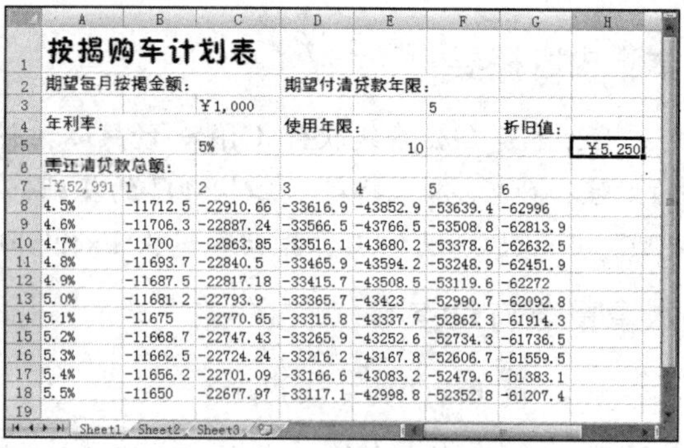

按揭购车计划表

期望每月按揭金额：			期望付清贷款年限：				
		￥1,000			5		
年利率：			使用年限：			折旧值：	
		5%		10			￥5,250
需还清贷款总额：							
-￥52,991	1	2	3	4	5	6	
4.5%	-11712.5	-22910.66	-33616.9	-43852.9	-53639.4	-62996	
4.6%	-11706.3	-22887.24	-33566.5	-43766.5	-53508.8	-62813.9	
4.7%	-11700	-22863.85	-33516.1	-43680.2	-53378.6	-62632.5	
4.8%	-11693.7	-22840.5	-33465.9	-43594.2	-53248.9	-62451.9	
4.9%	-11687.5	-22817.18	-33415.7	-43508.5	-53119.6	-62272	
5.0%	-11681.2	-22793.9	-33365.7	-43423	-52990.7	-62092.8	
5.1%	-11675	-22770.65	-33315.8	-43337.7	-52862.3	-61914.3	
5.2%	-11668.7	-22747.43	-33265.9	-43252.6	-52734.3	-61736.5	
5.3%	-11662.5	-22724.24	-33216.2	-43167.8	-52606.7	-61559.5	
5.4%	-11656.2	-22701.09	-33166.6	-43083.2	-52479.6	-61383.1	
5.5%	-11650	-22677.97	-33117.1	-42998.8	-52352.8	-61207.4	

图 1-3　按揭购车计划表

（4）在行政管理中 Excel 广泛应用于人员招聘、培训管理、薪酬管理、职工社保管理、人事信息数据统计分析等方面，如图 1-4 所示的工资表中便详细列出了职工每月所得工资等相关信息，以方便企业进行正常运作。

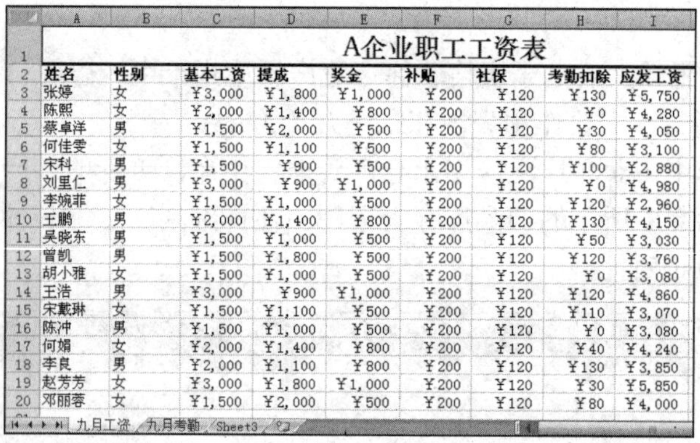

A企业职工工资表

姓名	性别	基本工资	提成	奖金	补贴	社保	考勤扣除	应发工资
张婷	女	￥3,000	￥1,800	￥1,000	￥200	￥120	￥130	￥5,750
陈熙	女	￥2,000	￥1,400	￥800	￥200	￥120	￥0	￥4,280
蔡卓洋	男	￥1,500	￥2,000	￥500	￥200	￥120	￥30	￥4,050
何佳雯	女	￥1,500	￥1,100	￥500	￥200	￥120	￥80	￥3,100
宋科	男	￥1,500	￥900	￥500	￥200	￥120	￥100	￥2,880
刘里仁	男	￥3,000	￥900	￥1,000	￥200	￥120	￥0	￥4,980
李婉菲	女	￥1,500	￥1,000	￥500	￥200	￥120	￥120	￥2,960
王鹏	男	￥2,000	￥1,400	￥800	￥200	￥120	￥130	￥4,150
吴晓东	男	￥1,500	￥1,000	￥500	￥200	￥120	￥50	￥3,030
曾凯	男	￥1,500	￥1,800	￥500	￥200	￥120	￥120	￥3,760
胡小雅	女	￥1,500	￥1,000	￥500	￥200	￥120	￥0	￥3,080
王浩	男	￥3,000	￥900	￥1,000	￥200	￥120	￥120	￥4,860
宋戴琳	女	￥1,500	￥1,100	￥500	￥200	￥120	￥110	￥3,070
陈冲	男	￥1,500	￥1,000	￥500	￥200	￥120	￥0	￥3,080
何娟	女	￥2,000	￥1,400	￥800	￥200	￥120	￥40	￥4,240
李良	男	￥2,000	￥1,100	￥800	￥200	￥120	￥130	￥3,850
赵芳芳	女	￥3,000	￥1,800	￥1,000	￥200	￥120	￥30	￥5,850
邓丽蓉	女	￥1,500	￥2,000	￥500	￥200	￥120	￥80	￥4,000

图 1-4　职工工资表

1.2　启动 Excel 2007

使用 Excel 2007 之前首先应该学会如何启动它，启动 Excel 2007 的常用方法有两种，一是从“开始”菜单中启动，一是通过桌面快捷图标启动。

1.2.1　通过“开始”菜单启动 Excel 2007

Excel 2007 正确安装在电脑中以后，会自动在“开始”菜单中创建启动命令，通过该命令即可启动 Excel 2007。

上机练习 1.1　通过“开始”菜单启动 Excel 2007

1 单击桌面左下角的“开始”按钮，在弹出的子菜单中选择“所有程序”命令，然后在弹出的子菜单中选择“Microsoft Office”，再在弹出的子菜单中选择“Microsoft Office Excel

2007"命令,如图 1-5 所示。

2 此时即可看到成功启动的 Excel 2007 工作界面,如图 1-6 所示。

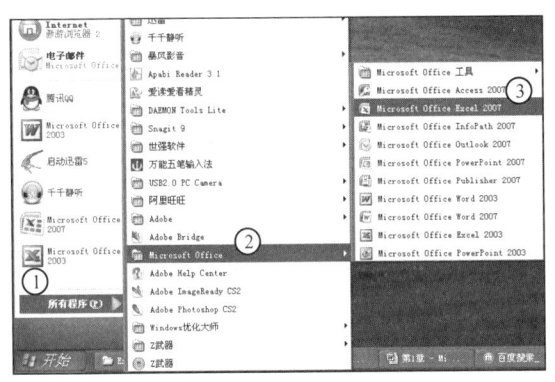

图 1-5 通过"开始"菜单启动 Excel　　　　　图 1-6 启动 Excel 2007

1.2.2 利用快捷图标启动 Excel 2007

除了通过"开始"按钮启动 Excel 2007 之外,还可以通过在桌面上创建快捷图标的方式快速启动 Excel 2007。

上机练习 1.2　通过桌面快捷图标启动 Excel 2007

1 选择"开始→所有程序→Microsoft Office"命令,在弹出的子菜单的"Microsoft Office Excel 2007"命令上单击鼠标右键,在弹出的快捷菜单中选择"发送到→桌面快捷方式"命令,如图 1-7 所示。

2 此时将在桌面上创建 Excel 2007 的快捷图标,如图 1-8 所示,双击该图标即可启动 Excel 2007。

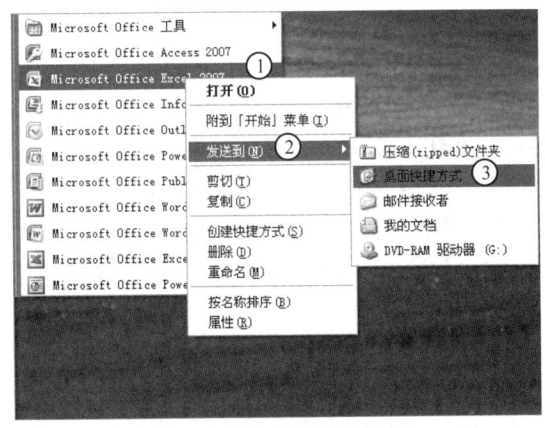
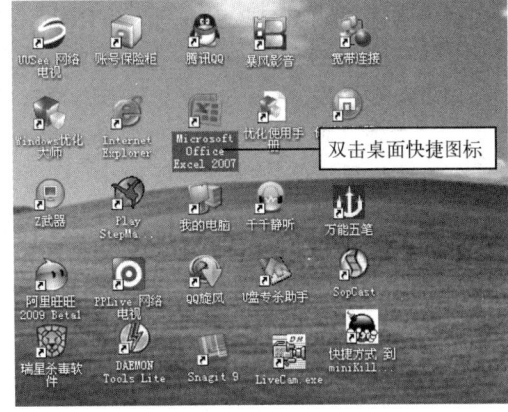

图 1-7 创建桌面快捷图标　　　　　图 1-8 双击快捷图标

1.3 熟悉 Excel 2007 的工作界面

Excel 2007 与以前版本的界面差别很大,其中以菜单栏的变化最为明显。其工作界面主要包括标题栏、功能选项卡、编辑栏、工作表区和状态栏等几个组成部分,如图 1-9 所示。

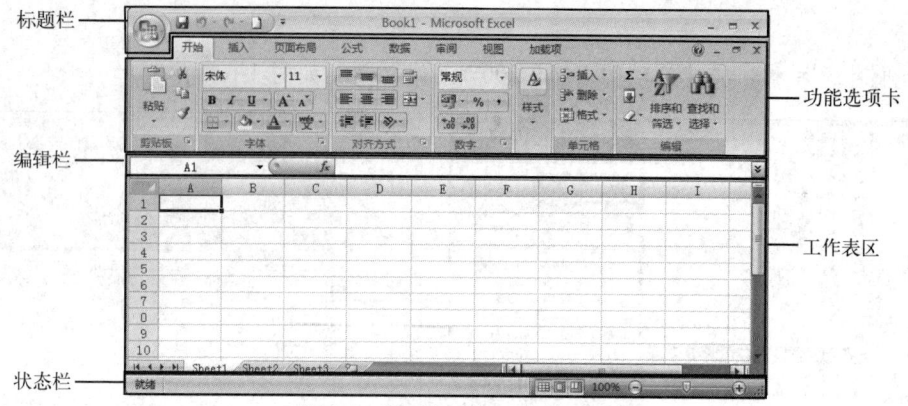

图 1-9　Excel 2007 工作界面

1.3.1　标题栏

标题栏主要包括"Office"按钮、快速访问工具栏、名称显示区和界面控制按钮等，如图 1-10 所示。

图 1-10　标题栏

各按钮的含义如下：
- "Office"按钮：位于工作界面最左端，其功能和旧版本的"文件"菜单栏的功能一样。单击"Office"按钮，在弹出的"Office"菜单中可进行新建、打开、保存、打印、关闭等操作。
- 快速访问工具栏：位于"Office"按钮右侧，单击快速访问工具栏右侧的 按钮，可在弹出的下拉列表中选择需要添加到快捷访问工具栏中的按钮对应的选项，当该选项左侧出现√标记时，表示该选项对应的按钮已添加到快速访问工具栏中，再次选择该选项，则可取消√标记，表示将选项对应的按钮从快速访问工具栏中撤消。
- 名称显示区：位于标题栏中间，显示了当前编辑的 Excel 工作簿名称和软件名称。
- 界面控制按钮：位于标题栏右侧，包括了"最小化"按钮 、"最大化" 和"关闭" 按钮，单击"最小化"按钮可将界面最小化到任务栏上，单击"最大化"按钮可使界面最大化显示在桌面上，单击"关闭"按钮可以关闭界面。

1.3.2　功能选项卡

Excel 2007 中的功能选项卡代替了以往版本中的菜单栏，并把原有的菜单命令变成了按钮形式，以便操作更加快捷和方便。功能选项卡区由多个选项卡组成，每一个选项卡又由多个组构成，每一个组中包含多个按钮或下拉列表框等设置参数，如图 1-11 所示。

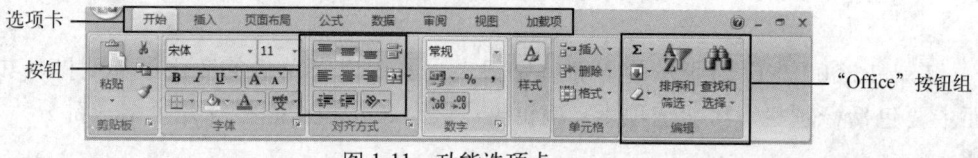

图 1-11　功能选项卡

1.3.3 编辑栏

编辑栏位于功能选项卡下方，由名称栏、编辑按钮和编辑区组成，如图1-12所示。

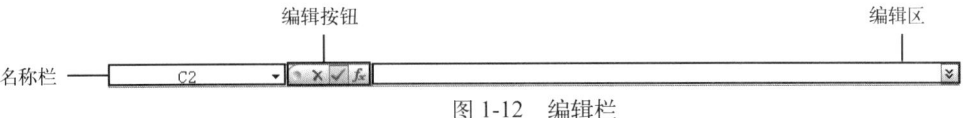

图1-12 编辑栏

各组成部分的作用如下：
- 名称栏：该栏中显示的是当前编辑的单元格名称，利用名称栏也可为选择的单元格或单元格区域命名，以便快速查找命名的单元格或单元格区域。
- 编辑按钮：位于名称栏右侧，由"取消"按钮、"输入"按钮和"插入函数"按钮组成，单击"取消"按钮可取消当前单元格中所输入的内容，单击"输入"按钮可确定当前单元格中输入的内容，单击"插入函数"按钮可打开"插入函数"对话框，从中可选择需要的函数。
- 编辑区：主要用于显示和编辑当前活动单元格中的数据或公式。

1.3.4 工作表区

工作表区是 Excel 的数据编辑区域，由单元格、"全选"按钮、列标、行号、滚动条、工作表标签以及工作表标签按钮组等部分组成，如图1-13所示。

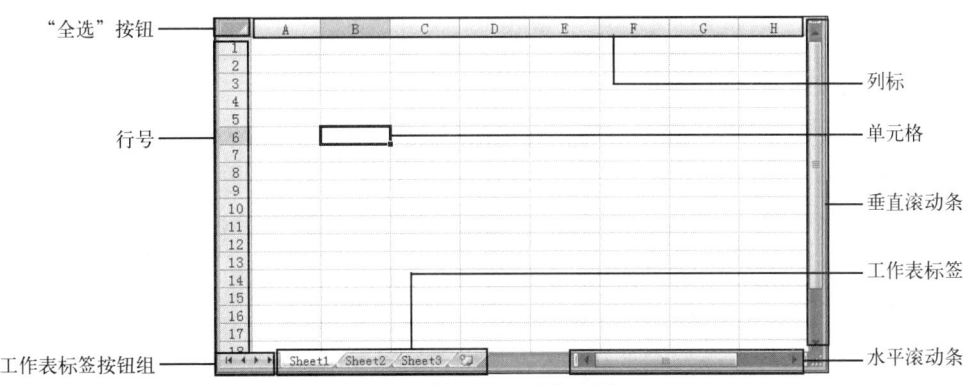

图1-13 工作表区

其中各组成部分的含义分别如下：
- 单元格：用于显示和编辑表格中的数据。
- "全选"按钮：单击该按钮可以将当前工作表中的所有单元格全部选中。
- 列标：由26个英文字母"A、B、C、D、E等"依次排列，单击某个列标可选择该列的所有单元格。
- 行号：由阿拉伯数字"1、2、3、4、5等"依次排列，单击某个行号可选择该行的所有单元格。
- 垂直滚动条：拖动该滚动条可以上下拖动工作表区域，以显示需要的内容。
- 水平滚动条：拖动该滚动条可以左右拖动工作表区域，以显示需要的内容。
- 工作表标签：用于显示工作表的名称,单击某个工作表标签可快速切换到该工作表中。

5

- 工作表标签按钮组：由四个按钮组成，单击 按钮可切换到当前工作簿的第一张工作表，单击 按钮可切换到当前工作表的上一张工作表，单击 按钮可切换到当前工作表的下一张工作表，单击 按钮可切换到当前工作簿的最后一张工作表。

1.3.5 状态栏

状态栏位于工作界面最下方，主要用于显示当前数据的编辑情况，包括页面当前编辑状态、页面视图和页面显示比例，如图1-14所示。

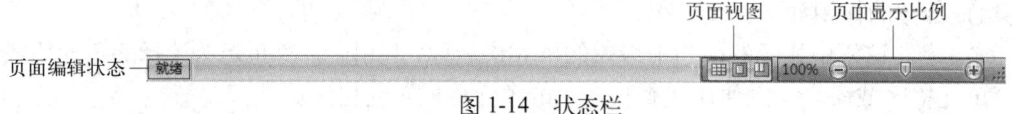

图1-14 状态栏

其中：
- 页面编辑状态：用于显示不同的操作状态，如输入、编辑、就绪等。
- 页面视图：包含3个按钮，单击相应的按钮可分别将工作表视图切换到普通视图模式 、页面布局模式 和分页预览模式 。
- 页面显示比例：拖动其中的滑块可对工作表区进行放大或缩小操作。

1.3.6 自定义工作界面

尽管Excel 2007的工作界面操作起来比起旧版本来说更加方便、快捷，但由于不同用户有不同的操作习惯，因此Excel 2007也允许用户为了满足编辑表格的需求对工作界面进行自定义设置。

1. 自定义快速访问工具栏

快速访问工具栏的位置可以根据需要将其设置到功能选项卡的上方或下方。只需在功能选项卡区域任意位置单击鼠标右键，在弹出的快捷菜单中选择"在功能区下方显示快速访问工具栏"命令，如图1-15所示。

图1-15 自定义快速访问工具栏位置

2. 自定义功能选项卡

Excel 2007的功能选项卡区域占据了工作界面较多的空间，这样不便于查看工作表区中的信息，此时可将选项卡中组的内容隐藏起来。只需在任意一个功能选项卡上双击鼠标即可。再次双击鼠标又可将隐藏的组重新显示出来。

3. 自定义工作界面颜色

Excel 2007提供了"蓝色"、"银波荡漾"和"黑色"三种界面颜色，以满足不同用户对工作界面颜色的需求。

上机练习1.3 将工作界面的颜色设置为黑色

1 启动Excel 2007，单击"Office"按钮，在弹出的菜单中单击"Excel选项"按钮。

2 打开"Excel 选项"对话框,在左侧的列表框中选择"常用"选项,在"使用 Excel 时采用的首选项"栏的"配色方案"下拉列表框中选择"黑色"选项,然后单击"确定"按钮,如图 1-16 所示。

3 此时可以看到 Excel 2007 的工作界面变为黑色,如图 1-17 所示。

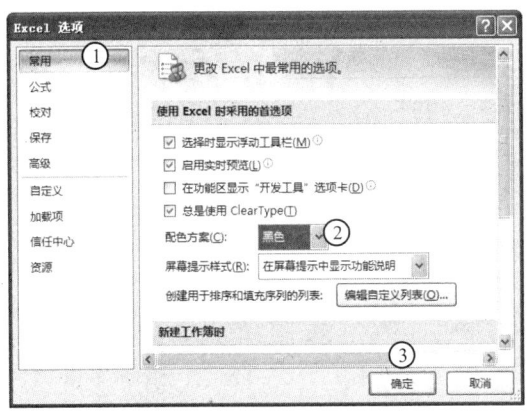

图 1-16 "Excel 选项"对话框

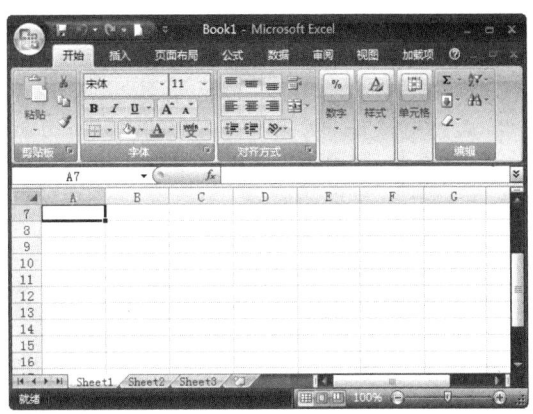

图 1-17 黑色工作界面

1.4 退出 Excel 2007

当不需要使用 Excel 2007 时,可退出 Excel 2007 以减少电脑缓存占用的空间,提高电脑运行速度。退出 Excel 2007 有如下 3 种常用方法:

(1)单击 Excel 2007 标题栏右侧的"关闭"按钮 。
(2)单击"Office"按钮,在弹出的"Office"菜单中单击"退出 Excel"按钮。
(3)按"Alt+F4"键。

1.5 技能实训

下面将通过练习来巩固启动 Excel 2007、退出 Excel 2007 以及自定义工作界面等相关知识。

【操作步骤】

1 选择"开始→所有程序→Microsoft Office→Microsoft Office Excel 2007"命令,启动 Excel 2007 并自动新建"Book1"工作簿。

2 在功能选项卡区域任意位置单击鼠标右键,在弹出的快捷菜单中选择"在功能区下方显示快速访问工具栏"命令,此时"快速访问工具栏"将出现在功能选项卡下方,如图 1-18 所示。

图 1-18 快速访问工具栏下移

3 在任意一个功能选项卡上双击鼠标将选项卡中所有的组隐藏,如图 1-19 所示。

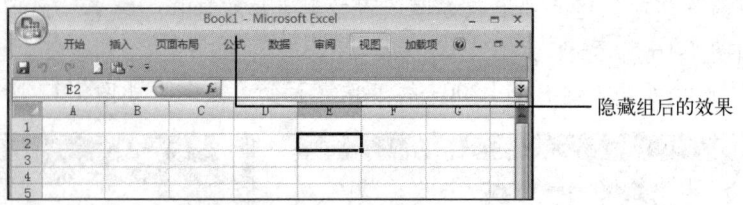

图 1-19　隐藏功能选项卡中的组

4 单击"Office"按钮,在弹出的菜单中单击"退出 Excel"按钮,如图 1-20 所,退出 Excel 2007 完成本例操作。

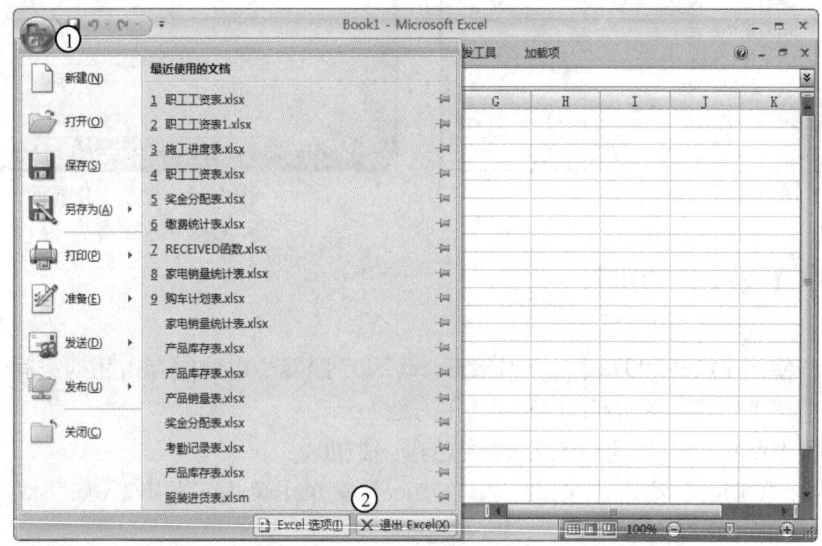

图 1-20　退出 Excel 2007

1.6　习题

一、填空题

1. Excel 2007 工作界面主要由_____、_____、_____、_____以及_____ 5 部分组成。

2. 成功启动 Excel 2007 的操作流程为:单击桌面左下角的_____按钮,在弹出的子菜单中选择_____命令,然后在弹出的子菜单中选择_____命令,最后再选择_____ 命令。

3. 若桌面上已创建 Excel 2007 的快捷图标,则可直接_____该图标也可成功启动该软件。

二、选择题

1. 以下自定义工作界面的说法,正确的是（　　）。

　　A. 在功能选项卡区域任意位置单击鼠标右键,在弹出的快捷菜单中选择"在功能区下方显示快速访问工具栏"命令,此时可将快捷访问工具栏的位置调整到功能选项卡区域的下方显示。

B. 在任意一个功能选项卡上双击鼠标即可将该选项卡中的组隐藏起来。
C. 在"Excel 选项"对话框中，单击"常用"选项，在"使用 Excel 时采用的首选项"栏的"配色方案"下拉列表框中提供了 3 种颜色供用户选择，通过该选项即可更改 Excel 2007 工作界面的颜色。
D. 在已隐藏的功能选项卡上单击鼠标可将隐藏的功能选项卡组显示出来。

2. 以下几种退出 Excel 2007 的方法，正确的是（　　）。
   A. 单击 Excel 2007 标题栏右侧的"关闭"按钮 ×。
   B. 单击功能选项卡右侧的"关闭"按钮 ×。
   C. 单击"Office"按钮，在弹出的"Office"菜单中单击"退出 Excel"按钮。
   D. 按"Alt+F4"键。

三、操作题
1. 通过"开始"菜单启动 Excel 2007。
2. 认真观察 Excel 2007 的工作界面，并准确地说出各组成部分的名称。
3. 将"打开"按钮添加到快速访问工具栏中。
4. 通过鼠标右键将功能区选项卡中的组最小化。
5. 通过快捷键退出 Excel 2007。

第 2 章 工作簿、工作表和单元格

本章内容提要

从某种程度上来说，利用 Excel 对表格进行的编辑，实际上就是对工作簿、工作表和单元格的编辑操作，由此可见工作簿、工作表和单元格在 Excel 中的重要位置。本章将详细讲解关于工作簿、工作表和单元格的相关知识。通过本章学习，掌握操作工作簿、工作表和单元格的各种方法。

本章重点与难点

- ➢ 认识工作簿、工作表和单元格
- ➢ 工作簿的操作
- ➢ 工作表的操作
- ➢ 单元格的操作

2.1 认识工作簿、工作表和单元格

工作簿、工作表和单元格是 Excel 中的三大主要元素，在讲解它们的各种操作方法之前，需要先对它们的含义做一个初步了解。

2.1.1 工作簿

工作簿就是 Excel 文件，相当于 Word 文档。启动 Excel 2007 后，将自动新建默认名为"Book1"的工作簿，此后新建的工作簿将自动以"Book2"、"Book3"依次命名，如图 2-1 所示。

图 2-1 "Book1"工作簿

2.1.2 工作表

工作表主要用于处理数据信息，因此常被称作电子表格。默认情况下，新建的工作簿中有 3 张工作表，名称分别为："Sheet1"、"Sheet2"和"Sheet3"，如图 2-2 所示。

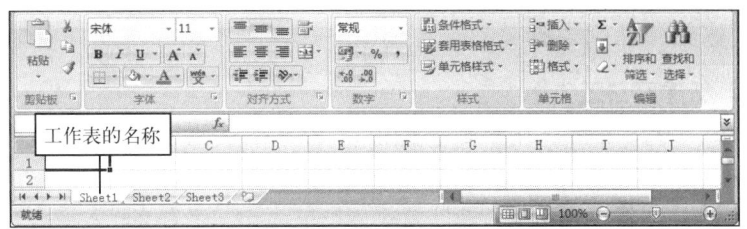

图 2-2 "Sheet1"工作表

2.1.3 单元格

单元格是 Excel 中最基本的存储数据单元,其命名是依据所在的行号和列标进行标记。单元格区域则是指多个连续的单元格,其命名规则为:左上角的单元格名称:右下角的单元格名称,如图 2-3 所示即为 A1 至 D3 单元格区域,表示为 A1:D3。

图 2-3 A1:D3 单元格区域

2.1.4 工作簿、工作表和单元格之间的关系

工作簿、工作表和单元格之间是包含与被包含的关系,即工作簿包含一张或多张工作表,而工作表则包含多个单元格,其关系如图 2-4 所示。

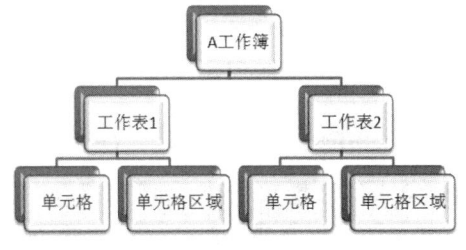

图 2-4 关系结构示意图

2.2 工作簿的操作

Excel 工作簿是保存数据的场所,其基本操作包括新建工作簿、保存工作簿、关闭工作簿、打开工作簿和保护工作簿等。

2.2.1 新建工作簿

在 Excel 中新建工作簿可分为新建空白工作簿和通过模板新建工作簿两种情况。

1. 新建空白工作簿

尽管 Excel 2007 在启动后会自动新建一个名为"Book1"的空白工作簿,但也可以根据实际需要手动新建空白的工作簿。

上机练习 2.1　新建空白工作簿

1　启动 Excel 2007，在其工作界面中单击"Office"按扭，在弹出的"Office"菜单中选择"新建"命令，如图 2-5 所示。

2　打开"新建工作簿"对话框，在"模板"栏中选择"空白文档和最近使用的文档"选项，在中间的列表框中选择"空工作簿"选项，单击"创建"按钮即可，如图 2-6 所示。

图 2-5　选择"新建"命令

图 2-6　创建空白工作簿

 提　示　按"Ctrl+N"键可快速新建一个空白工作簿。

2. 通过模板新建工作簿

Excel 2007 中自带有许多模板，通过这些模板，可以新建各种具有专业表格样式的工作簿。

上机练习 2.2　通过模板新建"账单"工作簿

1　启动 Excel 2007，在其操作界面中单击"Office"按扭，在弹出的"Office"菜单中选择"新建"命令。

2　打开"新建工作簿"对话框，在"模板"栏中选择"已安装的模板"选项，在中间的列表框中选择"账单"选项，单击"创建"按钮，如图 2-7 所示。

3　此时即可看到通过"账单"模板新建的工作簿，如图 2-8 所示。

图 2-7　选择模板

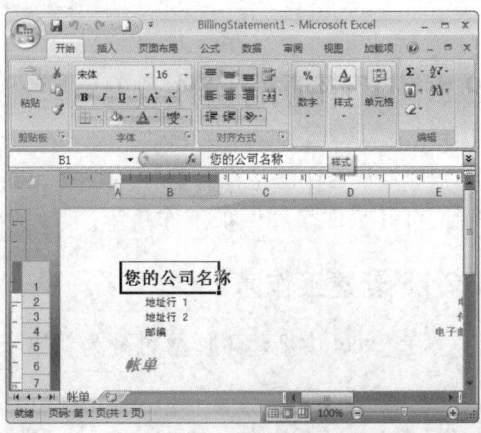
图 2-8　新建工作簿

2.2.2 保存工作簿

为了避免重要数据或信息的丢失，在新建工作簿后都应该即时对其进行保存。在 Excel 2007 中保存工作簿可分为 3 种情况：保存工作簿、另存工作簿和自动保存工作簿。

1. 保存工作簿

在 Excel 2007 中新建工作簿时，应该养成随时保存的良好习惯，这样可以减少由于断电等外在因素造成的数据丢失。保存工作簿分为两种情况，一种是保存新建的工作簿，一种是保存已有的工作簿（此操作将直接覆盖原有数据，不会打开任何对话框）。

上机练习 2.3　保存新建的"账单"工作簿

1 在"Office"菜单中选择"保存"命令，如图 2-9 所示。

2 打开"另存为"对话框，在"保存位置"下拉列表框中选择"BACKUP（F:）"选项，在"文件名"下拉列表框中输入"账单"，在"保存类型"下拉列表框中选择"Excel 工作簿"选项，然后单击"保存"按钮即可，如图 2-10 所示。

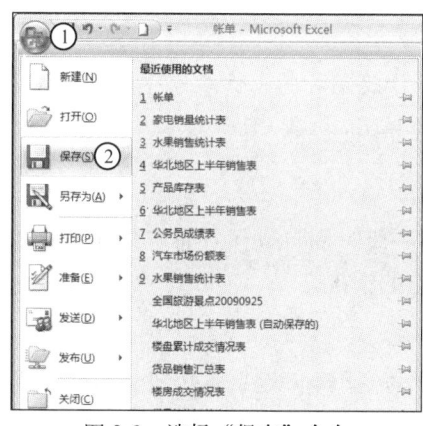
图 2-9　选择"保存"命令

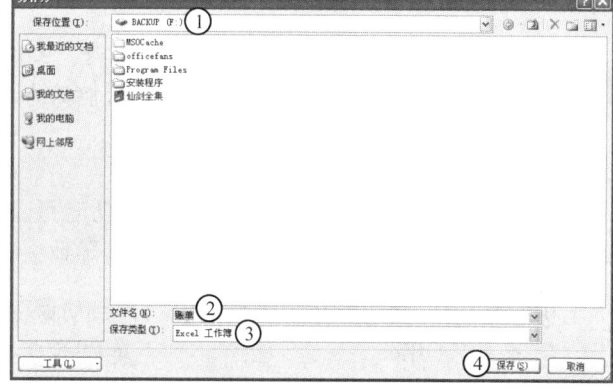
图 2-10　设置保存参数

 提示　对已保存过的文件进行修改后，退出 Excel 程序时会打开一个提示对话框，提示是否保存对工作簿所作的修改，如图 2-11 所示，其中单击"是"按钮表示保存更改内容并退出 Excel，单击"否"按钮表示不保存更改内容并退出 Excel，单击"取消"按钮表示取消退出操作。

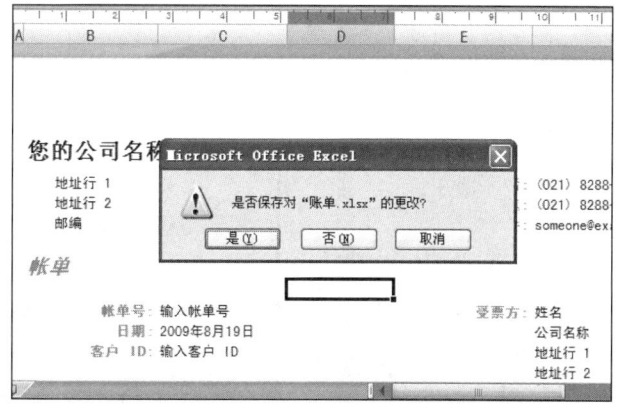
图 2-11　打开提示对话框

2. 另存工作簿

在制作表格时，为了避免因操作失误造成工作簿数据无法恢复的情况，可将工作簿进行另存操作，这样可对另存的工作簿进行修改，而不会对源工作簿造成任何影响。

上机练习 2.4　将"账单"工作簿以另存方式保存在 E 盘

1 在"Office"菜单中选择"另存为"命令，打开"另存为"对话框，在"保存位置"下拉列表框中选择"MEDIA（E:）"选项，在"文件名"下拉列表框中输入"bill"，在"保存类型"下拉列表框中选择"Excel 工作簿"选项，然后单击"保存"按钮完成设置。

2 另存的"bill"工作簿将保存在 E 盘，如图 2-12 所示。

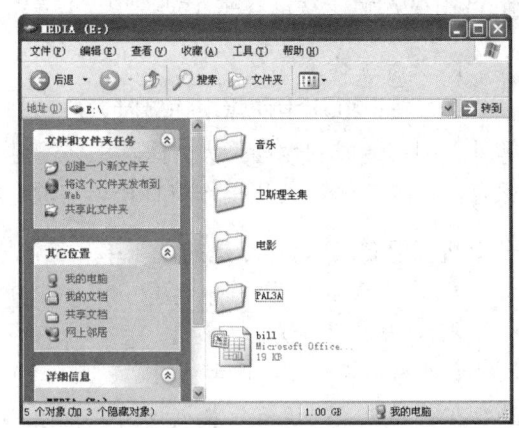

图 2-12　另存的工作簿

 提 示　在对工作簿进行"另存为"操作时，要想将已修改完成的工作簿另存在同一路径则需要更改工作簿名称，否则只能保存在其他位置。

3. 自动保存工作簿

Excel 2007 提供的自动保存工作簿的功能可以每隔一段时间自动保存正在编辑的工作簿，这样可以最大限度防止因各种外在因素导致丢失数据的情况。

上机练习 2.5　将"账单"工作簿设置为自动保存

1 单击"Office"按钮，在弹出的菜单中单击右下方的"Excel 选项"按钮，如图 2-13 所示。

2 打开"Excel 选项"对话框，选择左侧的"保存"选项，在"保存工作簿"栏中选中"保存自动恢复信息时间间隔"复选框，并在其右侧的数值框中输入保存的时间间隔，如"10"分钟，然后单击"确定"按钮，如图 2-14 所示，此后在利用 Excel 制作表格时，每隔 10 分钟便会自动保存当前操作的进度。

图 2-13　单击"Excel 选项"按钮

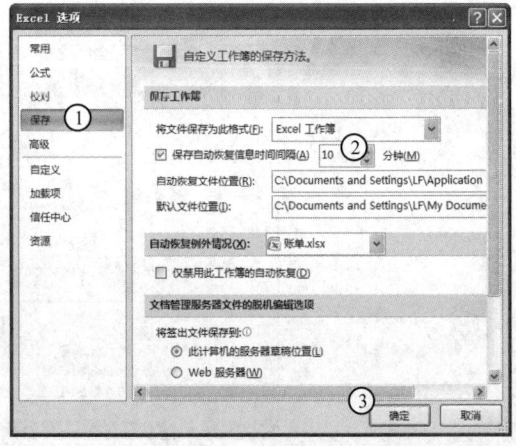

图 2-14　设置自动保存时间间隔

2.2.3 关闭工作簿

当完成对工作簿的编辑和保存之后，可在不退出 Excel 的情况下关闭工作簿，其方法有如下 2 种：

（1）在"Office"菜单中选择"关闭"命令，如图 2-15 所示。
（2）单击功能选项卡右侧的"关闭"按钮，如图 2-16 所示。

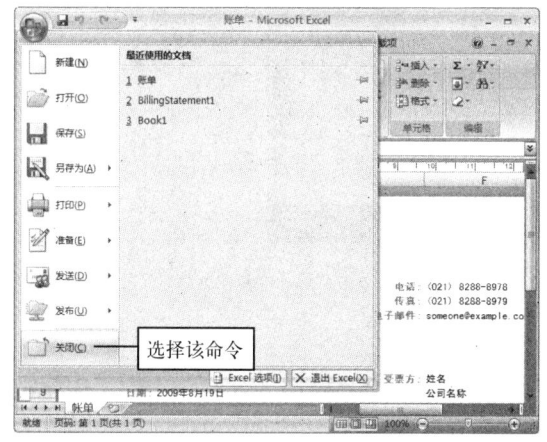

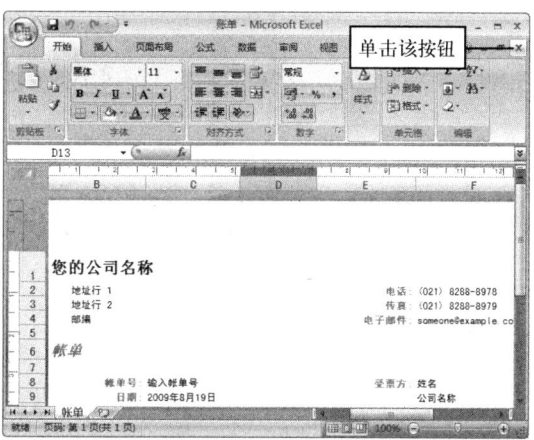

图 2-15　通过命令关闭工作簿　　　　　　　图 2-16　通过按钮关闭工作簿

2.2.4 打开工作簿

当要对已有的工作簿进行查看或编辑时，首先需要将其打开。

上机练习 2.6　打开"账单"工作簿

1 启动 Excel 2007，在"Office"菜单中选择"打开"命令。

2 打开"打开"对话框，在"查找范围"下拉列表框中选择需要打开文件的保存路径，然后在下方的列表框中选择"账单"工作簿，单击"打开"按钮，如图 2-17 所示。

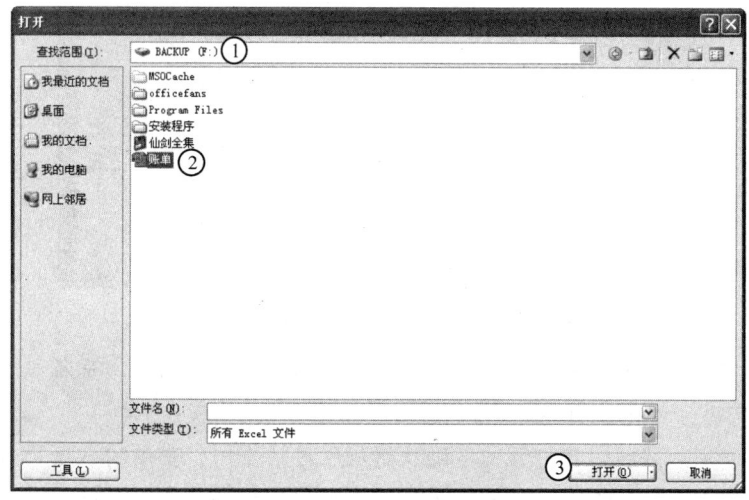

图 2-17　选择打开的工作簿

3 此时即可在工作界面中显示"账单"工作簿了，如图 2-18 所示。

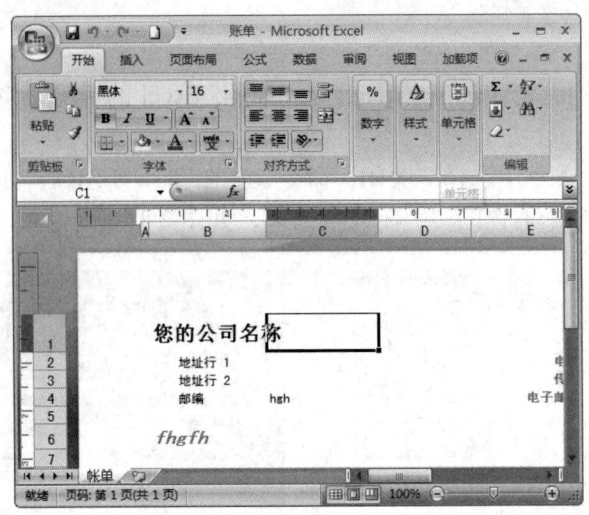

图 2-18　打开的 "账单" 工作簿

2.2.5　保护工作簿

为了防止他人对重要工作簿的内容进行篡改、复制、删除等操作，可对制作的工作簿进行保护设置。

上机练习 2.7　保护已打开的 "账单" 工作簿

1 在 "账单" 工作簿中单击 "审阅" 选项卡，然后单击 "更改" 组中的 "保护工作簿" 按钮，在弹出的下拉菜单中选择 "保护结构和窗口" 命令，如图 2-19 所示。

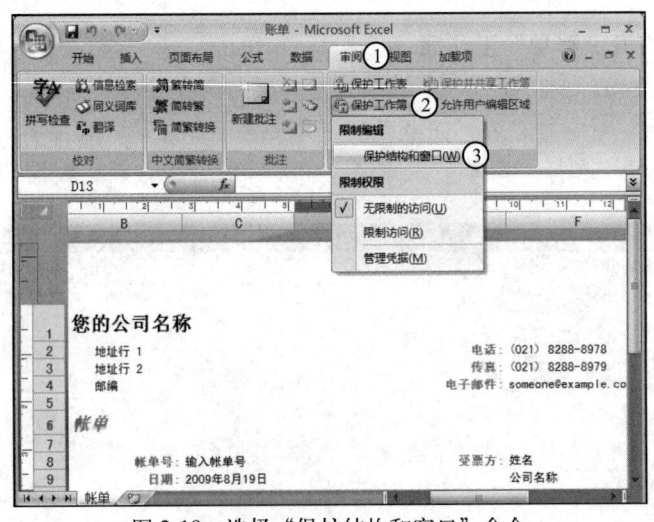

图 2-19　选择 "保护结构和窗口" 命令

2 打开 "保护结构和窗口" 对话框，选中 "结构" 和 "窗口" 复选框，在 "密码" 文本框中输入保护密码，如图 2-20 所示。

3 单击 "确定" 按钮，在打开的 "确认密码" 对话框的 "重新输入密码" 文本框中输入相同的密码，然后单击 "确定" 按钮，即可完成设置，如图 2-21 所示。

4 此时对工作簿进行非保护允许之内的操作时（如双击工作表标签），将打开如图 2-22 所示的对话框，提示工作簿处于保护状态，不能更改，单击 "确定" 按钮关闭此对话框。

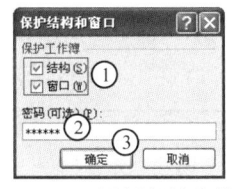
图 2-20 设置保护参数

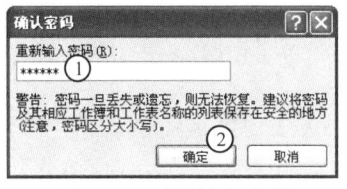
图 2-21 确认输入密码

图 2-22 提示无法更改

2.3 工作表的操作

工作表是存储和管理各种数据信息的场所,其基本操作包括选择、切换、插入、移动、复制、显示、隐藏和删除等。

2.3.1 使用工作表标签

每一张工作表都对应一个工作表标签,通过工作表标签可以完成对工作表的切换、重命名、移动和复制等操作,具体方法将在后面详细介绍。另外,在工作表标签左侧是工作表标签按钮组,各按钮的作用在第 1 章介绍工作表区的组成时便已详细讲解,这里不再赘述。

2.3.2 选择工作表

如果要对工作表进行查看或编辑等操作,首先应该将其选择,选择工作表的方法有如下 4 种:

(1) 用鼠标单击相应的工作表标签即可选择对应工作表。

(2) 选择第一张工作表后按住"Ctrl"键不放,继续选择任意一张工作表标签可同时将该标签对应的工作表选择,如图 2-23 所示。

(3) 选择第一张工作表后按住"Shift"键不放,继续选择任意一张工作表标签可同时选择这两个标签之内的所有工作表(包括一开始选择的两个工作表),如图 2-24 所示。

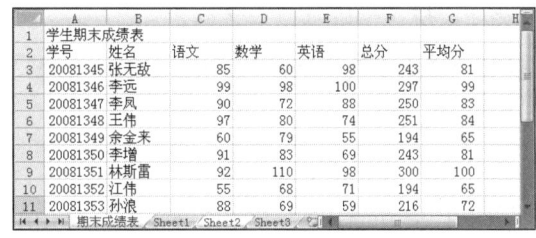
图 2-23 选择不连续工作表

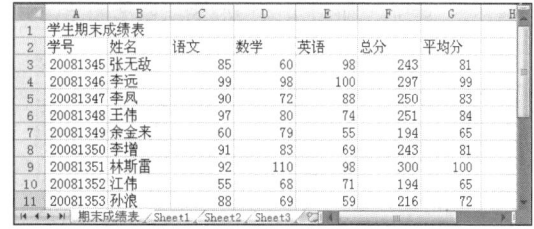
图 2-24 选择连续工作表

(4) 在任意的工作表标签上单击鼠标右键,在弹出的快捷菜单中选择"选定全部工作表"命令可选择所有工作表。

2.3.3 重命名工作表

Excel 2007 中的工作表名称默认为"Sheet1"、"Sheet2"等,有时为了便于查阅工作表中的内容,可将默认的工作表名称进行重命名操作。

上机练习 2.8 重命名"期末成绩表"工作表

1 在"期末成绩表"工作表标签上单击鼠标右键,在弹出的快捷菜单中选择"重命名"命令,此时工作表标签将变为黑底黄字状态,如图 2-25 所示。

2 切换至中文输入法，输入"学生期末成绩表"后按"Enter"键，完成重命名操作，如图 2-26 所示。

图 2-25　工作表名称呈可编辑状态　　　　　图 2-26　重命名的效果

提示　双击任意一个工作表标签可使标签中的文本呈可编辑状态。

2.3.4 插入工作表

新建的工作簿默认包含 3 张工作表，在实际工作中若发现工作表数量不够时，可以手动插入新工作表来满足工作需要。插入工作表可分为插入空白工作表和插入带有格式的工作表两种情况，下面分别进行介绍。

1. 插入空白工作表

若对工作表结构或样式没有特殊要求，则可利用工作表标签插入一张空白工作表。

上机练习 2.9　在"学生期末成绩表"工作表前插入一张空白工作表

1 在"学生期末成绩表"工作表对应的工作表标签上单击鼠标右键，在弹出的快捷菜单中选择"插入"命令，如图 2-27 所示。

2 打开"插入"对话框，在"常用"选项卡的列表框中选择"工作表"选项，然后单击"确定"按钮，如图 2-28 所示，即可在当前工作表之前插入一张空白工作表。

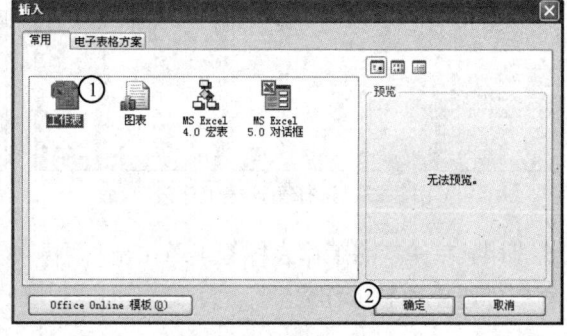

图 2-27　选择"插入"命令　　　　　图 2-28　选择插入的对象

提示　单击工作表标签右侧的"插入工作表"按钮，可快速插入一张空白工作表。

2. 插入带有格式的工作表

在办公过程中有时需要创建具有专业表格样式的工作表，这时可以通过"插入"对话框中自带的表格样式来创建。

上机练习 2.10　在工作簿中插入"个人月预算"工作表

1 确定需插入工作表的位置，在其右侧的工作表标签上单击鼠标右键，在弹出的快捷菜单中选择"插入"命令。

2 打开"插入"对话框，单击"电子表格方案"选项卡，在其下的列表框中选择"个人月预算"选项，然后单击"确定"按钮，如图 2-29 所示。

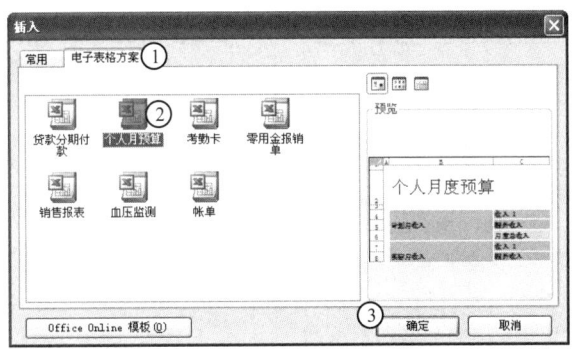

图 2-29　选择插入的对象

2.3.5　删除工作表

在编辑工作表时可将多余的或错误的工作表删除以便更好地管理工作簿，需注意的是当删除带有数据的工作表时，数据不会恢复。

上机练习 2.11　删除"考勤表"工作表

1 在"考勤表"工作表标签上单击鼠标右键，在弹出的快捷菜单中选择"删除"命令。

2 打开提示对话框，提示删除工作表将永久删除其中的数据，如图 2-30 所示。单击"删除"按钮后表格中的数据将永久删除；单击"取消"按钮将取消删除操作。

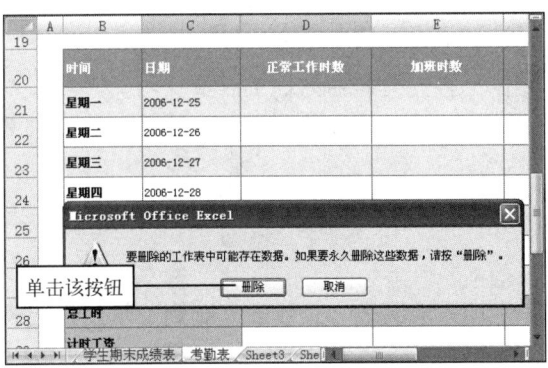

图 2-30　删除工作表

2.3.6　移动与复制工作表

工作表在工作簿中的位置并不是固定不变的，可以通过移动与复制等操作来改变工作表的位置，以满足实际工作中的需要。

1．移动工作表

移动工作表分为两种情况：一种是在同一工作簿中移动工作表，一种是在不同工作簿中移动工作表。

上机练习 2.12 移动"个人月度预算"工作表

1 在"个人月度预算"工作表标签上单击鼠标右键,在弹出的快捷菜单中选择"移动或复制工作表"命令,如图 2-31 所示。

2 打开"移动或复制工作表"对话框,在"下列选定工作表之前"列表框中选择"Sheet6"选项,然后单击"确定"按钮,如图 2-32 所示。

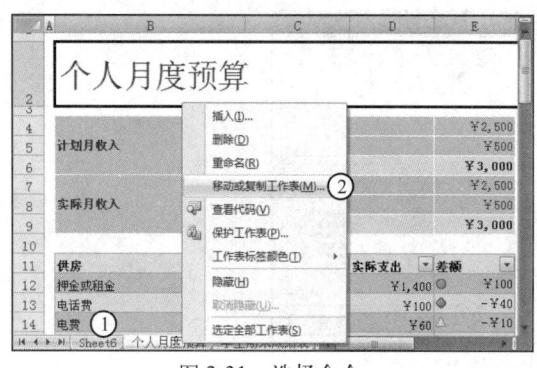 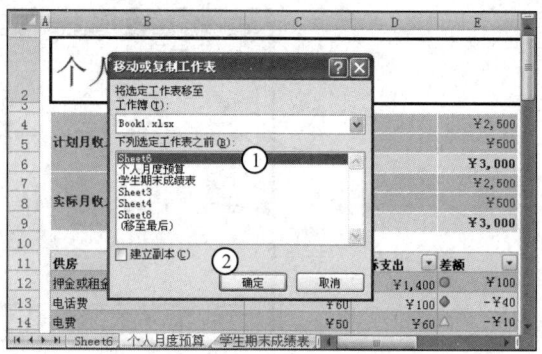

图 2-31 选择命令　　　　　　　　　图 2-32 设置"移动或复制工作表"对话框

3 将"个人月度预算"工作表移动到"Sheet6"工作表之前的效果如图 2-33 所示。

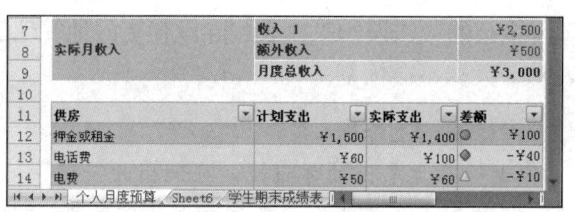

图 2-33 移动后的效果

> **提示** 在不同工作簿中移动工作表的操作与前面介绍的方法相似,只是首先需打开涉及工作表移动前后的工作簿,然后在"移动或复制工作表"对话框的"工作簿"下拉列表框中选择工作表需移动到的工作簿选项。

2. 复制工作表

复制工作表也分为两种情况:一种是在同一工作簿中复制工作表,一种是在不同工作簿中复制工作表。

上机练习 2.13 将"学生期末成绩表"工作表复制到"学生情况表"工作簿中

1 在"学生期末成绩表"工作表标签上单击鼠标右键,在弹出的快捷菜单中选择"移动或复制工作表"命令,如图 2-34 所示。

2 打开"移动或复制工作表"对话框,在"工作簿"下拉列表框中选择"学生情况表"选项(若选择复制的工作表所在的工作簿,则可实现在同一工作簿中复制工作表的操作),在"下列选定工作表之前"列表框中选择"Sheet1"选项,选中"建立副本"复选框,然后单击"确定"按钮,如图 2-35 所示。

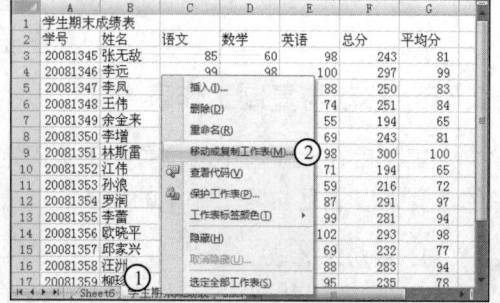

图 2-34 选择命令

3 此时在"学生情况表"工作簿中就新增加了一张"学生期末成绩表"工作表,如图 2-36 所示。

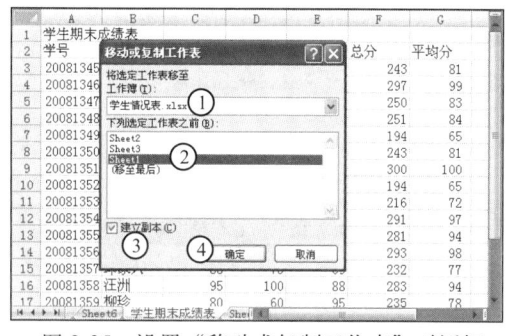

图 2-35 设置"移动或复制工作表"对话框

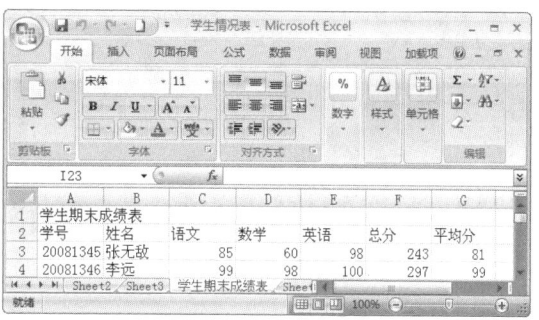

图 2-36 复制的工作表

2.3.7 隐藏与显示工作表

在编辑工作表的过程中,若不想表格中重要的数据信息外泄,可以将数据所在的工作表隐藏起来,待需要时再将其重新显示。

1. 隐藏工作表

当工作簿中包含一张以上的工作表时,才能对其中的工作表进行隐藏操作。

上机练习 2.14 将"学生期末成绩表"工作表隐藏

1 在"学生期末成绩表"工作表标签上单击鼠标右键,在弹出的快捷菜单中选择"隐藏"命令,如图 2-37 所示。

2 隐藏"学生期末成绩表"工作表后的效果如图 2-38 所示。

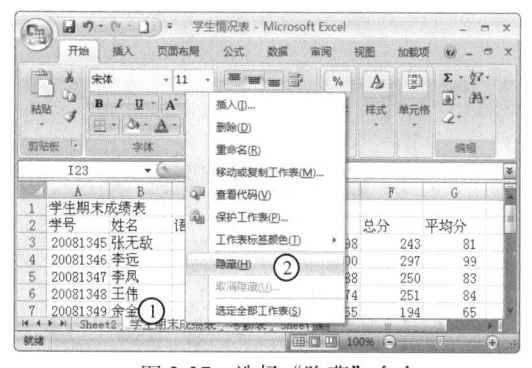

图 2-37 选择"隐藏"命令

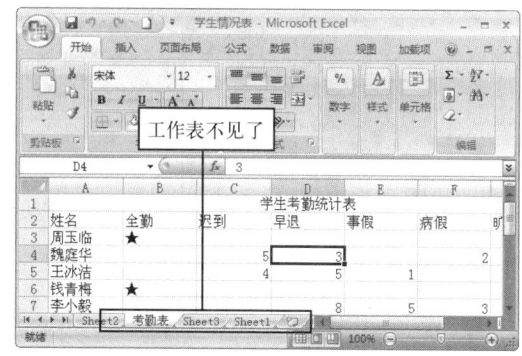

图 2-38 隐藏后的效果

2. 显示工作表

当需要查看或编辑隐藏工作表中的数据时,则需要将隐藏的工作表重新显示出来。

上机练习 2.15 显示"学生期末成绩表"工作表

1 在任意一个工作表标签上单击鼠标右键,在弹出的快捷菜单中选择"取消隐藏"命令,如图 2-39 所示。

2 打开"取消隐藏"对话框,在"取消隐藏工作表"列表框中选择"学生期末成绩表"选项,单击"确定"按钮即可,如图 2-40 所示。

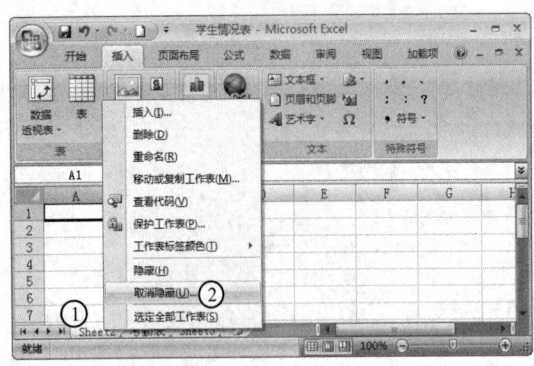
图 2-39　选择"取消隐藏"命令

图 2-40　显示"个人月预算"工作表

2.3.8　保护工作表

对重要的工作表进行密码设置是保护工作表的一种极为有用的方法。

上机练习 2.16　保护"学生期末成绩表"工作表

1 选择"学生期末成绩表"工作表，单击"审阅"选项卡，在"更改"组中单击"保护工作表"按钮。

2 打开"保护工作表"对话框，在"取消工作表保护时使用的密码"文本框中输入密码，在"允许此工作表的所有用户进行"列表框中选中"选定锁定单元格"和"选定未锁定的单元格"复选框，表示工作表进行保护设置后只能进行这两种操作，单击"确定"按钮，如图 2-41 所示。

3 打开"确认密码"对话框，在"重新输入密码"文本框中输入相同的密码，单击"确认"按钮，如图 2-42 所示。

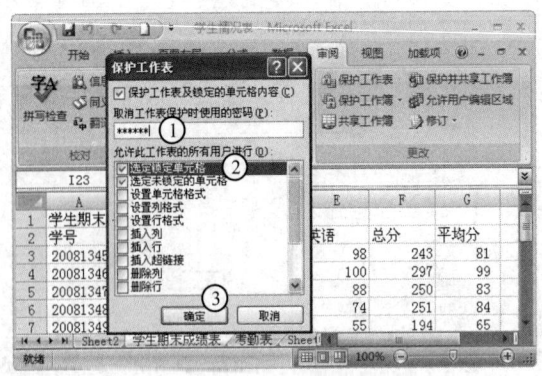
图 2-41　设置保护信息

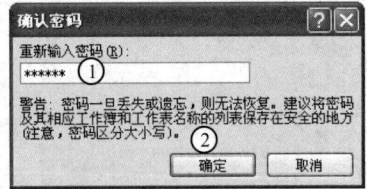
图 2-42　确认输入密码

> **提示**　若想取消工作表的保护状态，可单击"审阅"选项卡，在"更改"组中单击"撤消工作表保护"按钮，在打开的"撤消工作表保护"对话框中输入设置保护时的密码即可。

2.4　单元格的操作

通过对单元格的基本操作可以完成对工作表中数据的编辑。单元格的基本操作包括选择单元格、命名单元格、合并与删除单元格、隐藏与显示单元格和保护单元格等。

2.4.1 选择单元格

选择单元格的常用方法有以下 6 种：
（1）将鼠标指针移至目标单元格上，单击鼠标即可选择该单元格。
（2）在某个单元格上按住鼠标左键不放并拖动鼠标，可选择连续的单元格组成的单元格区域。
（3）选择某个单元格，然后按住"Shift"键不放，选择另一个单元格，即可将以这两个单元格为对角线的矩形所在范围内的所有单元格区域选择。
（4）选择某个单元格，然后按住"Ctrl"键不放，继续选择其他单元格或单元格区域，可同时选择多个不相邻的单元格或单元格区域。
（5）将鼠标指针移至需选择的行号或列标上，当其变为 → 或 ↓ 形状时，单击鼠标即可选择该行或该列上的所有单元格。
（6）单击工作表左上角行号与列标的交叉处的"全选"按钮，可选择此工作表中的所有单元格。

2.4.2 命名单元格

在处理庞大数据时，可根据需要为包含数据的某个单元格或单元格区域进行命名，从而实现在大量数据中快速找到命名单元格或单元格区域的目的。

1. 命名单元格

Excel 2007 允许对单元格或单元格区域的名称进行更改，以便快速选择该单元格或单元格区域。

🖱 **上机练习 2.17　命名"个人月度预算"工作表中 B11:C15 单元格区域**

1 选择"个人月度预算"工作表，单击"公式"选项卡，在"定义的名称"组中单击"定义名称"下拉按钮，在弹出的下拉菜单中选择"定义名称"命令，如图 2-43 所示。

2 打开"新建名称"对话框，在"名称"文本框中输入"供房信息"，在"范围"下拉列表框中选择"个人月度预算"选项，单击"引用位置"文本框右侧的按钮，如图 2-44 所示。

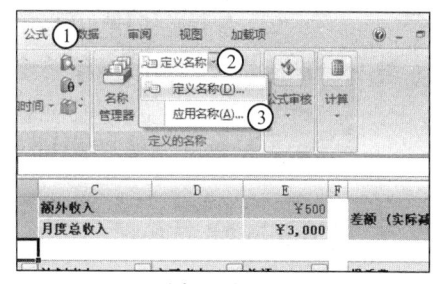

图 2-43　选择"定义名称"命令

3 拖动鼠标选择 B11:C15 单元格区域，然后单击对话框右侧的按钮，如图 2-45 所示。
4 返回"新建名称"对话框，单击"确定"按钮即可。

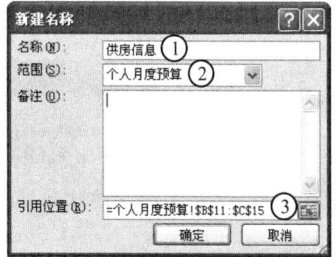

图 2-44　打开"新建名称"对话框

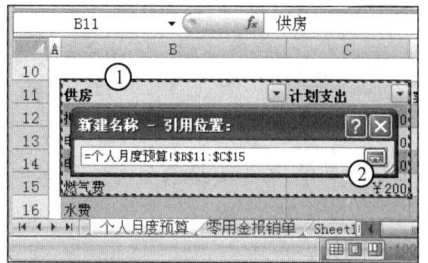

图 2-45　选择单元格区域

2. 定位单元格

为单元格或单元格区域命名以后，便可通过定位单元格的功能来将其快速选择。

上机练习 2.18　定位名称是"供房信息"的单元格

1 单击"开始"选项卡，在"编辑"组中单击"查找和选择"下拉按钮，在弹出的下拉菜单中选择"转到"命令，如图 2-46 所示。

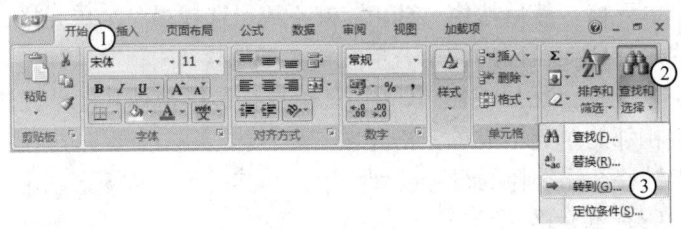

图 2-46　选择"转到"命令

2 打开"定位"对话框，在"定位"列表框中选择"供房信息"选项，然后单击"确定"按钮，如图 2-47 所示。

3 此时即可快速选择"供房信息"单元格区域，如图 2-48 所示。

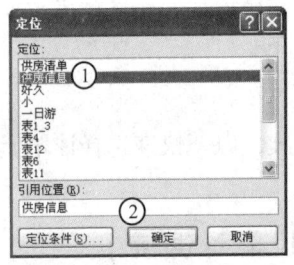

图 2-47　选择定位的单元格

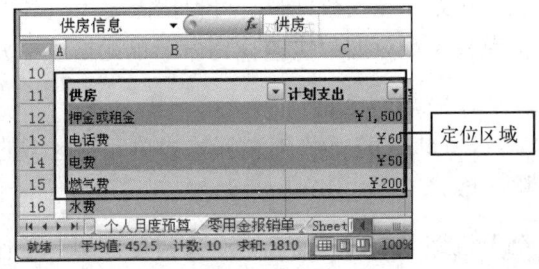

图 2-48　查看定位区域

> **提示**　通过名称框也可快速定位单元格，其方法为：单击名称框右侧的▼按钮，在弹出的下拉列表中选择已命名单元格的名称即可。也可在名称框中直接输入需选择的单元格名称，然后按"Enter"键。

2.4.3　插入单元格

在制作表格的过程中，有时可能会遗漏某些数据，此时就可在原有表格的基础上插入单元格来补充表格所需的数据信息。

上机练习 2.19　插入单元格

1 选择单元格或单元格区域，在"开始"选项卡的"单元格"组中单击"插入"下拉按钮，在弹出的下拉菜单中选择"插入单元格"命令。

2 打开"插入"对话框，选中需要的单选按钮，然后单击"确定"按钮，即可插入对应的单元格，如图 2-49 所示。

"插入"对话框各单选按钮的作用如下：

- 活动单元格右移：在当前选择的单元格左侧插入一个单元格。
- 活动单元格下移：在当前选择的单元格上方插入一个单元格。
- 整行：在当前选择的单元格上方插入一行单元格。

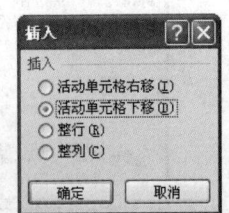

图 2-49　"插入"对话框

- 整列:在当前选择的单元格左侧插入一列单元格。

2.4.4 删除单元格

在编辑表格的过程中,对于多余或无用的单元格可将其删除。

上机练习 2.20 删除单元格

1 选择单元格或单元格区域,在"开始"选项卡的"单元格"组中单击"删除"下拉按钮,在弹出的下拉菜单中选择"删除单元格"命令。

2 打开"删除"对话框,选中需要的单选按钮,然后单击"确定"按钮,即可删除选择的单元格,如图 2-50 所示。

"删除"对话框各单选按钮的作用如下:

- 右侧单元格左移:当前选择的单元格的右侧单元格填补。
- 下方单元格上移:当前选择的单元格下方单元格填补。
- 整行:删除当前选择的单元格所在行的所有单元格。
- 整列:删除当前选择的单元格所在列的所有单元格。

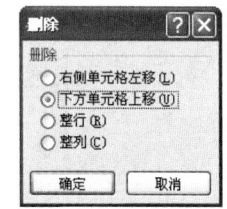

图 2-50 "删除"对话框

2.4.5 合并与拆分单元格

Excel 2007 允许对单元格进行合并操作,以达到美化表格,突出显示数据的目的,但只允许对合并后的单元格进行拆分。

1. 合并单元格

为了使制作的表格更加专业和美观,可以将某些单元格区域进行合并,此操作在制作表名时经常用到。

上机练习 2.21 合并"学生期末成绩表"工作表中 A1:G1 单元格区域

1 选择"学生期末成绩表"工作表中的 A1:G1 单元格区域,单击"开始"选项卡,在"单元格"组中单击"格式"下拉按钮,在弹出的下拉菜单中选择"设置单元格格式"命令,如图 2-51 所示。

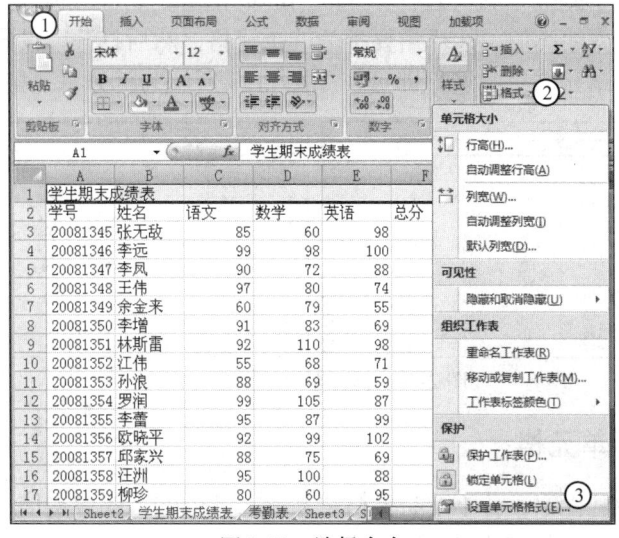

图 2-51 选择命令

2 打开"设置单元格格式"对话框,单击"对齐"选项卡,在"文本控制"中选中"合并单元格"复选框,单击"确定"按钮,如图 2-52 所示。

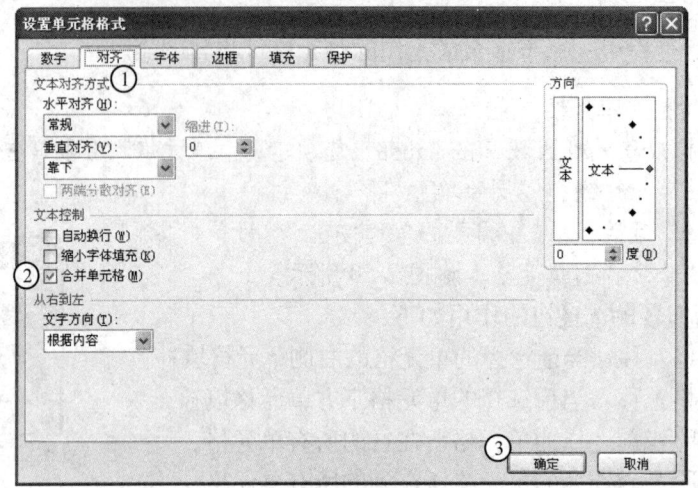

图 2-52 "设置单元格格式"对话框

3 合并单元格区域后的效果如图 2-53 所示。

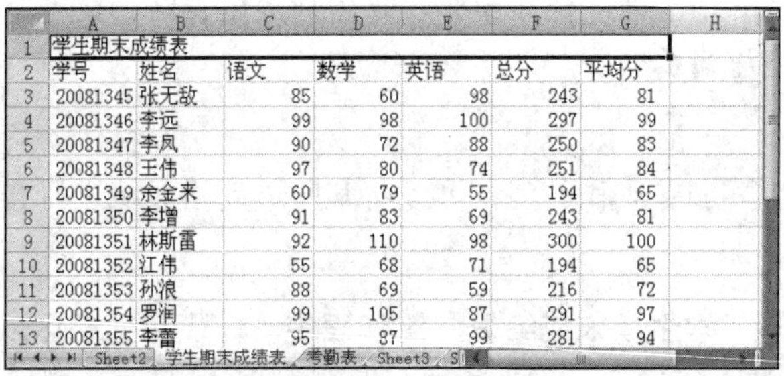

图 2-53 合并后的效果

2. 拆分单元格

单个的单元格是不能拆分的,只有合并以后的单元格才能进行拆分操作。拆分单元格的方法与合并单元格的方法类似,选择需要拆分的单元格,然后打开"设置单元格格式"对话框,取消选中"合并单元格"复选框即可,如图 2-54 所示为拆分单元格前后的对比。

图 2-54 拆分单元格前后对比

2.4.6 隐藏与显示单元格

在编辑工作表的过程中,若不想将表格中某行或某列的重要数据信息外泄,可以将数据所在的行或列隐藏起来,待需要时再将其重新显示。

1. 隐藏单元格

Excel 2007 中只能隐藏整行或整列单元格，不能隐藏单个的单元格。

上机练习 2.22 隐藏"学生期末成绩表"工作表中的第 3 行单元格

1 选择"学生期末成绩表"工作表中的第 3 行单元格。

2 在"开始"选项卡的"单元格"组中单击"格式"下拉按钮，在弹出的下拉菜单中选择"隐藏和取消隐藏"→"隐藏行"命令，如图 2-55 所示即为隐藏正行单元格的前后对比。

图 2-55 隐藏单元格前后对比

提 示 在需隐藏的行或列上单击鼠标右键，在弹出的快捷菜单中选择"隐藏"命令也可隐藏对应的行或列。

2. 显示单元格

显示单元格的方法与隐藏单元格的方法类似，在"开始"选项卡的"单元格"组中单击"格式"下拉按钮，在弹出的下拉菜单中选择"隐藏和取消隐藏"→"取消隐藏行（列）"命令，即可将隐藏的整行（列）单元格重新显示。

2.4.7 保护单元格

为防止他人擅自改动单元格中的数据，可将一些重要的单元格锁定。保护单元格不仅可以保护单元格中的数据而且还能隐藏单元格中的公式。但要注意的是，要使单元格处于保护状态，必须保证单元格所在的工作表处于保护状态。

上机练习 2.23 锁定"学生期末成绩表"工作表中 A1:G8 区域单元格

1 在"学生期末成绩表"工作表中单击"全选"按钮，如图 2-56 所示。

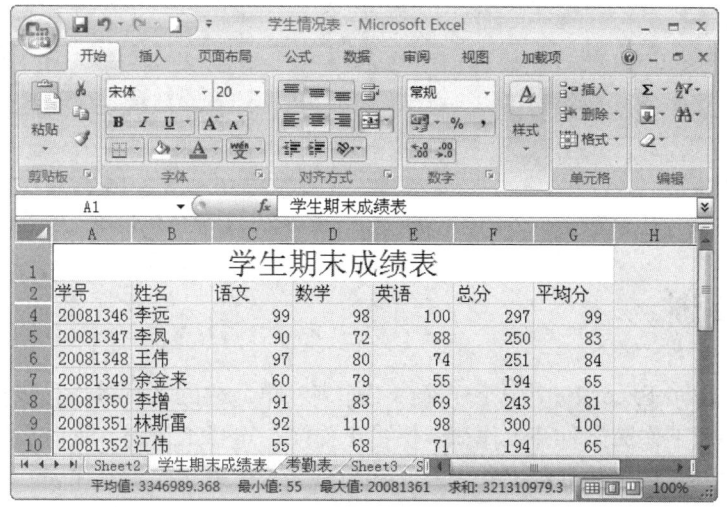

图 2-56 选择单元格区域

2 在"开始"选项卡的"单元格"组中单击"格式"下拉按钮,在弹出的下拉菜单中选择"设置单元格格式"命令。

3 打开"设置单元格格式"对话框,单击"保护"选项卡,取消选中"锁定"复选框,然后单击"确定"按钮,如图2-57所示。

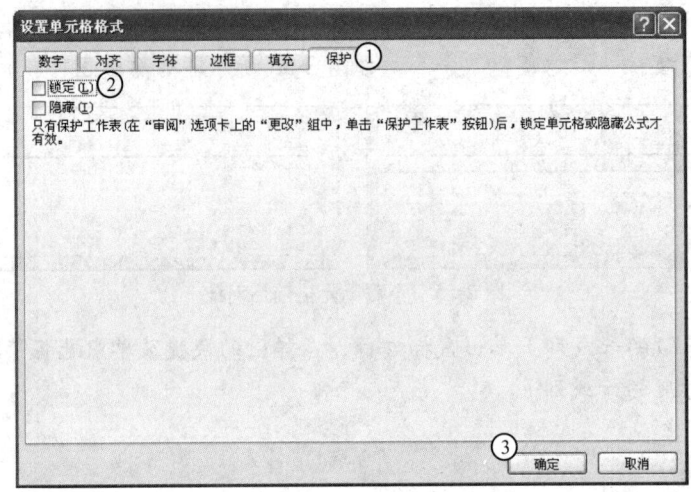

图2-57 取消选中"锁定"复选框

4 选择A1:G8单元格区域,再次打开"设置单元格格式"对话框,在"保护"选项卡中选中"锁定"复选框,然后单击"确定"按钮。

5 单击"开始"选项卡中"单元格"组的"格式"按钮下拉按钮,在弹出的下拉菜单中选择"保护工作表"命令,打开"保护工作表"对话框。在"允许此工作表的所有用户进行"列表框中只选中"选定未锁定的单元格"复选框,然后单击"确定"按钮,如图2-58所示。

6 此时只能对工作表中未锁定的单元格进行操作,如图2-59所示。

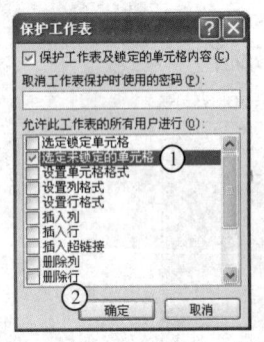

图2-58 "保护工作表"对话框

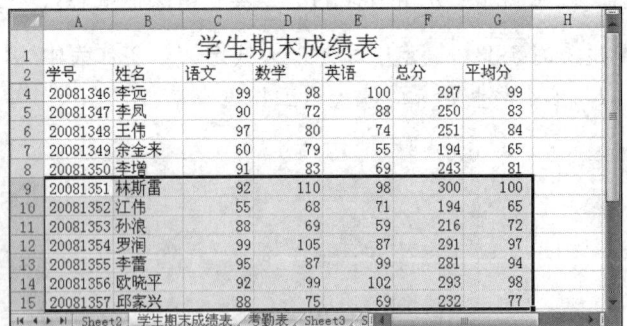

图2-59 锁定A1:G8单元格区域

2.5 技能实训

本章详细介绍了Excel 2007中工作簿、工作表和单元格的各种操作,包括新建工作簿、保存工作簿、关闭工作簿、打开工作簿、保护工作簿、选择工作表、重命名工作表、插入工作表、删除工作表、移动与复制工作表、隐藏与显示工作表、保护工作表、选择单元格、命名单元格、插入单元格、删除单元格、合并与拆分单元格、隐藏与显示单元格以及保护单元格等知识。本章所讲内容既是全书最基础又是最重要的内容，只有灵活掌握并运用这些相关知识，才能为后面的学习打下坚实的基础。下面将通过制作"工资表"工作表来巩固本章学习的知识。制作过程主要涉及到工作表命名、移动和复制单元格、复制工作表、保护单元格和保存工作簿等操作，如图 2-60 所示为最终的效果。

图 2-60 "2009 年 06 月工资表"工作表

【操作步骤】

1 启动 Excel 2007，在 Sheet1 工作表中选择 A1 单元格，在编辑区中单击鼠标定位插入点，切换到中文输入法，输入"2009 年 06 月工资表"，如图 2-61 所示。

2 用步骤 1 所讲的方法依次在 Sheet1 工作表中输入剩余的数据，如图 2-62 所示。

图 2-61 输入数据

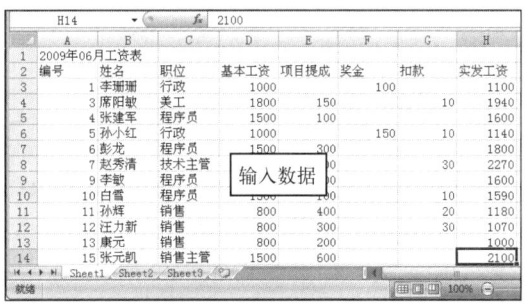

图 2-62 输入数据

3 在"Sheet1"工作表标签上单击鼠标右键，在弹出的快捷菜单中选择"重命名"命令，如图 2-63 所示。

4 此时工作表标签呈可编辑状态，将其重命名为"2009 年 06 月工资表"，效果如图 2-64 所示。

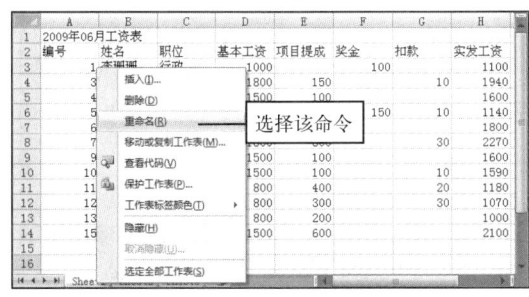

图 2-63 选择命令

图 2-64 更改工作表名称

5 选择 D 列单元格，单击"开始"选项卡中"单元格"组的"插入"下拉按钮，在弹出的下拉菜单中选择"插入工作表列"命令，如图 2-65 所示。

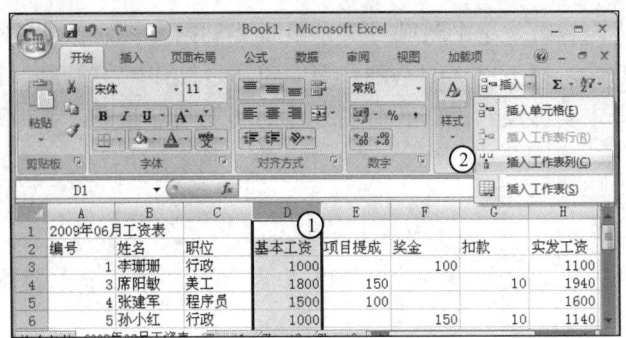

图 2-65　插入工作表列

6 此时将在"基本工资"项目前插入一列单元格,在其中输入相关数据,如图 2-66 所示。

7 选择 A1:I1 单元格区域,在"开始"选项卡的"对齐方式"组中单击"合并后居中"按钮(此按钮可快速合并选择的单元格区域并使其中的数据居中显示,是常用的工具按钮),效果如图 2-67 所示。

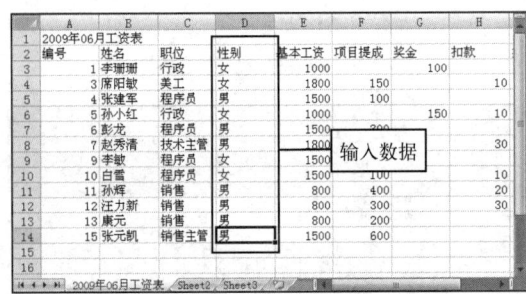
图 2-66　输入数据

图 2-67　合并单元格区域

8 单击"开始"选项卡中"单元格"组的"格式"下拉按钮,在弹出的下拉菜单中选择"移动或复制工作表"命令,打开"移动或复制工作表"对话框,在"下列选定工作表之前"列表框中选择"Sheet2"选项,选中"建立副本"复选框,单击"确定"按钮,如图 2-68 所示。

9 复制"2009 年 06 月工资表"工作表后的效果如图 2-69 所示。

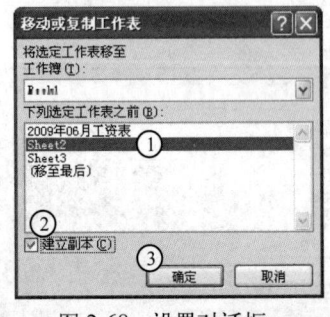
图 2-68　设置对话框

图 2-69　复制的工作表

10 选择"2009 年 06 月工资表"工作表中的第 3~8 行如图 2-70 所示。

11 在"开始"选项卡的"单元格"组中单击"格式"下拉按钮,在弹出的下拉菜单中选择"隐藏和取消隐藏"→"隐藏行"命令,隐藏单元格后的效果如图 2-71 所示。

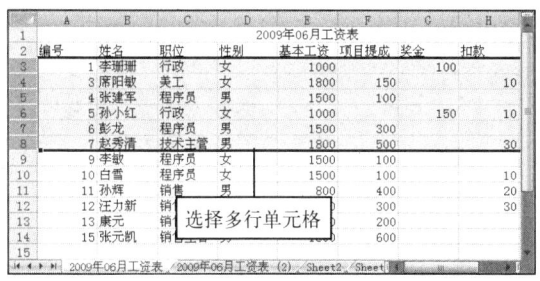
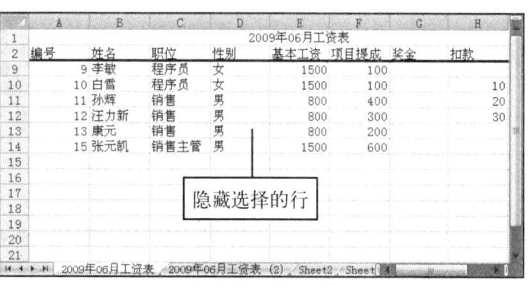

图 2-70 选择单元格　　　　　　　　　图 2-71 隐藏单元格后的前后对比

12 单击标题栏右侧的关闭按钮，打开提示对话框，提示是否保存新建的工作簿，单击"是"按钮，如图 2-72 所示。

13 打开"另存为"对话框，在"保存位置"下拉列表框中选择保存路径"BACKUP(F:)"，在"文件名"下拉列表框中输入"09年工资表"，然后单击"保存"按钮，如图 2-73 所示。

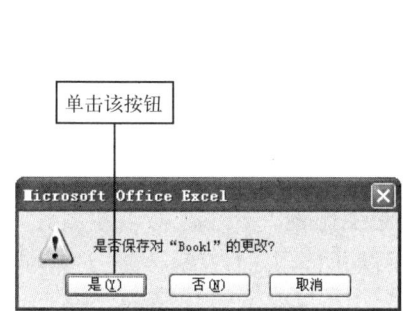

图 2-72 提示对话框　　　　　　　　　图 2-73 设置"另存为"对话框

2.6 习题

一、填空题

1. 工作簿、工作表和单元格之间是_____与_____的关系，即工作簿_____工作表，单元格_____工作表。

2. 在已打开的 Excel 2007 中快速新建一个工作簿的的快捷键为_____。

3. 为了新建各种具有专业表格样式的工作簿，可以通过 Excel 2007 自带的_____来进行创建。

4. 在 Excel 2007 中，用来储存和管理各种数据信息的场所，称为_____。

5. 在 Excel 2007 中，要制作更加专业和美观表格格式，通常情况下会使用_____单元格功能，要快速地合并单元格可以单击_____选项卡的_____组中的_____按钮。

二、选择题

1. 以下关于 A1 至 A8 单元格区域的表示方法，正确的是（　　）。
   A．A1；A8　　　B．A1，A8　　　C．A1:A8　　　D．A1;A8

2. 以下关于关闭工作簿的描述，正确的是（　　）。

A. 在"Office"菜单中选择"关闭"命令
B. 单击功能选项卡右侧的"关闭"按钮 ×
C. 单击标题栏右侧的"关闭"按钮 ×
D. 在"Office"菜单中单击"退出 Excel"按钮

3. 以下选择单元格的方法，正确的是（　　）。
    A. 将鼠标指针移至目标单元格上并单击鼠标。
    B. 选择某个单元格，然后按住"Ctrl"键不放，选择另一个单元格，即可将以这两个单元格为对角线的矩形所在范围内的所有单元格区域选择。
    C. 选择某个单元格，然后按住"Shift"键不放，继续选择其他单元格或单元格区域，可同时选择多个不相邻的单元格或单元格区域。
    D. 单击工作表左上角行号与列标的交叉处的"全选"按钮，可选择此工作表中的所有单元格。
4. 在 Excel 2007 中被选中的单元格称为（　　）。
    A. 工作簿　　　B. 活动单元格　　　C. 文档　　　D. 拆分框
5. 在 Excel 2007 中默认工作簿的名称为（　　）。
    A. Work1、Work2、Work3　　　　B. Book1、Book2、Book3
    C. Sheet1、Sheet2、Sheet3　　　　D. Document1、Document2、Document3
6. 以下说法正确的是（　　）。
    A. 一个工作簿可以包含多个工作表　　B. 一个工作簿只能包含一个工作表
    C. 一个工作表可以包含多个工作簿　　D. 工作簿就是工作表
7. 当删除工作表中的某一行或列时，后面的行或列会自动向（　　）或（　　）移动。
    A. 上、左　　　B. 上、右　　　C. 下、左　　　D. 下、右

三、操作题

1. 在工作簿中插入一张工作表。
2. 在"Book1"工作表中选择 B5 单元格和 C1 到 G1 单元格区域。
3. 将创建的工作簿保存到 E 盘，文件名为：工资表，并设置保护工作簿的密码为：123456，然后通过"Office"按钮关闭当前工作簿。
4. 打开"学生成绩表"工作簿。
5. 将"Sheet1"工作表重命名为"高三（一）班"。
6. 将 A1 到 G1 单元格区域合并后居中。
7. 在工作簿中复制一张工作表，命名为"高二（二）班"，然后将该表复制到 Book2 中。
8. 将"学生成绩表"工作簿另存为到"我的文档"中，通过标题栏右侧的按钮退出 Excel 2007。

第 3 章　数据的输入

本章内容提要

　　输入数据是制作表格的基础，Excel 支持各种类型数据的输入并能呈现不同的格式，本章将主要介绍普通型数据、小数型数据、分数型数据、文本型数据、符号型数据、货币型数据和日期型数据的输入方法。同时还将涉及到数据的编辑、快速填充以及撤消与恢复等功能的使用。

教学重点与难点

- 各种类型数据的输入
- 修改数据
- 移动与复制数据
- 查找与替换数据
- 数据的快速填充
- 撤消与恢复

3.1　各种类型数据的输入

　　制作表格时会涉及到许多类型数据的输入，如文本、小数、分数、日期、时间、货币等。在单元格中输入数据的方法有如下 3 种：

　　（1）选择单元格，直接输入数据，若原单元格中有数据则将被覆盖。

　　（2）在选择的单元格上双击鼠标，然后在出现的插入点处即可输入数据。

　　（3）选择单元格，在编辑栏中的编辑区单击鼠标，然后在其中输入数据，如图 3-1 所示。

图 3-1　在编辑区中输入数据

3.1.1　普通型数据

　　Excel 2007 中的普通型数据包括 0～9 组成的数字以及许多运算或单位符号等，如：＋、－、＊、/、$、￥、%等。默认情况下，输入这类数据后，会在单元格中自动呈右对齐显示。需注意的是，Excel 2007 对数值的一些输入格式进行了若干规定：

　　（1）当输入的数据长度超过单元格的列宽时，将显示"#########"信息。

　　（2）当输入的数据大小大于 99 999 999 999 时，将以科学计数法显示数据。

　　（3）当输入正数时，无需输入"＋"符号，即便输入，Excel 2007 也会自动将其忽略。

　　（4）当输入负数时，则必须在前面输入"－"符号，或将输入的负数绝对值以圆括号括起来。如想要得到"-35"，则可输入"-35"或"(35)"。

　　（5）当输入百分比数据时，首先应输入具体的数据，然后直接在数据后输入"%"符号，如图 3-2 所示即为输入上述数据的各种情况。

图 3-2　普通型数据的各种显示状态

3.1.2　小数型数据

小数型数据的最大特点就是会呈现出小数点以及其右侧的小数，在 Excel 2007 中可设置需要显示的小数位数以及是否显示千位分隔符。

上机练习 3.1　输入具有千位分隔符且包含 4 位小数的数据

1 启动 Excel 2007，选择需输入数据的单元格，这里选择 A1 单元格。

2 在"开始"选项卡的"单元格"组中单击"格式"按钮，在弹出的菜单中选择"设置单元格格式"命令。

3 打开"设置单元格格式"对话框的"数字"选项卡，在"分类"列表框中选择"数值"选项，在右侧的"小数位数"数值框中将数值设置为"4"，选中下方的"使用千位分隔符"复选框，如图 3-3 所示。最后单击"确定"按钮。

4 在 A1 单元格中输入"3141.592684"，按"Enter"键可发现显示出的小数位数仅有 4 位，但编辑区中显示的确是完整的小数位数，如图 3-4 所示。

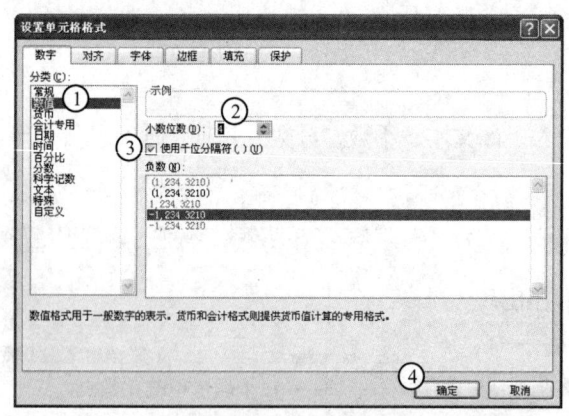

图 3-3　设置小数位数和是否显示千位分隔符

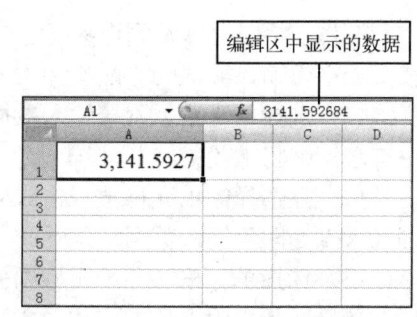

图 3-4　输入的小数型数据

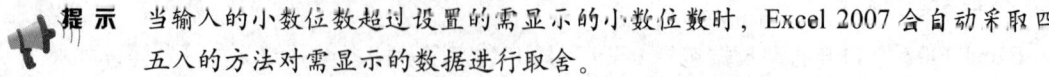

> **提示**　当输入的小数位数超过设置的需显示的小数位数时，Excel 2007 会自动采取四舍五入的方法对需显示的数据进行取舍。

3.1.3　分数型数据

分数型数据根据真分数和假分数的区别有以下两种输入方法：

（1）当输入真分数时，需先输入"0+空格"，再输入具体的数据。如想得到 3/7，则需输入"0 3/7"，不过编辑区中会显示为该分数对应的小数，如图 3-5 所示。

（2）当输入假分数时，需先输入整数部分，然后输入"空格"和分数部分即可。如想得到"4 3/7"，则需输入"4 3/7"，编辑区中同样会自动将分数转化为对应的小数，如图 3-6 所示。

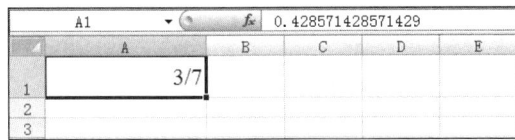
图 3-5 输入真分数

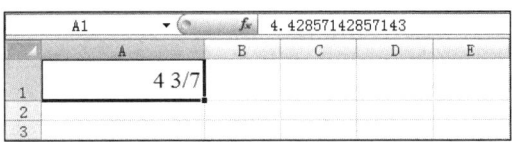
图 3-6 输入假分数

利用"设置单元格格式"对话框还可对需输入的分数格式进行设置。

上机练习 3.2 将输入分数的分母自动转化为 100

1 启动 Excel 2007，选择需输入数据的单元格，这里选择 A1 单元格。

2 打开"设置单元格格式"对话框的"数字"选项卡，在"分类"列表框中选择"分数"选项，在右侧的"类型"列表框中选择"百分之几（30/100）"选项，如图 3-7 所示。最后单击"确定"按钮。

3 在 A1 单元格中输入"4 3/7"，按"Enter"键，即可使分数分母自动转化为"100"，如图 3-8 所示。

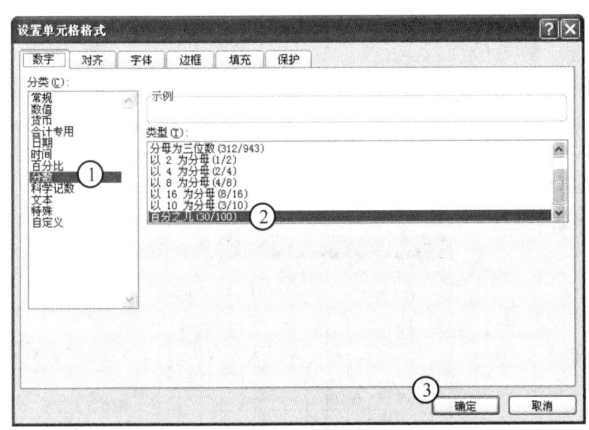
图 3-7 设置分数格式

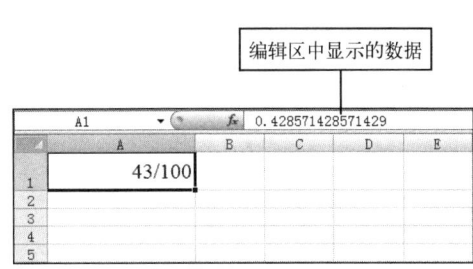
图 3-8 输入的分数

3.1.4 文本型数据

在 Excel 2007 中输入的文本型数据都会以左对齐的方式呈现。当输入的文本型数据长度大于单元格列宽时，需通过设置使文本自动换行以便显示完整的内容。

上机练习 3.3 使输入的文本自动换行

1 启动 Excel 2007，选择需输入数据的单元格，这里选择 A1 单元格。

2 打开"设置单元格格式"对话框的"数字"选项卡，在"分类"列表框中选择"常规"或"文本"选项，如图 3-9 所示。

3 单击"对齐"选项卡，在"文本控制"栏中选中"自动换行"复选框，如图 3-10 所示。最后单击"确定"按钮。

4 在 A1 单元格中输入具体的文本，此

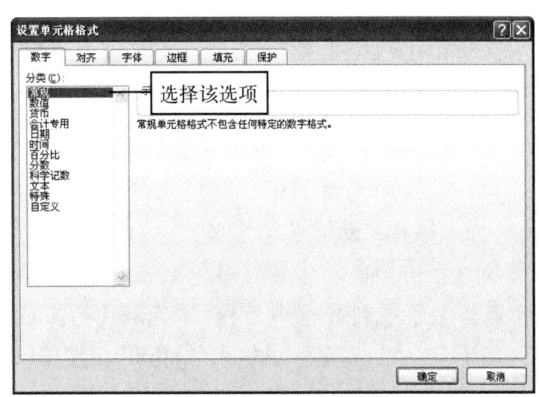
图 3-9 设置数据类型

时当文本长度大于单元格列宽时，文本便会自动换行显示，如图 3-11 所示；而图 3-12 所示的效果为未进行自动换行设置时输入的文本效果。

图 3-11　自动换行的文本

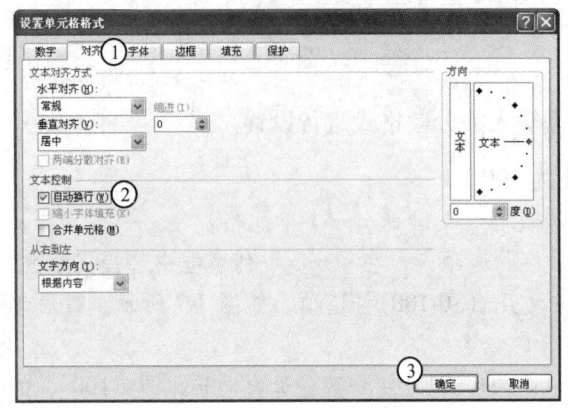

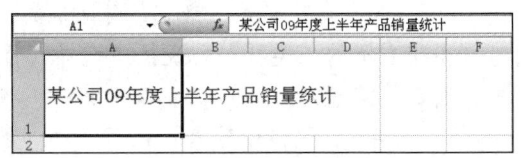

图 3-10　设置自动换行　　　　　　　　　图 3-12　未自动换行的文本

3.1.5　符号型数据

这里讲的符号型数据是除去常见的运算符号或单位符号的特殊符号，输入这类符号型数据时，需借助"插入特殊符号"对话框来实现。

上机练习 3.4　插入实心圆

1　启动 Excel 2007，选择需输入数据的单元格，这里选择 A1 单元格。

2　单击"插入"选项卡，在"特殊符号"组中单击"符号"按钮，在弹出的下拉菜单中选择"更多"命令。

3　打开"插入特殊符号"对话框，单击"特殊符号"选项卡，在下方的列表框中选择实心圆对应的选项，如图 3-13 所示。最后单击"确定"按钮即可插入选择的特殊符号。

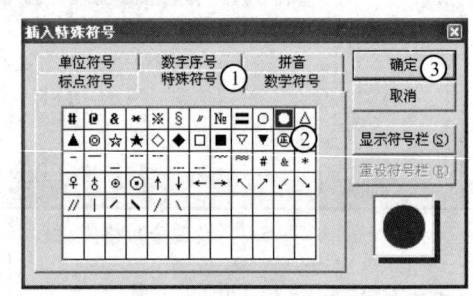

图 3-13　选择需插入的特殊符号

3.1.6　货币型数据

货币型数据是指数据前会呈现货币单位的数值，在涉及到制作含有价格信息的表格时，货币型数据是非常合适的选择。

上机练习 3.5　输入单位为英镑的货币型数据

1　启动 Excel 2007，选择需输入数据的单元格，这里选择 A1 单元格。

2　打开"设置单元格格式"对话框的"数字"选项卡，在"分类"列表框中选择"货币"选项，在右侧的"小数位数"数值框中可设置显示的小数位数，一般显示两位即可；在"货币符号"下拉列表框中选择"£英语（英国）"选项，如图 3-14 所示。最后单击"确定"按钮。

3　在 A1 单元格中输入"8000"，按"Enter"键即可使输入的数据添加英镑的货币符号，如图 3-15 所示。

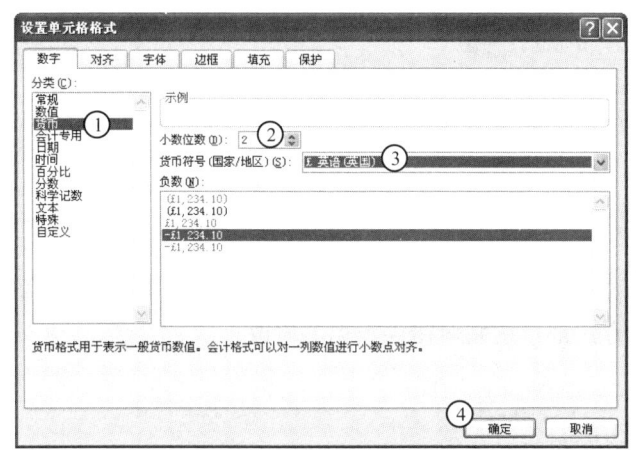

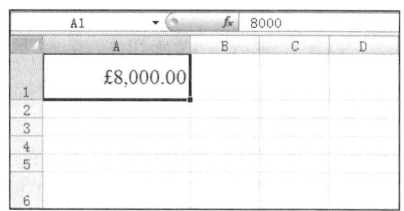

图 3-14 设置货币样式　　　　　　　　图 3-15 输入的货币型数据

3.1.7 日期型数据

日期型数据可准确显示当前电脑中设置的年、月、日的具体数据，对于一些涉及到日期信息的表格比较适用。

上机练习 3.6　输入"01-3-14"格式的日期型数据

1 启动 Excel 2007，选择需输入数据的单元格，这里选择 A1 单元格。

2 打开"设置单元格格式"对话框的"数字"选项卡，在"分类"列表框中选择"日期"选项，在右侧的"类型"列表框中选择"01-3-14"选项，如图 3-16 所示。最后单击"确定"按钮。

3 在 A1 单元格中输入"2009/07/13"，按"Enter"键可见输入的数据自动变成"09-7-13"格式的日期型数据，如图 3-17 所示。

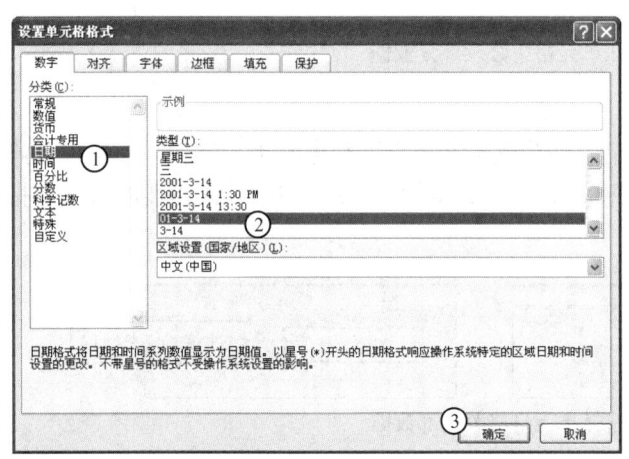

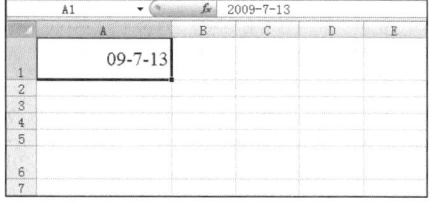

图 3-16 设置日期格式　　　　　　　　图 3-17 输入的日期型数据

 **提示**　一般来说，在单元格中输入日期型数据时，无论将显示什么格式，输入时都需采用"2009/07/13"或"2009-07-13"等格式进行输入。另外，输入时间型数据的方法与日期型类似，只需按"小时:分钟:秒钟"的格式进行输入，也可在"设置单元格格式"对话框中选择"时间"选项，然后设置需要显示的时间型数据的格式。

3.2 数据的编辑

数据的编辑是既基础又必要的操作,下面将主要对修改单元格中的数据、移动与复制单元格中的数据以及查找与替换单元格中的数据等知识进行详细讲解。

3.2.1 修改数据

当输入到单元格中的数据有误时,需及时进行修改。通过直接在单元格中输入、双击单元格定位插入点以及在编辑区中输入的方式都可达到对错误数据的修改。

1. 修改单元格中的部分数据

修改单元格中部分数据有如下两种方法:

(1) 选择需修改数据的单元格,此时可将插入点定位到编辑区中适当的位置,并可拖动鼠标选择需修改的部分数据,然后输入所需的数据后,按"Enter"键即可,如图 3-18 所示。

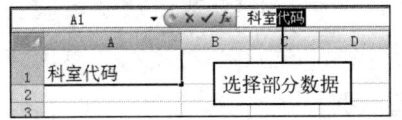 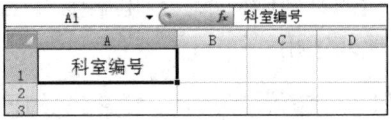

图 3-18　在编辑区中修改部分数据

(2) 双击需修改数据的单元格,此时可将插入点定位到单元格中适当的位置,并可拖动鼠标选择需修改的部分数据,然后输入所需的数据后,按"Enter"键即可,如图 3-19 所示。

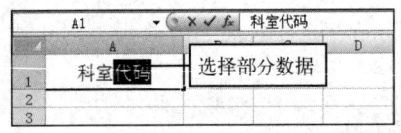 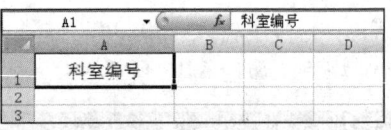

图 3-19　在单元格中修改部分数据

2. 修改单元格中的全部数据

除了利用上述两种方法定位插入点后,拖动鼠标选择全部数据并进行重新输入来达到修改全部数据的目的以外,还可直接选择需修改全部数据的单元格,然后输入需要的数据后按"Enter"键即可,如图 3-20 所示。

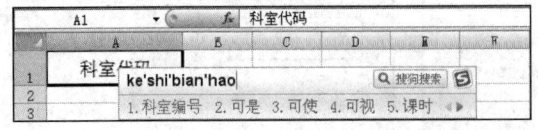 

图 3-20　选择单元格修改全部数据

3.2.2 移动与复制数据

Excel 2007 单元格中的数据可根据需要随时进行移动或复制,以提高工作效率。

1. 移动数据

移动数据是指将某个单元格中的数据移动到其他单元格中,而原有单元格中的数据将消失。在 Excel 2007 中可通过以下 3 种方法实现数据的移动。

(1) 利用命令或按钮实现：在需移动数据的单元格上单击鼠标右键，在弹出的快捷菜单中选择"剪切"命令，也可选择单元格后，单击"开始"选项卡的"剪贴板"组中的"剪切"按钮。然后选择目标单元格，在其上单击鼠标右键，在弹出的快捷菜单中选择"粘贴"命令，也可在选择了目标单元格后，单击"开始"选项卡的"剪贴板"组中的"粘贴"按钮即可。

(2) 拖动鼠标实现：选择需移动数据的单元格，将鼠标指针定位到出现的单元格粗边框上，当其变为 形状时，按住鼠标左键不放并拖动到目标单元格位置，然后释放鼠标即可，如图 3-21 所示。

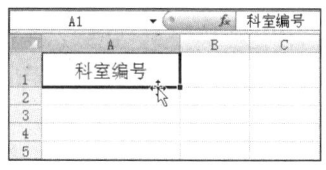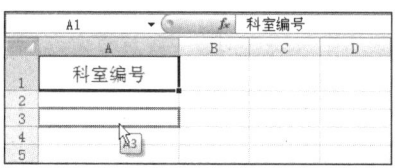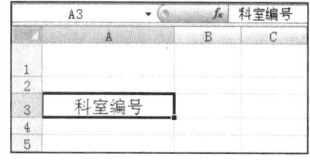

图 3-21　拖动鼠标移动数据

(3) 通过快捷键实现：选择需移动数据的单元格，按"Ctrl+X"键；然后选择目标单元格，按"Ctrl+V"键即可。

2．复制数据

复制数据是指将某个单元格中的数据拷贝一份到其他单元格中，而原有单元格中的数据将同时保留。在 Excel 2007 中可通过以下 3 种方法实现数据的复制。

(1) 利用命令或按钮实现：在需复制数据的单元格上单击鼠标右键，在弹出的快捷菜单中选择"复制"命令，也可选择单元格后，单击"开始"选项卡的"剪贴板"组中的"复制"按钮。然后选择目标单元格，在其上单击鼠标右键，在弹出的快捷菜单中选择"粘贴"命令，也可在选择了目标单元格后，单击"开始"选项卡的"剪贴板"组中的"粘贴"按钮即可。

(2) 拖动鼠标实现：选择需复制数据的单元格，将鼠标指针定位到出现的单元格粗边框上，当其变为 形状时，按住"Ctrl"键的同时按住鼠标左键不放并拖动到目标单元格位置，然后释放按键和鼠标即可。

(3) 通过快捷键实现：选择需复制数据的单元格，按"Ctrl+C"键；然后选择目标单元格，按"Ctrl+V"键即可。

3.2.3　查找与替换数据

Excel 2007 中的查找和替换数据功能，可以快速实现在工作表中查找并替换数字、文本、公式甚至批注等各种类型的数据，极大地提高了工作效率。

1．查找数据

查找数据功能可以实现在工作表或整个工作簿中查找需要的数值、公式等数据，并能同时查找所有符合条件的数据以及设置按行或列的方向进行查找等。

上机练习 3.7　查找工作表中所有的"外语"数据

1 启动 Excel 2007，在 Sheet1 工作表中输入如图 3-22 所示的数据，并对一些单元格区域进行合并。

2 选择合并后的 A1 单元格，单击"开始"选项卡的"编辑"组中的"查找和选择"按钮，在弹出的下拉菜单中选择"查找"命令。

3 打开"查找和替换"对话框的"查找"选项卡,单击右下角的"选项"按钮,展开对话框。然后在"查找内容"下拉列表框中输入"外语",在"范围"下拉列表框中选择"工作表"选项,在"搜索"下拉列表框中选择"按行"选项,如图 3-23 所示。

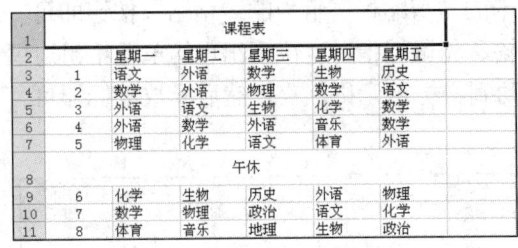
图 3-22　输入数据

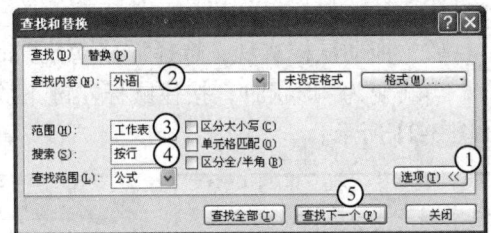
图 3-23　设置查找条件

4 单击"查找下一个"按钮,即可在工作表中自动选择符合条件的第一个单元格,如图 3-24 所示。

5 单击"查找全部"按钮,即可同时查找出所有符合条件的单元格,并自动显示在对话框下方的列表框中,如图 3-25 所示。

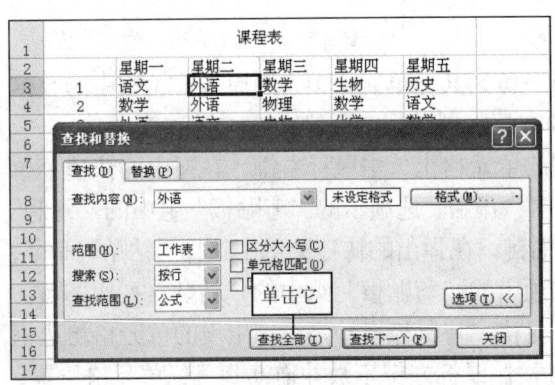
图 3-24　查找数据

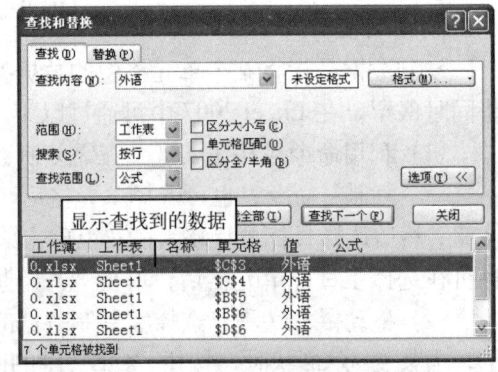
图 3-25　查找全部数据

6 完成后单击"关闭"按钮即可关闭对话框。

2. 替换数据

一般来说,使用查找功能查找数据后,大都是为了将这些数据进行替换。使用替换功能可轻松实现数据的修改。

上机练习 3.8　将"外语"数据替换为"英语"

1 在上述操作的工作表中选择 A1 单元格,单击"开始"选项卡的"编辑"组中的"查找和选择"按钮,在弹出的下拉菜单中选择"替换"命令。

2 打开"查找和替换"对话框的"替换"选项卡,且呈展开状态。在"查找内容"下拉列表框中自动输入了上次查找的数据"外语",在"替换为"下拉列表框中输入"英语",其他参数默认不变,单击"查找下一个"按钮,此时将找到第一个符合条件的单元格,如图 3-26 所示。

3 单击"替换"按钮,此时找到的单元格中的数据将自动替换为"英语",并继续查找又一个符合条件的单元格,如图 3-27 所示。

4 单击"全部替换"按钮,此时将打开如图 3-28 所示的对话框,提示替换数据的数量,单击"确定"按钮关闭提示对话框,然后单击"关闭"按钮关闭"查找和替换"对话框。替

换后的效果如图 3-29 所示。

图 3-26　设置替换参数

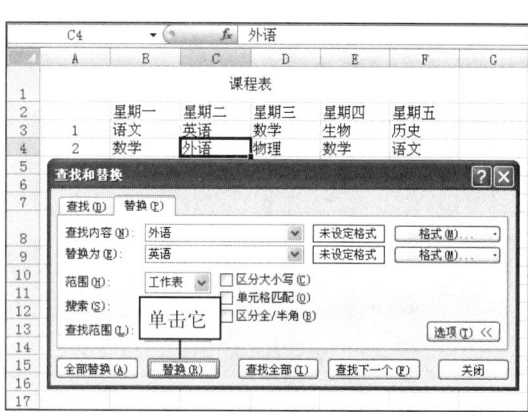

图 3-27　替换数据

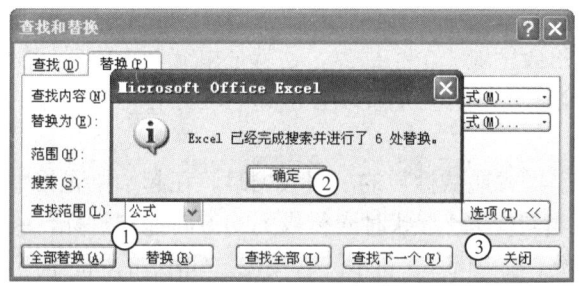

图 3-28　全部替换

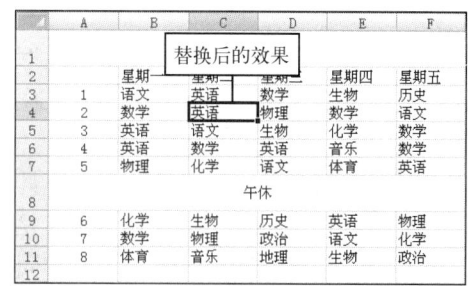

图 3-29　替换数据后的效果

3.3　数据的快速填充

对于一些有规律的数据，如上述操作中的"1、2、3…"、"星期一、星期二、星期三…"等，可通过一些技巧实现快速输入，从而提高工作效率。

3.3.1　利用对话框填充

利用"序列"对话框可以快速填充一组等差、等比或日期等数据，并可设置步长值、终止值等参数，使用十分方便。

上机练习 3.9　以 2009-7-25 为第一个星期六，填充连续 10 个星期六的日期

1 选择某个单元格作为起始单元格，并在其中输入具体的起始数据，这里新建一个工作簿，并选择 Sheet1 工作表的 A1 单元格为起始单元格，输入"2009-7-25"，然后选择 A1:A10 单元格区域作为数据的输入范围，如图 3-30 所示。

2 单击"开始"选项卡的"编辑"组中的"填充"按钮，在弹出的下拉菜单中选择"系列"命令。

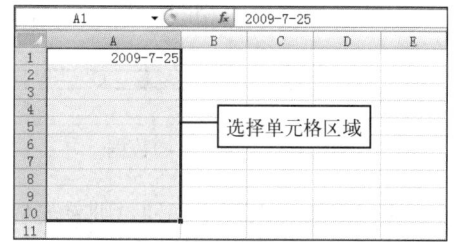

图 3-30　输入起始数据并选择填充范围

3 打开"序列"对话框，由于已经选择了填充数据的单元格区域，并输入了起始数据，因此在"序列产生在"栏中自动选中了"列"单选按钮，在"类型"栏中自动选中了"日期"单选按钮。

4 在"步长值"文本框中输入"7",代表每两个相邻的星期六间隔为 7 天,如图 3-31 所示。

5 事先选择了填充区域后,"终止值"文本框的参数可忽略,直接单击"确定"按钮,填充后的效果如图 3-32 所示。

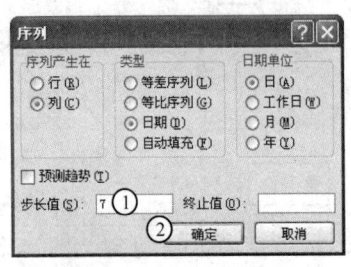
图 3-31 设置步长值

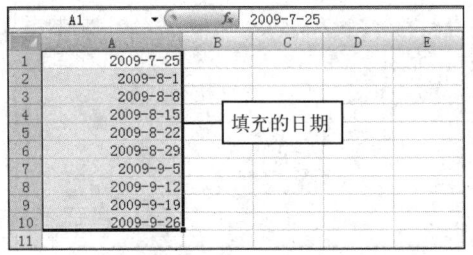
图 3-32 填充后的效果

3.3.2 拖动填充柄填充

选择某个单元格后,单元格粗边框右下角会呈现一个小黑点,这就是填充柄,将鼠标指针移至其上后,指针会变为+形状,通过拖动填充柄可更加直观且快速的填充各种有规律的数据序列。

(1) 若需填充的数据是数字或不具备有递增或递减性质的一组数据时,在起始单元格中输入起始数据,将鼠标指针移至填充柄上,当其变为+形状时向行或列的方向拖动鼠标,到需要的位置释放鼠标即可快速填充相同的数据,如图 3-33 所示。若按住"Ctrl"的同时向上或向左拖动填充柄,则可填充递减的序列;向下或向右拖动填充柄则可填充递增的序列,如图 3-34 所示。

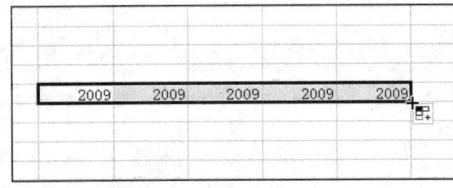
图 3-33 填充相同数据

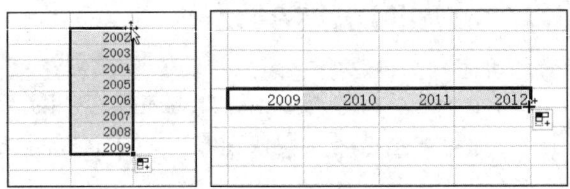
图 3-34 填充递增或递减数据

(2) 若需填充的数据是日期或具备递增或递减性质的一组数据时,在起始单元格中输入起始数据,将鼠标指针移至填充柄上,当其变为+形状时向行或列的方向拖动鼠标,到需要的位置释放鼠标即可快速填充递增或递减的序列,如图 3-35 所示。若按住"Ctrl"的同时拖动填充柄,则将填充相同的数据,如图 3-36 所示。

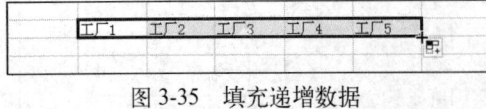
图 3-35 填充递增数据

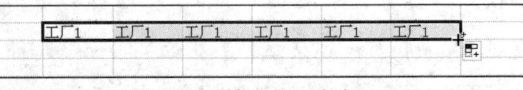
图 3-36 填充相同数据

(3) 若需填充等差序列,则首先应选择起始单元格并输入起始数据,然后在行或列的方向选择一个相邻的单元格并输入等差序列中的第二个数据。选择这两个单元格,将鼠标指针移至填充柄上,如图 3-37 所示。按住鼠标左键不放并拖动至需要的位置,最后释放鼠标即可完成序列的填充,如图 3-38 所示。

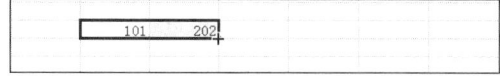

图 3-37 输入起始数据　　　　　　图 3-38 填充等差序列

 提 示 按照上述方法，在拖动填充柄的同时按住"Ctrl"键，则将交替重复地填充输入的两个起始数据。

3.3.3 使用鼠标右键填充

使用鼠标右键填充数据的方法为：选择起始单元格并输入起始数据，然后在填充柄上按住鼠标右键不放并向行或列的方向拖动鼠标，到适当位置后释放鼠标，将弹出如图 3-39 所示的快捷菜单，选择的相应的命令即可填充不同的数据序列，其中各常用命令的作用如下：

- "复制单元格"：复制起始单元格中的数据。
- "填充序列"：填充递增序列。
- "序列"：打开"序列"对话框，从中可设置具体的步长值或终止值等参数。

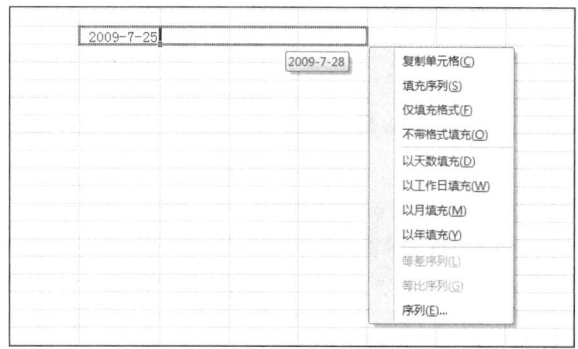

图 3-39 右键填充序列弹出的快捷菜单

3.4 撤消与恢复

Excel 提供的撤消与恢复操作是专门针对在制作表格的过程中对错误操作的有效管理而设置的。通过撤销与恢复操作，可以轻松实现更正错误修改、或还原修改前的状态。

3.4.1 撤消操作

撤销操作是指撤销最近一次或若干次在表格中进行的更改。实现撤消操作的方法有以下 4 种：

(1) 单击"快速访问工具栏"中的"撤消"按钮 ，将撤消对表格做的最近一次更改。
(2) 单击该按钮右侧的下拉按钮，可在弹出的下拉列表中选择需撤消的具体操作。
(3) 按"Ctrl+Z"键可撤消最近一次更改。
(4) 连续按"Ctrl+Z"键则可连续撤消最近的一系列更改。

3.4.2 恢复操作

只有进行了撤消操作后，恢复操作才可用。该操作是指让表格恢复到执行撤消操作前的状态。实现恢复操作的方法有以下 4 种：

(1) 单击"快速访问工具栏"中的"恢复"按钮，将恢复对表格做的最近一次撤消操作。
(2) 单击该按钮右侧的下拉按钮，可在弹出的下拉列表中选择需恢复的具体操作。
(3) 按"Ctrl+Y"键可恢复最近一次更改。
(4) 连续按"Ctrl+Y"键则可连续恢复最近的一系列撤消操作。

3.5 技能实训

下面将通过制作"周销量计划"工作表来巩固本章学习的知识。制作过程主要涉及到文本型数据的输入、数据的快速填充、货币型数据的设置以及数据的查找和替换等操作，如图3-40所示为最终的效果。

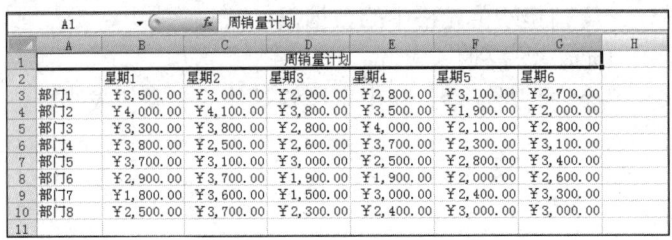

图 3-40 "周销量计划"表

【操作步骤】

1 启动 Excel 2007，在 Sheet1 工作表中选择 A1 单元格，在编辑区中单击鼠标定位插入点，切换到中文输入法，输入"周销量计划"，如图 3-41 所示。

2 选择 A3 单元格，直接输入"部门1"，按"Ctrl+Enter"键，确认输入的同时选择 A3 单元格，如图 3-42 所示。

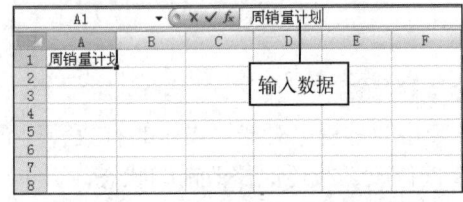

图 3-41 在编辑区中输入文本型数据

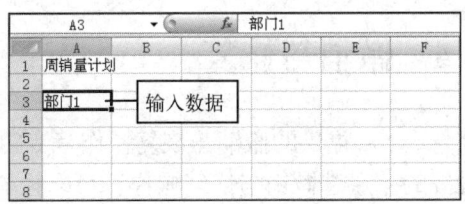

图 3-42 输入起始数据

3 将鼠标指针移动到 A3 单元格右下角的填充柄上，按住鼠标左键不放拖动至 A10 单元格，释放鼠标快速填充如图 3-43 所示的序列。

4 选择 B2 单元格，输入"礼拜 1"，并按照相同方法填充如图 3-44 所示的序列。

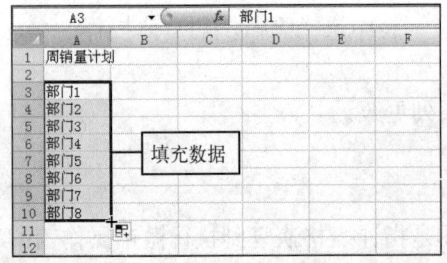

图 3-43 填充数据

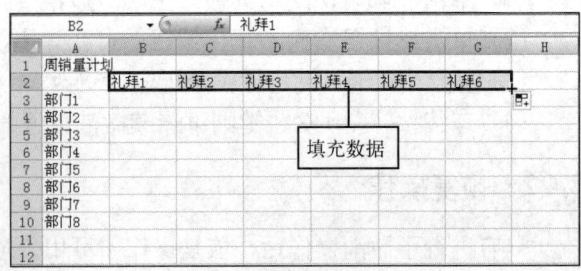

图 3-44 填充数据

5 选择 B3:G10 单元格区域,在"开始"选项卡的"单元格"组中单击"格式"按钮,在弹出的下拉菜单中选择"设置单元格格式"命令。

6 打开"设置单元格格式"对话框的"数字"选项卡,在"分类"列表框中选择"货币"选项,在右侧的"小数位数"数值框中默认为两位小数;在"货币符号"下拉列表框中选择"¥"选项,如图 3-45 所示。最后单击"确定"按钮。

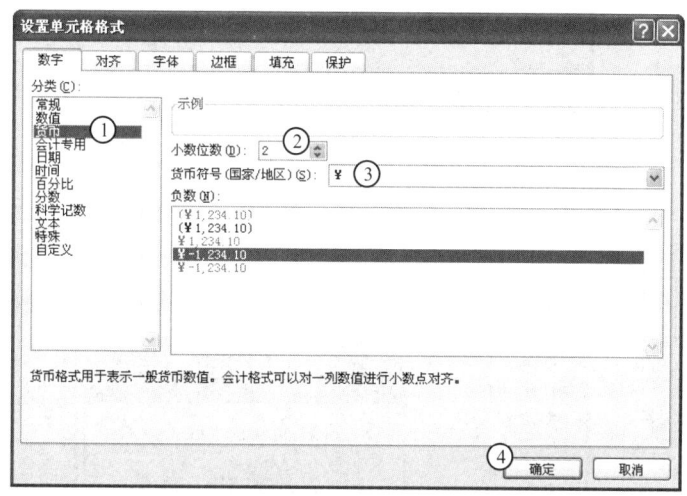

图 3-45 设置货币型数据

7 依次在 B3:G10 单元格区域中输入普通型数据,确认后普通型数据将自动转化为货币型数据,如图 3-46 所示。

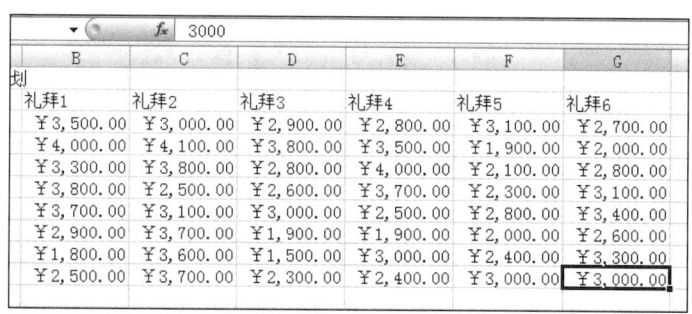

图 3-46 输入具体的数据

提 示 在实际操作中也可先输入具体的普通型数据,然后再选择数据所在的单元格区域并利用"设置单元格格式"对话框改变数据的类型。

8 选择 A1 单元格,单击"开始"选项卡的"编辑"组中的"查找和选择"按钮,在弹出的下拉菜单中选择"替换"命令。

9 打开"查找和替换"对话框的"替换"选项卡,在"查找内容"下拉列表框中输入"礼拜",在"替换为"下拉列表框中输入"星期",如图 3-47 所示。

10 单击"全部替换"按钮,打开提示对话框提示完成替换,效果如图 3-48 所示。依次单击"确定"按钮和"关闭"按钮关闭对话框。

11 选择 A1:G1 单元格区域,如图 3-49 所示,单击"开始"选项卡的"对齐方式"组中的"合并后居中"按钮,最后保存制作的表格即可。

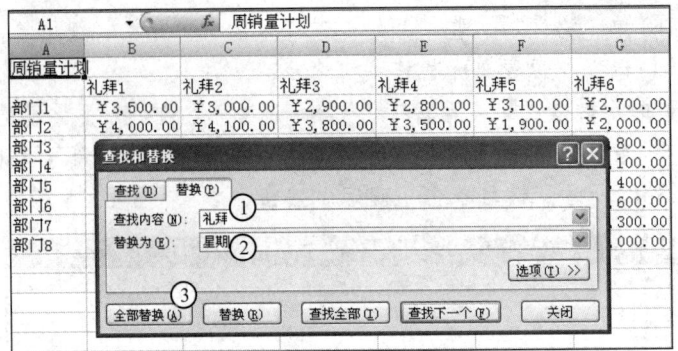

图 3-47 设置查找和替换的数据

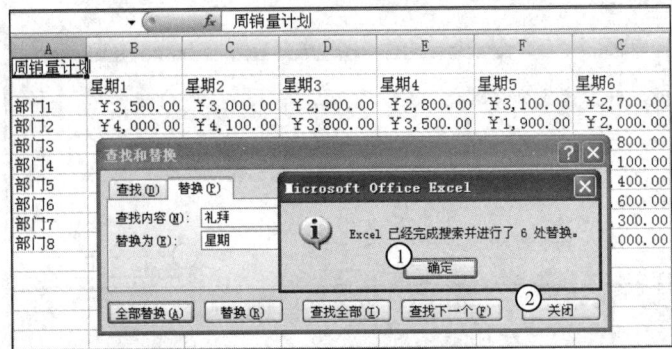

图 3-48 完成替换

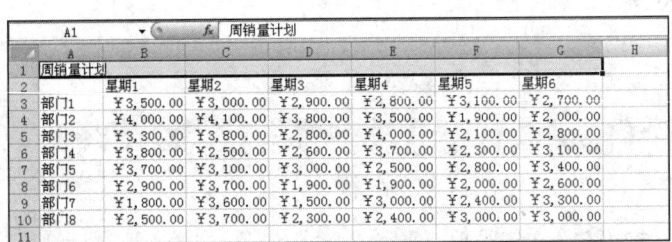

图 3-49 选择单元格区域

3.6 习题

一、填空题

1. 在 Excel 2007 工作表中，如果未特别设定对齐方式，那么在单元格中输入文本时会自动_____；输入数字时则会自动_____。

2. 在单元格中输入_____，才会使输入的数据以分数类型显示，而在编辑区中则显示为小数 4.5。

3. 当输入的文本型数据长度大于单元格列宽时，需对_____对话框中的_____选项卡中的内容进行设置使文本自动换行以便显示完整的内容。

4. 利用_____对话框可以快速填充一组等差、等比或日期等数据，并可设置步长值、终止值等参数，使用十分方便。

5. 通过_____对话框，可以快速实现在工作表中查找数字、文本、公式甚至批注等各种类型的数据。

6. 当输入的数据长度超过单元格的列宽时,将显示_____信息。

7. 当输入的数据大小 99 999 999 999 时,将以_____显示数据。

二、选择题

1. 在 Excel 2007 中输入数据时,当前输入的数据将显示在( )。
   A. 编辑区   B. 当前单元格
   C. 编辑区和当前单元格   D. 当前行的尾部

2. 在 Excel 2007 中,如果要在单元格输入"1/3"则应输入( )。
   A. 直接输入 1/3
   B. 输入一个 0 和一个空格,再输入 1/3
   C. 输入一个 0 和一个等号,再输入 1/3
   D. 输入一个 0 和一个分号,再输入 1/3

3. 以下关于在单元格中移动和复制数据的描述,正确的是( )。
   A. 移动数据是指将某个单元格中的数据移动到其他单元格中,而原有单元格中的数据将消失。
   B. 复制数据是指将某个单元格中的数据拷贝一份到其他单元格中,而原有单元格中的数据将同时保留。
   C. 选择需复制数据的单元格,按"Ctrl+X"键;然后选择目标单元格,按"Ctrl+V"键即可复制所需数据。
   D. 选择需移动数据的单元格,按"Ctrl+C"键;然后选择目标单元格,按"Ctrl+V"键即可移动所需数据。

4. 以下关于撤消最近一次更改的操作,正确的是( )。
   A. 单击"快速访问工具栏"中的"撤消"按钮。
   B. 按"Ctrl+Z"键。
   C. 按"Shift+Z"键。
   D. 单击"撤消"按钮右侧的下拉按钮,在弹出的下拉列表中选择需撤消的具体操作。

5. 利用填充柄快速填充单元格中的数据,其中描述正确的是( )。
   A. 若需填充的数据是数字或不具备有递增或递减性质的一组数据时,在起始单元格中输入起始数据,将鼠标指针移至填充柄上,当其变为+形状时向行或列的方向拖动鼠标,到需要的位置释放鼠标即可快速填充相同的数据。
   B. 若需填充的数据是日期或具备递增或递减性质的一组数据时,在起始单元格中输入起始数据,将鼠标指针移至填充柄上,当其变为+形状时向行或列的方向拖动鼠标,到需要的位置释放鼠标即可快速填充递增或递减的序列。
   C. 若需填充等差序列,则首先应选择起始单元格并输入起始数据,然后在行或列的方向选择一个相邻的单元格并输入等差序列中的第二个数据。选择这两个单元格,将鼠标指针移至填充柄上,按住鼠标左键不放并拖动至需要的位置,最后释放鼠标即可完成序列的填充。
   D. 在填充等差序列时,若拖动填充柄的同时按住"Alt"键,则将交替重复地填充输入的两个起始数据。

三、操作题

1. 新建"新生登记表"工作簿，输入如图 3-50 所示的数据，将"新生登记表"中的"学号"字段用填充柄进行填充并显示为等差序列。

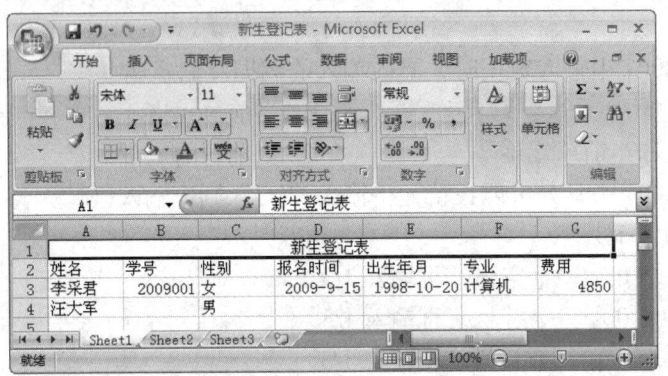

图 3-50 "新生登记表"

2. 将"新生登记表"中的"报名时间"和"出生年月"中的单元格通过"设置单元格格式"对话框设置为"日期"型，并输入相应数据。

3. 将"新生登记表"中的 F3 单元格中的内容通过命令或按钮，复制到"专业"字段的其他单元格中。

4. 将"新生登记表"中的"费用"字段中的所有单元格格式设置为"货币"型，并保留 2 位小数，然后通过快速填充的方法输入相同的数据。

5. 通过"查找和替换"对话框，将"新生登记表"中的"计算机"替换为"计算机科学与技术"。

第 4 章　美化制作的表格

本章内容提要

完成对表格的编辑操作后，有时为了使工作表中的数据更加清晰、美观，通常需要对表格进行美化操作，本章将主要介绍格式化数据、美化单元格、美化工作表、丰富表格内容等多种美化操作，通过本章学习，具备一定的美化数据和表格的能力。

本章重点与难点

- 格式化数据
- 美化单元格
- 美化工作表
- 丰富表格内容

4.1　格式化数据

格式化数据是指对数据类型、数据字体和数据对齐方式等进行设置，通过格式化数据可以使表格看起来更加清晰、直观。

4.1.1　更改数据类型

Excel 2007 中的数据类型包括数值型、货币型、会计专用型、日期型等多种类型，制作表格时可根据数据需要反映出来的信息对其格式进行更改或设置。

上机练习 4.1　更改"收入"和"利润"栏数据类型为货币型

1　输入如图 4-1 所示的数据，选择 C3:D9 单元格区域，如图 4-1 所示。

2　在"开始"选项卡的"数字"组中单击右下角的键头按钮，打开"设置单元格格式"对话框。

3　在"数字"选项卡的"分类"列表框中选择"货币"选项，在"小数位数"数值框中输入"2"，在"货币符号"下拉列表框中选择"￥"选项，然后单击"确定"按钮，如图 4-2 所示。

图 4-1　选择单元格区域

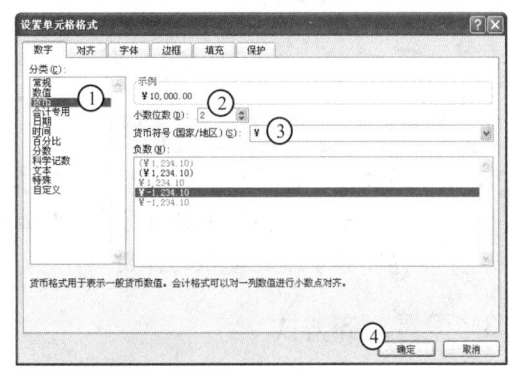

图 4-2　"设置单元格格式"对话框

4 完成货币型数据的格式设置，如图 4-3 所示。

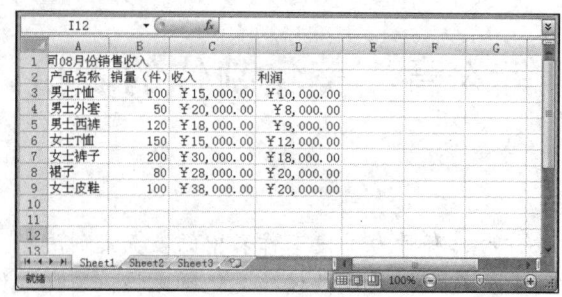

图 4-3 设置后的效果

> **提示** 通过"开始"选项卡中"数字"组的"常规"下拉列表框可以快速设置部分数据类型。

4.1.2 美化数据字体

有时为了使表格内容看起来更加美观，可以对数据字体进行美化设置，如更改数据的字体、字形、字号、颜色和下划线等。

上机练习 4.2 更改 A1 单元格中的数据字体

1 选择 A1 单元格。

2 在"开始"选项卡的"字体"组中单击右下角的键头按钮。

3 打开"设置单元格格式"对话框，在"字体"选项卡中"字体"栏的列表框中选择"方正报宋简体"选项，在"字形"栏的列表框中选择"加粗"选项，在"字号"栏的列表框中选择"18"选项，然后单击"确定"按钮，如图 4-4 所示。

4 此时 A1 单元格中的数据将变为如图 4-5 所示的效果。

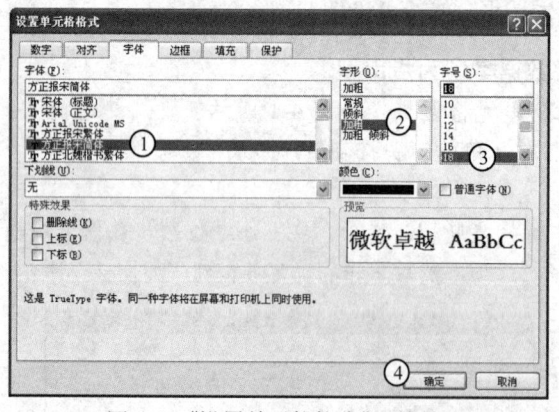

图 4-4 "设置单元格格式"对话框

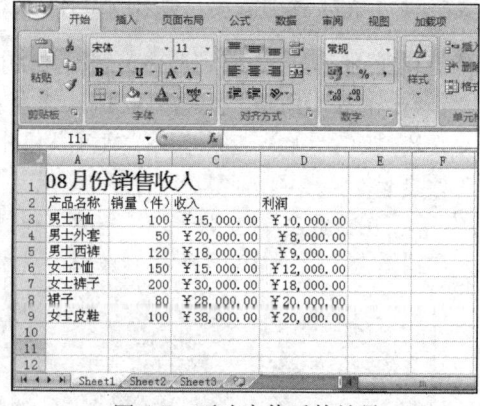

图 4-5 更改字体后的效果

> **提示** 通过"字体"组中的一些下拉列表框和按钮也可以快速美化数据字体，将鼠标指针移至某个按钮上稍作停留，Excel 2007 会出现该按钮的提示信息，通过这些信息可初步了解按钮的作用。

4.1.3 设置对齐方式

Excel 2007 提供了多种数据对齐方式，其中最常用的对齐方式有靠左、居中、靠右、合并后居中、两端对齐以及分散对齐等,可根据实际情况选择使用。

上机练习 4.3　将 A1:D1 单元格区域居中对齐

1　选择 A1:D1 单元格区域。

2　在"开始"选项卡的"对齐方式"组中单击其右下角的键头按钮,打开"设置单元格格式"对话框的"对齐"选项卡。

3　在"文本对齐方式"栏中的"水平对齐"下拉列表框和"垂直对齐"下拉列表框中均选择"居中"选项,在"文本控制"栏中选中"合并单元格"复选框,单击"确认"按钮,如图 4-6 所示。

4　此时选择的单元格区域将合并为一个单元格,且其中的数据会居中显示,如图 4-7 所示。

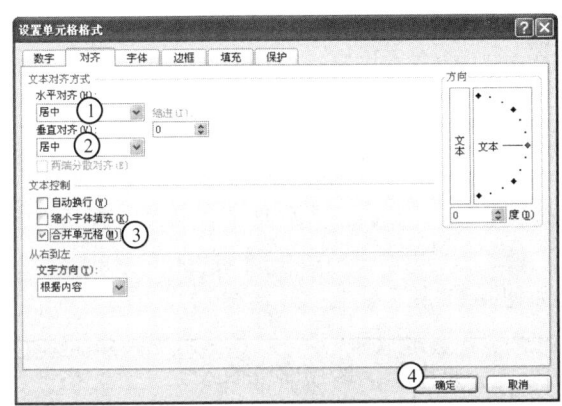
图 4-6　设置数据对齐格式

图 4-7　设置后的效果

4.2　美化单元格

为了让工作表看上去更加美观和专业,可以对单元格进行适当美化,如设置单元格大小、为单元格添加边框和底纹等。

4.2.1　调整单元格行高与列宽

单元格中的数据过多时,默认的单元格大小不能完全显示输入的内容,此时可对单元格的行高或列宽进行调整,以满足需要。

1. 调整单元格行高

对单元格中的数据进行字号调整后,单元格行高会自动增大以适应数据大小,但有时也需要通过手动设置才能实现行高的增加或减少。

上机练习 4.4　调整 A2:D2 单元格区域的行高

1　选择 A2:D2 单元格区域。

2　在"开始"选项卡的"单元格"组中单击"格式"下拉按钮,在弹出的下拉菜单中选择"行高"命令。

3　打开"行高"对话框,在"行高"文本框中输入"25",然后单击"确定"按钮,如图 4-8 所示。

4 设置完成的 A2:D2 单元格区域的效果如图 4-9 所示。

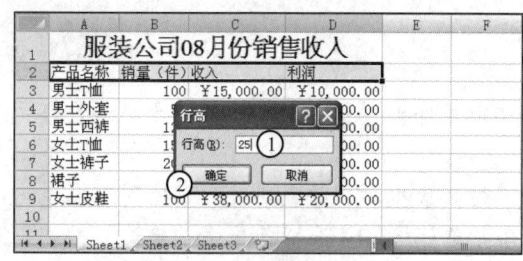

图 4-8 调整行高

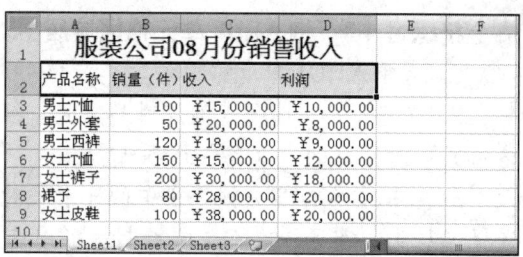

图 4-9 设置后的效果

2. 调整单元格列宽

调整单元格列宽和行高的方法类似，可以通过"列宽"对话框来完成对单元格的调整。

上机练习 4.5　调整 A2:A9 单元格区域的列宽

1 选择 A2:A9 单元格区域。

2 在"开始"选项卡的"单元格"组中单击"格式"下拉按钮，在弹出的下拉菜单中选择"列宽"命令。

3 打开"列宽"对话框，在"列宽"文本框中输入"12"，然后单击"确定"按钮，如图 4-10 所示。

4 设置完成的 A2:D9 单元格区域的效果如图 4-11 所示。

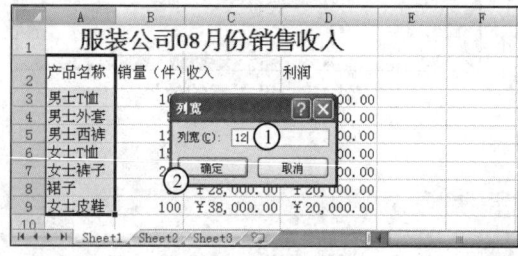

图 4-10 调整列宽

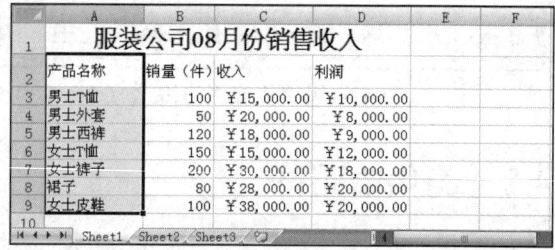

图 4-11 设置后的效果

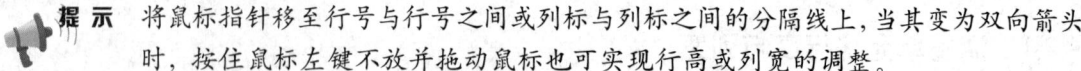

提示 将鼠标指针移至行号与行号之间或列标与列标之间的分隔线上，当其变为双向箭头时，按住鼠标左键不放并拖动鼠标也可实现行高或列宽的调整。

4.2.2　为单元格添加边框

Excel 2007 默认情况下在工作表中的边框是不会被打印出来的，为了使表格更加美观和专业，有时就需要手动为表格添加边框。

上机练习 4.6　为 A2:D2 单元格区域添加边框

1 选择 A2:D2 单元格区域。

2 在"开始"选项卡的"单元格"组中单击"格式"下拉按钮，在弹出的下拉菜单中选择"设置单元格格式"命令。

3 打开"设置单元格格式"对话框，单击"边框"选项卡，在"预置"栏中单击"外边框"按钮，在"样式"列表框中选择右侧第 5 种线条，然后单击"确定"按钮，如图 4-12 所示。

4 此时选择的单元格区域将应用设置的边框效果，如图 4-13 所示。

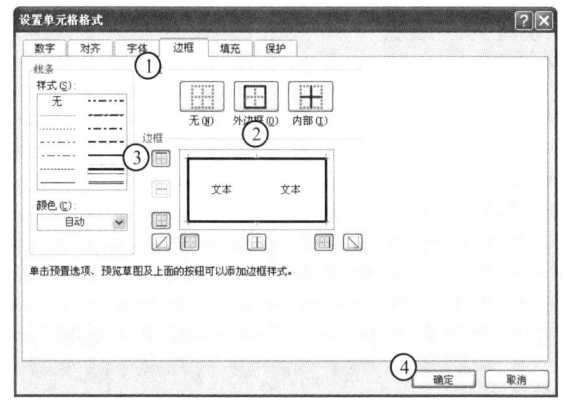

图 4-12　设置边框

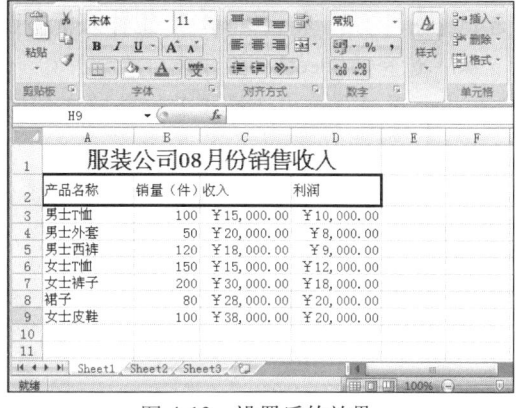

图 4-13　设置后的效果

4.2.3　为单元格填充底纹

为单元格填充某种颜色或样式的底纹，不仅可以使制作的表格更加美观，还能使其中的数据更加突出，以增强表格的可读性。

上机练习 4.7　为 A2:D2 单元格区域填充底纹

1　选择 A2:D2 单元格区域，打开"设置单元格格式"对话框。

2　单击"填充"选项卡，在"图案颜色"下拉列表框中选择"橙色"选项，在"图案样式"下拉列表框中选择第二排的最后一个选项，然后单击"确定"按钮，如图 4-14 所示。

3　此时选择的单元格区域将应用设置的底纹效果，如图 4-15 所示。

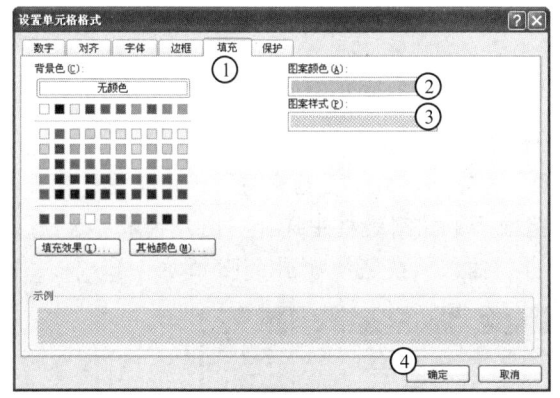

图 4-14　设置底纹

图 4-15　设置后的效果

4.3　美化工作表

美化工作表包括设置工作表标签颜色、设置工作表背景以及套用表格样式等操作。

4.3.1　设置工作表标签颜色

Excel 2007 工作表标签本身没有颜色，有时为了区分工作表，可以根据实际需要为工作表标签设置各种颜色。

上机练习 4.8 将"Sheet1"工作表标签颜色设置为"红色"

1 选择"Sheet1"工作表,在"开始"选项卡的"单元格"组中单击"格式"下拉按钮,在弹出的下拉菜单中选择"工作表标签颜色"命令,再在弹出的子菜单中选择"红色"命令,如图 4-16 所示。

2 工作表标签应用设置后的效果如图 4-17 所示。

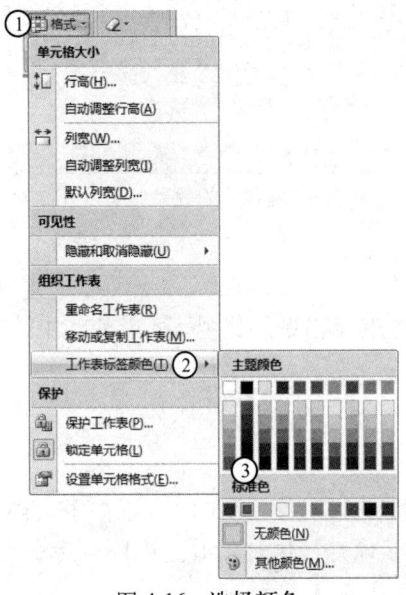

图 4-16 选择颜色　　　　　　　　　图 4-17 设置后的效果

4.3.2 为工作表添加背景

为了让工作表看起来更具吸引力,可以为指定的工作表添加背景图案。

上机练习 4.9 为"Sheet1"工作表添加背景图案

1 选择"Sheet1"工作表,单击"页面布局"选项卡,在"页面设置"组中单击"背景"按钮,打开"工作表背景"对话框,在"查找范围"下拉列表框中选择"图片收藏"选项,在其下的列表框中选择"背景"选项,然后单击"插入"按钮,如图 4-18 所示。

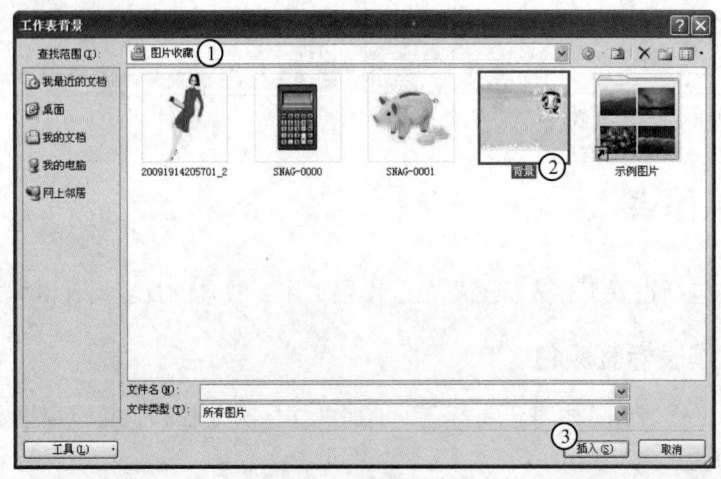

图 4-18 选择背景图片

2 工作表应用背景后的效果如图 4-19 所示。

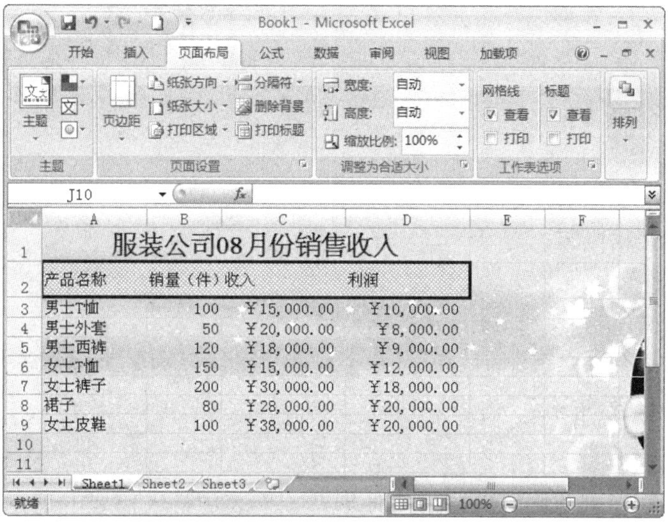

图 4-19 设置后的效果

> **提示** 要想取消工作表中添加的背景图案，可以直接单击"页面布局"选项卡中"页面设置"组的"删除背景"按钮。

4.3.3 快速套用表格格式

Excel 2007 自带有许多表格格式，通过应用这些格式，不仅能使制作的表格更加美观和专业，也可以大大提高工作效率。

上机练习 4.10　为"Sheet1"设置表格格式

1 选择"Sheet1"工作表。

2 在"开始"选项卡的"样式"组中单击"套用表格格式"下拉按钮，在弹出的下拉列表中选择第二栏的第五个选项，打开"套用表样式"对话框，如图 4-20 所示。

3 单击"表数据的来源"文本框右侧的 按钮，拖动鼠标选择 A2:D9 单元格区域，单击 按钮，如图 4-21 所示。

4 返回"套用表格式"对话框，然后单击"确定"按钮。

5 应用格式后的表格效果如图 4-22 所示。

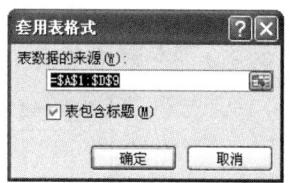

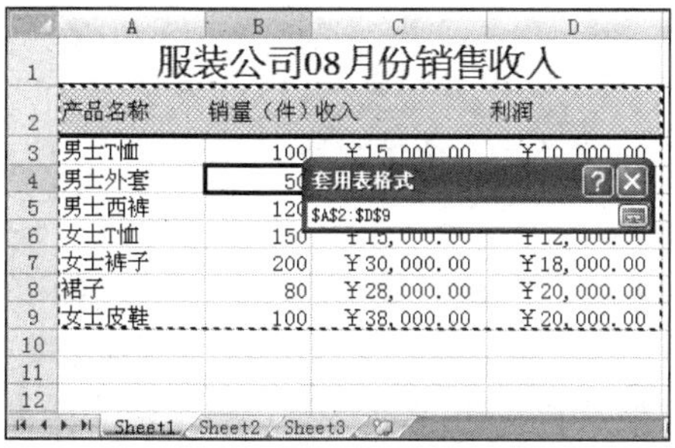

图 4-20 "套用表格式"对话框

图 4-21 选择单元格区域 　　　　　　　　图 4-22 设置后的效果

提示 单击"开始"选项卡,在"编辑"组中单击"清除"下拉按钮,在弹出的下拉菜单中选择"清除格式"命令可清除已添加的表格格式。

4.4 丰富表格内容

在工作表中可以插入剪贴画、外部图片、自选图形、艺术字和插入 SmartArt 图形等各式各样的元素来丰富表格内容。

4.4.1 插入剪贴画

Excel 2007 自带有许多剪贴画,通过在工作表中插入适合的剪贴画不仅可以美化表格,还能突出表格想要表现的内容。

1. 插入剪贴画

利用"剪贴画"任务窗格可以十分方便地在工作表中插入需要的剪贴画。

上机练习 4.11　在"Sheet1"工作表中插入剪贴画

1 选择"Sheet1"工作表,单击"插入"选项卡,在"插图"组中单击"剪贴画"按钮,如图 4-23 所示。

图 4-23　单击"剪贴画"按钮

2 打开"剪贴画"任务窗格,在"搜索文字"文本框中输入"娱乐",在"搜索范围"下拉列表框中选择搜索的范围,在"结果类型"下拉列表框中选择搜索的类型,然后单击"搜索"按钮,如图 4-24 所示。

图 4-24　设置"剪贴画"任务窗格

3 此时 Excel 将开始根据设置的条件进行搜索,并将得到的结果显示在任务窗格下方的列表框中,如图 4-25 所示。

4 将鼠标指针移至某张剪贴画上,其右侧将出现 按钮,单击该按钮,在弹出的下拉菜单中选择"插入"命令即可在工作表中插入该剪贴画,如图 4-26 所示。

第 4 章 美化制作的表格

图 4-25 搜索到的结果

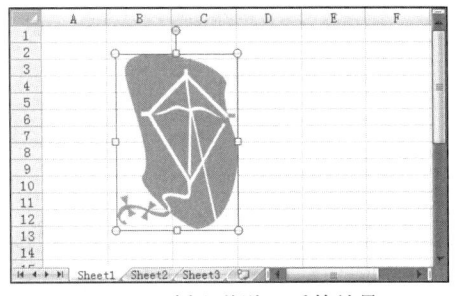

图 4-26 插入剪贴画后的效果

2．调整剪贴画的亮度和对比度

选择插入的剪贴画，功能选项卡区会出现"格式"选项卡，通过其中"调整"组中的选项或按钮可以对剪贴画的亮度和对比度进行设置。

上机练习 4.12　调整已插入的剪贴画的亮度和对比度

1 选择剪贴画，单击"格式"选项卡中"调整"组的"亮度"按钮，在弹出的下拉列表中选择"+30%"选项，如图 4-27 所示。

2 单击"对比度"按钮，在弹出的下拉列表中选择"+30%"选项，如图 4-28 所示。

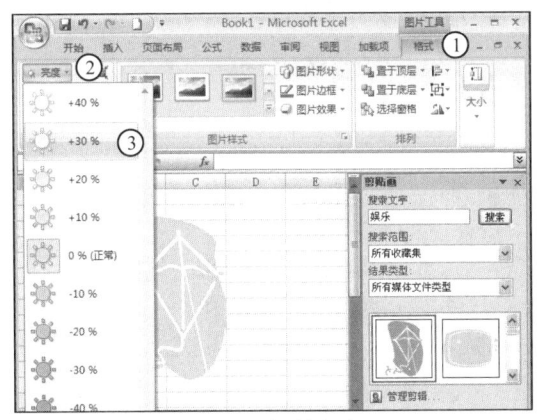

图 4-27 调整亮度

图 4-28 调整对比度

3 设置了亮度和对比度后的剪贴画效果如图 4-29 所示。

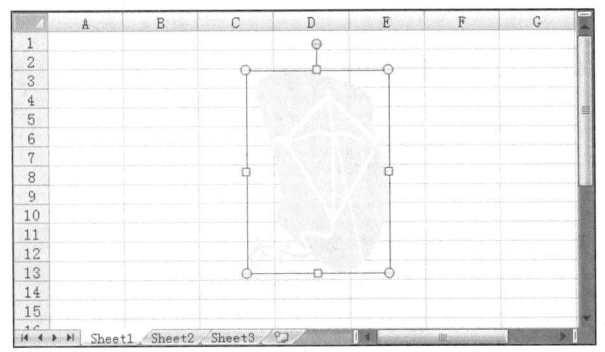

图 4-29 设置后的效果

3．设置图片样式

利用"格式"选项卡中"图片样式"组的各种选项或按钮，可以美化插入的剪贴画。

上机练习 4.13 调整已插入的剪贴画样式

1 选择剪贴画,在"格式"选项卡中单击"图片样式"组的"金属框架"按钮,为剪贴画添加金属框架样式,如图 4-30 所示。

2 单击"图片边框"下拉按钮,在弹出的下拉列表中选择"红色,强调文字颜色 2"选项,如图 4-31 所示。

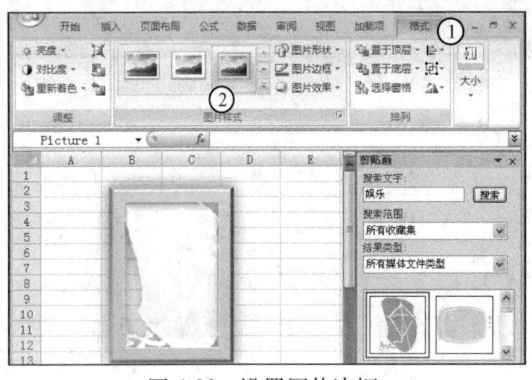
图 4-30 设置图片边框

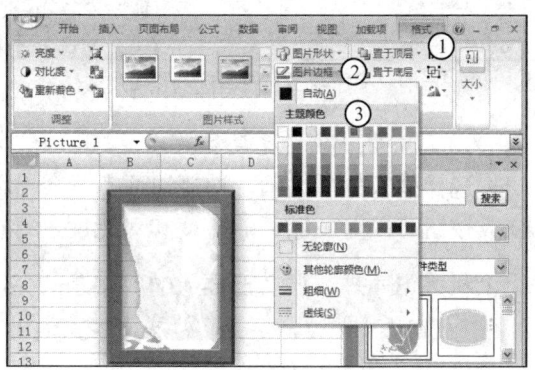
图 4-31 设置边框颜色

3 单击"图片效果"下拉按钮,在弹出的下拉列表中选择"映像"→"全映像,接触"选项,如图 4-32 所示。

4 设置样式后的效果如图 4-33 所示。

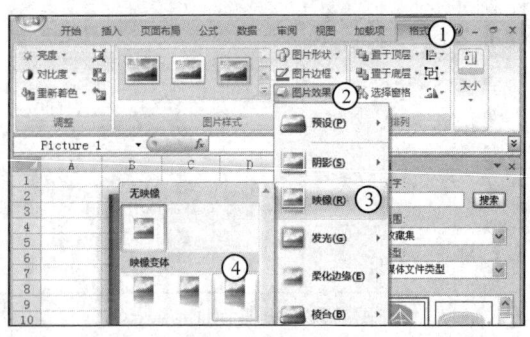
图 4-32 设置图片效果

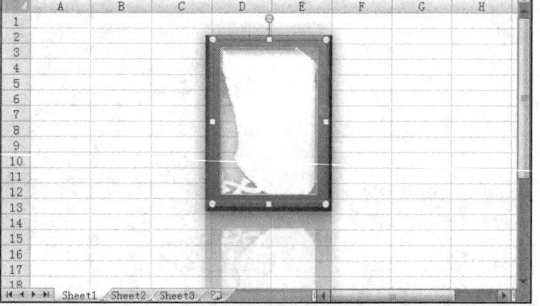
图 4-33 设置后的效果

4.4.2 插入外部图片

若 Excel 2007 中自带的剪贴画不能满足实际的需要,可以在工作表中插入电脑中已存储的图片来丰富表格的内容,让制作出的工作表更加美观。

上机练习 4.14 在"Sheet1"工作表中插入外部图片

1 选择"Sheet1"工作表。

2 在"插入"选项卡的"插图"组中单击"图片"按钮。

3 打开"插入图片"对话框,在"查找范围"下拉列表框中选择"图片收藏"选项,在其下的列表框中选择"迎客松"选项,然后单击"插入"按钮,如图 4-34 所示。

4 此时可以看到插入外部图片后的效果,如图 4-35 所示。

> **提 示** 插入了外部图片后,可以按照设置剪贴画的方法对插入的外部图片的亮度、对比度以及样式等进行设置。

第 4 章 美化制作的表格

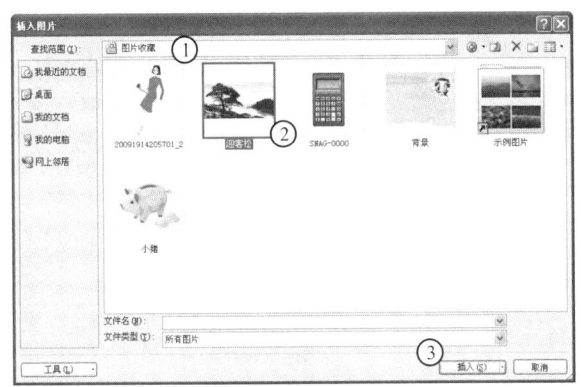

图 4-34 选择外部图片　　　　　　　图 4-35 插入图片后的效果

4.4.3 插入自选图形

自选图形是指手动绘制的图形，Excel 2007 中自带的自选图形种类相当丰富，包括线条、矩形、基本开头和箭头总汇等，下面便介绍在工作表中使用自选图形的方法。

1. 插入自选图形

利用"插入"选项卡的"插图"组中"形状"按钮即可十分方便地插入自选图形。

上机练习 4.15　在"Sheet1"工作表中插入自选图形

1 选择"Sheet1"工作表。

2 单击"插入"选项卡中"插图"组的"形状"按钮，在弹出的下拉列表中选择"基本形状"栏的"心形"选项，如图 4-36 所示。

3 返回"Sheet1"工作表中，当鼠标指针变为十形状时，按住鼠标左键不放并拖动至目标位置再释放鼠标，即可绘制出选择的心形，效果如图 4-37 所示。

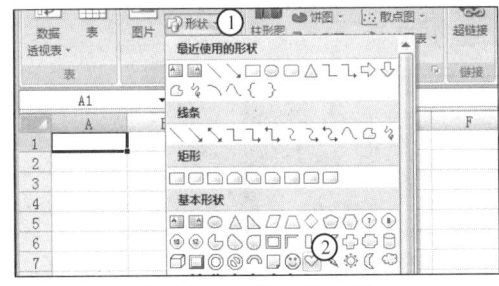
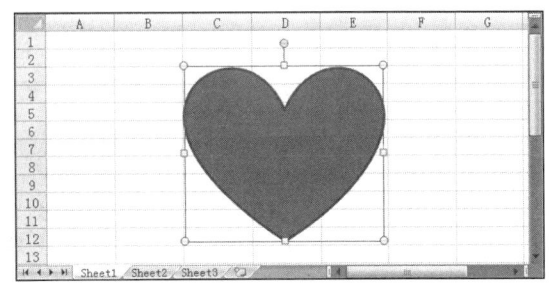

图 4-36 选择心形图形　　　　　　　图 4-37 绘制的心形

2. 美化自选图形

插入自选图形后，将激活"绘图工具"和"格式"选项卡，在其中可以对自选图形的样式、形状和大小等进行各种编辑和美化。

上机练习 4.16　对插入的自选图形进行美化

1 选择自选图形，单击"格式"选项卡，在"形状样式"组中单击"形状填充"下拉按钮，在弹出的下拉列表中选择"红色，强调文字颜色 2"选项，如图 4-38 所示。

2 在"格式"选项卡的"形状样式"组中单击"形状轮廓"下拉按钮，在弹出的下拉列表中选择"茶色，背景 2，深色 25%"选项，如图 4-39 所示。

59

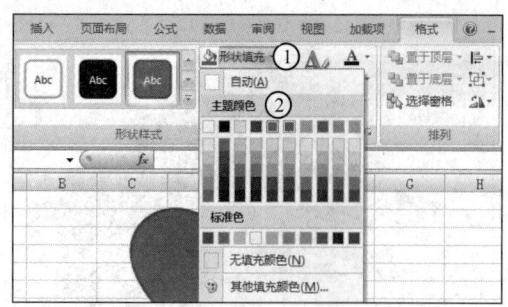
图4-38 选择填充颜色

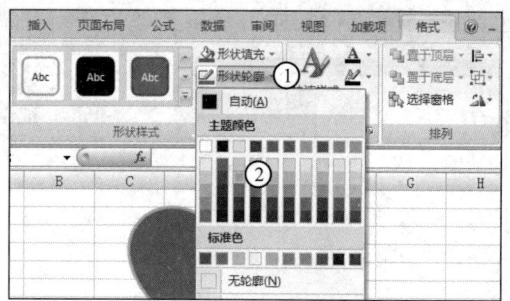
图4-39 选择轮廓颜色

3 在"格式"选项卡的"形状样式"组中单击"形状轮廓"下拉按钮,在弹出的下拉列表中选择"虚线"→"圆点"选项,如图4-40所示。

4 在"格式"选项卡的"形状样式"组中单击"形状效果"下拉按钮,在弹出的下拉列表中选择"预设"→"预设9"选项,如图4-41所示。

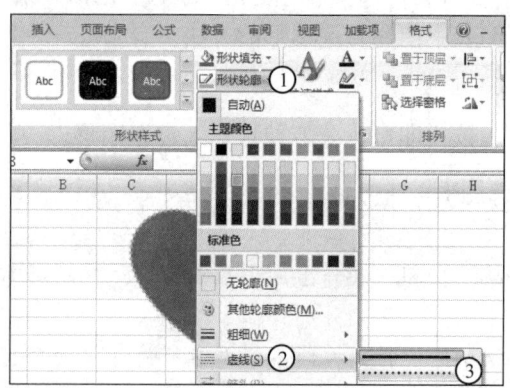
图4-40 选择轮廓虚线

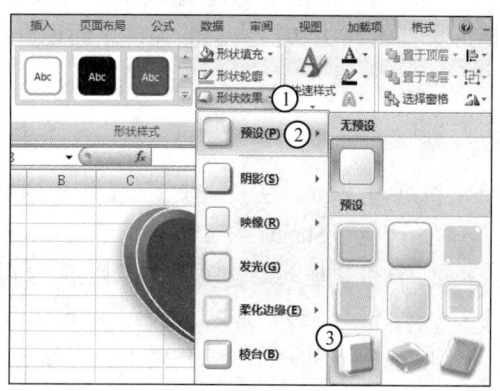
图4-41 选择形状效果

5 此时可以看到美化自选图形后的效果图,如图4-42所示。

图4-42 美化后的效果图

4.4.4 插入艺术字

在制作的表格中适当使用Excel 2007自带的艺术字,可以使工作表更具个性化、更加美观。

1. 插入艺术字

利用"插入"选项卡的"文本"组中的"艺术字"按钮即可插入艺术字。

上机练习4.17 在"Sheet1"工作表中插入艺术字

1 在"插入"选项卡中单击"文本"组的"艺术字"下拉按钮,在弹出的下拉列表中选择第一栏的最后一个选项,如图4-43所示。

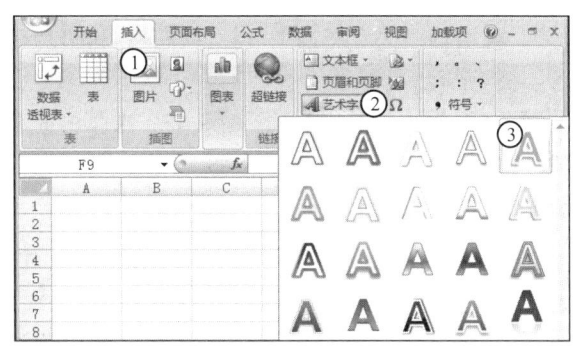

图 4-43　选择艺术字类型

2　此时工作表中将出现输入艺术字的文本框,其中将显示该种艺术字的效果,如图 4-44 所示。

3　将鼠标指针定位到艺术字中,删除文本,并输入"成都康普网域软件有限公司",如图 4-45 所示。

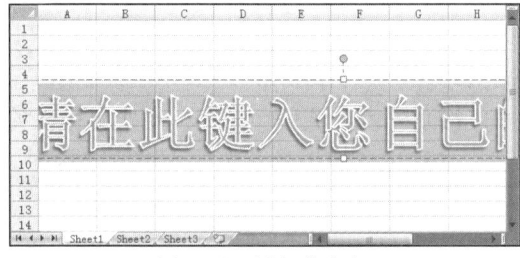

图 4-44　插入艺术字

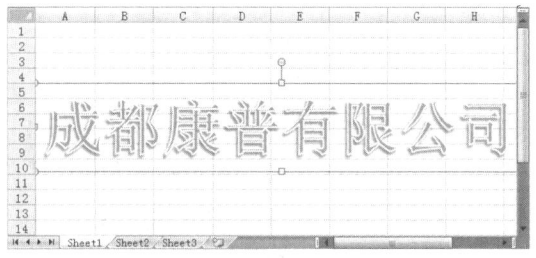

图 4-45　输入艺术字内容

2. 美化艺术字

插入艺术字后,将激活"绘图工具"和"格式"组,在其中可以对艺术字的样式、形状和大小等进行编辑工作。

上机练习 4.18　编辑"Sheet1"工作表中的艺术字

1　选择艺术字。

2　单击"格式"选项卡中"艺术字样式"组中的 按钮,在弹出的下拉列表中选择第三栏的第三个选项,如图 4-46 所示。

3　单击"艺术字样式"组中的"文本填充"下拉按钮,在弹出的下拉列表中选择"渐变"→"变体"栏的第一个选项,如图 4-47 所示。

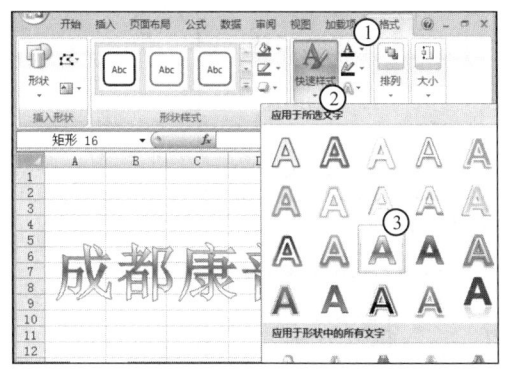

图 4-46　更改艺术字样式

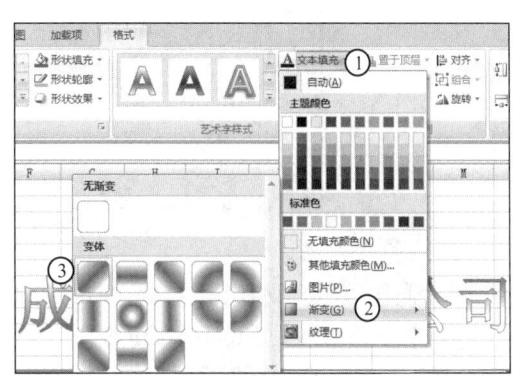

图 4-47　设置文本填充颜色

4 单击"艺术字样式"组中的"文本轮廓"下拉按钮,在弹出的下拉列表中选择"粗细"→"1.5 磅"选项,如图 4-48 所示。

5 单击"艺术字样式"组中的"文本效果"下拉按钮,在弹出的下拉列表中选择"映像"→"映像变体"→"半映像,接触"选项,如图 4-49 所示。

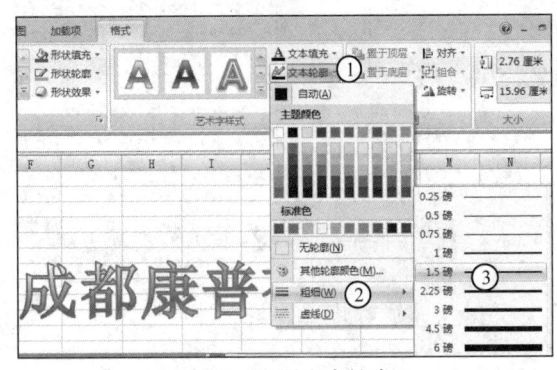
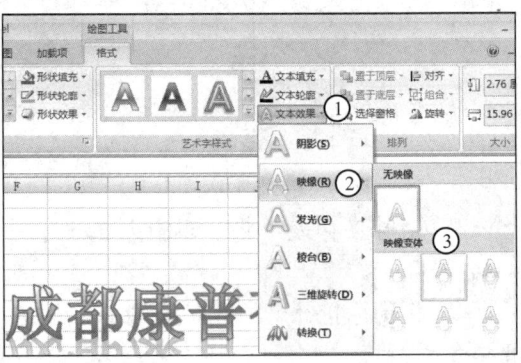

图 4-48 设置文本轮廓　　　　　　　　图 4-49 设置映像效果

4.4.5 插入 SmartArt 图形

SmartArt 图形是 Excel 2007 新增的功能,其中包括了列表、流程、循环、层次结构、关系、矩阵、棱锥图 7 种类型,利用 SmartArt 图形可以快速地创建出具有专业水准的结构图。

1. 插入 SmartArt 图形并输入文本

通过"选择 SmartArt 图形"对话框即可选择所需的 SmartArt 图形,并将插入到工作表中。

上机练习 4.19　在"Sheet1"工作表中插入 SmartArt 图形

1 选择"Sheet1"工作表。

2 在"插入"选项卡的"插图"组中单击"SmartArt"按钮,打开"选择 SmartArt 图形"对话框,选择"层次结构"选项,在"列表"列表框中选择所需的图形,然后单击"确定"按钮,如图 4-50 所示。

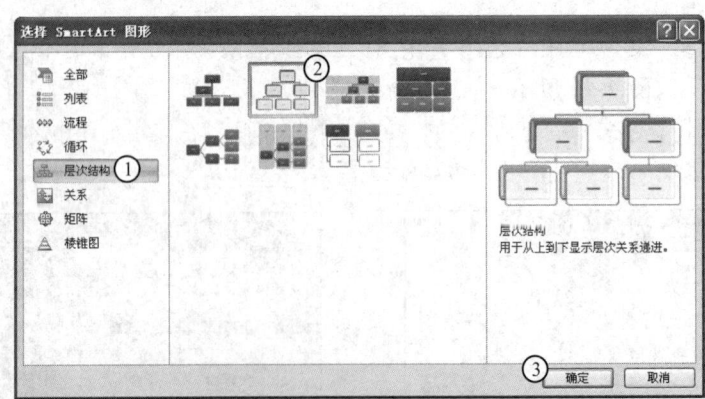

图 4-50 选择图形

3 插入的 SmartArt 图形效果如图 4-51 所示。

4 单击已插入的 SmartArt 图形中任意的"文本",即可在其中输入相应的信息内容,按照这种方法在 SmartArt 图形中输入相应的文本,如图 4-52 所示。

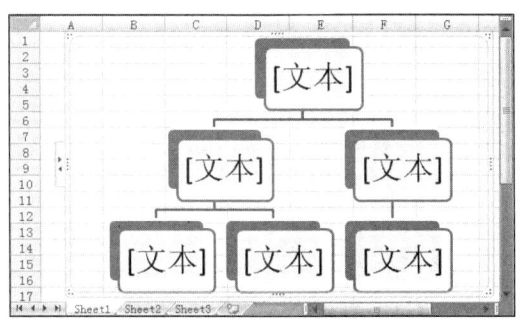
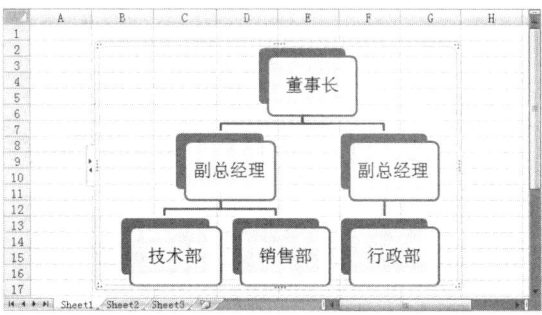

图 4-51　插入 SmartArt 图形　　　　　　图 4-52　输入相应的内容

2. 设计 SmartArt 图形

插入 SmartrArt 图形后将激活"SmartArt 工具"和"设计"选项卡，通过这些选项卡可以为插入的 SmartArt 图形添加形状，还可对图形的布局、颜色、样式等进行设计。

上机练习 4.20　对已插入的 SmartArt 图形进行设计

1　选择"行政部"文本框，单击"设计"选项卡中"创建图形"组的"添加形状"下拉按钮，在弹出的下拉列表中选择"在前面添加形状"选项，如图 4-53 所示。

2　此时"Sheet1"工作表的"行政部"文本框前面将增加一个空白文本框，在其中输入"人事部"，如图 4-54 所示。

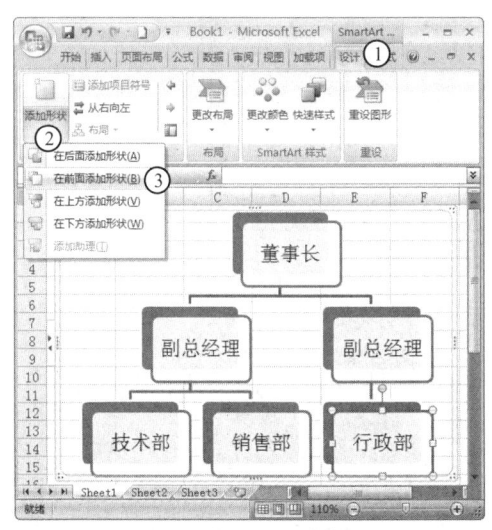
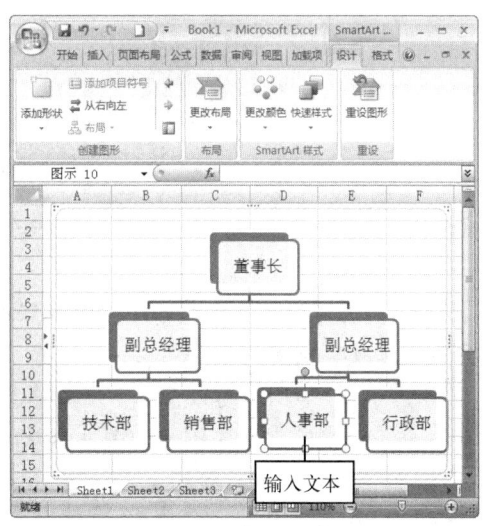

图 4-53　选择添加形状的位置　　　　　　图 4-54　输入文本

3　单击"设计"选项卡中"创建图形"组的"从右向左"按钮可以改变 SmsrtArt 图形的排列顺序，如图 4-55 所示。

4　单击"设计"选项卡中"创建图形"组的"文本窗格"按钮，打开"在此处键入文字"窗格，单击"董事长"选项，在其中定位文本插入点，此时可删除并更改其中的内容，同时右侧的形状图中相应的内容也会随着改变，如图 4-56 所示。

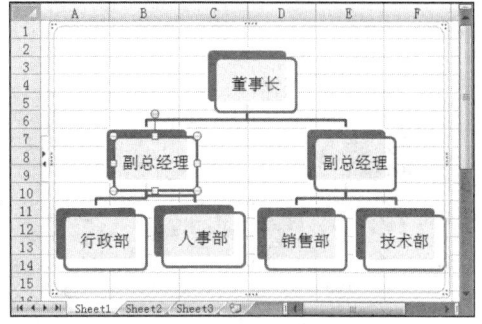

图 4-55　改变 SmartArt 图形排列顺序

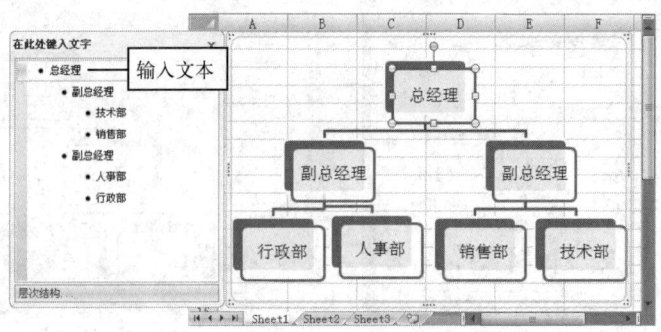

图 4-56　设置文本内容

5　单击"设计"选项卡中"布局"组的下拉按钮，在弹出的下拉列表中选择"水平层次结构"选项，如图 4-57 所示。

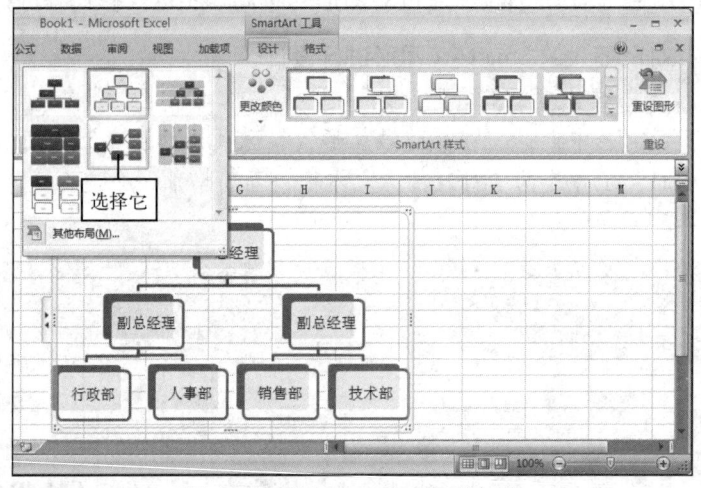

图 4-57　更改 SmartArt 图形布局

6　单击"设计"选项卡中"SmartArt 样式"组的"更改颜色"下拉按钮，在弹出的下拉列表中选择"强调文字颜色 2"→"渐变范围"选项，如图 4-58 所示

7　单击"设计"选项卡中"SmartArt 样式"组的下拉按钮，在弹出的下拉列表中选择"三维"→"鸟瞰场景"选项，如图 4-59 所示。

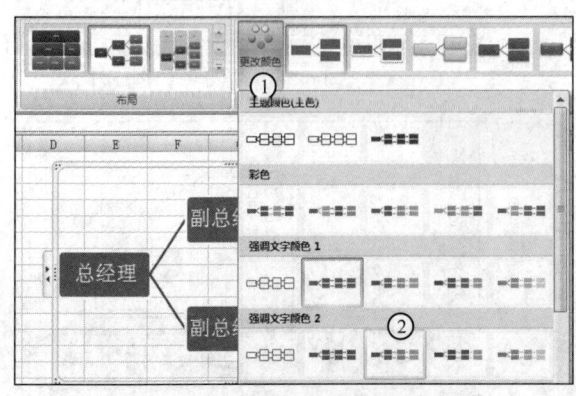

图 4-58　更改 SmartArt 图形颜色

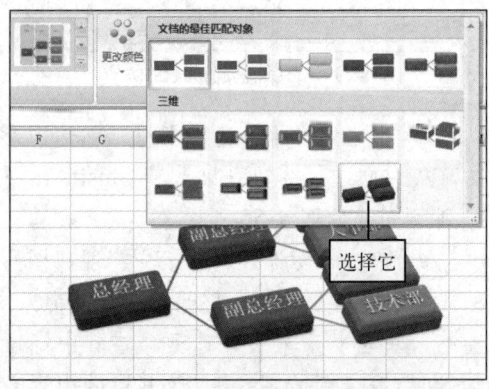

图 4-59　更改 SmartArt 图形样式

8　美化 SmartArt 图形后的效果如图 4-60 所示。

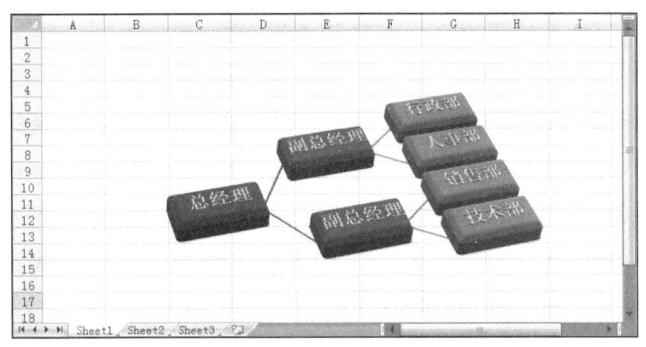

图 4-60　设置后的效果

4.4.6　插入文本框

文本框分为横排文本框和竖排文本框两种类型，在 Excel 2007 中利用文本框可以在工作表的任意位置输入需要的文本。

1. 插入文本框并输入文本

通过"插入"选项卡中"文本"组可以插入"横排"和"竖排"文本框。

🖱 上机练习 4.21　对美化后的 SmartArt 图形插入文本框

1 选择"Sheet1"工作表，单击"插入"选项卡中"文本"组的"文本框"按钮，在弹出的下拉列表中选择"横排文本框"选项，如图 4-61 所示。

图 4-61　插入"横排文本框"

2 当鼠标指针变为↓形状时，按住鼠标左键不放并拖动至适当位置再释放鼠标，如图 4-62 所示。

3 释放鼠标后，文本插入点自动出现在文本框中，此时输入所需文本即可，这里输入"全面管理公司运作"，如图 4-63 所示。

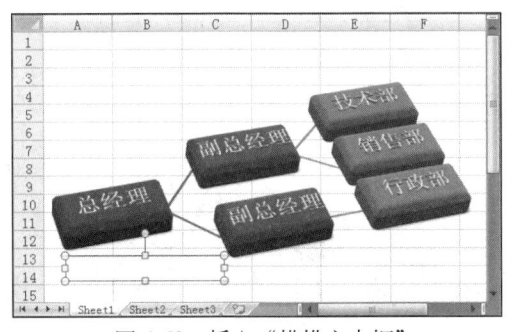

图 4-62　插入"横排文本框"

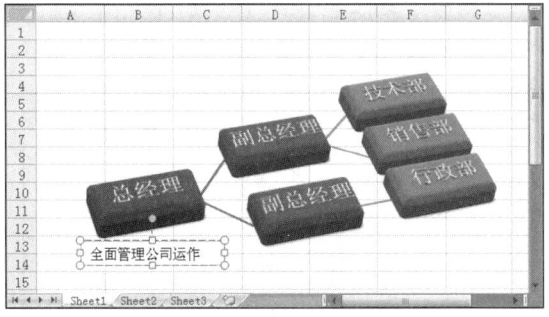

图 4-63　输入文本内容

2. 美化文本框

美化文本框通常是对文本框的颜色、边框、对齐方式、字体以及格式等进行设置。

上机练习 4.22 对已插入的横排文本框进行美化

1 选择已插入的横排文本框。

2 将鼠标指针移至文本框周围的控点上,当其变为↔形状时,按住鼠标左键不放向左拖动,即可调整文本框的宽度,如图 4-64 所示。

> **提示** 选择文本框后,文本框的边框周围将出现 8 个控制点。将鼠标指针移至这些控制点上,当其变成↗或↘形状时,拖动鼠标指针可以同时改变文本框的高度和宽度;当其变成↕形状时,拖动鼠标指针可以改变文本框的高度而宽度不会改变。当其变成↔形状时,拖动鼠标指针可以改变文本框的宽度而高度不会改变(以上操作适用于所有插入的图形对象)。

3 将鼠标指针移至文本框边框上任意位置,当其变为✥形状时,按住鼠标左键不放拖动文本框至目标位置释放鼠标可移动文本框的位置,如图 4-65 所示。

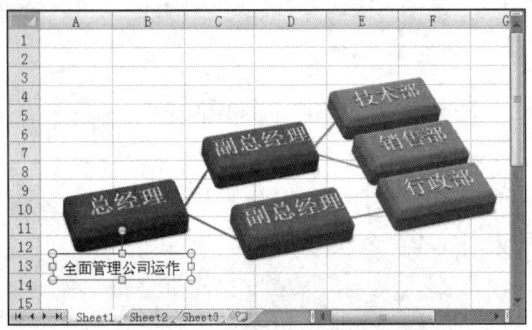

图 4-64 调整文本框宽度

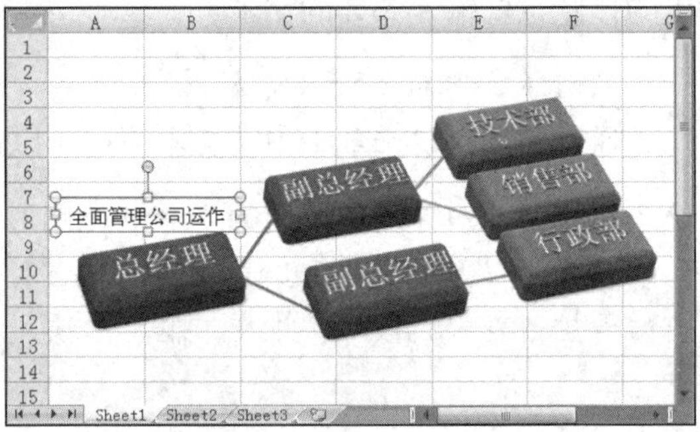

图 4-65 移动文本框位置

4 单击"格式"选项卡中"形状样式"组的下拉按钮,在弹出的下拉中选择"浅色 1 轮廓,彩色填充-强调颜色 5"选项,如图 4-66 所示。

5 单击"格式"选项卡中"形状样式"下拉按钮,在弹出的下拉中选择"阴影"选项,在弹出的子菜单中选择"外部"栏中的"向上偏移"选项,如图 4-67 所示。

6 美化文本框后的效果如图 4-68 所示。

图 4-66 设置文本框形状格式

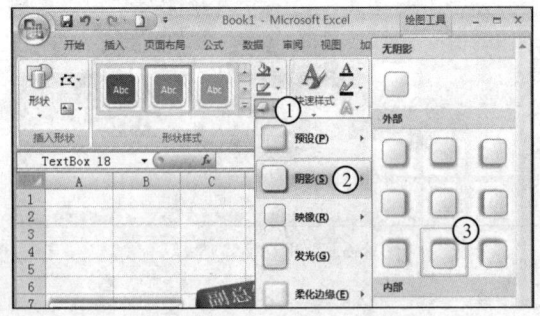

图 4-67 设置形状效果

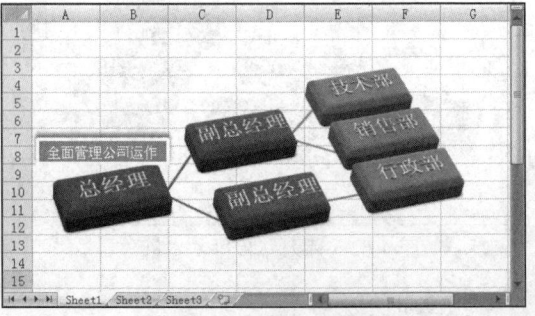

图 4-68 设置后的效果

4.4.7 插入批注

批注是对工作表中的某项数据进行补充说明时所使用的一种方法，在工作表中适当地插入批注可以对特定的数据进行标识。

1. 插入并编辑批注

利用"审阅"选项卡的"批注"组可插入所需批注并可输入相应的内容。

🖱 **上机练习 4.23　在"销售统计表"工作表中插入批注**

1 创建"销售统计表"并输入如图 4-69 所示的数据。

图 4-69　输入工作表所示的数据

2 选择需要插入批注的单元格"B5"，单击"审阅"选项卡，在"批注"组中单击"新建批注"按钮，如图 4-70 所示。

3 打开批注编辑框，在其中输入需批注的文本，这里输入"1月20日已离职"，在批注编辑框之外的任意位置单击鼠标即可完成批注的输入，如图 4-71 所示。

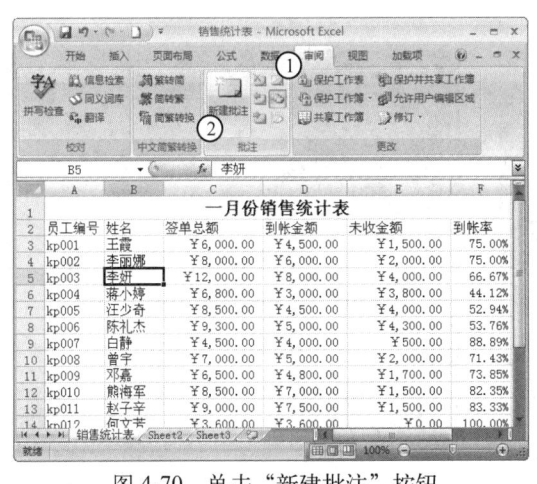

图 4-70　单击"新建批注"按钮

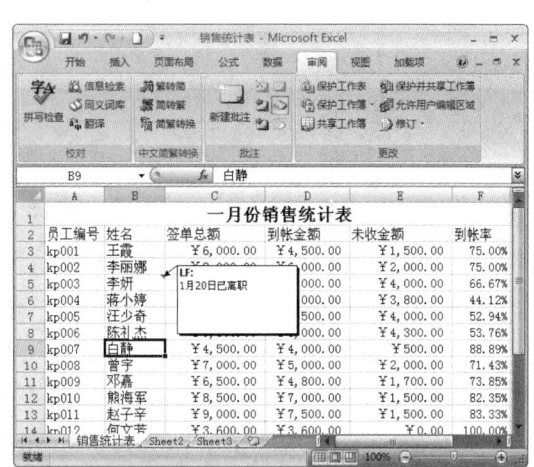

图 4-71　输入批注文本

2. 隐藏或显示批注

插入批注的单元格右上角有一个红色的小三角形，默认情况下只有当鼠标指针移至单元格上时，该批注才会显示出来，通过设置可手动修改批注的显示状态。

上机练习 4.24　显示批注文本

1 选择已插入批注的单元格 B5。

2 单击"审阅"选项卡中"批注"组的"显示/隐藏批注"按钮，将显示批注编辑框中的所有内容，如图 4-72 所示。

3 再次单击"显示/隐藏批注"按钮，批注编辑框就会隐藏，如图 4-73 所示。

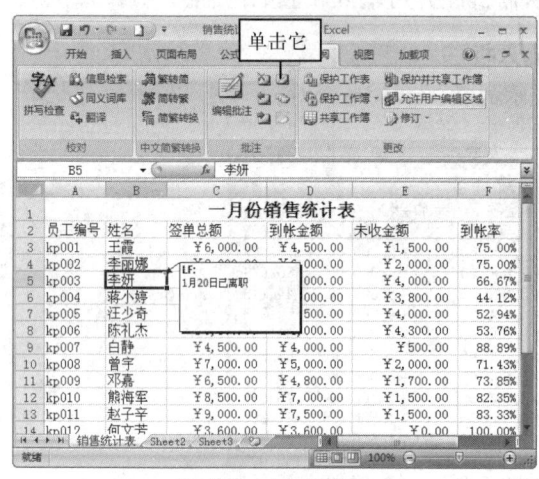
图 4-72　显示批注

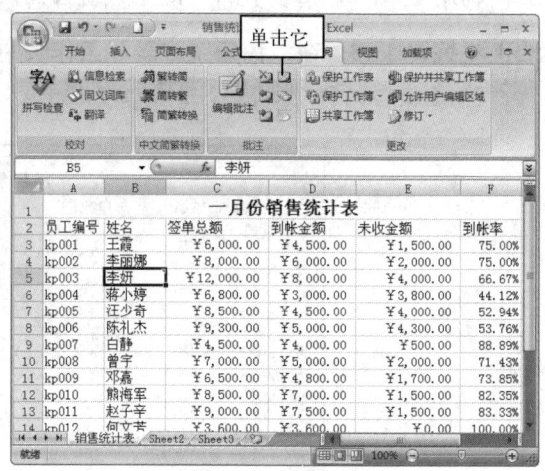
图 4-73　隐藏批注

3．设置批注格式

通过"设置批注格式"对话框可以对批注的字体、对齐、颜色与线条和大小等进行编辑。

上机练习 4.25　设置批注的颜色与线条格式

1 将要设置的批注编辑框显示出来，并选择该编辑框，如图 4-74 所示。

2 单击"开始"选项卡，在"单元格"组中单击"格式"下拉按钮，在弹出的下拉菜单中选择"设置批注格式"命令，打开"设置批注格式"对话框，如图 4-75 所示。

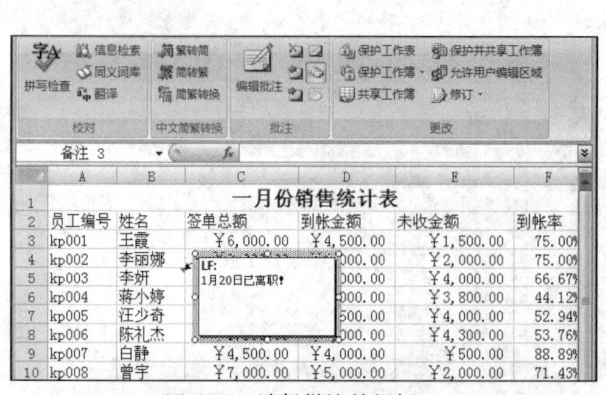
图 4-74　选择批注编辑框

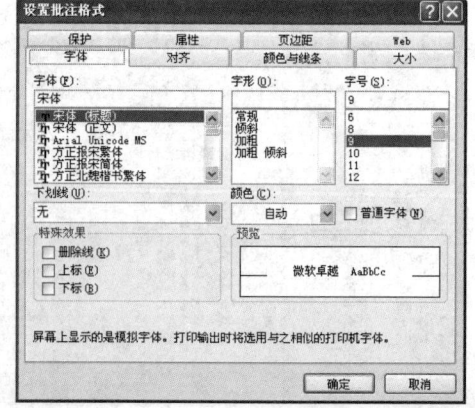
图 4-75　打开"设置批注格式"对话框

3 单击"颜色与线条"选项卡，在"填充"栏的"颜色"下拉列表框中选择"淡蓝"选项，在"线条"栏的"颜色"下拉列表框中选择"玫瑰红"选项，在"样式"下拉列表框中选择"1.5 磅"选项，然后单击"确定"按钮，如图 4-76 所示。

4 设置颜色与线条后的批注编辑框效果图如图 4-77 所示。

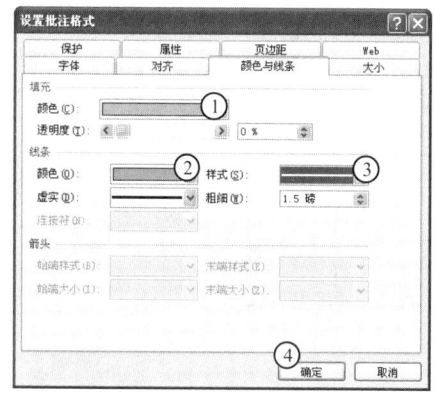

图 4-76 设置颜色与线条

图 4-77 设置的效果

4. 删除批注

如果工作表中出现了多余的或不再需要的批注时，可以将其删除。

上机练习 4.26 删除 B5 单元格插入的批注

1 选择 B5 单元格，此时该单元格中的批注将自动显示出来，如图 4-78 所示。

2 单击"审阅"选项卡的"批注"组中的"删除批注"按钮即可删除所插入的批注，如图 4-79 所示。

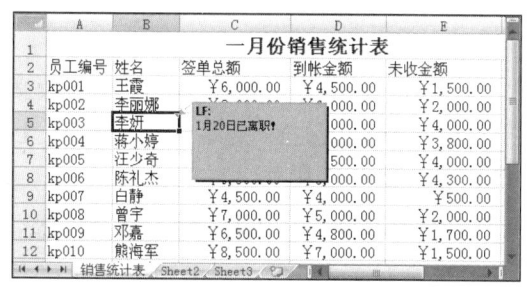

图 4-78 选择单元格

图 4-79 删除批注后的效果

 **提示** 当一个工作表中插入了多个批注时，可以单击"批注"组中的"显示所有批注"按钮，快速显示所有批注。

4.5 技能实训

下面将通过制作"员工工资统计表"工作表来巩固本章学习的知识。其制作过程主要涉及到更改数据类型、美化数据字体、为单元格填充底纹、快速套用表格格式、插入 SmartArt 图形和美化插入 SmartArt 图形等操作，如图 4-80 所示为最终的效果。

【操作步骤】

1 创建"员式工资统计表"工作表并输入如图 4-81 所示的数据。

2 选择 A1:G1 单元格区域，单击"开始"选项卡中"对齐方式"组的"合并后居中"按钮，效果如图 4-82 所示。

Excel 2007 应用技能培训教程

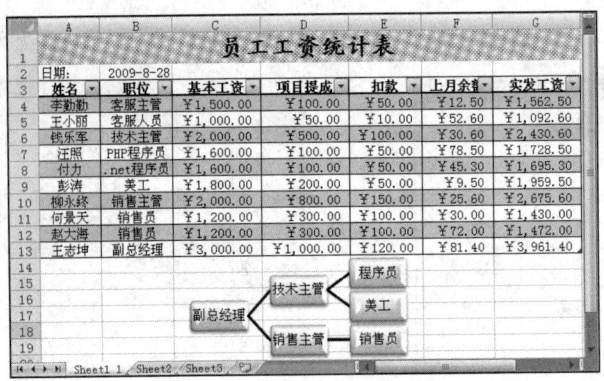

图 4-80 "员工工资统计表"

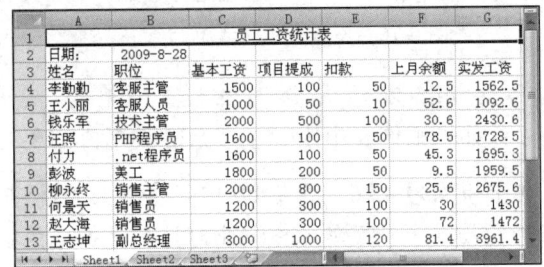

图 4-81 输入所需数据　　　　　　图 4-82 设置对齐方式

3 单击"开始"选项卡中"单元格"组的"格式"下拉按钮,在弹出的下拉菜单中选择"设置单元格格式"命令,如图 4-83 所示。

4 打开"设置单元格格式"对话框,单击"字体"选项卡,在"字体"栏的列表框中选择"方正北魏楷书简体"选项,在"字形"栏的列表框中选择"加粗"选项,在"字号"栏的列表框中选择"20"选项,然后单击"确定"按钮,如图 4-84 所示。

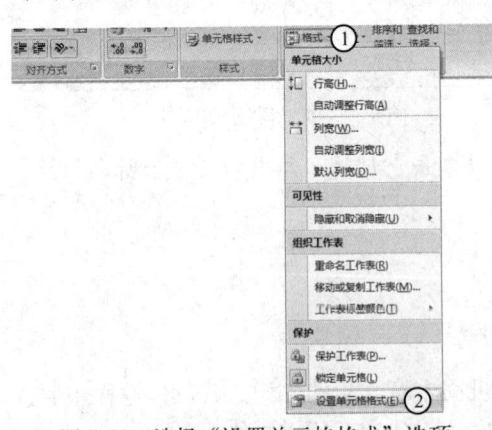 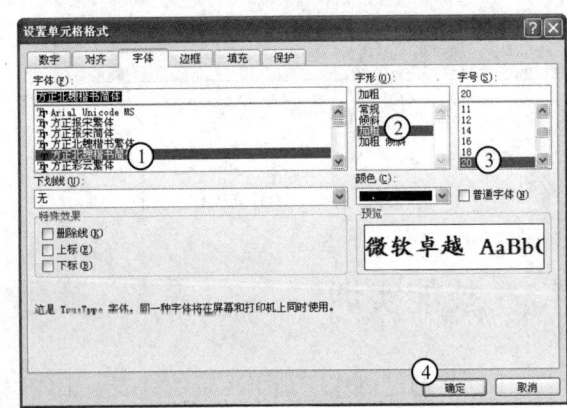

图 4-83 选择"设置单元格格式"选项　　　　图 4-84 设置"字体"格式

5 在"开始"选项卡的"单元格"组中单击"格式"下拉按钮,在弹出的下拉菜单中选择"设置单元格格式"命令,打开"设置单元格格式"对话框,单击"填充"选项卡,在"图案颜色"下拉列表框中选择"黑色,文字 1,淡色 50%"选项,在"图案样式"下拉列表框中选择"细 对角线 剖面线"选项,单击"确定"按钮,如图 4-85 所示。

6 设置完成后的效果图如图 4-86 所示。

第 4 章　美化制作的表格

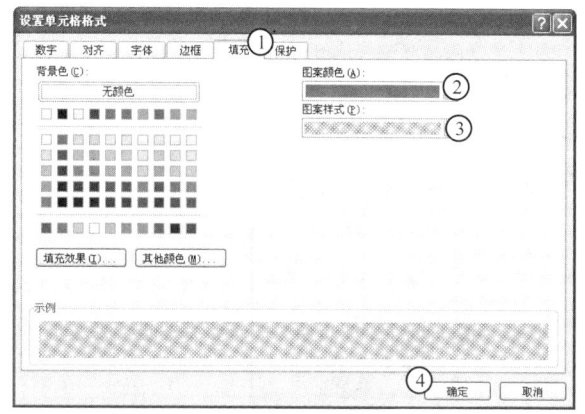
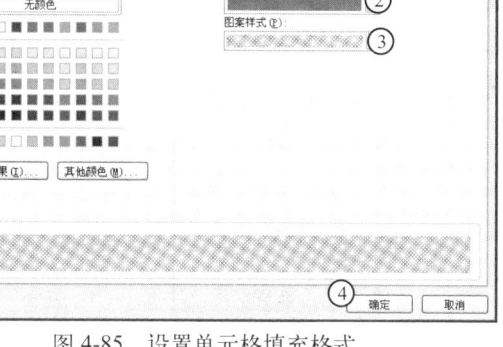

图 4-85　设置单元格填充格式　　　　　　图 4-86　添加底纹后的效果

7　选择 C4:G13 单元格区域，单击"开始"选项卡中"数字"组的下拉按钮，在弹出的下拉列表中选择"货币"选项，如图 4-87 所示。

8　单击"开始"选项卡中"样式"组的"套用表格格式"下拉按钮，在弹出的下拉列表中选择"浅色"→"表样式浅色 15"选项，如图 4-88 所示。

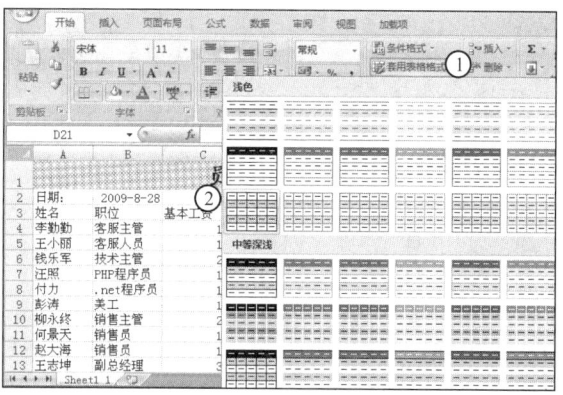

图 4-87　设置数字格式　　　　　　　　　图 4-88　选择表样式

9　打开"套用表格式"对话框，选中"表包含标题"复选框，单击"表数据的来源"列表框右侧的 按钮。

10　选择 A3:G13 单元格区域，单击 按钮，如图 4-89 所示。

11　返回对话框，单击"确定"按钮。套用表格格式后的效果如图 4-90 所示。

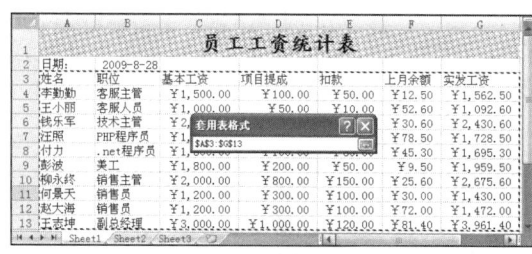

图 4-89　选择区域　　　　　　　　　　　图 4-90　套用表格格式后效果图

12　单击"插入"选项卡的"插图"组中的"SmartArt"选项，打开"选择 SmartArt 图形"对话框，选择"层次结构"选项，在中间的列表框中选择"水平层次结构"选项，然后

71

单击"确定"按钮，如图 4-91 所示。

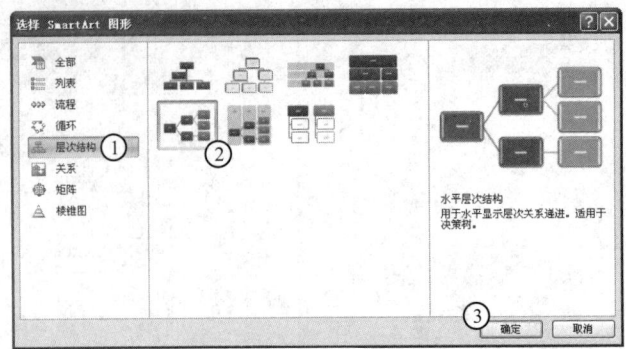

图 4-91　选择层次结构图

13 在插入的 SmartArt 图形中输入所需文本，单击"设计"选项卡的"SmartArt 样式"组中的"更改颜色"下拉按钮，在弹出的下拉列表中选择"主题颜色"→"深色 1 轮廓"选项，如图 4-92 所示。

14 单击"SmartArt"组中 按钮，在弹出的下拉列表中选择"三维"→"嵌入"选项，如图 4-93 所示。

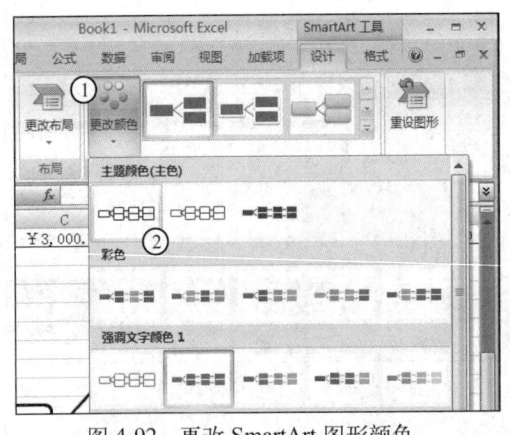

图 4-92　更改 SmartArt 图形颜色

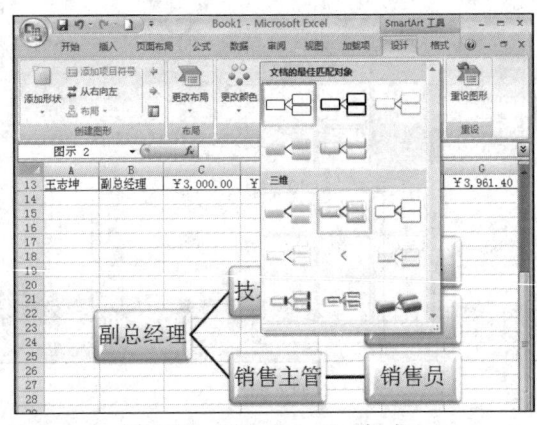

图 4-93　更改 SmartArt 样式

15 选择 SmartArtl 图形，将鼠标指针放在图形边框的其中一个角上，当其变为形状时，按住鼠标左键不放拖动鼠标，调整到适合的大小释放鼠标。最后将鼠标指针移至图形其中一条边框上，当其变为形状时，按住鼠标左键不放拖动鼠标，将图形移至表格数据下方，如图 4-94 所示。

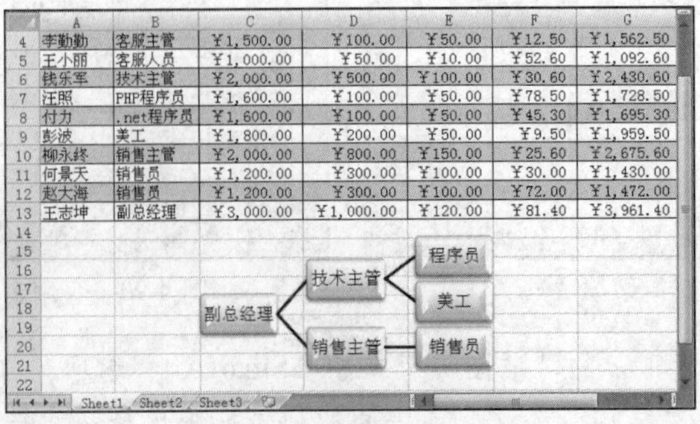

图 4-94　移动 SmartArt 图形

4.6 习题

一、填空题

1. 将某单元格设置为货币型数据格式,并设置小数位数为 2,货币符号为￥时,在此单元格中输入 5000 并按"Enter"键后,该单元格中的数据将显示为_____。

2. 将某单元格设置为数值型数据格式,并设置小数位数为 2,选中"使用千位分隔符"复选框,在此单元格中输入 12000 并按"Enter"键后,该单元格中的数据将显示为_____。

3. 单击"开始"选项卡的"对齐方式"组中的▇按钮,单元格中的数据将_____;单击▇按钮,单元格中的数据将_____;单击▇按钮,单元格中的数据将_____。

4. 若要将"Sheet1"工作表标签设置为红色,可在"开始"选项卡的_____组中单击"格式"下拉按钮,在弹出的下拉菜单中选择_____命令,再在弹出的子菜单中选择"红色"命令。

5. SmartArt 图形是 Excel 2007 新增的功能,其中包括了列表、_____、_____、层次结构、关系、矩阵、棱锥图 7 种类型。

6. 文本框分为_____文本框和_____文本框两种类型,在 Excel 中利用文本框可以在工作表的任意位置输入需要的文本。

7. _____是对工作表中的某项数据进行补充说明时所使用的一种方法,在工作表中适当地插入它可以对特定的数据进行标识。

二、选择题

1. 将数值型数据更改为货币型数据的正确步骤是( )。
(1) 在"开始"选项卡的"数字"组中单击右下角的键头按钮▫,打开"设置单元格格式"对话框;
(2) 选择需更改数据类型的单元格区域;
(3) 在"数字"选项卡的"分类"列表框中选择"货币"选项,在"小数位数"数值框中输入"2",在"货币符号"下拉列表框中选择"￥"选项,然后单击"确定"按钮;
　　A. (1) (2) (3)　　B. (3) (2) (1)　　C. (1) (3) (2)　　D. (2) (1) (3)

2. 在 Excel 2007 中,单元格的行高或列宽可通过( )进行调整。
　　A. 通过"行高"或"列宽"对话框。
　　B. 拖动行号上面或下面的边框线。
　　C. 拖动列标上面或下面的边框线。
　　D. 选择"自动调整行高"或"自动调整列宽"选项。

3. 以下关于美化单元格的操作,错误的是( )。
　　A. 选择 A1 单元格→打开"设置单元格格式"对话框→在"边框"选项卡中为该单元格添加外边框。
　　B. 选择 A1 单元格→单击"样式"组中的"套用表格样式"按钮→在弹出的下拉列表中选择所需样式。
　　C. 选择 A1 单元格→单击"样式"组中的"格式"按钮→在弹出的下拉列表中选择"行高"选项。
　　D. 选择 A1 单元格→打开"设置单元格格式"对话框→在"填充"选项卡中为该单元格设置图案颜色和图案样式。

4. 将单元格中的数字“1200”以特殊型数据的中文大写数字的格式显示，正确的是(　　)。

A. 壹仟两佰　　B. 一千二百　　C. 壹仟贰佰　　D.“一千二百”

5. 将“Sheet2”工作表标签颜色设置为标准色：红色，正确的步骤是(　　)。

(1) 单击“开始”选项卡的“单元格”组中的“格式”按钮；

(2) 在“标准色”栏中选择“红色”选项；

(3) 在弹出的下拉列表框中选择“工作表标签颜色”选项；

(4) 选择“Sheet2”工作表标签；

A. (1) (2) (3) (4)　　B. (4) (3) (2) (1)

C. (4) (1) (3) (2)　　D. (2) (1) (3) (4)

6. 为工作表添加背景和在工作表中插入图片的相同点是(　　)。

A. 都可以选择电脑中自带的图片进行添加或插入操作。

B. 都可以将添加或插入到工作表中的图片打印出来。

C. 都可以对已添加或插入的图片大小进行调整。

D. 都可以对已添加或插入的图片的形状、样式和亮度等进行调整。

7. 清除已套用的表格格式正确的操作是(　　)。

A. 选择需清除格式的单元格，然后单击“单元格”组中的“删除”按钮。

B. 选择需清除格式的单元格，然后单击“编辑”组中的“清除”按钮，在弹出的下拉列表中选择“全部清除”选项。

C. 选择需清除格式的单元格，然后单击“编辑”组中的“清除”按钮，在弹出的下拉列表中选择“清除格式”选项。

D. 选择需清除格式的单元格，直接按“Delete”键。

三、操作题

1. 建立如图 4-95 所示的“水果销量表”，将 A1:G1 单元格区域合并，并将合并后的数据居中显示。

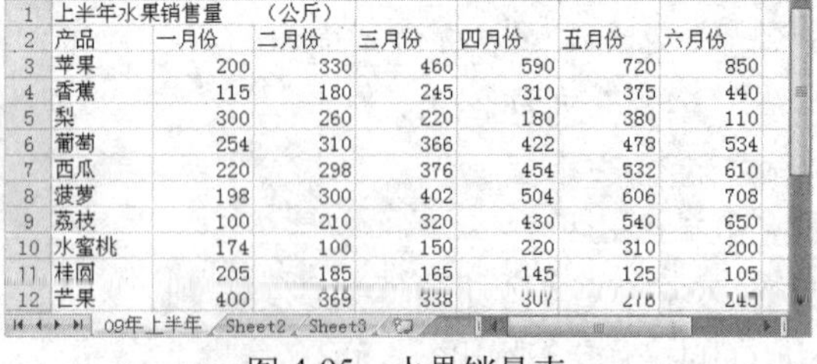

	A	B	C	D	E	F	G
1	上半年水果销售量	（公斤）					
2	产品	一月份	二月份	三月份	四月份	五月份	六月份
3	苹果	200	330	460	590	720	850
4	香蕉	115	180	245	310	375	440
5	梨	300	260	220	180	380	110
6	葡萄	254	310	366	422	478	534
7	西瓜	220	298	376	454	532	610
8	菠萝	198	300	402	504	606	708
9	荔枝	100	210	320	430	540	650
10	水蜜桃	174	100	150	220	310	200
11	桂圆	205	185	165	145	125	105
12	芒果	400	369	338	307	276	245

图 4-95　水果销量表

2. 将合并后的单元格中的数据格式设置为“华文中宋、24 号、加粗、倾斜”。

3. 将 B3:G12 单元格区域中的数据格式设置为“数值型数据、2 位小数位数”。

4. 为包含数据的所有单元格区域添加外边框和内边框。

5. 增加第 2 行的行高，并将该行包含数据的单元格区域的数据格式设置为“14 号、加粗”。

6. 增加第 A 列的列宽，并将该列中的 A3:A12 单元格区域的数据格式设置为“12 号、红色”。

7. 为 A1 单元格添加批注，内容为“初算，仅供参考”。

第 5 章 模板与样式

本章内容提要

合理使用 Excel 中的模板与样式，可以极大地提高实际工作效率。Excel 不仅允许使用自带的各种模板或样式，也允许用户自行对模板和样式进行修改或创建等。本章将主要介绍模板的创建、应用、修改、样式的应用、修改、创建、删除和合并等相关操作。通过本章学习，使用户掌握运用模板和样式的能力。

本章重点与难点

- ➢ 创建模板
- ➢ 应用与修改模板
- ➢ 应用样式
- ➢ 修改与创建样式
- ➢ 删除与合并样式

5.1 模板的使用

在前面讲解根据模板新建工作簿时，已对模板有过接触。Excel 2007 中的模板即是指拥有固定样式和框架的对象，应用模板可以直接应用其中的样式和框架，减少了手动输入的麻烦。

5.1.1 创建模板

Excel 2007 自带的模板有时并不能完全满足工作中的实际需要，这时可根据实际需求创建新的模板。

🖱 上机练习 5.1 创建"工资表"模板

1　打开"09年工资表"工作簿，删除 E3:I14 单元格区域中的数据，将 A1 单元格内容更改为"工资表"，如图 5-1 所示。

2　单击"Office"按钮，在弹出的菜单中选择"另存为"→"Excel 工作簿"命令，如图 5-2 所示。

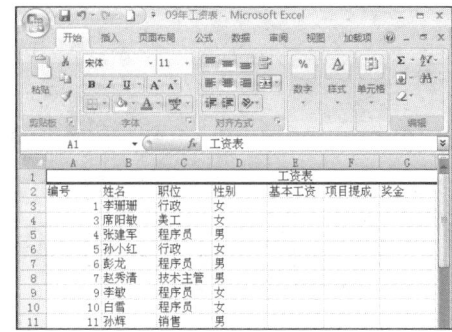
图 5-1　更改工作表数据

图 5-2　选择命令

3 打开"另存为"对话框,在"保存类型"下拉列表框中选择"Excel 模板"选项,此时自动将"保存位置"下拉列表框中的选项设置为"Templates",然后在"文件名"下拉列表框中输入"工资表",单击"确定"按钮,如图 5-3 所示。

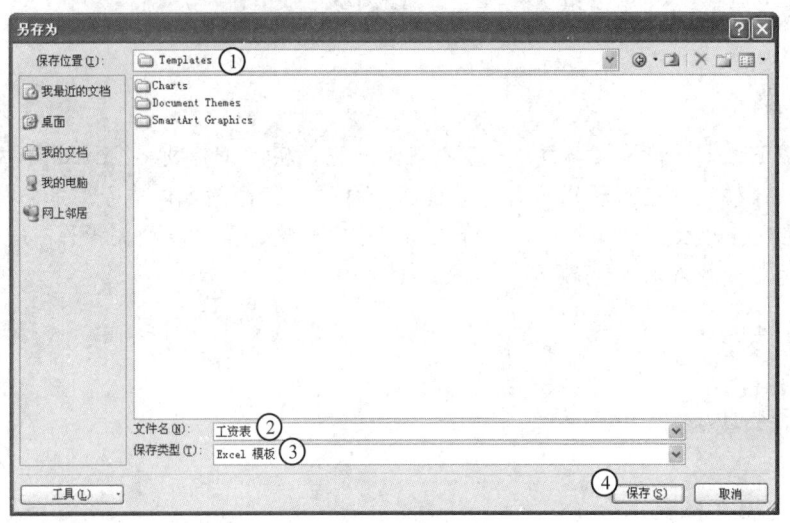

图 5-3 设置"另存为"对话框

> **提示** 创建的模板可以保存在电脑中的任意位置,但只有将其保存在 Templates 文件夹下,才会出现在"新建"对话框的"我的模板"列表框中。

5.1.2 应用模板

模板创建好以后,就可以应用模板快速新建工作表了。

⌒上机练习5.2 利用模板快速创建"工资表"

1 重新启动 Excel 2007,单击"Office"按钮,在弹出的菜单中选择"新建"命令,打开"新建工作簿"对话框,选择"模板"列表框中的"我的模板"选项,如图 5-4 所示。

2 打开"新建"对话框,在"我的模板"列表框中选择"工资表"选项,单击"确定"按钮,如图 5-5 所示。

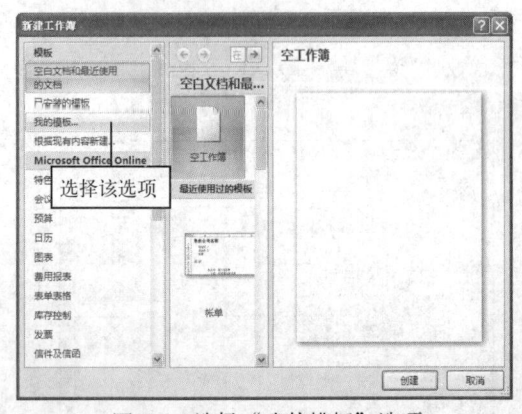

图 5-4 选择"我的模板"选项

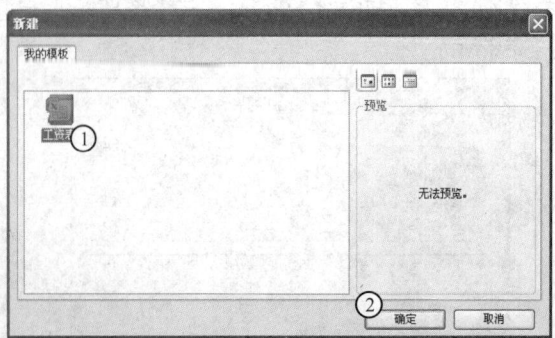

图 5-5 选择模板

3 此时将根据"工资表"模板创建工作簿,如图 5-6 所示。

图 5-6　应用"工资表"模板

5.1.3　修改模板

创建好的模板也可根据实际需要对相应内容进行补充修改，然后再重新以模板类型进行保存覆盖，以适应实际工作中不断变化的各方面情况。

上机练习 5.3　修改"工资表"模板

1 选择 A1 单元格，在"字体"组中单击"加粗"按钮，在"字体"下拉列表框中选择"方正北魏楷书简体"选项，在"字号"下拉列表框中选择"20"选项，单击"填充颜色"下拉按钮，在弹出的下拉列表中选择"蓝色"选项，单击"字体颜色"下拉按钮，在弹出的列表框中选择"红色"选项，设置 A1 单元格中字体的字形、字号、颜色等格式，如图 5-7 所示。

2 选择 A2:I2 单元格区域，用相同方法将字体设置为"方正报宋简体"，将字号设置为"12"，将填充颜色设置为"黑色"，将字体颜色设置为"白色"，如图 5-8 所示。

图 5-7　设置字体

图 5-8　设置字体

3 保持 A2:I2 单元格区域的选择状态，单击"对齐方式"组中的"居中"按钮，更改该单元格区域数据的对齐方式，如图 5-9 所示。

4 选择 A3:A14 单元格区域，将填充颜色设置为"白色"，将对齐方式设置为"文本左对齐"，如图 5-10 所示。

图 5-9 设置对齐方式

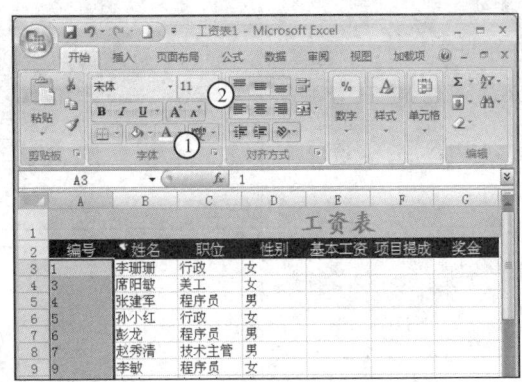

图 5-10 设置字体格式

5 将修改后的工作表按创建模板的方法进行保存即可。

5.2 样式的使用

在 Excel 2007 中，样式是指具有特定格式的一种设置选项，使用样式可以快速为选择的单元格或单元格区域设置各种格式效果。

5.2.1 应用样式

Excel 2007 自带有多种样式，可根据实际需要选择使用，提高工作效率。

上机练习 5.4 应用单元格样式

1 创建"周销量计划"工作表，选择 A1 单元格，如图 5-11 所示。

2 单击"开始"选项卡，在"样式"组中单击"单元格格式"下拉按钮，在弹出的下拉列表中选择"好、差和适中"→"好"选项，如图 5-12 所示。

图 5-11 选择 A1 单元格

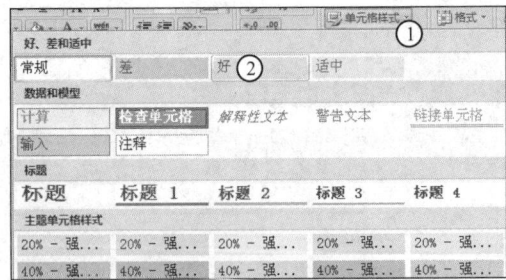

图 5-12 选择单元格样式

3 此时 A1 单元格便快速应用了选择的样式，如图 5-13 所示。

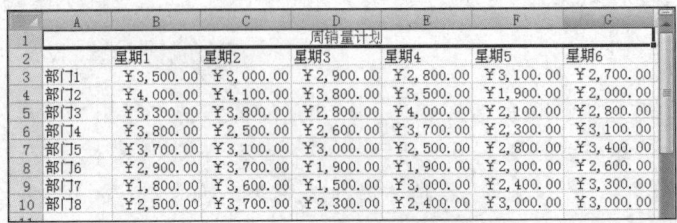

图 5-13 应用样式后的效果

5.2.2 修改样式

若 Excel 2007 自带的样式仍不能满足实际需要，可以对现有的单元格样式进行修改。需注意的是，对某中样式进行修改后，应用了这种样式的单元格也会同步应用修改后的样式。

🖱 上机练习 5.5　修改现有的单元格样式

1 单击"开始"选项卡，在"样式"组中单击"单元格格式"下拉按钮，在弹出的下拉列表中的"好、差和适中"→"好"选项上单击鼠标右键，在弹出的快捷菜单中选择"修改"命令，如图 5-14 所示。

2 打开"样式"对话框，单击"格式"按钮，如图 5-15 所示。

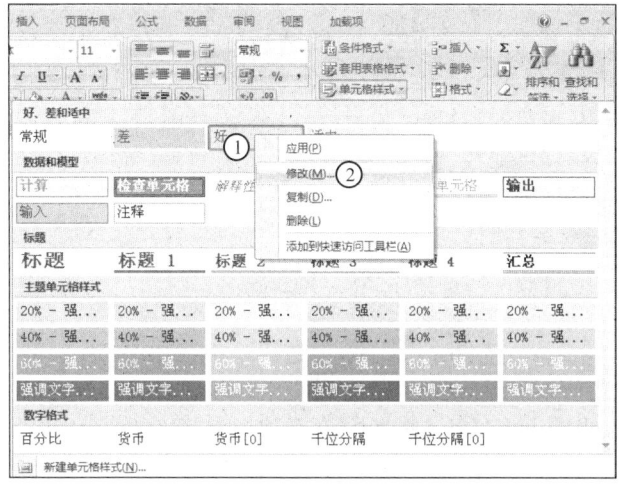

图 5-14　选择"修改"命令

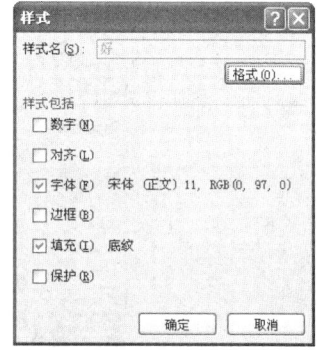

图 5-15　打开"样式"对话框

3 打开"设置单元格"格式对话框，单击"字体"选项卡，在"字体"栏的列表框中选择"方正北魏楷书简体"选项，在"字形"栏的列表框中选择"加粗"选项，在"字号"栏的列表框中选择"20"选项，在"颜色"下拉列表框中选择"黑色"选项，如图 5-16 所示。

4 单击"填充"选项卡，在"背景色"列表框中选择"橙色"选项，在"图案样式"下拉列表框中选择"12.5%灰色"选项，然后单击"确定"按钮，如图 5-17 所示。

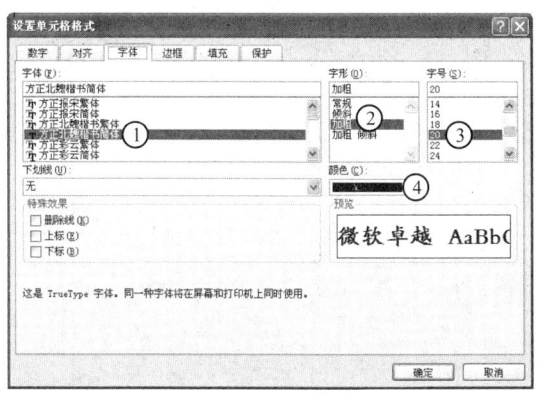

图 5-16　设置字体格式

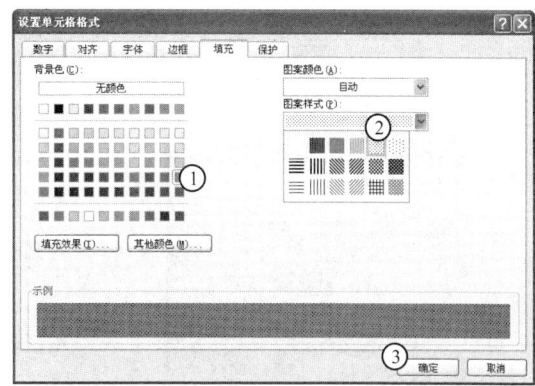

图 5-17　设置填充格式

5 返回"样式"对话框，其中将显示修改后的相关格式信息，单击"确定"按钮，完成样式的修改。此时应用了该样式的单元格也会同步发生改变，如图 5-18 所示。

图 5-18 应用修改后的样式

5.2.3 创建样式

Excel 2007 允许用户自行创建样式，以满足各种各样不同的需求。

上机练习 5.6　创建"部门"样式

1 在"开始"选项卡的"样式"组中单击"单元格格式"下拉按钮，在弹出的下拉列表中选择"新建单元格样式"命令，如图 5-19 所示。

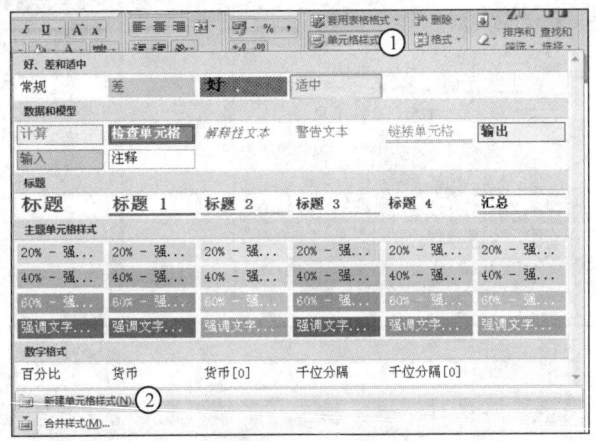

图 5-19 选择"新建单元格样式"选项

2 打开"样式"对话框，在"样式名"文本框中输入"部门"，单击"格式"按钮，如图 5-20 所示。

3 打开"设置单元格格式"对话框，单击"对齐"选项卡，在"文本对齐方式"栏的"水平对齐"下拉列表框中选择"居中"选项，在"垂直对齐"下拉列表框中选择"居中"选项，在"文本控制"栏中选中"自动换行"复选框，如图 5-21 所示。

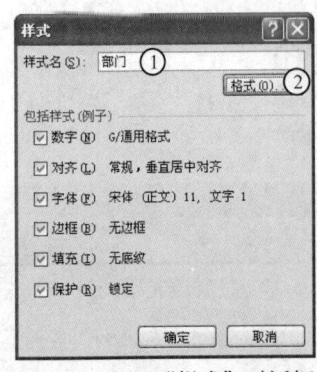

图 5-20 打开"样式"对话框

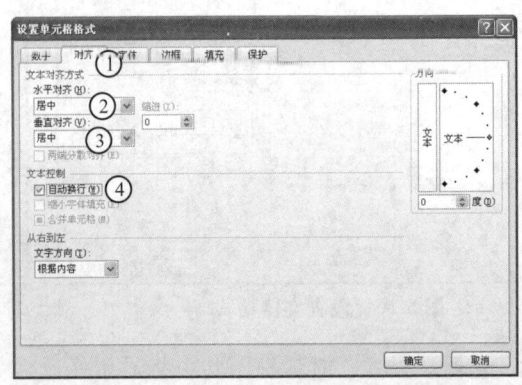

图 5-21 设置单元格"对齐"格式

4 单击"填充"选项卡,在"背景色"列表框中选择"深蓝"选项,在"图案颜色"下拉列表框中选择"红色"选项,在"图案样式"下拉列表框中选择"6.25%灰色"选项,单击"确定"按钮,如图 5-22 所示。

5 返回"样式"对话框,在"包括样式"栏中取消选中"数字"、"字体"、"边框"、"保护"4 个复选框,单击"确定"按钮,如图 5-23 所示。

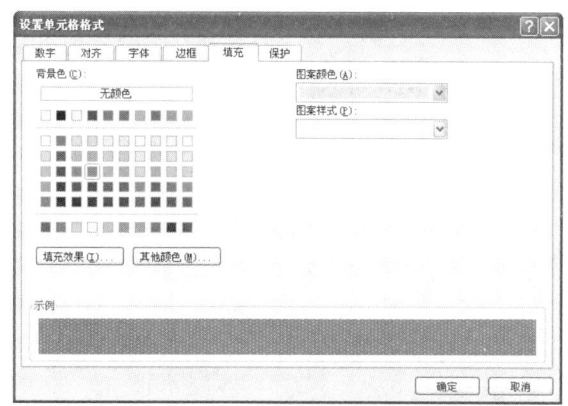
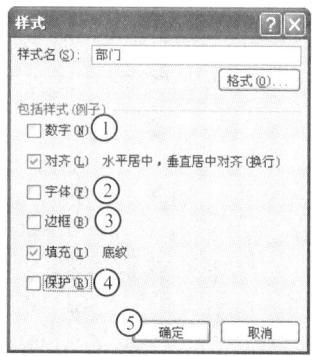

图 5-22　设置填充格式　　　　　　　　　图 5-23　设置"样式"对话框

6 关闭对话框,再次在功能选项卡中单击"单元格样式"下拉按钮,创建好的"部门"样式便会出现在弹出的下拉列表的"自定义"栏中,如图 5-24 所示。

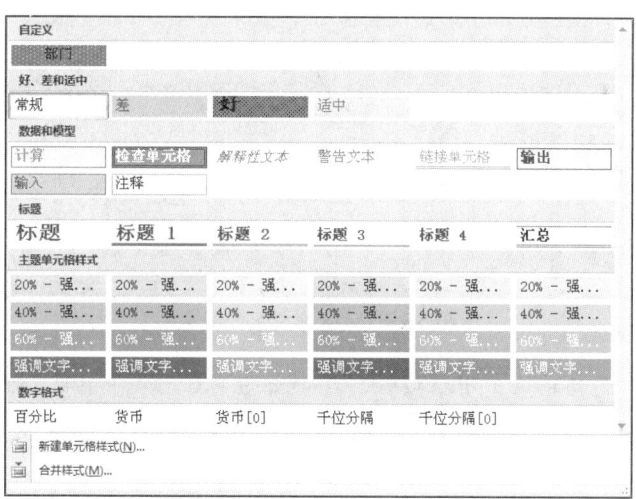

图 5-24　创建的"部门"样式

7 选择 A2:A10 单元格区域,应用创建的"部门"样式,效果如图 5-25 所示。

图 5-25　应用创建的单元格样式

5.2.4 删除样式

删除样式包括清除单元格或单元格区域应用的样式和将某些设置的样式从"单元格格式"下拉列表中删除两种情况。

上机练习 5.7　清除"部门"样式

1　选择 A2:A10 单元格区域。

2　在"开始"选项卡的"样式"组中单击"单元格格式"下拉按钮，在弹出的下拉列表中选择"好、差和适中"栏的"常规"选项，如图 5-26 所示。

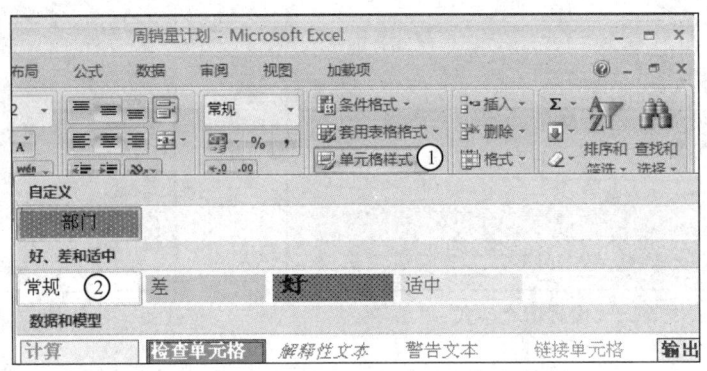

图 5-26　选择"常规"样式

3　此时所选单元格区域中的样式便清除了，效果如图 5-27 所示。

图 5-27　清除样式后的效果

> **提示**　单击"单元格格式"下拉按钮，在弹出的下拉列表中的某个需删除的样式上单击鼠标右键，在弹出的快捷菜单中选择"删除"命令即可删除该样式。

5.2.5 合并样式

合并样式是指将其他工作簿中创建的样式复制到需要的工作簿的"单元格格式"下拉列表中，以供选择使用。

上机练习 5.8　将"周销量计划"工作簿中的样式合并到"销售统计表"工作簿中

1　打开"周销量计划"和"销售统计表"两个工作簿。

2　选择"销售统计表"工作簿，在"开始"选项卡的"样式"组中单击"单元格格式"下拉按钮，在弹出的下拉列表中选择"合并样式"命令，如图 5-28 所示。

3　打开"合并样式"对话框，在"合并样式来源"列表框中选择"周销量计划.xlsx"选项，单击"确定"按钮，如图 5-29 所示。

第 5 章 模板与样式

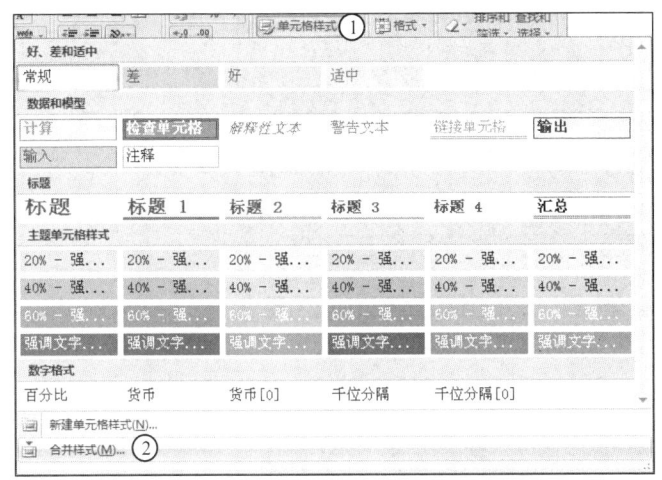

图 5-28 选择"合并样式"选项

图 5-29 打开"合并样式"对话框

4 打开提示对话框，提示是否合并具有相同名称的样式，单击"确定"按钮，如图 5-30 所示。

5 在"销售统计表"的"开始"选项卡中，单击"样式"组中的"单元格格式"下拉按钮，在弹出的下拉列表中可以看到"自定义"栏中的"部门"样式和"好、差和适中"栏中的"好"样式，这两个新增的样式便是从"周销量计式"工作簿中合并过来的，如图 5-31 所示。

图 5-30 打开提示对话框

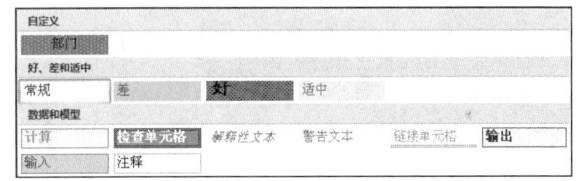

图 5-31 查看合并的样式

6 将合并的新样式应用到"销售统计表"工作簿中，效果如图 5-32 所示。

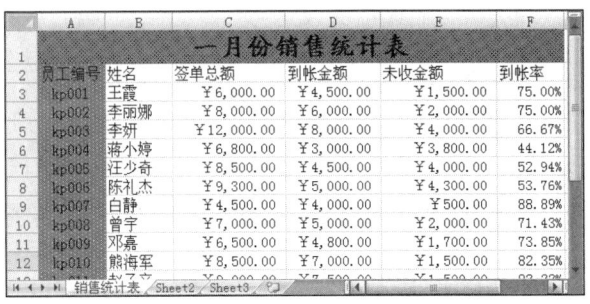

图 5-32 应用合并的样式

5.3 技能实训

制作表格时若利用 Excel 2007 中的模板与样式，可以大大提高表格的制作效率并且达到美化表格的目的，下面将通过制作"员工考勤统计表"工作表来巩固本章学习的知识，制作过程主要涉及到模板的创建、模板的应用、样式的应用、样式的修改和样式的创建等操作，如图 5-33 所示为最终的效果。

图 5-33 最终效果图

【操作步骤】

1 启动 Excel 2007，在 Sheet1 工作表中输入如图 5-34 所示的数据。

2 选择 A1:G12 单元格区域，在"开始"选项卡的"单元格"组中单击"格式"下拉按钮，在弹出的下拉菜单中选择"设置单元格格式"命令。

3 打开"设置单元格格式"对话框，单击"边框"选项卡，在"预置"栏中单击"外边框"按钮和"内部"按钮，然后单击"确定"按钮，如图 5-35 所示。

图 5-34 输入数据

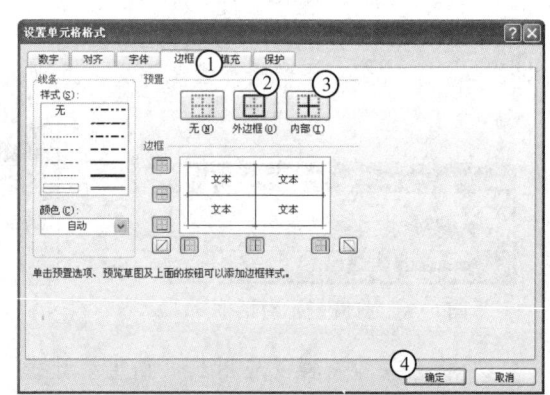

图 5-35 为单元格区域设置边框

4 选择 A1 单元格，用相同方法打开"设置单元格格式"对话框，在"字体"选项卡中将其字体格式设置为"方正报宋简体，加粗，18，白色"，如图 5-36 所示。

5 单击"填充"选项卡，在"背景色"栏下单击"填充效果"按钮，如图 5-37 所示。

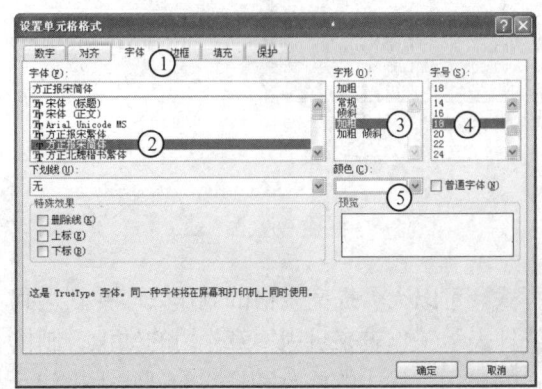

图 5-36 设置字体格式

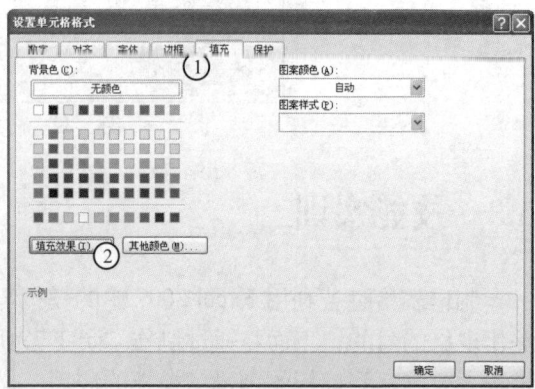

图 5-37 设置填充格式

> **提示** 在"设置单元格格式"对话框的"填充"选项卡中,当为选择的单元格或单元格区域设置了填充格式后,可即时在下方的"示例"栏中预览效果,以便及时修改。

6 打开"填充效果"对话框,在"颜色"栏的"颜色1"下拉列表框中选择"白色"选项,在"颜色2"下拉列表框中选择"黑色"选项,在"底纹样式"栏中选中"水平"单选按钮,在"变形"栏中选择"示例"栏所示的形状,然后单击"确定"按钮,如图5-38所示。

7 返回"设置单元格格式"对话框,然后再单击"确定"按钮。

8 用同样的方法将A2:G12单元格区域的填充效果设置为白色到橙色的双色水平渐变,渐变方向设置为"示例"栏中的样式,如图5-39所示。

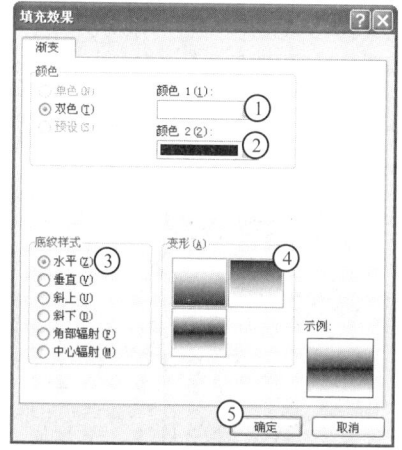 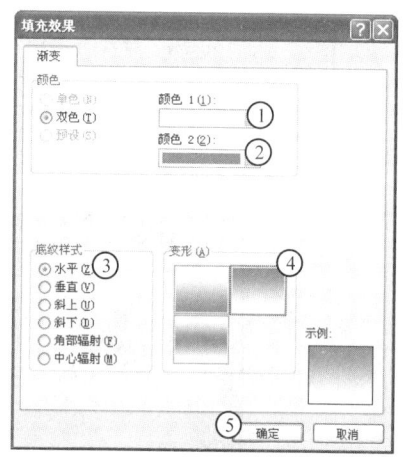

图 5-38　单击"填充效果"按钮　　　　　图 5-39　选择填充效果

9 完成"考勤统计表"的数据输入和格式设置,如图5-40所示。

图 5-40　美化表格后的效果

10 单击"Office"按钮,在弹出的菜单中选择"另存为"→"Excel 工作簿"命令,打开"另存为"对话框,在"保存类型"下拉列表框中选择"Excel 模板"选项,在"保存位置"下拉列表框中选择"Templates"命令,在"文件名"下拉列表框中输入"员工考勤统计表",单击"确定"按钮,如图5-41所示。

11 重新启动 Excel 2007,单击"Office"按钮,在弹出的菜单中选择"新建"命令,打开"新建工作簿"对话框,在"模板"列表框中选择"我的模板"选项,打开"新建"对话框,在其中选择"员工考勤统计表"选项,单击"确定"按钮,如图5-42所示。

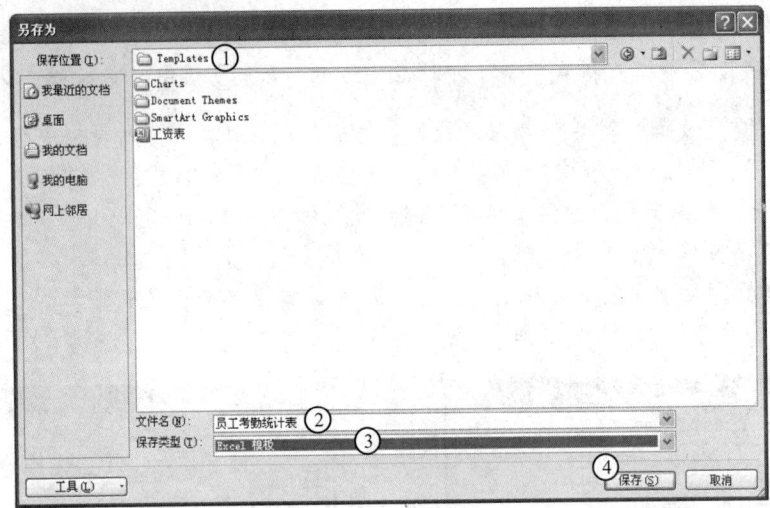

图 5-41 设置"另存为"对话框

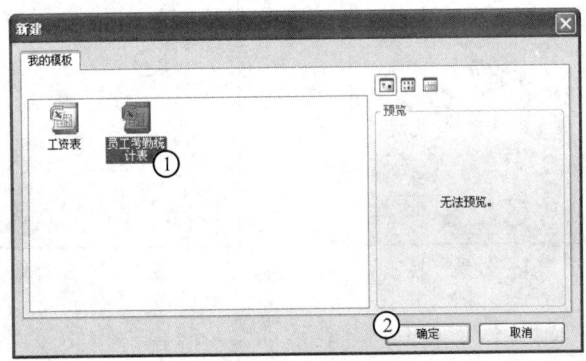

图 5-42 选择模板

12 打开"员工考勤统计表 1"工作簿,在"开始"选项卡的"样式"组中单击"单元格格式"下拉按钮,在弹出的下拉列表中选择"主题单元格样式"→"强调文字颜色 5"选项,如图 5-43 所示。

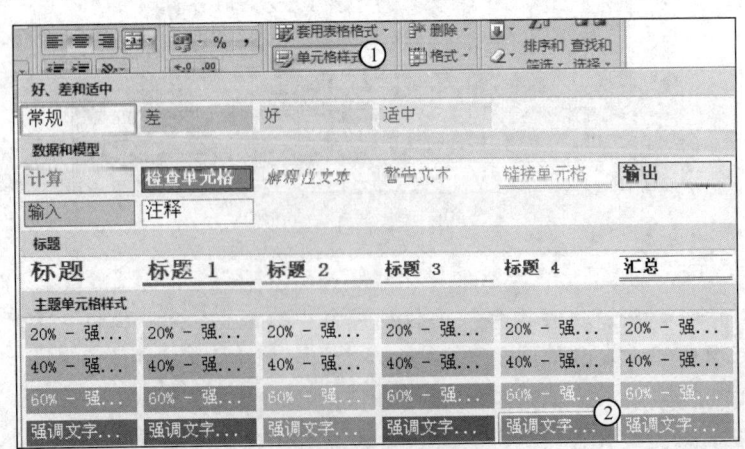

图 5-43 选择应用样式

13 应用样式后的效果如图 5-44 所示。

14 在"开始"选项卡的"样式"组中单击"单元格格式"按钮,在弹出的下拉列表中的"主题单元格样式"/"强调文字颜色5"选项上单击鼠标右键,在弹出的快捷菜单中选择"修改"命令,打开"样式"对话框,单击"格式"按钮,如图5-45所示。

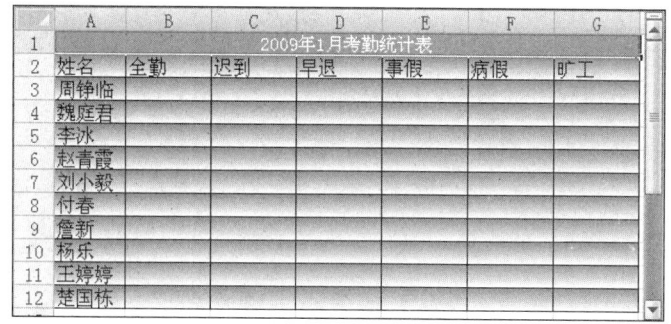

图5-44 应用样式

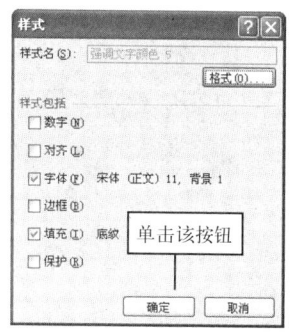

图5-45 "样式"对话框

15 打开"设置单元格格式"对话框,单击"字体"选项卡,在"字形"栏的列表框中选择"加粗"选项,在"字号"栏的列表框中选择"18"选项,在"颜色"下拉列表框中选择"黑色"选项,如图5-46所示。

16 单击"填充"选项卡,在"背景色"栏中单击"填充效果"按钮,打开"填充效果"对话框,在"颜色"栏的"颜色1"下拉列表框中选择"白色"选项,在"颜色2"下拉列表框中选择"紫色"选项,在"底纹样式"栏中选中"中心辐射"单选按钮,在"变形"栏中选择"示例"栏所示的样式,单击"确定"按钮,如图5-47所示。

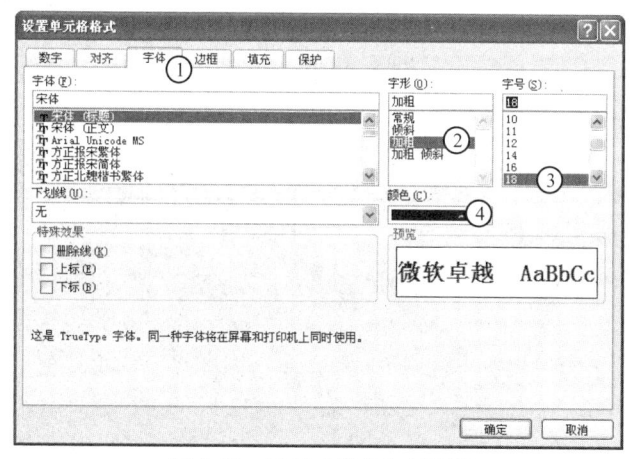

图5-46 打开"样式"对话框

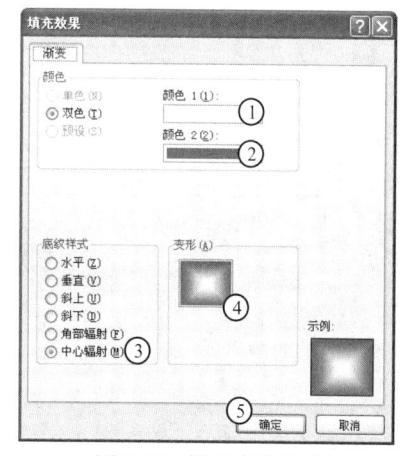

图5-47 设置字体样式

17 返回"设置单元格格式"对话框,单击"确定"按钮返回"样式"对话框,继续单击"确定"按钮,此时A1单元格中应用的样式也将同步发生变化,如图5-48所示。

18 单击"开始"选项卡中"样式"组的"单元格格式"下拉按钮,在弹出的下拉列表中选择"新建单元格样式"命令,打开"样式"对话框,在"样式名"文本框中输入"文本内容",然后单击"格式"按钮,如图5-49所示。

19 打开"设置单元格格式"对话框,单击"填充"选项卡,在"背景色"栏下单击"填充效果"按钮。

图 5-48　应用的效果

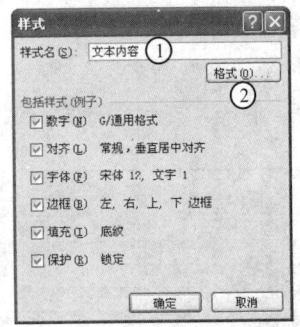

图 5-49　打开"样式"对话框

20 打开"填充效果"对话框,在"颜色"栏的"颜色 1"下拉列表框中选择"白色"选项,在"颜色 2"下拉列表框中选择"红色"选项,在"底纹样式"栏中选中"斜下"单选按钮,在"变形"栏中选择左侧第二幅图形,然后单击"确定"按钮,如图 5-50 所示。

21 单击"边框"选项卡,在"预置"栏中单击"外边框"按钮,然后单击"确定"按钮,如图 5-51 所示。

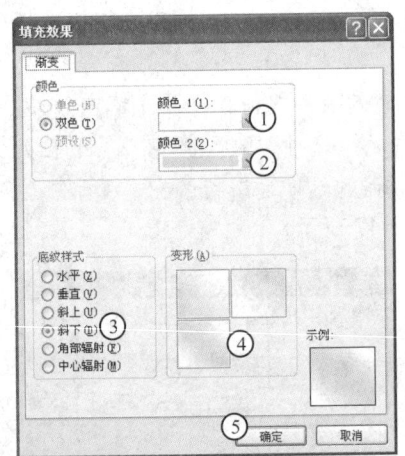

图 5-50　设置填充效果

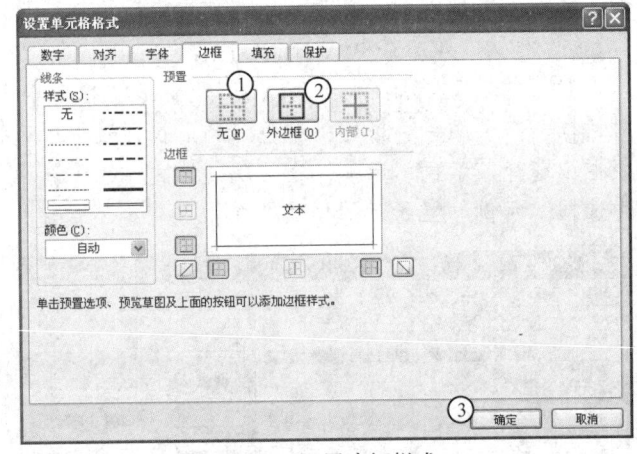

图 5-51　设置边框样式

22 返回"样式"对话框,取消选中"样式包括"栏中的"数字"、"对齐"、"字体"、"保护"四个复选框,然后单击"确定"按钮。

23 选择 A1 单元格,单击"开始"选项卡中"样式"组的"单元格格式"下拉按钮,在弹出的下拉列表中的"自定义"栏中选择"文本内容"选项,如图 5-52 所示。应用样式后的最终效果如图 5-33 所示。

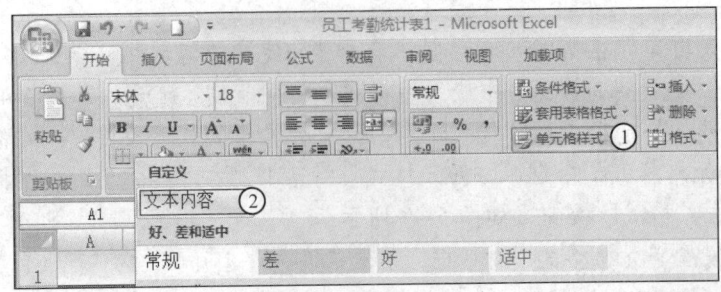

图 5-52　应用新样式

5.4 习题

一、填空题

1. Excel 中的_____即是指拥有固定样式和框架的对象，它可以直接应用其中的样式和框架，减少了手动输入的麻烦。

2. 要创建模板，应单击"Office"按钮，在弹出的菜单中选择"另存为"→"Excel 工作簿"命令，打开"另存为"对话框，在"保存类型"下拉列表框中选择_____选项，然后进行命名与保存。

3. 应用创建的模板，需在_____对话框中进行选择并打开。

4. 在 Excel 中，_____是指具有特定格式的一种设置选项，使用它可以快速为选择的单元格或单元格区域设置各种格式效果。

5. 新建样式需通过在"开始"选项卡的"样式"组中单击"单元格格式"下拉按钮，并在弹出的下拉列表中选择_____命令来实现。

二、选择题

1. 创建模板时，以下说法正确的是（　　）。
   A. 创建模板需用到"另存为"对话框。
   B. 创建的模板可以保存在电脑中的任意位置，并会出现在"新建"对话框的"我的模板"列表框中。
   C. 创建模板时需在"另存为"对话框的"保存类型"下拉列表框中选择"Excel 模板"选项。
   D. 创建模板需选择"另存为"→"Excel 模板"命令。

2. 应用模板的正确操作顺序是（　　）。
   （1）在"我的模板"列表框中选择"工资表"选项，单击"确定"按钮。
   （2）选择"模板"列表框中的"我的模板"选项。
   （3）单击"Office"按钮。
   （4）打开"新建"对话框。
   （5）在弹出的菜单中选择"新建"命令，打开"新建工作簿"对话框。
   　A.（1）（2）（3）（4）（5）　　　　B.（3）（5）（4）（2）（1）
   　C.（3）（5）（2）（4）（1）　　　　D.（5）（4）（3）（2）（1）

3. Excel 2007 自带的各种样式，需在（　　）中进行选择应用。
   A."格式"选项卡的"样式"组的"单元格样式"按钮。
   B."开始"选项卡的"样式"组的"单元格样式"按钮。
   C."开始"选项卡的"单元格样式"组的"样式"按钮。
   D."格式"选项卡的"单元格样式"组的"样式"按钮。

4. 涉及到使用"样式"对话框的操作有（　　）。
   A. 应用样式　　B. 修改样式　　C. 创建样式　　D. 删除样式
   E. 合并样式

5. 关于修改样式，下列说法错误的是（　　）。
   A. 创建样式后，Excel 便不能对样式进行修改了。

    B. Excel 允许修改创建的样式，但不能修改自带的样式。
    C. Excel 即允许修改创建的样式，也允许修改自带的样式。
    D. 修改样式包括修改数字格式、字体、边框、填充样式等。

三、操作题
1. 对已有的工作表进行修改，然后将其以"原创模板"为名，创建模板。
2. 将"原创模板"进行修改，要求增加工作表标题字体的字号，并适当调整各行的行高。
3. 打开"周销量计划"工作表，为 A1 单元格应用"适中"样式。
4. 将 Excel 自带的"适中"样式的填充颜色修改为"浅蓝色"。
5. 删除 Excel 自带的"好"样式。

第 6 章 公式的使用

本章内容提要

公式是 Excel 2007 分析与处理数据的工具之一，运用公式可以对单元格中的数据进行计算，当单元格中的数据发生变动时，公式也会自动更新计算结果。与传统的手工计算相比，不仅提高了工作效率，也提高了准确率。本章将主要介绍公式的输入与编辑、单元格的引用和公式的审核等操作。

本章重点与难点

- 公式的定义与规则
- 输入与编辑公式
- 单元格引用
- 公式的审核

6.1 公式的定义与规则

公式是对单元格中的数据进行计算和分析的一种等式，通过公式可以快速完成各种复杂的数据运算。在 Excel 2007 中，使用公式需遵循一定的规则：最前面是等号"="，后面是参与计算的元素和运算符，其中的元素可以是常量数值、运算符和引用单元格区域等。

6.1.1 公式的概述

公式主要由数字、运算符和单元格引用等部分组成，公式中包含的元素主要有以下几种：
- 值或常量：通过键盘直接输入到单元格中的数字或文本。
- 运算符：是连接公式中的基本元素并完成特定计算的符号，不同的运算符进行不同的运算。
- 单元格引用：即指定要进行运算的单元格地址，并指明公式中所使用的数据的位置。

6.1.2 运算符的使用

运算符是 Excel 2007 公式中的基本元素，公式中涉及到的运算符大致可分为 3 种，即算术运算符、文本运算符和比较运算符，其中算术运算符和文本运算符优先于比较运算符。
- 算术运算符：通常用于基本的数学运算，包括＋（加）、－（减）、*（乘）、/（除）和 ^（乘方）等基本的运算符号，这种运算符的运算结果为数值。
- 文本运算符：只包含一个连接字符&，作用在于将前后两个字符串连在一起并生成一个字符串。
- 比较运算符：通常用于比较都是数值或都是字符或都是日期的数据，包括=（等于）、>（大于）、<（小于）、>=（大于等于）、<=（小于等于）和<>（不等于）等运算符号，这种运算符的运算结果为逻辑值 TRUE 或 FALSE。

6.2 输入与编辑公式

编辑公式前首先应该在工作表中输入公式，输入公式的方法与输入数据的方法类似，不同点在于所有的公式都是由"="开头。公式的编辑主要包括：修改公式、复制公式、显示公式和删除公式等。

6.2.1 输入公式

在单元格或编辑栏中都可以输入公式，输入公式有以下两种方法：

（1）在单元格中输入公式：选择需输入公式的单元格，直接输入"="以及其后的内容，然后按"Enter"键或单击编辑栏中的 ✓ 按钮。

（2）在编辑栏中输入数据：选择需输入公式的单元格，单击编辑栏的编辑区，以定位文本插入点，输入"="以及其后的内容，然后按"Enter"键或单击编辑区中的 ✓ 按钮。

上机练习6.1　在"原材料采购统计表"的F3单元格中输入公式

1　创建"原材料采购统计表"并输入数据，如图6-1所示。

2　选择F3单元格，然后单击编辑栏的编辑区定位文本插入点，输入"="，如图6-2所示。

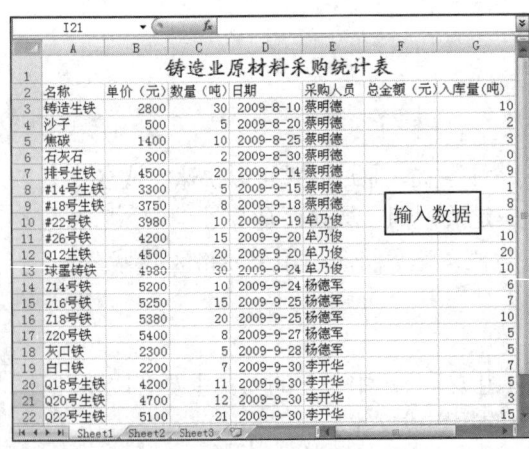

图6-1　输入数据

图6-2　输入公式的"="

3　继续输入"B3"，此时可见B3单元格周围出现闪烁的边框，表示该单元格被公式引用，如图6-3所示。

4　继续输入算术运算符"*"和"C4"，此时C4单元格周围也出现了闪烁的边框，如图6-4所示。

图6-3　输入公式后面的内容

图6-4　输入公式后面的内容

5 按 "Enter" 键即可完成公式的输入，同时 F3 单元格中将显示 B3 单元格中的数据乘以 C4 单元格中数据的最终结果，如图 6-5 所示。

图 6-5　输入公式后计算结果

6.2.2　修改公式

当完成对公式的输入后，若发现公式输入有误，可及时对公式进行修改。修改时，只需选择要修改的部分，并按修改数据的方法输入正确的内容即可。

上机练习 6.2　修改"原材料采购统计表"的 F3 单元格中的公式

1 在"原材料采购统计表"工作表中选择 F3 单元格，如图 6-6 所示。

2 单击编辑栏中的编辑区，将文本插入点定位到其中，如图 6-7 所示。

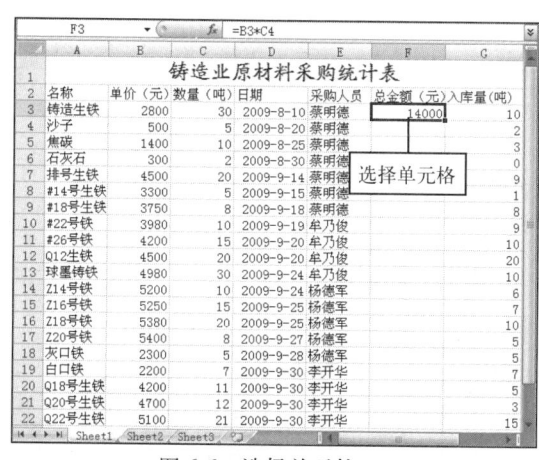

图 6-6　选择单元格

图 6-7　定位插入点

3 此时公式呈可编辑状态，将其中的"C4"改为"C3"，如图 6-8 所示。

4 按 "Enter" 键完成公式的修改，最终数据将显示在 F3 单元格中，如图 6-9 所示。

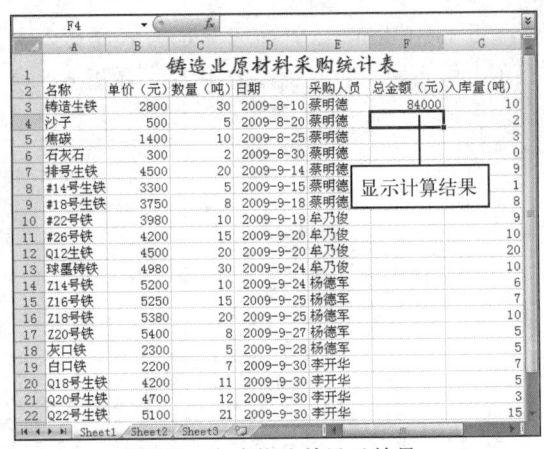

图 6-8 修改公式　　　　　　　图 6-9 完成修改并显示结果

> **提示** 直接双击需要修改的单元格，此时公式将显示在单元格里面并呈可编辑状态，此时也可按在编辑区中修改公式的方法直接在单元格中对公式进行修改操作。

6.2.3 复制公式

公式中涉及到的单元格引用地址会随位置的不同而同步发生变化，如假设在单元格 F4 中的公式为：F4=A4-B4*C4，此时若将 F4 中的公式移至 F5 单元格，则其中的公式会同步改变为：F5=A5-B5*C5。根据公式的这种特性，可快速实现对公式的复制操作。

上机练习 6.3　复制"原材料采购统计表"的 F3 单元格中的公式

1 打开"原材料采购统计表"工作表，选择 F3 单元格。

2 将鼠标指标移至 F3 单元格的右下角的小黑点，即填充柄上，当其变为 + 形状时按住鼠标左键不放并向下拖动，如图 6-10 所示。

3 当鼠标指标移至 F22 单元格时释放鼠标，完成公式的复制。此时可以看到 F4:F22 单元格区域中已自动计算出结果，如图 6-11 所示。

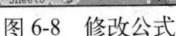

图 6-10 拖动鼠标　　　　　　　图 6-11 完成公式复制并显示结果

6.2.4 显示公式

默认情况下，在 Excel 2007 中包含公式的单元格，其公式仅显示在编辑栏中，而单元格本身只显示公式计算得到的数据，但通过一定的设置，也可使公式显示在单元格里面。

🎤 **上机练习 6.4　显示"原材料采购统计表"中 F3:F22 单元格区域的公式**

1 打开"原材料采购统计表"工作表，选择 F3:F22 单元格区域。

2 单击"公式"选项卡，在"公式审核"组中单击"显示公式"按钮，如图 6-12 所示。

3 此时单元格区域中的公式便显示出来了，如图 6-13 所示。

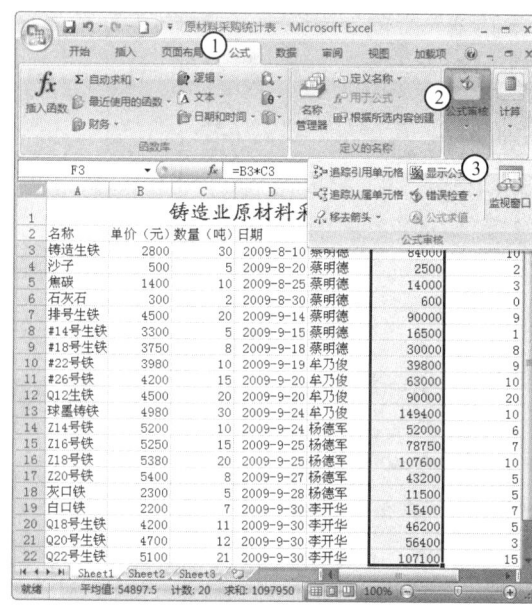 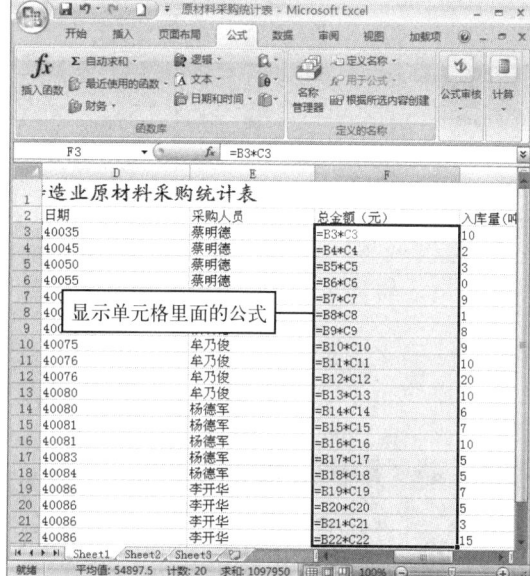

　　图 6-12　选择"显示公式"按钮　　　　　　图 6-13　显示单元格里面的公式

> **提　示**　再次单击"公式"选项卡中"公式审核"组的"显示公式"按钮，则可将显示的公式信息重新隐藏。

6.2.5　删除公式

在删除包含公式的单元格中的数据时，直接按"Delete"键将删除公式与计算的数据，若想仅删除公式而保留计算数据，则需要利用"选择性粘贴"命令才能实现。

🎤 **上机练习 6.5　删除"原材料采购统计表"的 F4:F22 单元格区域中的公式**

1 打开"原材料采购统计表"工作表，选择 F4:F22 单元格区域。

2 单击"开始"选项卡中"剪贴板"组的"复制"按钮，如图 6-14 所示。

3 单击"开始"选项卡中"剪贴板"组的"粘贴"下拉按钮，在弹出的下拉菜单中选择"选择性粘贴"命令，如图 6-15 所示。

4 打开"选择性粘贴"对话框，在"粘贴"栏下选中"数值"单选按钮，单击"确定"按钮，如图 6-16 所示。

5 此时所选单元格区域的编辑栏中便不再显示公式而仅显示数据了，如图 6-17 所示。

95

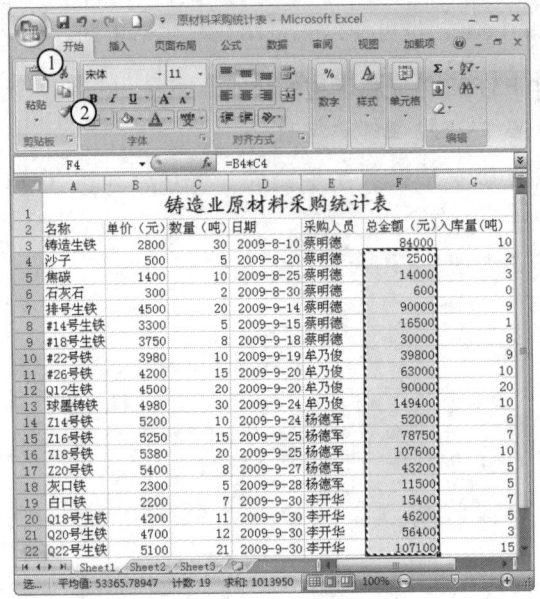
图 6-14 复制单元格区域

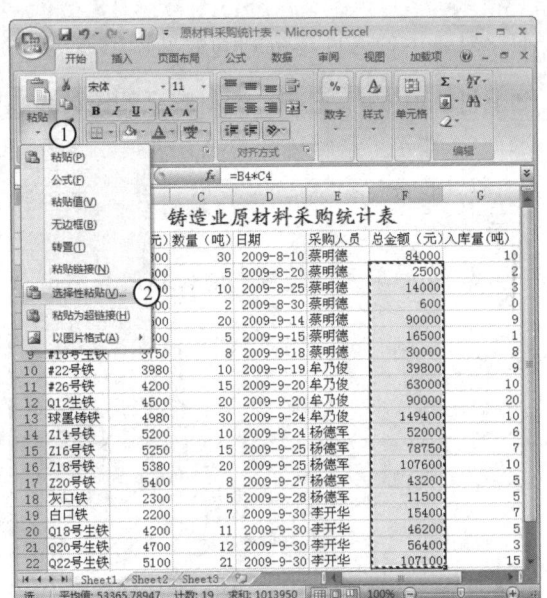
图 6-15 选择"选择性粘贴"命令

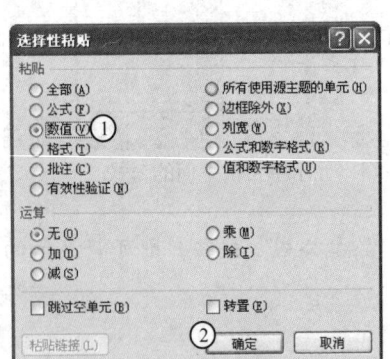
图 6-16 设置"选择性粘贴"对话框

图 6-17 删除公式后的效果

6.3 单元格引用

在 Excel 2007 中，单元格的引用分为相对引用、绝对引用和混合引用地址等。前面介绍复制公式的操作时，其实质就是利用了单元格的相对引用这个特性。下面将分别对 Excel 2007 中的这几种单元格引用方式进行介绍，掌握这几种引用方式，有利于更好地使用公式以及后面要介绍的函数等对象。

6.3.1 相对引用

Excel 2007 默认情况下使用的都是相对引用，相对引用是指包含有公式的单元格移动到其他位置时，单元格中的公式会随着新的位置相对地发生变化。

上机练习 6.6　在 F4 单元格中输入公式，并将其相对引用到 F5:F22 单元格区域

1　创建"服装行业进货清单"工作表并输入数据，如图 6-18 所示。

2　选择 F4 单元格，然后在编辑栏中输入"="，如图 6-19 所示。

图 6-18　输入数据　　　　　　　　　　　　　　

图 6-19　输入等号

3　选择 D4 单元格，此时编辑栏中将自动出现该单元格的地址，并且单元格周围将出现闪烁的边框，如图 6-20 所示。

4　在编辑栏中输入"*"，单击下一个待引用的单元格 E4，此时编辑栏中将自动出现该单元格的地址，并且该单元格周围将出现闪烁边框，如图 6-21 所示。

图 6-20　单击引用单元格地址

图 6-21　单击引用单元格地址

5　按"Enter"键完成公式的输入，同时 F4 单元格中将显示公式计算的最终结果。

6　选择 F4 单元格，将鼠标指标移至其右下角的填充柄上，当鼠标指针变为 **+** 形状时按住鼠标左键不放并向下拖动至 F22 单元格再释放鼠标，如图 6-22 所示。

7　选择 F6 单元格，在编辑栏中可以看到 F6 单元格中的公式为"=D6*E6"，而并不是直接复制 F4 单元格中的"D4*E4"，如图 6-23 所示。这就应证了相对引用的原理，单元格中的公式会随着引用位置的改变而随之发生变化。

图 6-22 复制公式

图 6-23 查看引用地址

6.3.2 绝对引用

绝对引用是指将单元格中的公式复制到其他单元格中后,公式中引用的单元格地址固定不变,与包含公式的单元格无关。即不管公式被复制到什么位置,公式中所引用的还是某个固定的单元格地址。

上机练习 6.7 将"服装行业进货清单"工作表中 F3 单元格的公式绝对引用到 F4:F22 单元格区域

1 在"服装行业进货清单"工作表,选择 F3 单元格,将文本插入点定位到编辑栏中,如图 6-24 所示。

2 在列标和行号之前分别添加"$"符号,如图 6-25 所示。

图 6-24 定位文本插入点

图 6-25 添加"$"符号

3 将文本插入点定位到公式最右侧,按"Enter"键确认编辑。选择 F3 单元格,向下拖动其填充柄鼠标到 F22 单元格,此时可以看到 F4:F22 单元格区域计算结果全部相同,因为其中的公式引用的均是 D3 和 E3 单元格中的数据,如图 6-26 所示。

提示 选择公式中的全部内容或部分单元格引用地址时,按【F4】键可快速实现在绝对引用、混合引用和相对引用之间的切换,过程如下:E5→E5→E$5→$E5→E5。

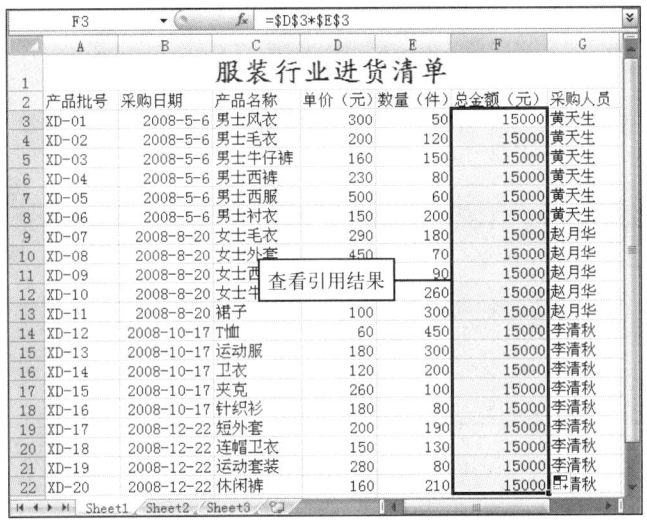

图 6-26 单元格绝对引用

6.3.3 混合引用

混合引用是指在一个单元格地址引用中,既有绝对引用,又有相对引用,这在涉及到一些高级运算时经常用到。

上机练习 6.8 将"服装行业进货清单"工作表中 F3 单元格的公式混合引用到 F4:F22 单元格区域

1 在"服装行业进货清单"工作表中选择 F3 单元格,如图 6-27 所示。

2 将文本插入点定位到编辑栏中,并在公式中"D3"引用地址处添加"$"符号,如图 6-28 所示。

图 6-27 打开工作表并选择单元格

图 6-28 添加"$"符号

3 将文本插入点定位到公式最右侧,按"Enter"键确认输入。选择 F3 单元格,向下拖动其填充柄鼠标到 F22 单元格后释放鼠标,如图 6-29 所示。

4 选择 F4 单元格,在编辑栏中可以看到 F4 单元格中的公式为"=D3*E4",如图 6-30 所示,由此可见其公式中绝对引用了 D3 单元格的数据,相对引用了 E3 单元格中的数据。

图 6-29 复制公式　　　　　　　　图 6-30 混合引用单元格

6.3.4 引用其他工作表

Excel 2007 除了可以引用同一工作表中的单元格地址之外，还允许引用其他工作表中的单元格地址，这包括引用同一工作簿中其他工作表的单元格地址和引用不同工作簿中工作表的单元格地址两张情况。

1. 引用同一工作簿中的其他工作表

引用同一工作簿中其他工作表的单元格地址的格式为：工作表名!单元格（区域）的引用地址。

上机练习 6.9　在"服装行业进货清单"工作簿中引用"Sheet1"工作表中的单元格

1 在"服装行业进货清单"工作簿中创建"销售清单"工作表并输入数据，如图 6-31 所示。

2 在"销售清单"工作表中选择 F3 单元格，将文本插入点定位到编辑栏并输入"="，如图 6-32 所示。

图 6-31 创建工作表　　　　　　　　图 6-32 输入"="

3 单击"Sheet1"工作表所对应的标签，此时编辑栏中自动出现引用的工作表名称，再选择 E8 单元格，如图 6-33 所示。

4 在编辑栏中输入"-"符号，如图 6-34 所示。

第6章 公式的使用

图 6-33 自动添加引用的工作表名　　　　　图 6-34 输入 "-"

5 返回"销售清单"工作表，此时编辑栏中自动出现引用的工作表名称，再选择 C3 单元格，如图 6-35 所示。

6 按"Enter"键完成公式的输入，重新选择 F3 单元格，此时可见编辑栏中公式引用的地址，如图 6-36 所示。

图 6-35 引用工作表中的单元格　　　　　图 6-36 完成引用

2. 引用不同工作簿中的工作表

引用不同工作簿中工作表的单元格地址的格式为：[工作簿名]工作表名!单元格（区域）的绝对引用地址。

上机练习 6.10 引用"Book1"工作簿中的 A1 单元格到"服装行业进货清单"工作簿中的"销售清单"工作表中

1 在"服装行业进货清单"工作簿中单击"新建"按钮，创建一个名为"Book1"的工作簿，并在其中输入数据，如图 6-37 所示。

2 在"销售清单"工作表中选择 F3 单元格，并在其编辑栏的公式最后输入"+"，如图 6-38 所示。

3 切换到"Book1"工作簿的"Sheet1"工作表中，选择 D3 单元格，此时编辑栏中将自动显示引用的地址，如图 6-39 所示。

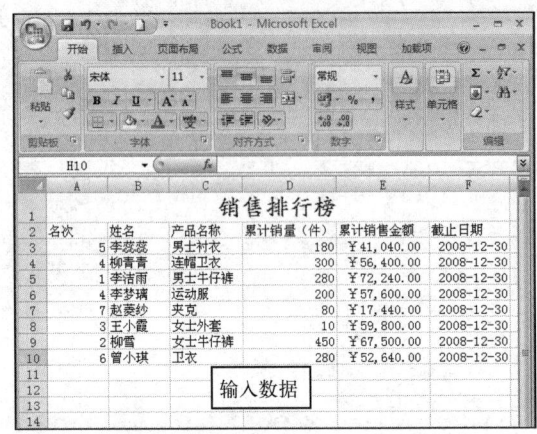

图 6-37 创建"Book1"工作表

图 6-38 在公式最后输入"+"

4 返回"服装行业进货清单"的"销售清单"工作表按"Enter"键完成计算。重新选择 F3 单元格,可以在编辑栏中查看公式引用的地址,如图 6-40 所示。

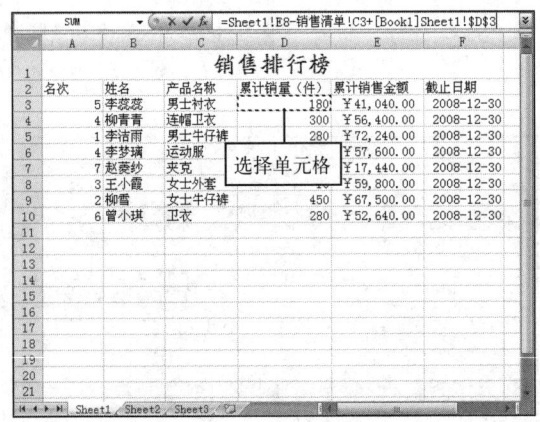

图 6-39 自动添加引用的工作表名

图 6-40 完成引用

6.4 公式的审核

Excel 2007 提供的公式审核功能包括追踪引用单元格、追踪从属单元格、检查错误和监视窗口等,通过公式审核功能可以减少输入公式时发生错误的机率。

6.4.1 追踪引用和从属单元格

利用追踪引用和从属单元格功能,可以快速、准确地定位当前公式引用或从属于哪些单元格,并用蓝色箭头标注出来,便于分析公式构成。

🖱 上机练习 6.11 追踪引用和从属"服装行业进货清单"工作簿中的单元格

1 打开"服装行业进货清单"工作簿,将 F3 单元格公式绝对引用到 F4:F22 单元格区域,如图 6-41 所示。

2 选择 F13 单元格,单击"公式"选项卡,在"公式审核"组中单击"追踪引用单元格"按钮,此时 Excel 便会自动追踪所选单元格的数据来源,并用蓝色箭头标注出来,如图 6-42 所示。

图 6-41　打开工作簿并添加数据

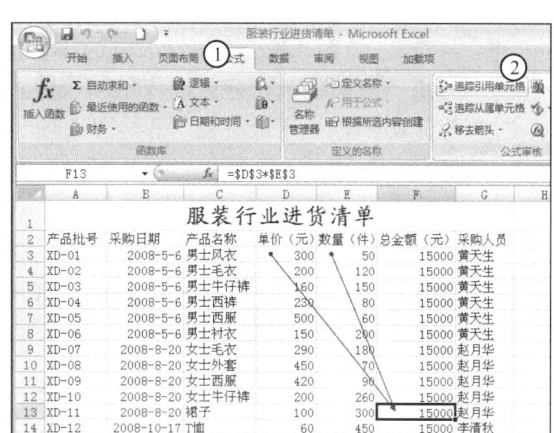
图 6-42　追踪引用单元格

3 在"公式"选项卡中单击"公式审核"组的"移去箭头"下拉按钮，在弹出的下拉菜单中选择"移去引用单元格追踪箭头"命令，如图 6-43 所示，Excel 将撤消蓝色箭头。

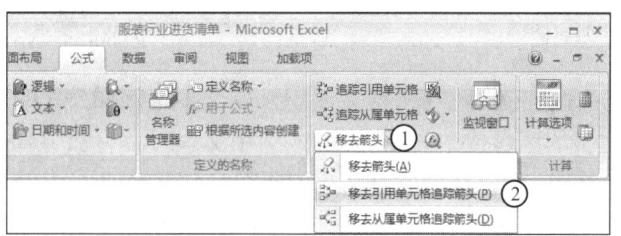

图 6-43　移除蓝色箭头

4 选择 D3 单元格，在"公式"选项卡中单击"公式审核"组的"追踪从属单元格"按钮，此时 Excel 会自动追踪所选单元格被哪些单元格引用，并用蓝色箭头标注出来，如图 6-44 所示。

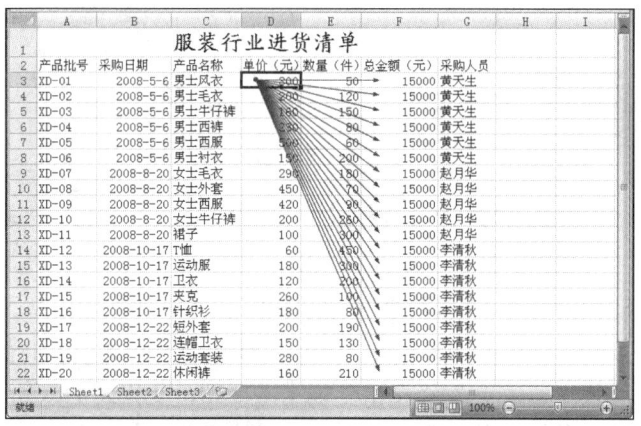

图 6-44　追踪从属单元格

6.4.2　检查错误

在单元格中输入错误公式后，利用"检查错误"功能可使单元格中显示各种各样的错误信息，通过这些不同的错误信息，可以大致了解错误出现的原因。下面将几种常见的错误信息及其代表的含义列举如下：

- #####：当单元格的列宽无法完全显示该单元格中的内容，或单元格的时间和日期产生了一个负值时，就会出现该错误值，如图 6-45 所示。遇到此种情况时，一是增加单元格列宽，此时可在"开始"选项卡的"单元格"组中单击"格式"下拉按钮，在弹出的下拉菜单中选择"自动调整列宽"命令使单元格自动增加列宽以完全显示其中的数据；二是应用正确的数字格式，保证时间和日期格式的正确性。
- #VALUE!：当文本类型的数据参与了数值运算或函数的参数本应该是单一值，却提供了一个区域作为参数时，就会出现该错误值，如图 6-46 所示。遇到此种情况时应更正相关的数据类型或参数类型。

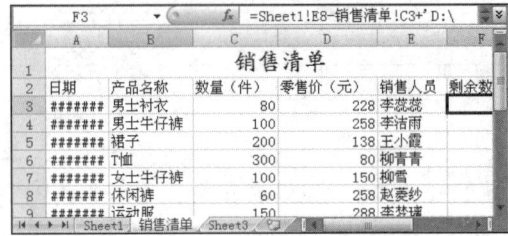

图 6-45　#####错误

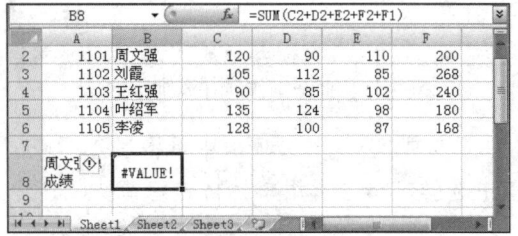

图 6-46　#VALUE!错误

- #NAME?：当公式中使用了 Excel 无法识别的文本，例如公式的名称拼写错误，或使用了没有被定义的区域或单元格名称，或引用文本时没有加引号等情况都会出现该错误值，如图 6-47 所示。遇到此种情况时首先应该确认公式中的名称是否存在，再查看公式中使用的文本有没有使用双引号，若工作簿或工作表的名称中包含有非字母字符或空格时必须将其用单引号括起来。
- #N/A：当公式中没有了可用数值或在公式使用查找功能的函数（VLOOKUP、HLOOKUP、LOOKUP 等）时，找不到匹配的值就会产生该错误值，如图 6-48 所示。遇到此种情况时，检查被查找的值，确保被查找的值的确存在于查找的数据表中。

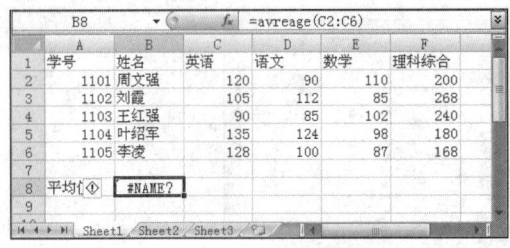

图 6-47　#NAME?错误

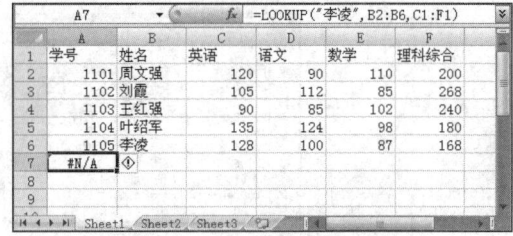

图 6-48　#N/A 错误

- #REF!：当公式中使用了无效的单元格引用时就会出现该错误值，产生错误的原因是公式引用的单元格被删除或被错误覆盖，遇到此情况时需要临时修改后即时"撤消"，恢复单元格现状，即需更改公式和在删除或粘贴单元格之后恢复工作表中的单元格。
- #NUM!：当在公式中使用了无效的参数时就会出现该错误值，如图 6-49 所示。产生错误的原因是删除了被公式引用的单元格或是把公式复制到含有引用自身的单元格中。遇到此种情况时，应检查公式中使用的参数是数字。
- #NULL!：当使用了不正确的区域运算符或引用的单元格区域的交集为空时就会产生该种错误值，如图 6-50 所示。遇到此种情况时应该改正区域运算符使之正确或更改引用的单元格区域使之相交。

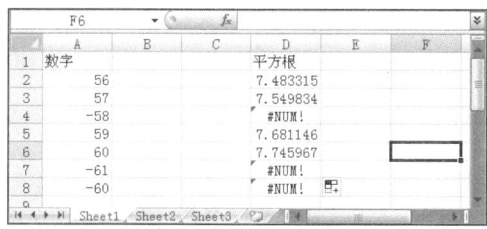
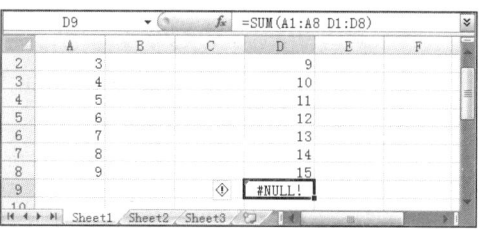

图 6-49　#NUM!错误　　　　　　　图 6-50　#NULL!错误

6.5　技能实训

本节通过制作"学生模拟考试成绩表"工作簿来巩固本章所讲的知识，在制作过程中主要涉及到公式的输入、公式的修改、公式的复制、公式的混合引用以及公式的追踪引用等操作，最终效果如图 6-51 所示。

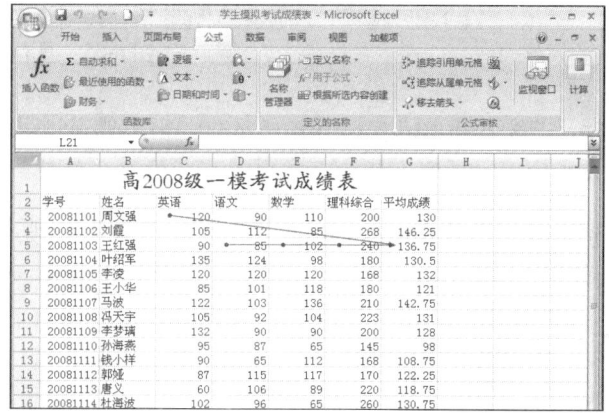

图 6-51　"学生模拟考试成绩"工作簿

【操作步骤】

1　创建"学生摸拟考试成绩"工作表并输入如图 6-52 所示的数据。

2　选择 G3 单元格，然后单击编辑栏的编辑区，定位文本插入点并输入"="，如图 6-53 所示。

图 6-52　创建"学生模拟考试成绩"工作表　　　　　　　图 6-53　输入"="

105

3 输入如图 6-54 所示的公式。

4 按 "Enter" 键,此时公式的计算结果将自动显示在 "一模考试成绩" 工作表中的 G3 单元格里面,如图 6-55 所示。

图 6-54　输入公式　　　　　　　　　　图 6-55　查看计算结果

> **提示**　输入公式时,若文本插入点定位在编辑区中,则不能通过单击工作表的某个单元格来确认公式输入,否则可能会无意引用到其他单元格地址。

5 选择 G3 单元格,将文本插入点定位到编辑栏中,如图 6-56 所示。

6 此时公式呈可编辑状态,将 E4 单元格更改为 E3 单元格,按 "Enter" 键完成修改,如图 6-57 所示。

图 6-56　插入定位点　　　　　　　　　图 6-57　修改公式

7 按 "Enter" 键即可在 G3 单元格查看修改公式后的结果。

8 再次选择 G3 单元格,将鼠标指标移至 G3 单元格的右下角的填充柄上,当其变为+形状时按住鼠标左键不放并向下拖动,如图 6-58 所示。

9 当鼠标指标移至 G21 单元格时释放鼠标,完成公式的复制。这时可以看到从 G4 到 G21 单元格已自动计算出结果,如图 6-59 所示。

10 选择 G3 单元格,将文本插入点定位到编辑栏中,并将其中 C3 单元格地址设置为绝对引用,如图 6-60 所示。

第 6 章 公式的使用

图 6-58 拖动鼠标

图 6-59 复制公式

11 按"Enter"键后再次选择 G3 单元格，将鼠标指标移至 G3 单元格的右下角的填充柄上，当其变为**+**形状时按住鼠标左键不放并向下拖动至 G7 单元格再释放鼠标，如图 6-61 所示。

图 6-60 混合引用公式

图 6-61 引用后复制公式

12 选择 G6 单元格，在编辑栏中可以看到 G6 单元格中的公式为"=(C3+D6+E6+F6)/4"，该公式是混合引用了 G3 单元格中的"=(C3+D3+E3+F3)/4"公式，如图 6-62 所示。

图 6-62 查看引用结果

13 切换到"二模考试成绩"工作表，选择 G3 单元格并将文本插入点定位到编辑栏中，输入"="，再选择 C3 单元格，然后输入"+"，如图 6-63 所示。

14 返回"一模考试成绩"工作表,此时编辑栏中自动出现引用的工作表名称,选择C3单元格,如图6-64所示。

图6-63 输入公式 　　　　　图6-64 自动添加引用的工作表名

15 按"Enter"键后完成不同工作表之间的单元格地址引用。

16 切换到"一模考试成绩"工作表,选择G5单元格,单击"公式"选项卡,在"公式审核"组中单击"追踪引用单元格"按钮,此时Excel会自动追踪所选单元格的数据来源,并用蓝色箭头标注出来,如图6-65所示。

图6-65 追踪引用单元格

6.6 习题

一、填空题

1. 可以作为公式元素的对象有值、常量、运算符和_____等。
2. 向单元格中输入公式时,公式前应冠以_____。

3. 在 Excel 中，单元格的引用分为_____、_____和混合引用，如对单元格 A5 进行绝对引用则表示为_____。

4. 若 A1:A3 单元格区域的值分别为 1、2、4，则公式（A1/2+5-A2/A3）的值为_____。

5. 在 Excel 公式中用来进行乘的标记为_____。

二、选择题

1. 以下单元格引用中，属于绝对引用的有（ 　　）。
   A. A2　　　B. $A2　　　C. B$2　　　D. A2

2. 在 Excel 工作表中，假设 A2=7，B2=6.3，选择 A2:B2 区域，并将鼠标指针放在该区域右下角填充句柄上，拖动至 E2 单元格，则 E2=（ 　　）。
   A. 7　　　B. 6.3　　　C. 4.2　　　D. 13.3

3. Excel 在公式运算中，如果引用第 6 行的绝对地址，第 D 列的相对地址，则应为（ 　　）。
   A. 6D　　　B. $6D　　　C. $D6　　　D. D$6

4. 在 Excel 中，进行公式复制时（ 　　）发生改变。
   A. 相对地址中的地址偏移量　　　B. 相对地址中所引用的单元格
   C. 绝对地址中的地址表达式　　　D. 绝对地址中所引用的单元格

5. 输入公式时，由于键入错误，使系统不能识别键入的公式，此时会出现一个错误信息。#REF！它表示（ 　　）。
   A. 没有可用的数值
   B. 在不相交的区域中指定了一个交集
   C. 公式中某个数字有问题
   D. 引用了无效的单元格

6. Excel 中如果删除了公式中使用的单元，则该单元显示（ 　　）。
   A. ###　　　B. ?　　　C. #REF!　　　D. 以上都不对

三、操作题

1. 创建如图 6-66 所示的"采购成本计算表"，并输入相应的数据，利用公式"总成本=总价+采购费"求出总成本，然后利用拖动填充柄的方法求出其余材料的总成本。

采购成本计算表			
项目	漆	木工板	砖
总价	50000.00	30000.00	20000.00
采购费	1000.00	1200.00	1500.00
总成本			
入库数	700	800	1000.00
单位成本			
库房最大存量	100	100	100.00
每箱人工费	80.00	80.00	80.00
清仓消耗			
出库数	50	50	50.00
出库费			

图 6-66　采购成本计算表

2. 利用公式"单位成本=总成本/入库数"求出单位成本，然后利用拖动填充柄的方法求出其余材料的单位成本。

3. 利用公式"清仓消耗=开放最大存量（绝对引用）*每箱人工费（绝对引用）"求出清仓消耗，然后利用拖动填充柄的方法求出其余材料的清仓消耗。

4. 利用公式"出库费=每箱人工费（绝对引用）*出库数"求出出库费，然后利用拖动填充柄的方法求出其余材料的出库费。

第 7 章　函数的使用

本章内容提要

　　函数是将具有特定功能的一组公式组合在一起所形成的一种表达式，它相当于一种特殊的公式。合理使用函数可以快速完成各种复杂数据的处理工作，大大提高工作效率。本章将主要介绍函数的编辑、函数的自动求和、函数的自动计算以及函数的嵌套等知识，同时还将举例讲解常见函数的使用方法。

本章重点与难点

- 函数的概述
- 插入函数
- 编辑函数
- 自动求和函数
- 函数嵌套
- 常见函数的使用方法

7.1　函数的概述

　　函数是 Excel 2007 中定义好的具有特定功能的公式，一般由"="、函数名和函数参数组成，其中函数参数可以是数值、文本、表达式以及单元格引用地址等。其结构为：函数名（参数 1，参数 2，参数 3，…），如"=SUM(C2:C12)"，各部分的含义如下：

- 函数名：即函数的名称，每个函数都有一个惟一的函数名，如求和函数 SUM、求平均值函数 AVERAGE、最大值最小值函数 MAX/MIN 和条件函数 IF 等。
- 函数参数：函数的参数可以是数值、文本、表达式和单元格引用地址等。

7.1.1　函数的参数

　　函数的参数可以是常量、逻辑值、单元格引用或嵌套函数等，但指定的参数都必须为有效参数值。

- 常量：是指不进行计算且不会发生改变的值，如数字 789、文本"学生基本成绩表"这些都是常量。
- 逻辑值：如 TRUE（真值）或 FALSE（假值）。
- 单元格引用：是用来表示单元格在工作表中所处的位置。
- 函数嵌套：是指一个函数或公式被当作另一个函数的参数来使用时就称为"嵌套"函数。当遇到这种情况时，Excel 会首先计算最里面的嵌套表达式，如函数"=IF(SUM(B3:B14)>310,SUM(B3:B14),"未完成")"就是一个嵌套函数，应该首先计算 B3:B14 单元格区域的和值是否大于 310，如果大于则返回其和的值，否则就在单元格中显示"未完成"。

7.1.2 函数的分类

Excel 2007 中的函数分为文本函数、财务函数、数学与三角函数、统计函数、日期与时间函数、逻辑函数、查找与引用函数、数据库函数等 8 类,熟练应用这些函数,可以处理各种复杂的数据问题。

- 文本函数:用于处理公式中的文本字符串。如 LOWER 函数可将文本中字符串的所有字母转换成小写形式。
- 财务函数:用于进行有关财务方面的计算,如 DDB 函数是指用双倍余额递减法或其他指定方法,返回指定期间内某项固定资产的折旧值。
- 数学和三角函数:用于进行有关数学和三角方面的计算,如 SQRT 函数是指返回数值的平方根。
- 统计函数:用于对一定范围内的数据进行统计分析,如 MIN 函数可返回一组数组中的最小值,COUNT 函数是计算区域中包括数字的单元格的个数。
- 日期和时间函数:用于分析或处理公式中与日期和时间有关的值,如 DATE 函数可返回日期时间代码中代表日期数字。
- 逻辑函数:用于测试是否满足某个条件,并判断其逻辑值。如常用的逻辑函数为 IF 和 AND。
- 查找和引用函数:用于查找或引用表格中的指定值,如 LOOKUP 函数是指从单行或单列或数组中查找某个存在的值。
- 数据库函数:用于对存储在数据清单中的数值进行分析,并判断其是否符合特定的条件。如 DGET 函数是指从数据库中提取符合指定条件并且唯一存在的记录。

7.2 插入与编辑函数

在制作工作表时,可以直接在单元格或编辑栏的编辑区中输入函数,也可以利用"插入函数"对话框插入所需的函数。

7.2.1 插入函数

插入函数的方法包括直接输入和利用对话框插入两种,对于简单的函数,可利用直接输入的方法节省时间;而对应较为复杂的函数,则可利用"插入函数"对话框来进行插入。

1. 直接插入函数

直接插入函数的方法与插入公式的方法相同,常用的有以下两种情况:

(1)选择需要插入函数的目标单元格,直接在单元格中输入"="及函数其他的内容,然后按"Enter"键或单击编辑栏中的☑按钮。

(2)选择需插入函数的目标单元格,将文本插入点定位到编辑栏的编辑区中,然后输入"="及函数其他的内容,最后按"Enter"键或单击编辑栏中的☑按钮。

2. 通过对话框输入函数

利用 Excel 2007 提供的"插入函数"对话框可以插入 Excel 自带的任意函数,而不用记住每个函数的书写格式。

上机练习 7.1 在"公务员成绩表"工作簿中插入"SUM"函数

1 创建"公务员成绩表"工作簿并输入数据，如图 7-1 所示。

2 选择 G3 单元格，单击"公式"选项卡中"函数库"组的"插入函数"按钮，如图 7-2 所示。

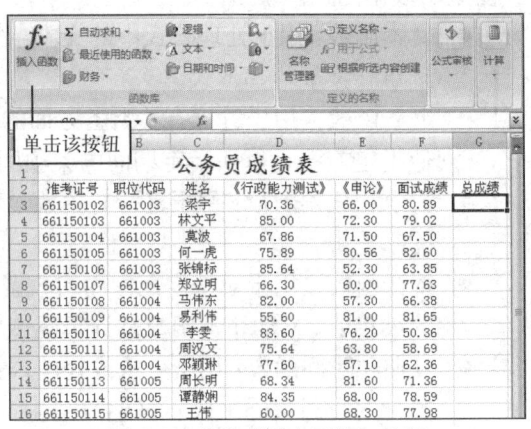

图 7-1 创建工作簿　　　　　　　　　　图 7-2 单击"插入函数"按钮

3 打开"插入函数"对话框，在"选择函数"列表框中选择"SUM"选项，然后单击"确定"按钮，如图 7-3 所示。

4 打开"函数参数"对话框，在"Number1"文本框中可输入需进行计算的单元格区域，也可单击文本框右侧的按钮，如图 7-4 所示。

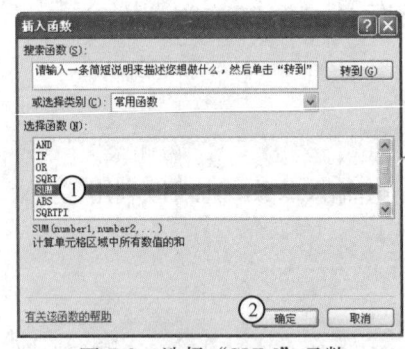 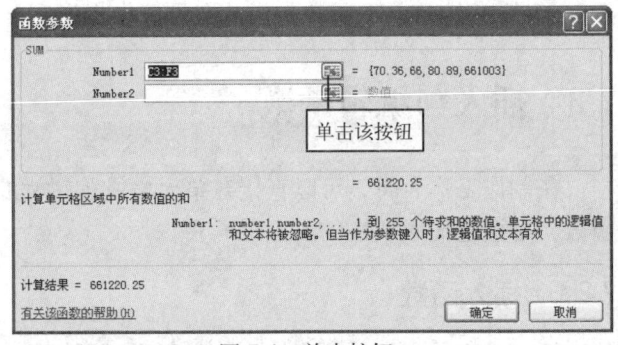

图 7-3 选择"SUM"函数　　　　　　　　图 7-4 单击按钮

5 此时"函数参数"对话框将变为收缩状态，拖动鼠标选择需要进行计算的单元格区域，这里选择 C3:E3 单元格区域，单击对话框右侧的按钮，如图 7-5 所示。

6 返回"函数参数"对话框，在"Number2"文本框中输入"D4"，再单击　确定　按钮，如图 7-6 所示。

 提示　在"插入函数"和"函数参数"对话框中的下方，都会即时显示所选函数以及其中个参数的作用，通过这些信息可以了解函数的大致用法。

图 7-5 选择单元格区域

7 返回"公务员成绩表"工作表,即可在 G3 单元格查看计算结果,如图 7-7 所示。

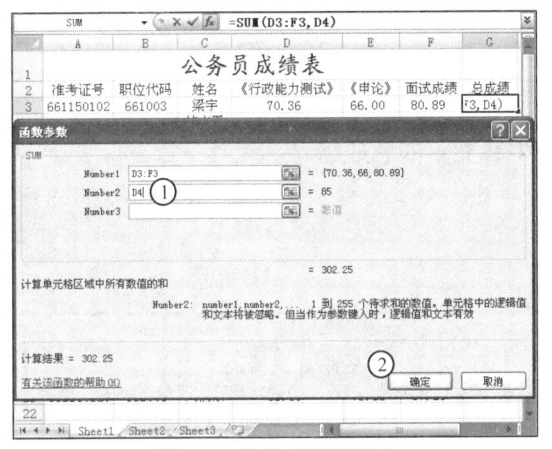

图 7-6 完成函数的插入   图 7-7 计算结果

7.2.2 编辑函数

当发现单元格中已有的函数错误时,可以在相应的单元格或编辑栏中对函数进行修改。

上机练习 7.2 编辑"公务员成绩表"工作簿中插入的"SUM"函数

1 在"公务员成绩表"中选择 G3 单元格,将文本插入点定位到编辑栏中,如图 7-8 所示。

2 此时"SUM"函数呈可编辑状态,删除编辑栏中的 D4 以及前面的","符号,此时单元格的引用区域变为 D3:F3,如图 7-9 所示。

图 7-8 定位插入点   图 7-9 编辑函数

3 完成函数的编辑后按"Enter"键即可查看修改函数后的计算结果。

提示 无论函数还是公式,其中涉及到的运算符或标点符号,都必须在英文状态或大写状态下进行输入,否则会出现错误。

7.3 自动求和与自动计算

自动求和与自动计算是使用最为频繁的操作,因此 Excel 2007 在"函数库"组中提供了

"自动求和"按钮,以便快速完成计算工作。

7.3.1 自动求和功能

自动求和功能包括求和、平均值、计数、最大值、最小值和其他函数等。

📌 **上机练习 7.3　计算"公务员成绩表"工作簿中林文平的总成绩**

1 在"公务员成绩表"中选择 G4 单元格,单击"公式"选项卡,在"函数库"组中单击"自动求和"命令,如图 7-10 所示。

2 此时 Excel 自动在 G4 单元格中显示函数求和的区域,如图 7-11 所示。

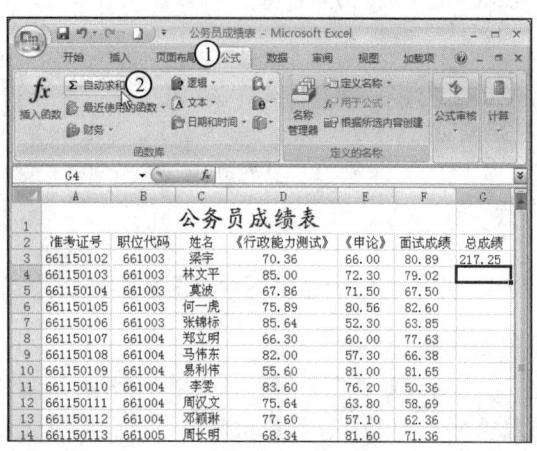

图 7-10　选择"自动求和"按钮　　　　　　图 7-11　显示函数求和区域

3 将鼠标指针移至出现闪烁边框的 4 个角上,可调整选择区域的范围。若确认所选区域无误后,可按"Enter"键确认操作并显示计算结果,如图 7-12 所示。

4 选择 G4 单元格,将鼠标指针移至 G4 单元格右下角的填充柄上,当其变为 ╋ 形状时,按住鼠标左键不放并拖动至 G21 单元格,释放鼠标完成函数的填充,如图 7-13 所示。

图 7-12　完成计算　　　　　　　　　　　　图 7-13　完成填充

7.3.2 自动计算功能

Excel 2007 提供的自动计算功能可以在状态栏中实时地显示选择区域的平均值、计数和求和等结果,但显示结果不会出现在单元格中。

上机练习 7.4　自动计算"公务员成绩表"工作簿中 D3:D21 单元格区域

1　在"公务员成绩表"中选择 G3:G21 单元格区域，如图 7-14 所示。

2　在状态栏上单击鼠标右键，在弹出的快捷菜单中选择"最大值"和"最小值"命令，如图 7-15 所示。

图 7-14　选择单元格区域

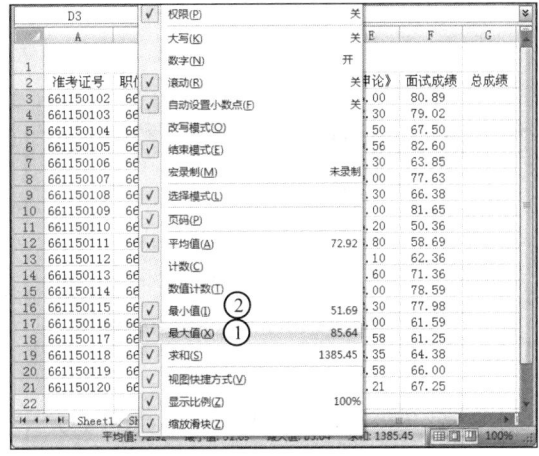
图 7-15　选择需要计算的命令

3　此时状态栏中将自动计算并显示所选单元格区域的"最大值"和"最小值"，如图 7-16 所示。

图 7-16　自动计算结果

提示　Excel 2007 默认的自动计算命令为"求和"、"计数"、"平均值"，在使用此功能时，也可先设置了自动计算的命令后，再选择需要自动计算的单元格区域。

7.4　函数嵌套

函数的嵌套就是指将某个公式或函数的返回值作为另一个函数的参数来使用，公式或函数的参数可以是数值、文本和单元格引用等各种数据。

上机练习 7.5　在 F3 单元格中使用嵌套函数计算数据

1 在"公务员成绩表"中选择 F3 单元格。

2 单击"公式"选项卡，在"函数库"组中单击"插入函数"命令，打开"插入函数"对话框。在"或选择类别"下拉列表框中选择"逻辑"选项，在"选择函数"列表框中选择"IF"选项，然后单击"确定"按钮，如图 7-17 所示。

3 打开"函数参数"对话框，单击名称栏右侧的下拉按钮，在弹出的下拉列表中选择"AVERAGE"选项，如图 7-18 所示。

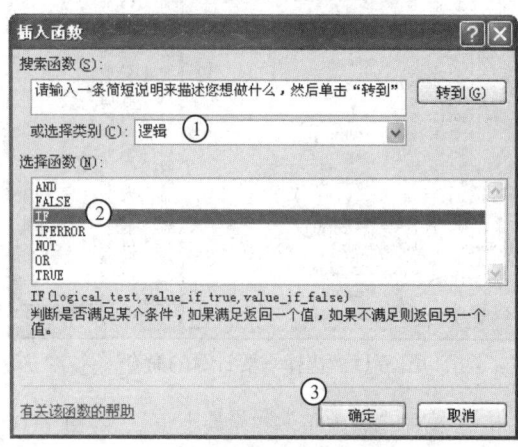

图 7-17　选择 IF 函数

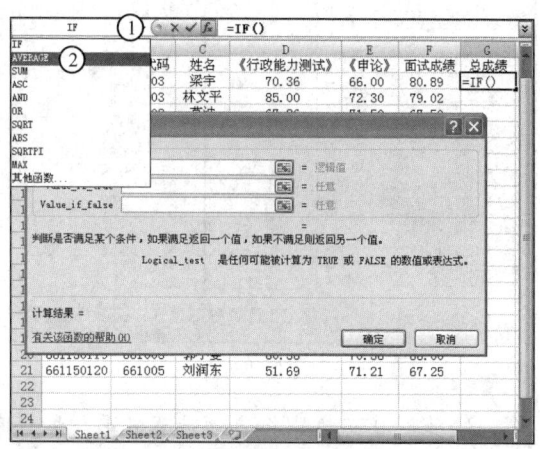

图 7-18　选择嵌套函数

4 此时在打开的"函数参数"对话框的"Number1"文本框中将自动显示所需单元格区域，并在工作表中用闪烁边框显示出来，如图 7-19 所示。如果需要修改所选单元格区域，可利用"Number1"文本框右侧按钮重新设定。

5 单击"确定"按钮，打开提示对话框，提示输入的公式中有错误的信息，如图 7-20 所示，直接单击"确定"按钮。

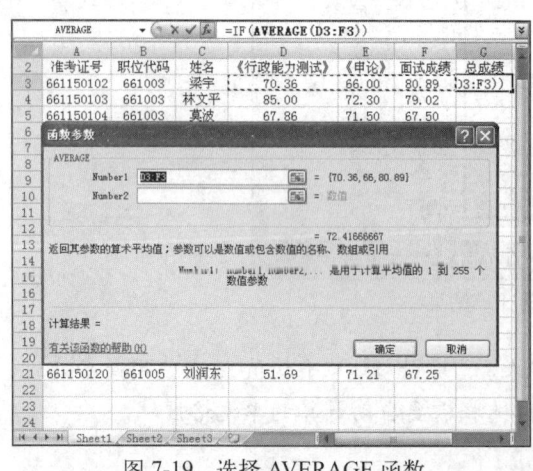

图 7-19　选择 AVERAGE 函数

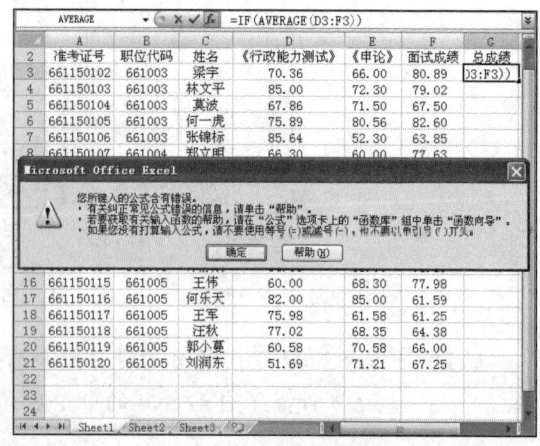

图 7-20　打开提示信息

6 此时文本插入点将定位在"AVERAGE(D3:F3)"后面，直接输入">70"，单击 fx 按钮，打开"函数参数"对话框，如图 7-21 所示。

7 在"Value_if_true"文本框中单击鼠标定位插入点，然后单击名称栏右侧的下拉按钮，在弹出的下拉列表中选择"SUM"选项，如图 7-22 所示。

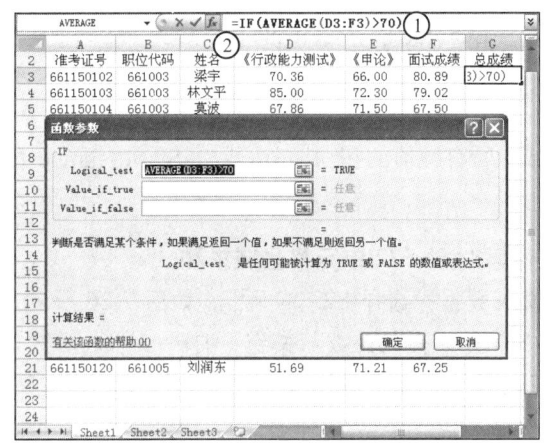

图 7-21 设置参数

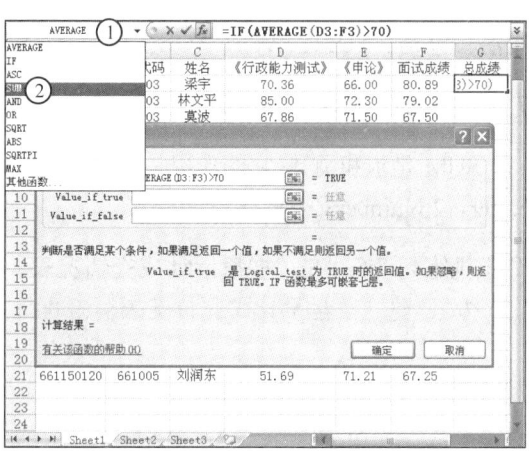

图 7-22 选择 SUM 函数

8 此时在打开的"函数参数"对话框的"Number1"文本框中将自动显示所需单元格区域,如图 7-23 所示。

9 单击"确定"按钮,关闭对话框。

10 再次单击编辑区中的 f_x 按钮,打开"函数参数"对话框,在"Value_if_false"文本框中输入"不合格",然后单击"确定"按钮,如图 7-24 所示。

11 此时在 G3 单元格中可以看到计算结果,利用拖动鼠标填充公式的方法,将 G3 单元格中的函数填充到 G4:G21 单元格区域中,效果如图 7-25 所示。

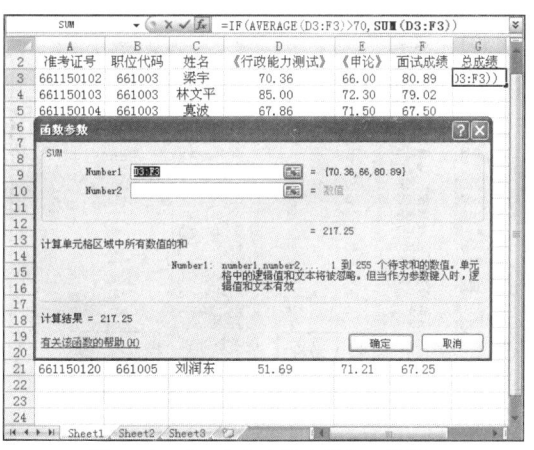

图 7-23 打开"函数参数"对话框

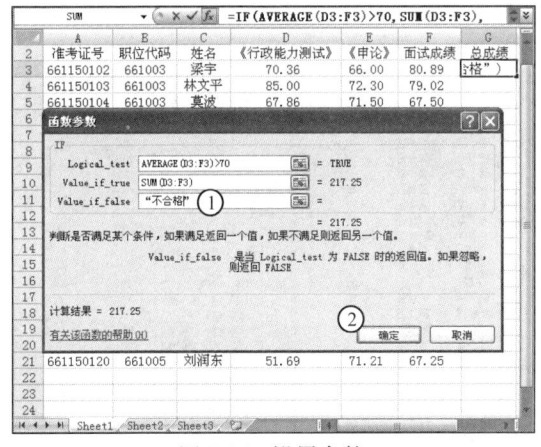

图 7-24 设置参数

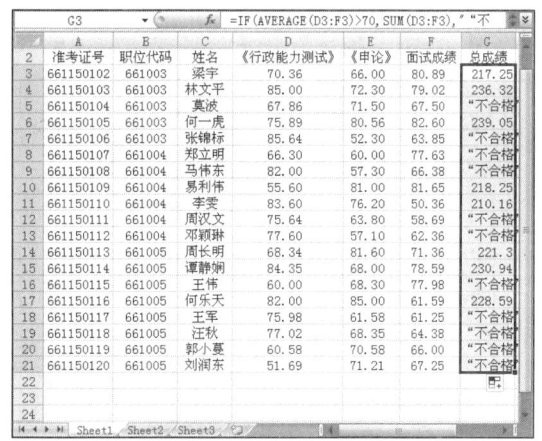

图 7-25 利用函数计算的数据

7.5 常见函数的使用方法

Excel 2007 中内置有数百个函数,每个函数的作用各不相同,下面介绍几种常见函数的用法,包括:SUM、AVERAGE、IF、MAX/MIN、LOOKUP、COUNTIF、COUNT 等。

7.5.1 SUM 函数

SUM 是求和函数,它的作用是计算单元格区域中所有数值的和,其表达式为:SUM(Number1, Number2,Number3,…)。

📀 上机练习 7.6　在"楼盘累计成交情况表"工作簿对 F3:F22 单元格区域求和

1 创建"楼盘累计成交情况表"工作簿并输入数据,选择 F23 单元格,如图 7-26 所示。

2 单击"公式"选项卡,在"函数库"组中单击"插入函数"按钮,打开"插入函数"对话框,在"或选择类别"下拉列表框中选择"数学与三角函数"选项,在"选择函数"列表框中选择"SUM"选项,然后单击"确定"按钮,如图 7-27 所示。

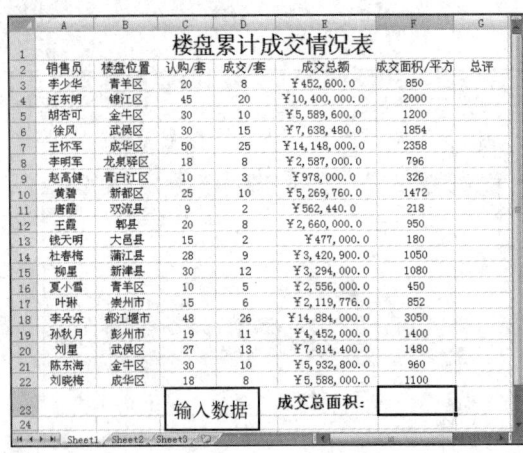

图 7-26　创建工作簿

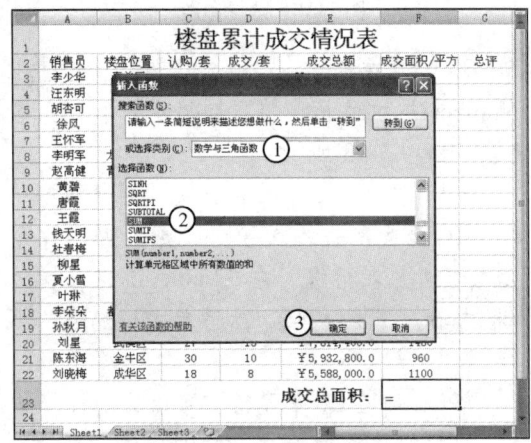

图 7-27　选择函数

3 打开"函数参数"对话框,在"Number1"文本框中自动选择了 F3:F22 单元格区域,如图 7-28 所示。

4 单击"确定"按钮,完成函数的计算,如图 7-29 所示。

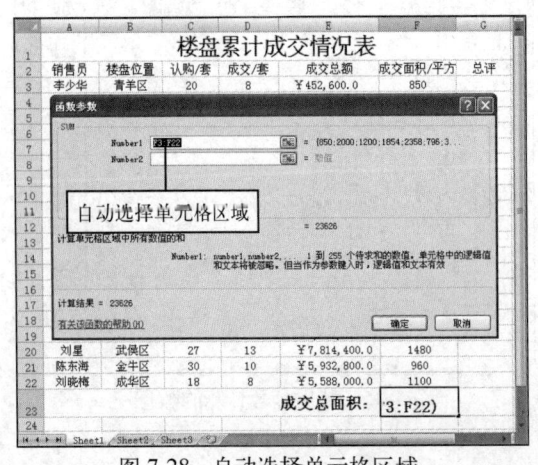

图 7-28　自动选择单元格区域

图 7-29　完成计算

7.5.2 AVERAGE 函数

AVERAGE 是求平均值函数,它的作用是返回所有参数的算术平均值。参数可是数值、名称、数组和引用等,其表达式为:AVERAGE(Number1,Number2,Number3,…)。

上机练习 7.7 在"楼盘累计成交情况表"工作簿中求成交平均面积

1 在"楼盘累计成交情况表"工作簿中输入如图 7-30 所示的数据,选择 F23 单元格。

2 打开"插入函数"对话框,在"或选择类别"下拉列表框中选择"统计"选项,在"选择函数"列表框中选择"AVERAGE"选项,然后单击"确定"按钮,如图 7-31 所示。

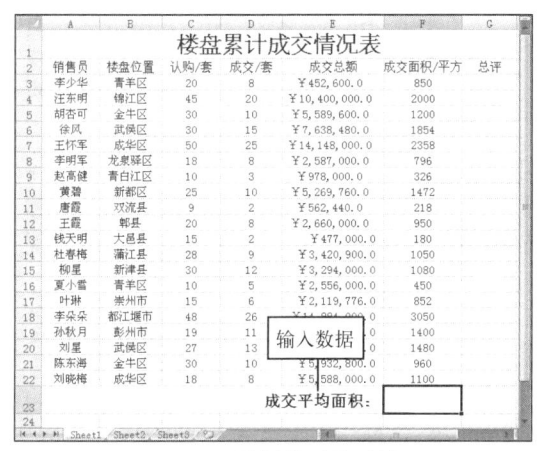 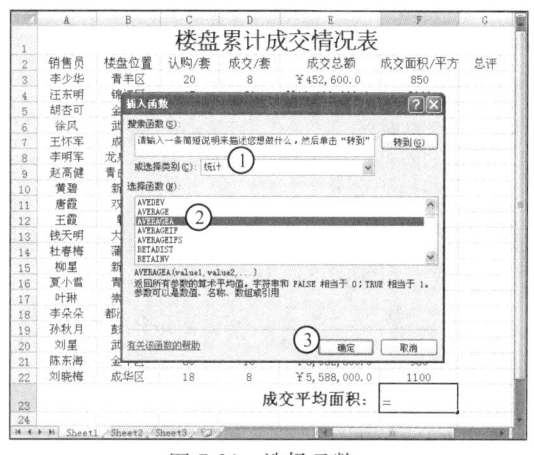

图 7-30 选择单元格区域　　　　　　　　图 7-31 选择函数

3 打开"函数参数"对话框,单击"Value1"文本框右侧的按钮,此时对话框呈收缩状态,拖动鼠标选择 F3:F22 单元格区域,然后单击对话框右侧的按钮,如图 7-32 所示。

4 返回"函数参数"对话框,单击"确定"按钮,计算结果如图 7-33 所示。

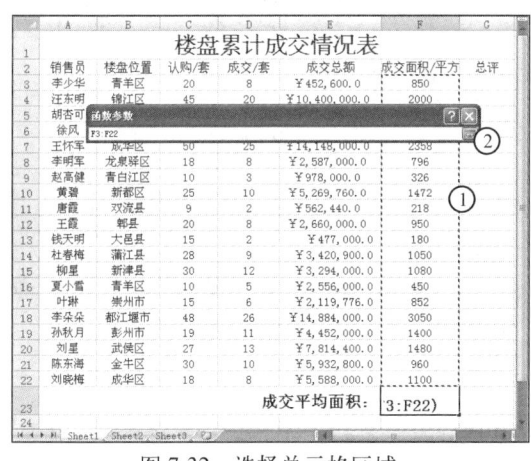 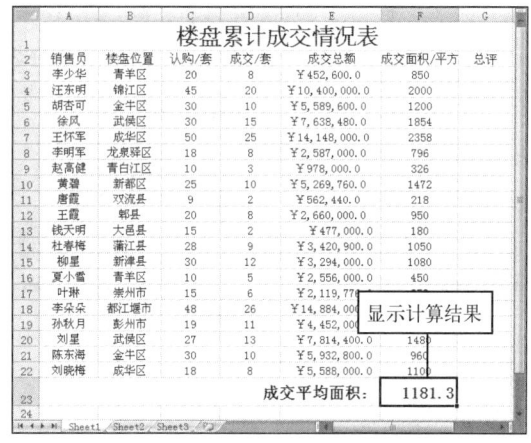

图 7-32 选择单元格区域　　　　　　　　图 7-33 完成计算

7.5.3 IF 函数

IF 是条件函数,它的作用是判断是否满足某个条件,如果满足返回一个值,如果不满足则返回另一个值。其表达式为:IF(logical_test,value_if_true,value_if_false)。

上机练习 7.8 在"楼盘累计成交情况表"工作簿中使用 IF 函数

1 在"楼盘累计成交情况表"工作簿中选择 G3 单元格,如图 7-34 所示。

2 打开"插入函数"对话框,在"或选择类别"下拉列表框中选择"逻辑"选项,在"选

择函数"列表框中选择"IF"选项,然后单击"确定"按钮,如图7-35所示。

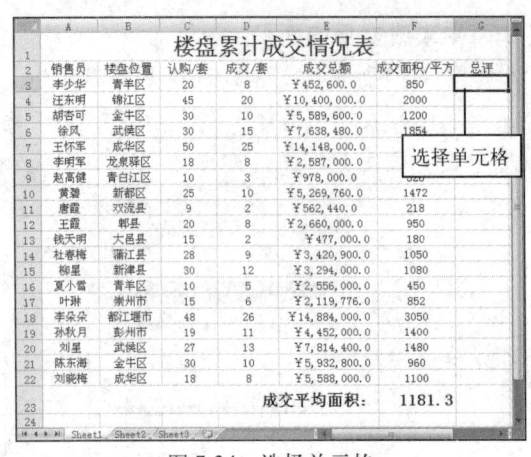
图7-34 选择单元格

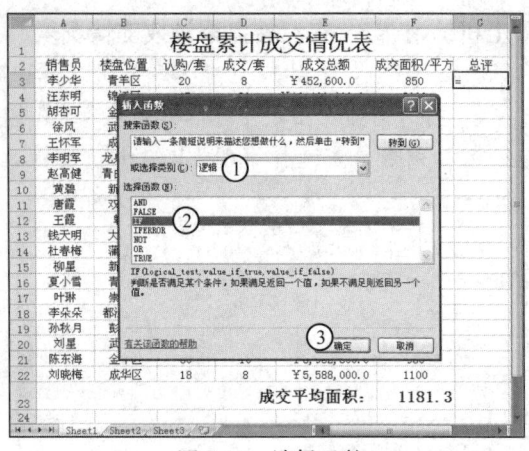
图7-35 选择函数

3 打开"函数参数"对话框,在"logical_test"和"value_if_true"文本框中输入数据,如图7-36所示。

4 将鼠标指针定位到"Value_if_false"文本框中,然后单击名称框右侧的下拉按钮,在弹出的下拉列表中选择"IF"选项,如图7-37所示。

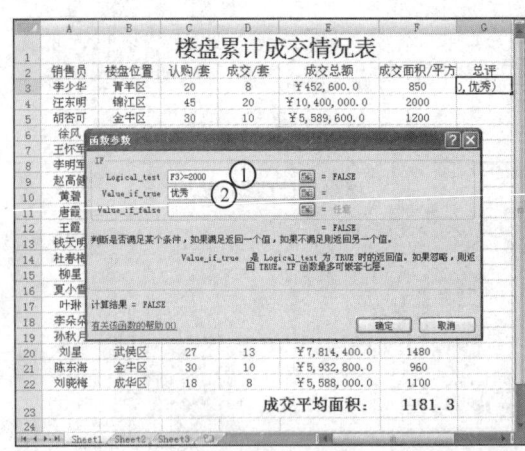
图7-36 设置参数

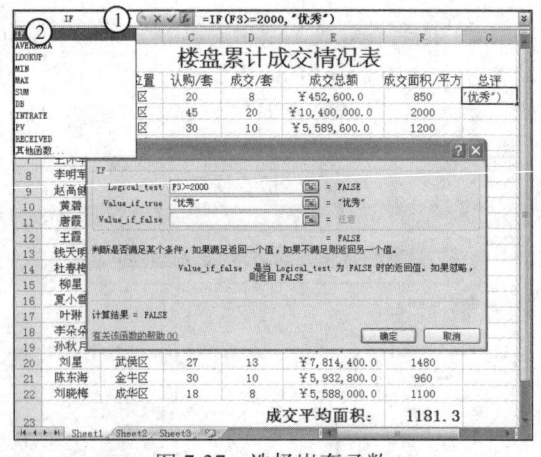
图7-37 选择嵌套函数

5 打开"函数参数"对话框,在"logical_test"文本框中输入"F3<1000"、"value_if_true"文本框中输入"合格"和"value_if_false"文本框中输入"良好",然后单击"确定"按钮,如图7-38所示。

6 此时在G3单元格将看到计算结果,再选择G3单元格,将鼠标指针移至单元格右下角,当其变为╋形状时,按住鼠标左键不放拖动至H22单元格后再释放鼠标,为G4:G22单元格区域填充公式,效果如图7-39所示。

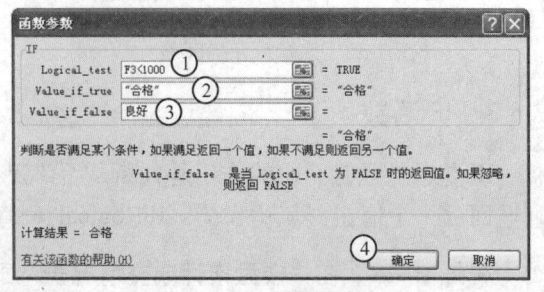
图7-38 设置参数

第 7 章　函数的使用

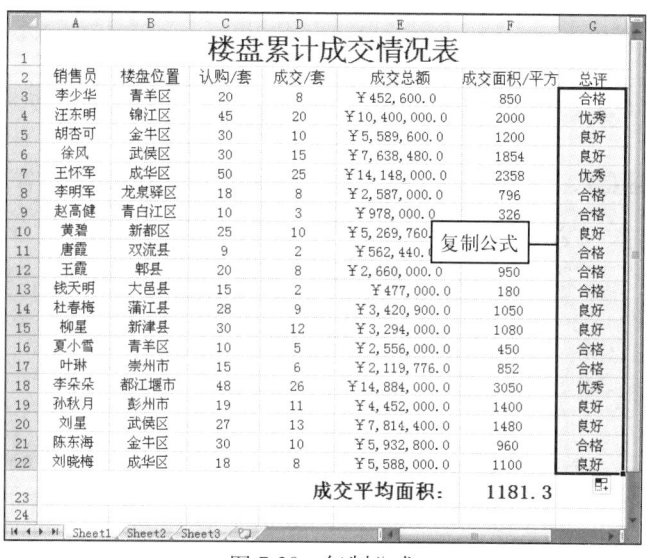

图 7-39　复制公式

7.5.4　MAX 函数

MAX 是求最大值函数，它的作用是返回一组数值中的最大值，忽略逻辑值及文本，其表达式为：MAX(Number1,Number2,Number3,…)。

上机练习 7.9　在"楼盘累计成交情况表"工作簿的 C3:C22 单元格区域中求最大值

1 在"楼盘累计成交情况表"工作簿中输入如图 7-40 所示的数据，然后选择 F23 单元格，打开"插入函数"对话框，在"或选择类别"下拉列表框中选择"统计"选项，在"选择函数"列表框中选择"MAX"选项，单击"确定"按钮。

2 打开"函数参数"对话框，此时在"Number1"文本框中自动选择了 F3:F22 单元格区域，如图 7-41 所示。

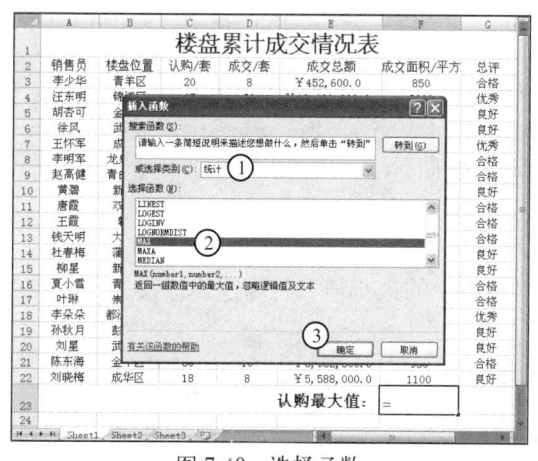

图 7-40　选择函数

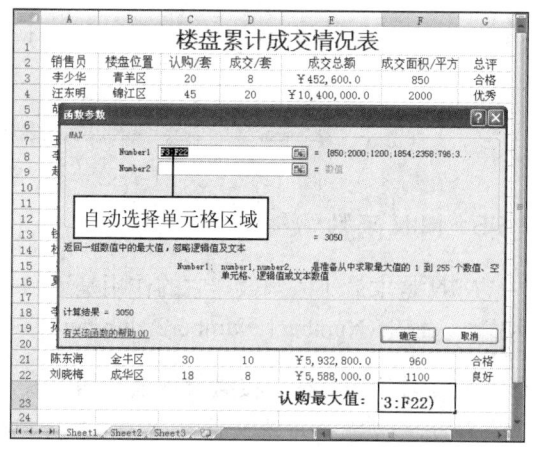

图 7-41　自动选择区域

3 单击"Number1"文本框右侧的 按钮，"函数参数"对话框将变为收缩状态，此时拖动鼠标选择需要进行计算的单元格区域，这里选择 C3:C22 单元格区域，单击对话框右侧的 按钮，如图 7-42 所示。

4 返回"函数参数"对话框,单击"确定"按钮,如图 7-43 所示。

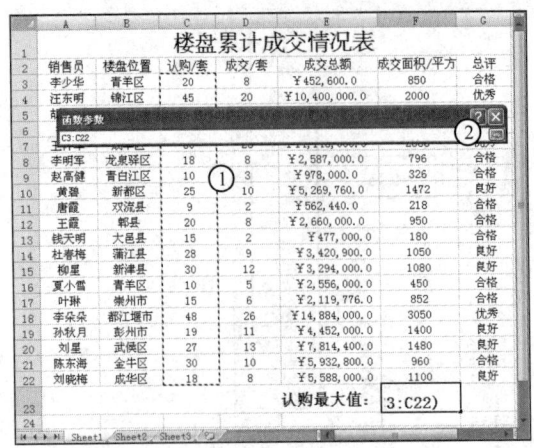

图 7-42 选择计算区域

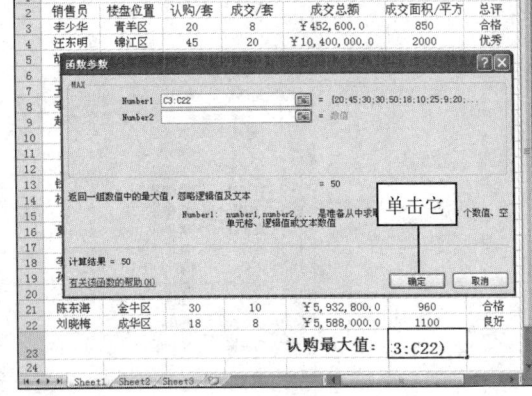

图 7-43 完成计算

5 此时 F23 单元格将显示计算结果,如图 7-44 所示。

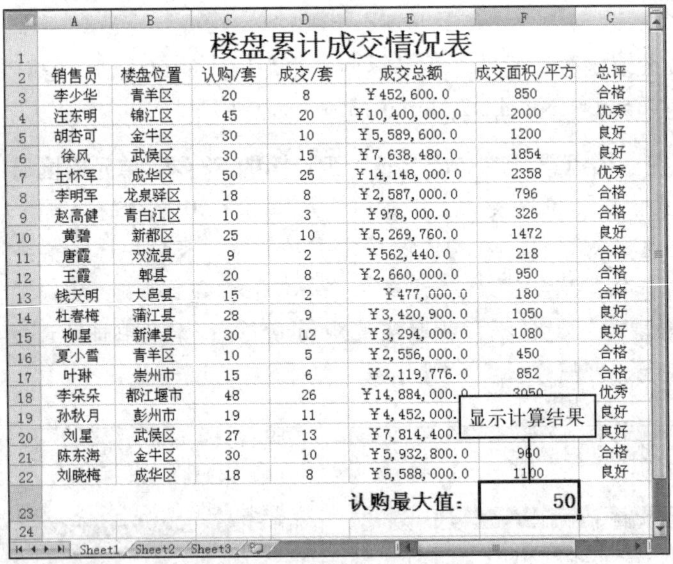

图 7-44 显示计算结果

7.5.5 MIN 函数

MIN 是求最小值函数,它的作用是返回一组数值中的最小值,忽略逻辑值及文本,其表达式为:MIN(Number1,Number2,Number3,…)。

上机练习 7.10 在"楼盘累计成交情况表"工作簿的 F3:F22 单元格中求最小值

1 在"楼盘累计成交情况表"工作簿中输入如图 7-45 所示的数据,选择 F23 单元格,打开"插入函数"对话框,在"或选择类别"下拉列表框中选择"统计"选项,在"选择函数"列表框中选择"MIN"选项,单击"确定"按钮。

2 打开"函数参数"对话框,此时在"Number1"文本框中自动选择了单元格区域,如图 7-46 所示,单击"确定"按钮。

第 7 章 函数的使用

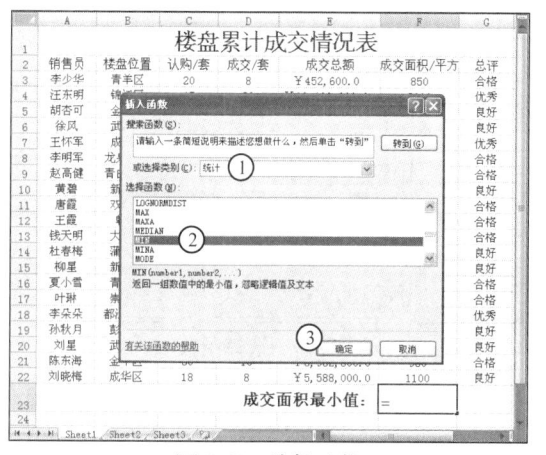

图 7-45 选择函数

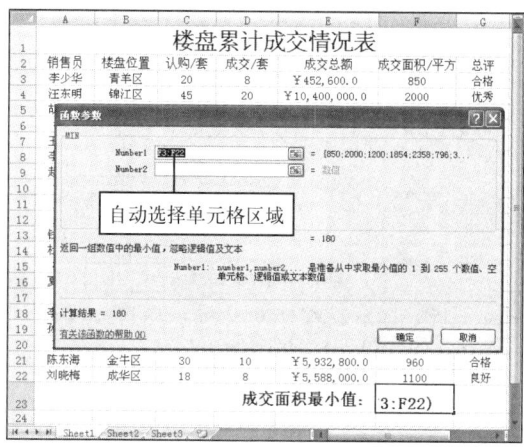

图 7-46 自动选择单元格区域

3 此时 F23 单元格将显示计算结果，如图 7-47 所示。

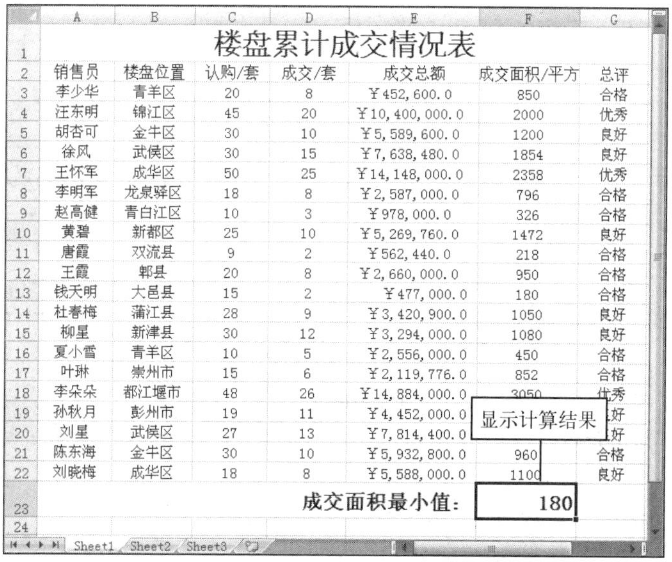

图 7-47 显示计算结果

7.5.6 LOOKUP 函数

LOOKUP 是查找函数，它的作用是从单行或单列或从数组中查找一个值，其表达式为：LOOKUP(lookup_value,lookup_vector,result_vector)。其中"lookup_vector"参数所指定区域中的数值必须按升序排列。

上机练习 7.11 在"楼盘累计成交情况表"工作簿中查找李少华销售套数

1 在"楼盘累计成交情况表"工作簿中输入如图 7-48 所示的数据，然后选择 F23 单元格。

2 打开"插入函数"对话框，在"或选择类别"下拉列表框中选择"查找与引用"选项，在"选择函数"列表框中选择"LOOKUP"选项，然后单击"确定"按钮，如图 7-49 所示。

3 打开"选定参数"对话框，默认其中的选项，单击"确定"按钮，如图 7-50 所示。

4 打开"函数参数"对话框，在"lookup_value"文本框中输入"李少华"，单击"lookup_vector"文本框右侧的 按钮，如图 7-51 所示。

123

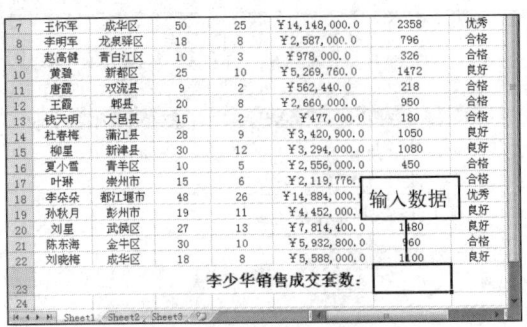

图 7-48　选择单元格

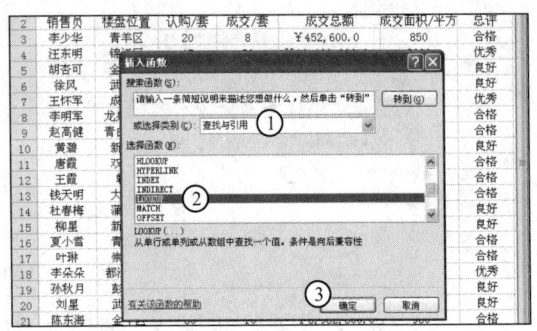

图 7-49　选择函数

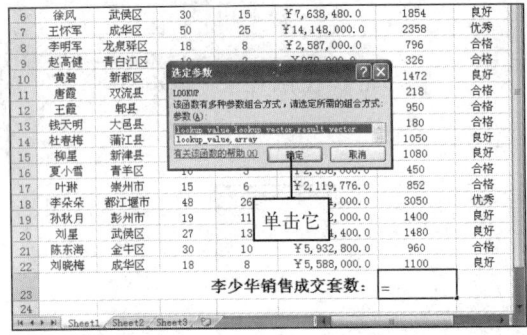

图 7-50　打开"选定参数"对话框

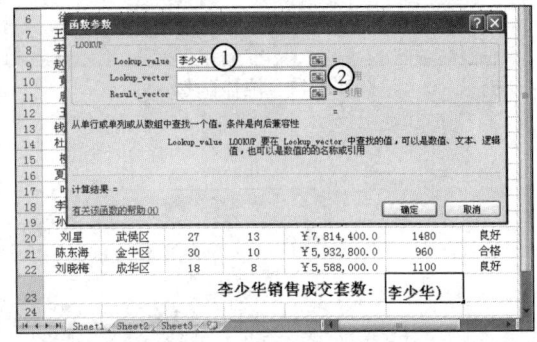

图 7-51　设置参数

5　"函数参数"对话框将变为收缩状态，拖动鼠标选择 A3:A22 单元格区域，然后单击"函数参数"对话框右侧的按钮，如图 7-52 所示。

6　返回"函数参数"对话框，单击"Result_vector"文本框右侧的按钮，如图 7-53 所示。

7　拖动鼠标选择 D3:D22 单元格区域，单击对话框右侧的按钮，如图 7-54 所示。

8　返回"函数参数"对话框，单击"确定"按钮，如图 7-55 所示。

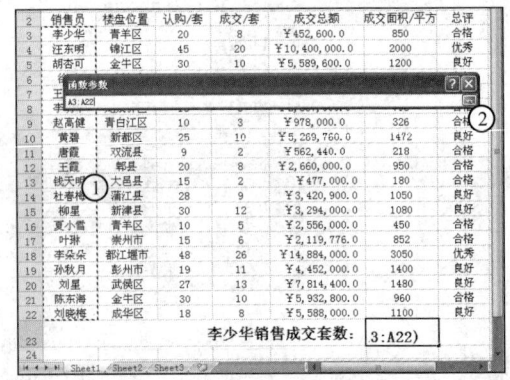

图 7-52　选择单元格区域

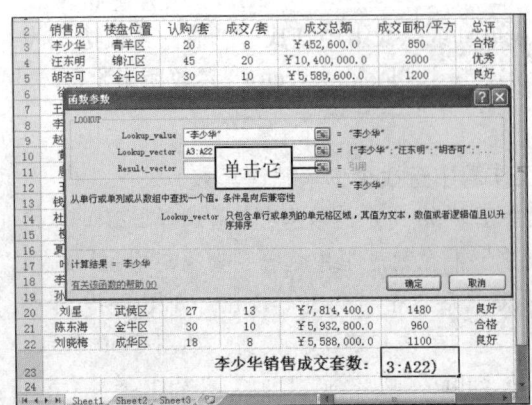

图 7-53　返回"函数参数"对话框

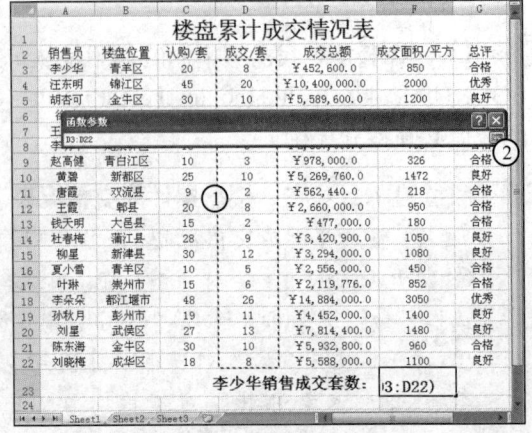

图 7-54　选择单元格区域

9 此时 E23 单元格将显示计算结果，如图 7-56 所示。

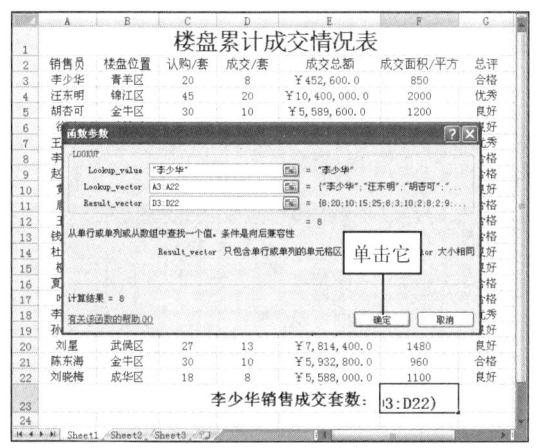
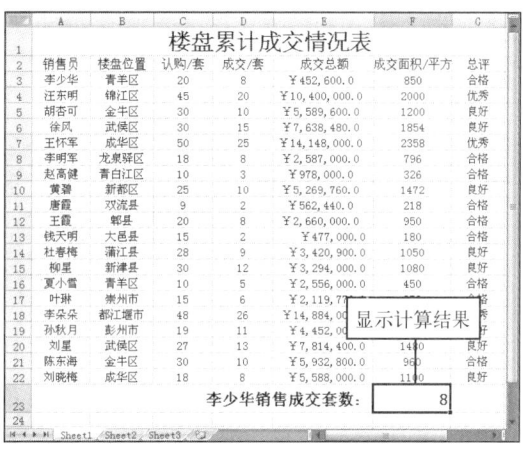

图 7-55 返回"函数参数"对话框　　　　　图 7-56 显示计算结果

 **提 示** 若 LOOKUP 函数在 lookup_vector 参数指定的区域中无法找到 lookup_value 参数指定的值，则返回与该指定值最接近且小于该指定值的数据。若 lookup_value 参数指定的值比 lookup_vector 参数指定区域中的任何值都要小，则返回错误值"#N/A"。

7.5.7 COUNTIF 函数

COUNTIF 是条件计数函数，它的作用是计算某个区域中满足给定条件的单元格个数，其表达式为：COUNTIF(range,criteria)。

上机练习 7.12　在"楼盘累计成交情况表"工作簿中统计总评为"良好"的个数

1 在"楼盘累计成交情况表"工作簿中输入如图 7-57 所示的数据，然后选择 F23 单元格。

2 打开"插入函数"对话框，在"或选择类别"下拉列表框中选择"统计"选项，在"选择函数"列表框中选择"COUNTIF"选项，然后单击"确定"按钮，如图 7-58 所示。

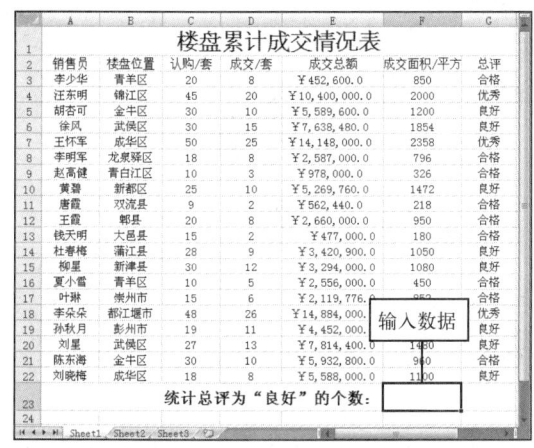
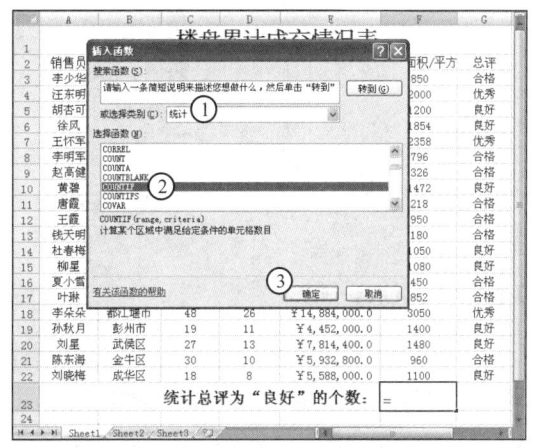

图 7-57 输入数据并选择单元格　　　　　图 7-58 选择函数

提 示 在"插入函数"对话框的"或选择类别"下拉列表框中选择"常用函数"选项，可在下方的"选择函数"列表框中快速找到最近使用过的函数。

3 打开"函数参数"对话框,单击"Range"文本框右侧的按钮,拖动鼠标选择 G3:G22 单元格区域,然后单击对话框右侧的按钮,如图 7-59 所示。

4 返回"函数参数"对话框,在"Criteria"文本框中输入"良好",单击"确定"按钮,如图 7-60 所示。

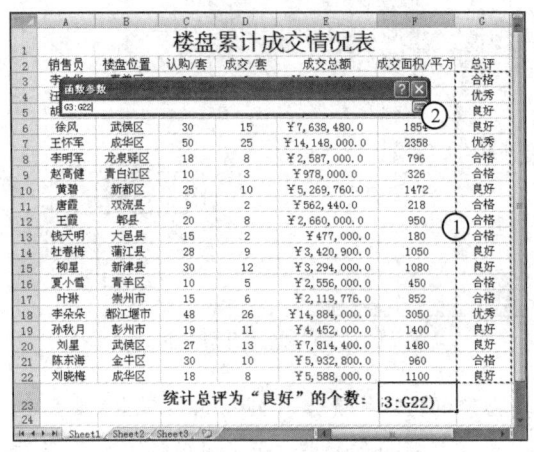
图 7-59 选择单元格区域

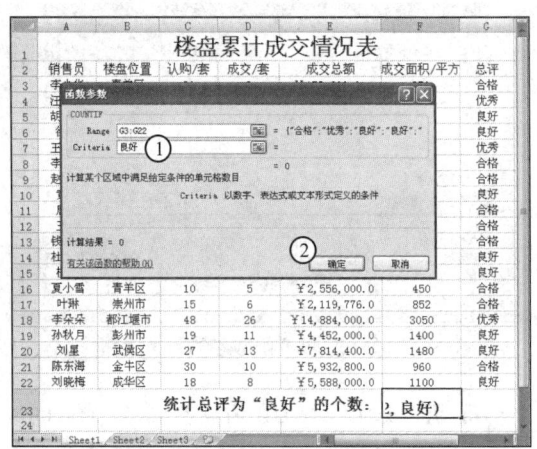
图 7-60 设置参数

5 此时 F23 单元格将显示"COUNTIF"函数的计算结果,如图 7-61 所示。

图 7-61 显示计算结果

7.5.8 COUNT 函数

COUNT 是计数函数,它的作用是计算单元格区域中包括数字的单元格的个数,其表达式为:COUNT(value1,value2,value3,…)。

上机练习 7.13 在"楼盘累计成交情况表"工作簿中统计 A1:H22 单元格区域中内容为数字的单元格个数

1 在"楼盘累计成交情况表"工作簿中输入如图 7-62 所示的数据,然后选择 F23 单元格。

2 打开"插入函数"对话框,在"或选择类别"下拉列表框中选择"统计"选项,在"选择函数"列表框中选择"COUNT"选项,单击"确定"按钮,如图7-63所示。

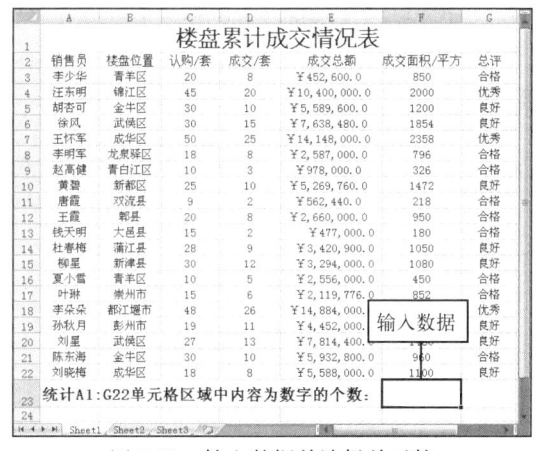

图7-62 输入数据并选择单元格

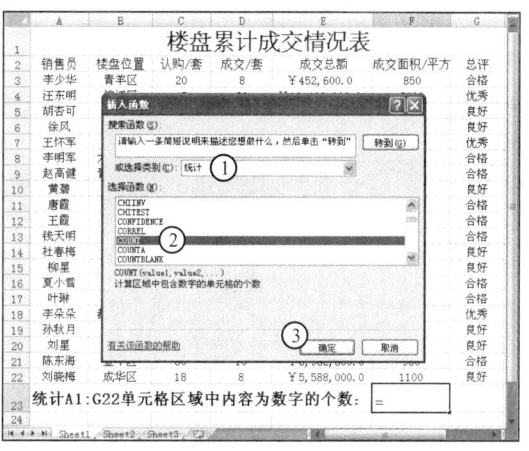

图7-63 选择函数

3 打开"函数参数"对话框,单击"Value1"文本框右侧的按钮,拖动鼠标选择A1:G22单元格区域,单击对话框右侧的按钮,如图7-64所示。

4 返回"函数参数"对话框,单击"确定"按钮,如图7-65所示。

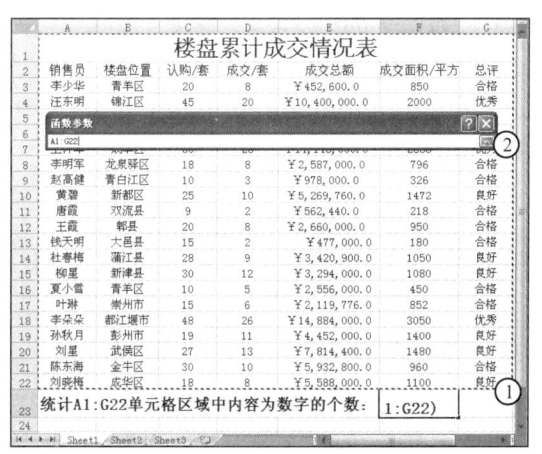

图7-64 选择单元格区域

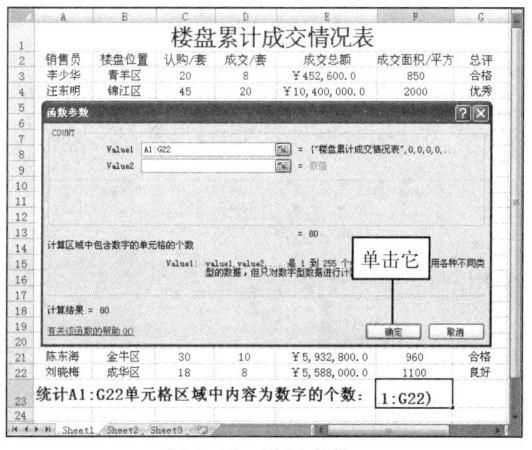

图7-65 设置参数

5 此时G23单元格将显示"COUNT"函数计算的结果,如图7-66所示。

图7-66 显示计算结果

7.6 技能实训

本章主要学习了函数的输入与编辑、自动求和与自动计算以及常见函数的使用方法等操作。下面将通过制作"货品销售汇总表"工作簿来巩固本章所讲的知识，在制作过程中主要涉及到函数的输入、函数的编辑、函数的嵌套、以及常见函数的使用等操作，最终效果如图 7-67 所示。

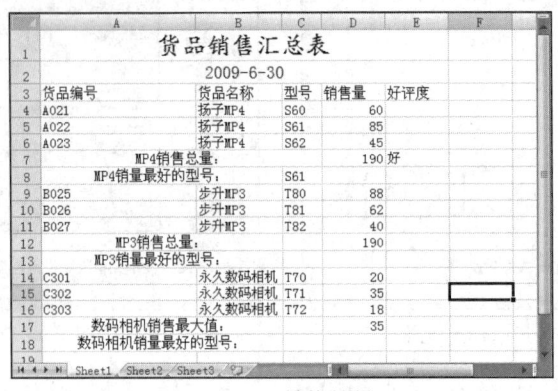

图 7-67　最终效果

【操作步骤】

1 创建"货品销售汇总表"工作簿并输入数据，如图 7-68 所示。

2 选择 D7 单元格，单击"公式"选项卡中"函数库"组的"插入函数"命令，打开"插入函数"对话框。在"或选择类别"下拉列表框中选择"数学与三角函数"选项，在"选择函数"列表框中选择"SUM"选项，然后单击"确定"按钮，如图 7-69 所示。

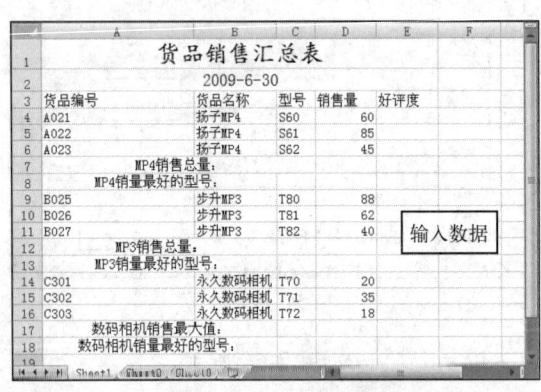

图 7-68　创建工作簿

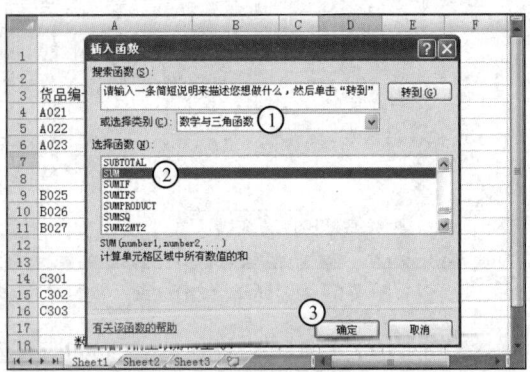

图 7-69　选择函数

3 打开"函数参数"对话框，在"Number1"文本框中自动选择了 D4:D6 单元格区域，然后单击"确定"按钮，如图 7-70 所示。

4 选择 D9:D11 单元格区域，单击"公式"选项卡中"函数库"组的"自动求和"按钮，如图 7-71 所示。

5 D12 单元格将自动显示求和的结果，如图 7-72 所示。

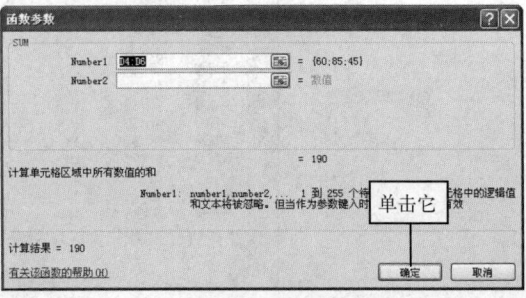

图 7-70　设置参数

第 7 章 函数的使用

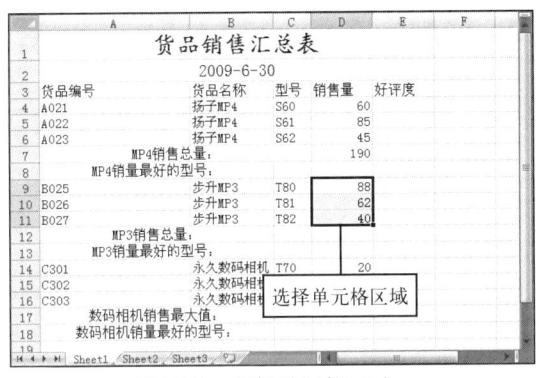

图 7-71 选择单元格区域

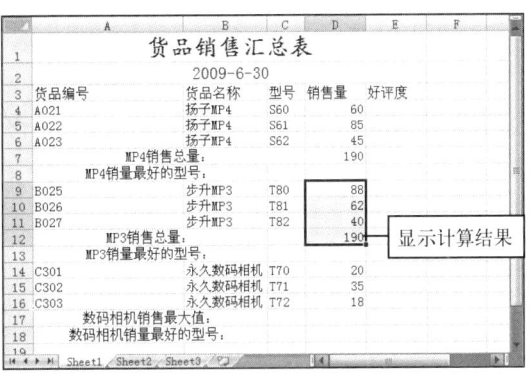

图 7-72 显示自动求和结果

6 选择 D17 单元格，打开"插入函数"对话框，在"或选择类别"下拉列表框中选择"统计"选项，在"选择函数"列表框中选择"MAX"选项，然后单击"确定"按钮，如图 7-73 所示。

7 打开"函数参数"对话框，在"Number1"文本框中自动选择了 D14:D16 单元格区域，然后单击"确定"按钮完成函数的计算，如图 7-74 所示。

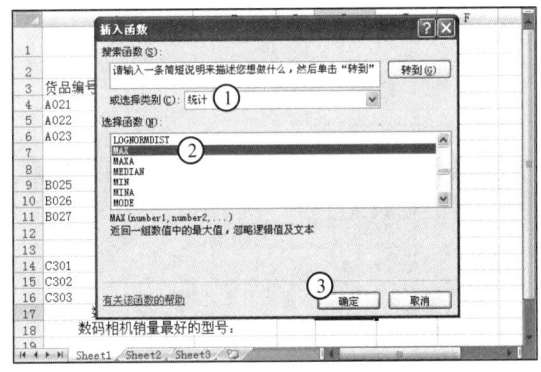

图 7-73 选择函数

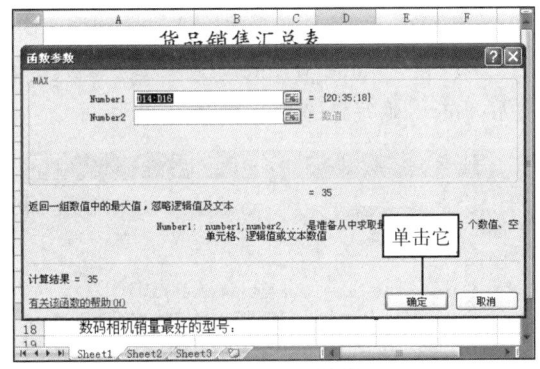

图 7-74 设置参数

8 选择 E7 单元格，打开"插入函数"对话框，在"或选择类别"下拉列表框中选择"逻辑"选项，在"选择函数"列表框中选择"IF"选项，单击"确定"按钮，如图 7-75 所示。

9 打开"函数参数"对话框，单击名称栏右侧的下拉按钮，在弹出的下拉列表中选择"SUM"选项，如图 7-76 所示。

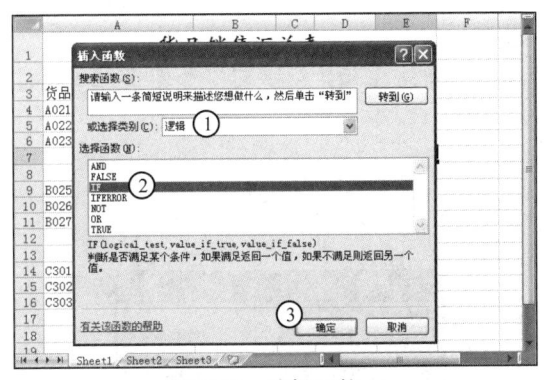

图 7-75 选择函数

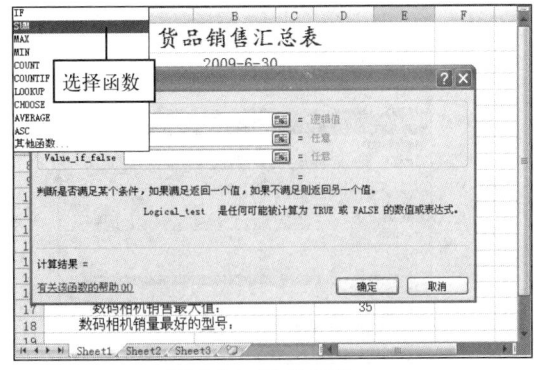

图 7-76 选择函数

10 打开"函数参数"对话框，单击"Number1"文本框右侧的按钮，此时"函数参

129

数"对话框将变为收缩状态，拖动鼠标选择 D4:D6 单元格区域，单击对话框右侧的■按钮，如图 7-77 所示。

11 返加"函数参数"对话框，单击"确定"按钮，打开提示对话框，如图 7-78 所示。

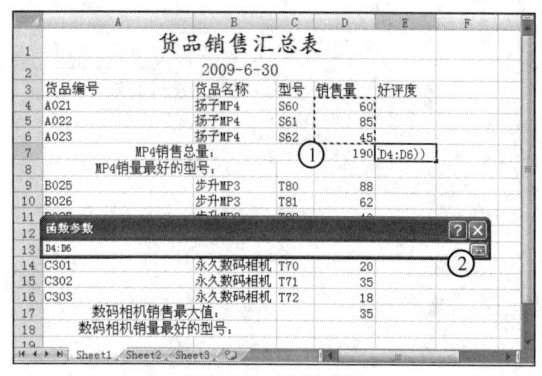

图 7-77 设置参数

图 7-78 打开提示对话框

12 单击"确定"按钮，此时文本插入点将定位在"SUM(D4:D6)"后面，直接输入">150"，单击 *fx* 按钮，打开"函数参数"对话框，如图 7-79 所示。

13 在"Value_if_ture"文本框中输入"好"，在"Value_if_false"文本框中输入"一般"，然后单击"确定"按钮，如图 7-80 所示。

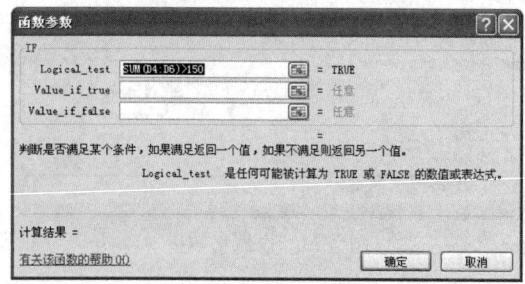

图 7-79 设置参数

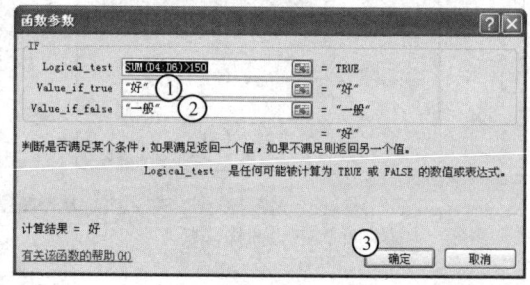

图 7-80 设置参数

14 在"货品销售汇总表"工作簿中，可以看到扬子 MP4 销量最好的编号是 A022，下面利用 LOOKUP 函数查找该编号所对应的型号。选择 C8 单元格，打开"插入函数"对话框，在"或选择类别"下拉列表框中选择"查找与引用"选项，在"选择函数"列表框中选择"LOOKUP"选项，单击"确定"按钮，如图 7-81 所示。

15 打开"选定参数"对话框，默认其中的选项，单击"确定"按钮，如图 7-82 所示。

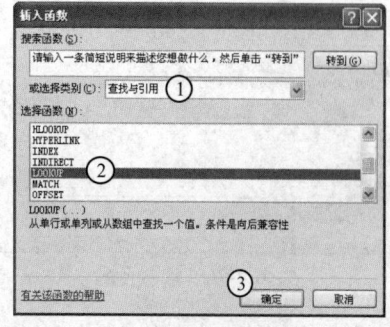

图 7-81 选择函数

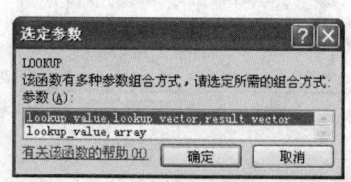

图 7-82 打开"选定参数"对话框

16 打开"函数参数"对话框,单击"lookup_value"文本框右侧的按钮,选择 A5 单元格,单击对话框右侧的按钮,如图 7-83 所示。

17 返加"函数参数"对话框,单击"lookup_value"文本框右侧的按钮,拖动鼠标选择 A4:A6 单元格区域,单击对话框右侧的按钮,如图 7-84 所示。

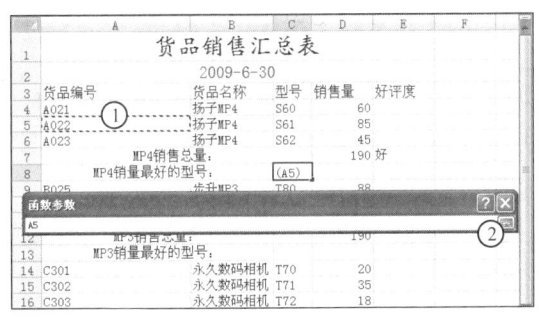

图 7-83　选择区域

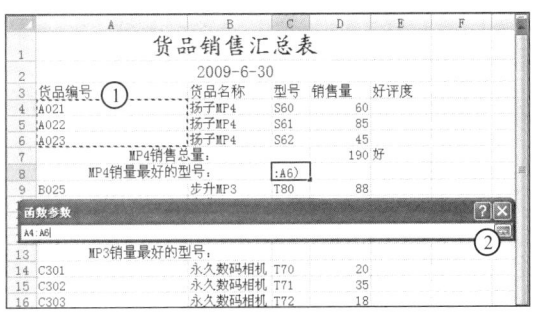

图 7-84　选择区域

18 返加"函数参数"对话框,单击"Result_vector"文本框右侧的按钮,拖动鼠标选择 C4:C6 单元格区域,单击对话框右侧的按钮,如图 7-85 所示。

19 返加"函数参数"对话框,单击"确定"按钮完成计算,如图 7-86 所示。

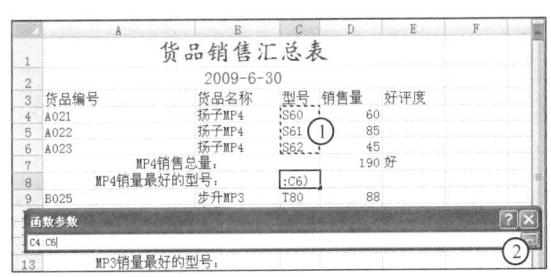

图 7-85　选择区域

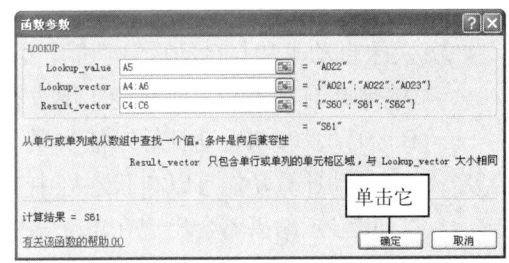

图 7-86　设置参数

7.7　习题

一、填空题

1. 函数的参数可以是_____、_____、_____或_____等,但指定的参数都必须为有效参数值。

2. 若要对 Book1 工作表中的 A1:E1 单元格区域进行求和操作,那么此时应该在单元格中输入函数:_____。

3. 函数"=IF(SUM(A4:E14)>500,SUM(A3:A14),"不合格")",当 A4:E14 单元格区域中的和大于 500 时,返回的值为____;当 A4:E14 单元格区中的和小于或等于 500 时,则返回的值为_____。

4. 若要对工作表中的 F3:F22 单元格区域进行求平均值操作,那么此时应该在单元格中输入函数:_____。

二、选择题

1. 以下关于函数的概述,正确的是(　　)。

A. 函数是将具有特定功能的一组公式组合在一起所形成的一种表达式，它相当于一种特殊的公式。
B. Excel 函数分成了很多种类，其中"数学和三角函数"用于进行有关数学和三角方面的计算，如 MIN 函数可返回一组数组中的最小值。
C. 函数是一般由函数名和函数参数组成，其中函数参数可以是数值、文本、表达式以及单元格引用地址等。
D. 函数嵌套是指一个函数或公式被当作另一个函数的参数来使用。遇到这种情况时，Excel 会首先计算最外面的嵌套表达式，然后依次对嵌套函数进行计算。

2. 以下操作中可以正确插入函数的是（　　）。
   A. 选择需要插入函数的目标单元格，直接在单元格中输入"="及函数其他的内容，然后按空格键。
   B. 选择需插入函数的目标单元格，将文本插入点定位到编辑栏的编辑区中，然后输入"="及函数其他的内容，最后按"Enter"键。
   C. 选择需插入函数的目标单元格，单击"公式"选项卡中"函数库"组的"插入函数"按钮，在打开的对话框中选择需插入的函数并设置参数。
   D. 选择需要插入函数的目标单元格，直接在单元格中输入"="及函数其他的内容，然后单击编辑栏中的✓按钮。

3. 关于自动求和与自动计算功能，以下说法正确的是（　　）。
   A. 利用自动求和功能只能实现求和、求平均值、计数、求最大值和求最小值的操作。
   B. 自动求和与自动计算功能实质上是相同的，只是操作方法不一样。
   C. 自动计算功能可以在状态栏中实时地显示选择区域的平均值、计数和求和等结果，但显示结果不会出现在单元格中。
   D. 自动求和功能可以实现任何函数的求值操作。

4. 对 A1:D1 单元格区域求和，格式书写正确的时（　　）。
   A. =(SUM:A1-D1)　　　　　　　B. (SUMA1:D1)
   C. =SUM(A1:D1)　　　　　　　 D. SUM(A1:D1)

5. 计算 A1:G1 单元格区域的平均值，正确的函数应该是（　　）。
   A. =AVE(A1:G1)　　　　　　　 B. =COUNT(A1:G1)
   C. =AVERAGE(A1:G1)　　　　　D. =LOOKUP(A1:G1)

6. 函数 "=IF(F10>2000,"好",IF(F10<1000,"中","差"))" 表示（　　）。
   A. 如果 F10 中的数值大于 2000，则返回值"好"；否则执行嵌套函数：如果 F10 中的数值小于 1000，则返回值"中"，否则返回值"差"。
   B. 当 F10 中的数值大于 2000 时，返回值"好"；当 F10 中的数值大于 1000 而小于 2000 时，返回值"中"；当 F10 中的数值小于 1000 时，返回值"差"。
   C. 当 F10 中的数值大于 2000 时，返回值"好"；当 F10 中的数值大于等于 1000 而小于等于 2000 时，返回值"中"；当 F10 中的数值小于 1000 时，返回值"差"。
   D. 当 F10 中的数值大于 2000 时，返回值"差"；当 F10 中的数值大于等于 1000 而小于等于 2000 时，返回值"中"；当 F10 中的数值小于 1000 时，返回值"好"。

三、操作题

1. 建立"学生成绩表"工作表，输入如图 7-87 所示的内容，然后利用 SUM 函数求出每名学生的成绩总分。

育才高中2010级理科班成绩表							
姓名	学号	语文	数学	英语	理综	总分	平均分
王英	YC2010001	113	130	80	181		
刘子翔	YC2010002	83	90	75	223		
陈红	YC2010003	103	95	121	158		
李淑英	YC2010004	108	105	110	205		
万敏	YC2010005	87	119	92	198		
汪建国	YC2010006	109	128	118	240		
张艾	YC2010007	89	110	116	212		
赵芳芳	YC2010008	99	108	104	203		
李婷	YC2010009	120	64	125	198		
宋玉芹	YC2010010	109	132	118	236		
朱颖	YC2010011	98	79	95	186		
洪德凯	YC2010012	103	105	109	205		
各科最高分：							
各科最低分：							

图 7-87 学生成绩表

2. 在学生成绩表中利用 AVERAGE 函数求出每名学生的成绩平均分。

3. 在学生成绩表中利用 MAX 函数求出各科成绩最高分。

4. 在学生成绩表中利用 MIN 函数求出各科成绩最低分。

第 8 章　图表的使用

本章内容提要

利用 Excel 2007 提供的各种图表功能可以使工作表中抽象而枯燥的数据，以直观的形式表现出来，从而让数据更容易理解。本章将主要介绍创建图表、认识图表元素、图表类型、创建图表、添加和删除数据、调整图表大小和位置、美化图表以及趋势线和误差线的使用等。

本章重点与难点

- ➢ 图表的结构
- ➢ 图表的类型
- ➢ 创建图表
- ➢ 编辑图表
- ➢ 美化图表
- ➢ 趋势线与误差线的使用

8.1　图表的结构与类型

图表是一种以图形来显示或分析单元格数据的一种形式，本节主要对图表的结构和类型进行介绍，以便能更好地使用它们来处理数据。

8.1.1　图表结构解析

利用 Excel 2007 自带的图表可以使工作表中数据之间的关系一目了然，图表主要由图表标题、绘图区、数据系列、图例、坐标轴以及坐标轴标题组成，如图 8-1 所示。

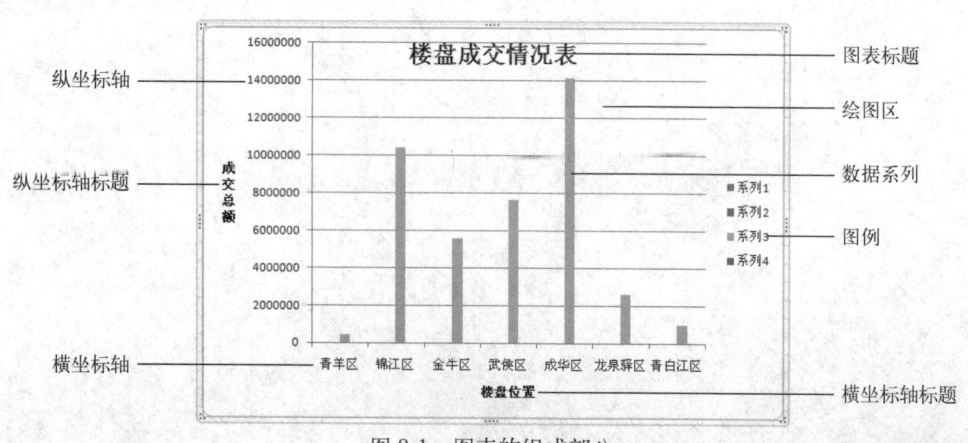

图 8-1　图表的组成部分

1. 图表标题

图表标题即图表名称，一般用来说明图表想要反映的数据。

2. 绘图区

绘图区是图表中最重要的部分之一，工作表中的数据信息都将按设定好的图表类型显示在绘图区中。绘图区包括纵坐标轴、纵坐标轴标题、横坐标轴和横坐标轴标题 4 部分，如果图表类型是三维图表，那么绘图区还将包括侧面墙和基底，如图 8-2 所示。

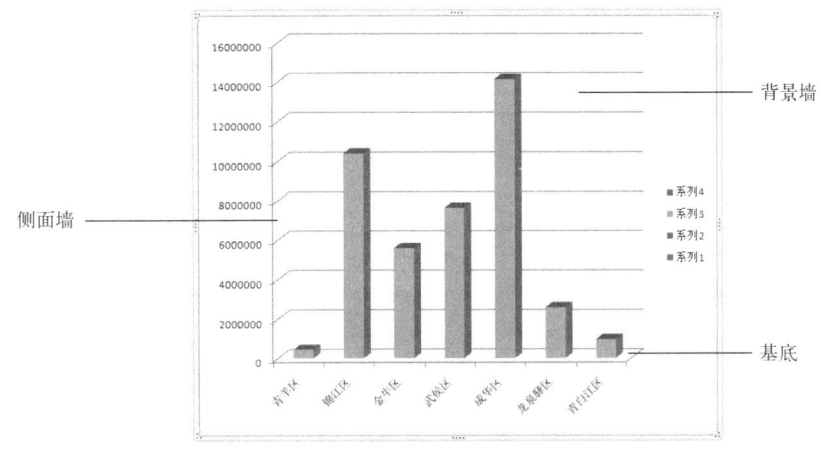

图 8-2　三维图表的绘图区构成

3. 数据系列

图表中的图形部分就是数据系列，它将工作表中行或列中的数据以图形化显示。数据系列中每一种图形对应一组数据，且呈现统一的颜色或图案，在横坐标轴上每一个分类都对应着一个或多个数据，并以此构成数据系列，如图 8-3 所示。

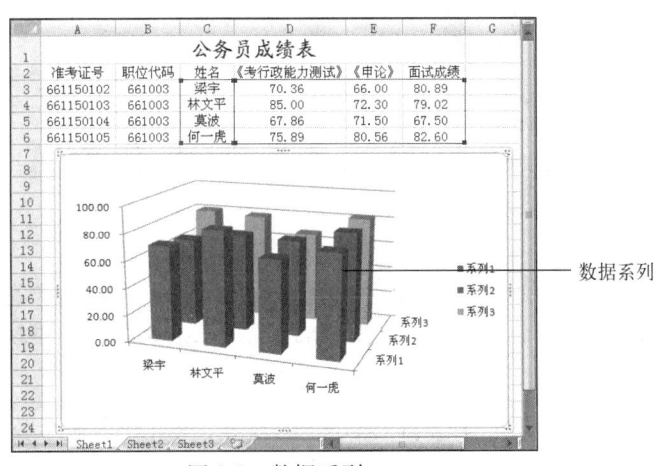

图 8-3　数据系列

4. 图例

图例往往以矩形框的形式出现在图表中的空白区域，用于显示该数据系列的名称或分类以及对应的颜色。

5. 纵坐标轴

纵坐标轴是指垂直方向的 Y 轴，它是根据工作表中数据的大小来自定义数据的单位长度，并表示数值大小的坐标轴。默认情况下，纵坐标轴上的刻度范围介于数据系列中的所有数据最大值和最小值之间，以便参考图形对应的数据大小。

6. 横坐标轴

横坐标轴是指图表中水平方向的 X 轴，它用来表示图表中需要比较的各个对象。默认情况下，横坐标轴上的刻度代表数据类型。

7. 轴标题

创建图表时为了使图表表示的内容更加清晰，除了为图表添加图表标题外，还可以为坐标轴添加标题，由于坐标轴分为横坐标轴和纵坐标轴，因此轴标题也分为横坐标轴标题和纵坐标轴标题。

8.1.2 图表的类型与用途

为了更准确地表达工作表中的数据，Excel 2007 提供了 11 种类别的图表，以满足各种数据的显示效果，如柱形图、折线图、饼图、条形图以及面积图等。

1. 柱形图

柱形图是以矩形条或柱形条来显示一段时间内数据的变化，能直观地比较各组数据之间的大小，如图 8-4 所示。柱形图包括二维柱形图、三维柱形图、圆柱图、圆锥图和棱锥图等。

2. 折线图

折线图是指将同一系列的数据以点或线的形式表示出来，可以直观地显示数据的变化趋势，如图 8-5 所示。折线图包括二维折线图和三维折线图两种形式。

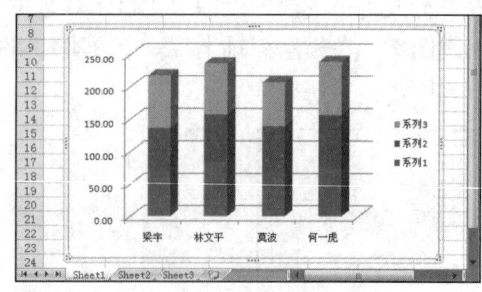

图 8-4 柱形图

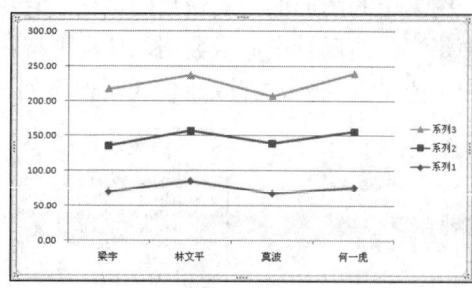

图 8-5 折线图

3. 饼图

饼图通常用于显示单个数据系列中各项数据的大小与各项数据总和的比较，能直观地显示各数据占总和的比例，如图 8-6 所示，饼图包括二维饼图和三维饼图两种形式。

4. 面积图

面积图通常用于强调数据随时间而变化的程度，可直观地显示数据的起伏变化，如图 8-7 所示。面积图包括二维面积图和三维面积图两种形式。

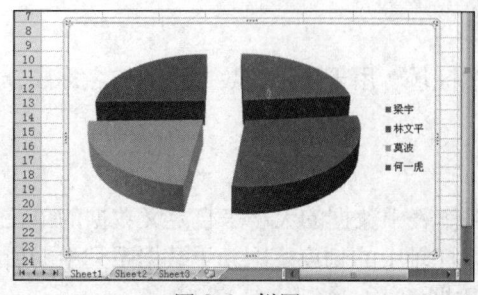

图 8-6 饼图

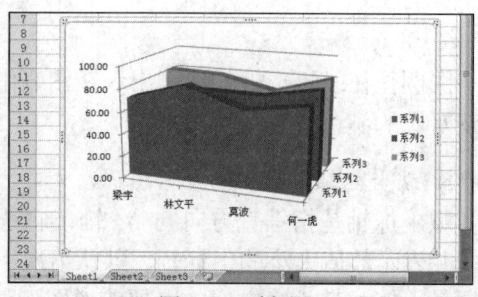

图 8-7 面积图

5. 散点图

散点图通常用于显示数据系列中各数值之间的关系，它能将多组数据显示为 XY 坐标系的点值，并按不同的间距显示，如图 8-8 所示。

6. 其他类型

除以上介绍的图表类型外，Excel 2007 还包括股价图、曲面图、圆环图、气泡图以及雷达图等多种类型。

- 股价图：主要用于显示股价的走势，其数值系列需要按盘高、盘低和收盘顺序排序，如图 8-9 所示。

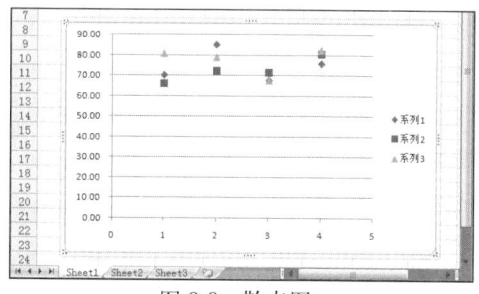

图 8-8　散点图

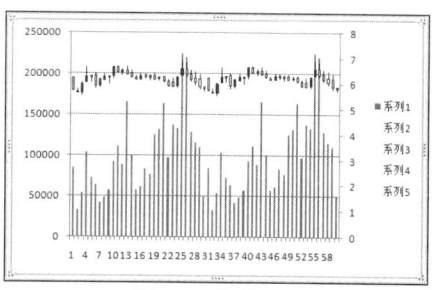

图 8-9　股价图

- 曲面图：指在连续曲面上跨两维显示数值的趋势线，当类别和系列均为数字时才可使用该图，如图 8-10 所示。
- 圆环图：通常用于显示单个数据与整体数据的关系，与饼图不同的是，它可以显示一种或多种数据系列，如图 8-11 所示。

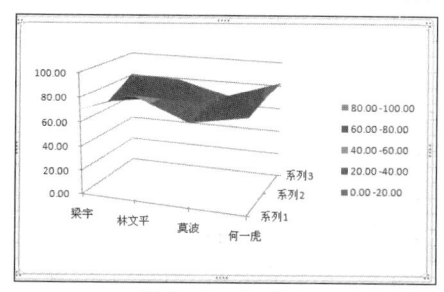

图 8-10　曲面图

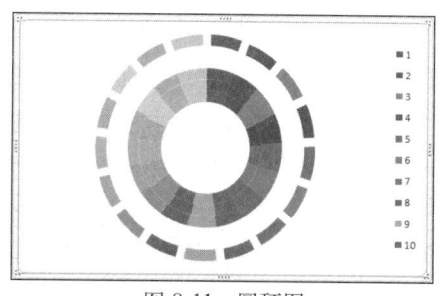

图 8-11　圆环图

- 气泡图：类似于散点图，但比较成组的是三个数值，而不是两个。由第三个数值确定气泡数据点的大小，如图 8-12 所示。
- 雷达图：这种类型的图表中允许每种数据系列有自己的坐标轴，以中心到四周的方式向外辐射，可直观地的显示多组数据的关系，如图 8-13 所示。

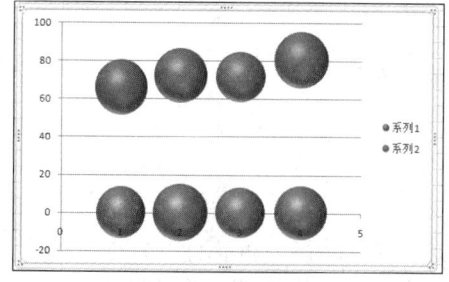

图 8-12　气泡图

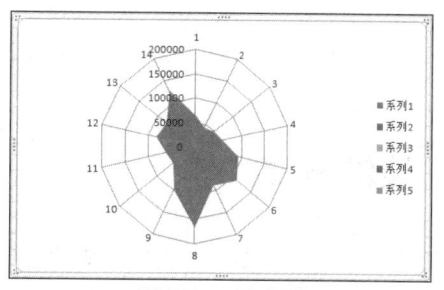

图 8-13　雷达图

8.2 创建图表

在工作表中创建图表时，可先选择需要创建图表的单元格区域，然后通过"插入"选项卡中的"图表"组来创建图表。

上机练习 8.1　为"华北地区上半年销售表"工作簿创建折线图

1 创建"华北地区上半年销售表"工作簿并输入数据，然后选择 A2:E6 单元格区域，如图 8-14 所示。

2 单击"插入"选项卡，在"图表"组中单击"折线图"下拉按钮，在弹出的下拉列表中选择"二维折线图"选项，如图 8-15 所示。

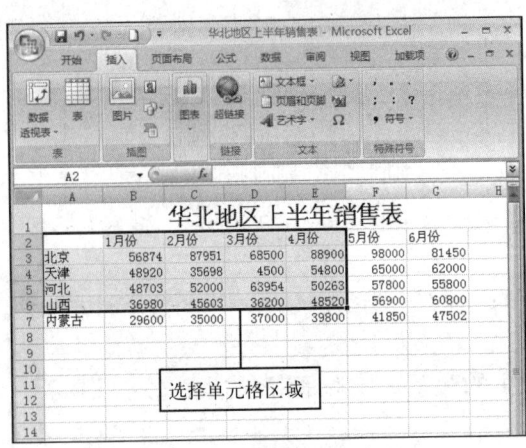

图 8-14　选择单元格区域

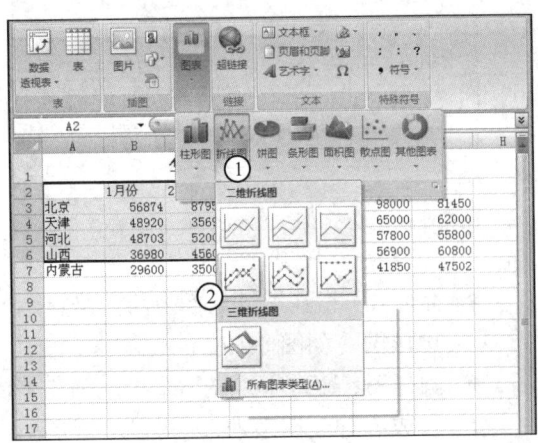

图 8-15　选择图表类型

3 返加"华北地区上半年销售表"工作簿，即可查看插入的二维折线图，如图 8-16 所示。

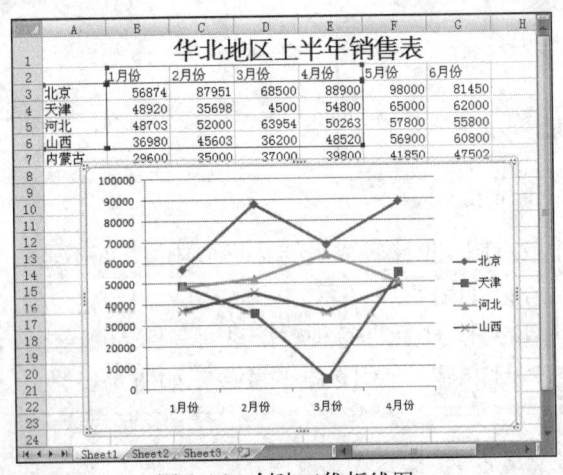

图 8-16　创建二维折线图

8.3　编辑图表

在工作中有时需要对图表进行编辑，以使其更好地反映待分析统计的数据。编辑图表一般包括：更改图表类型、修改图表数据、调整图表大小以及调整图表位置等操作。

8.3.1 更改图表类型

当创建的图表无法清晰地表达出数据的含义时，可考虑更改该图表类型。

上机练习 8.2　在"华北地区上半年销售表"工作簿中将创建的折线图更改为柱形图

1 保持"华北地区上半年销售表"工作簿为打开状态，选择创建的图表，单击"设计"选项卡，在"类型"组中单击"更改图表类型"按钮，如图 8-17 所示。

2 打开"更改图表类型"对话框，单击"柱形图"按钮，在右侧的"柱形图"列表框中选择"三维圆锥图"选项，然后单击"确定"按钮，如图 8-18 所示。

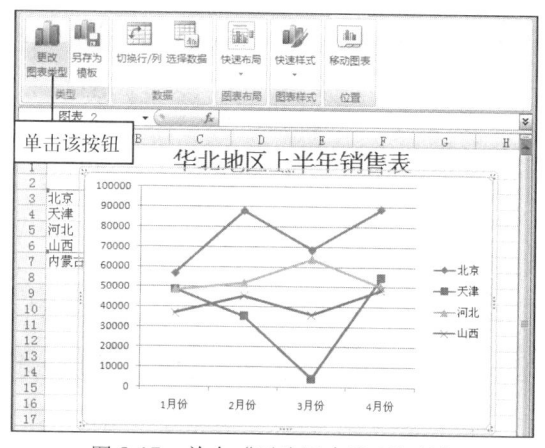

图 8-17　单击"更改图表类型"按钮

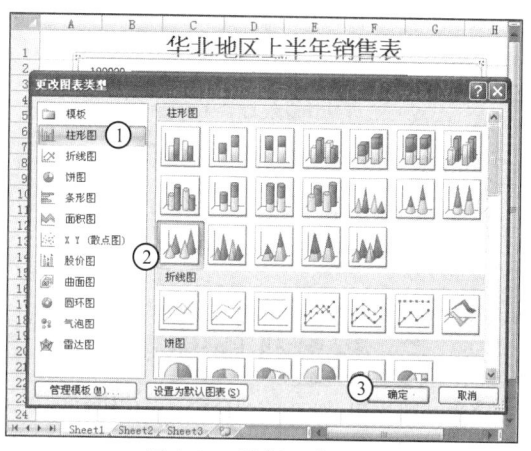

图 8-18　选择图表类型

3 返回"华北地区上半年销售表"工作簿，即可查看更改后的图表类型，如图 8-19 所示。

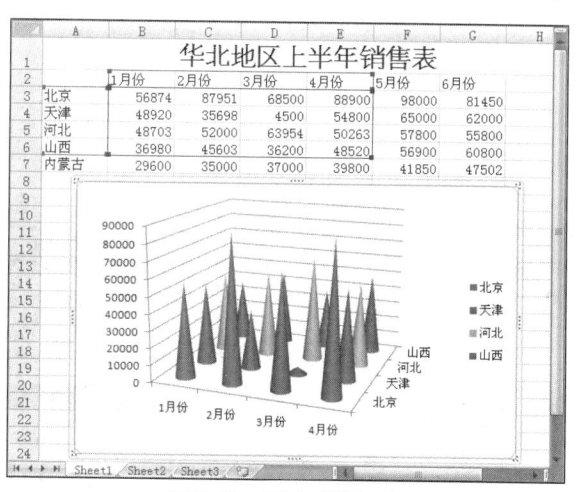

图 8-19　更改后的图表

8.3.2 修改图表数据

图表中的数据与工作表中的数据是动态联系的，即如果修改了单元格中的数据，那么图表中所对应的图形就会随之发生变化，下面介绍添加数据、删除数据和修改数据的相关知识。

1. 通过对话框添加数据

利用"选择数据源"对话框可以随时将需要的数据添加到图表中并以数据系列的形式显

示出来。

上机练习8.3 为"华北地区上半年销售表"工作簿中的图表添加数据

1 保持"华北地区上半年销售表"工作簿为打开状态，选择需要添加数据的图表区，单元"数据"组中的"选择数据"按钮，如图8-20所示。

2 打开"选择数据源"对话框，此时"图表数据区域"文本框将自动显示工作表中所选的区域。单击"图例项"列表框中的"添加"按钮，如图8-21所示。

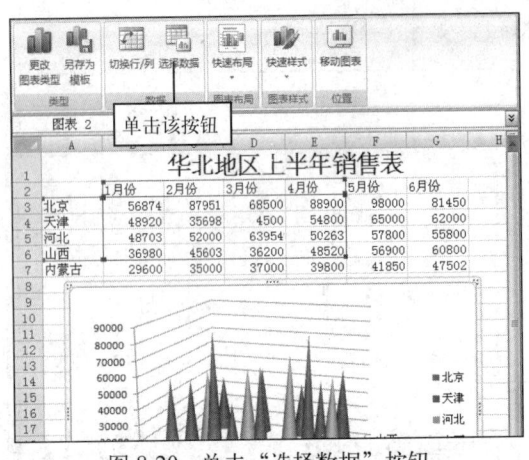 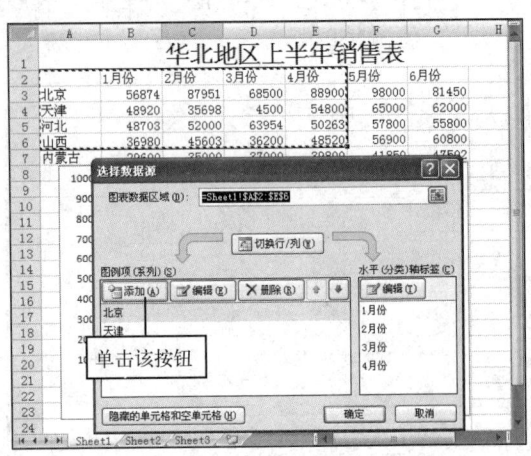

图8-20 单击"选择数据"按钮　　　　　　图8-21 打开"选择数据源"对话框

3 打开"编辑数据系列"对话框，单击"系列名称"列表框右侧的■按钮，此时"编辑数据系列"对话框呈收缩状态，选择A7单元格，然后单击呈收缩状态的"编辑数据系列"列表框右侧的■按钮，如图8-22所示。

4 返回"编辑数据系列"对话框。

5 单击"系列值"列表框右侧的■按钮，此时"编辑数据系列"对话框呈收缩状态，选择B7:E7单元格区域，然后单击呈收缩状态的"编辑数据系列"列表框右侧的■按钮，如图8-23所示。

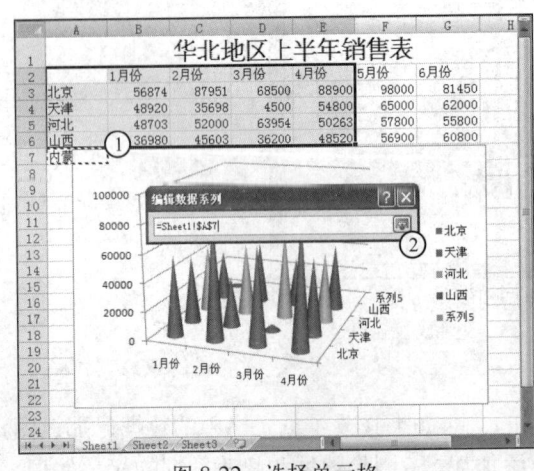 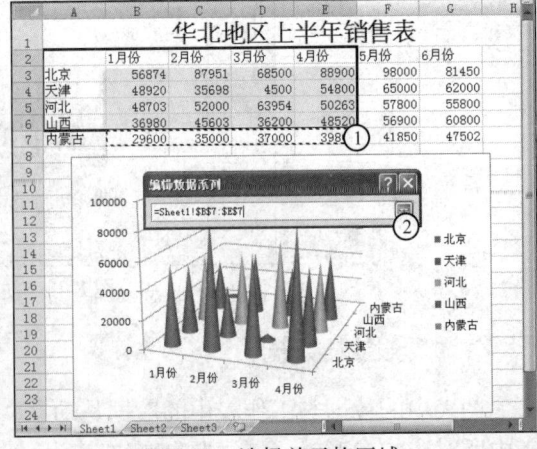

图8-22 选择单元格　　　　　　　　　　图8-23 选择单元格区域

6 返回"编辑数据系列"对话框，然后单击"确定"按钮，如图8-24所示。

7 返回"选择数据源"对话框，并单击"确定"按钮。

8 新添加的数据系列的效果如图 8-25 所示。

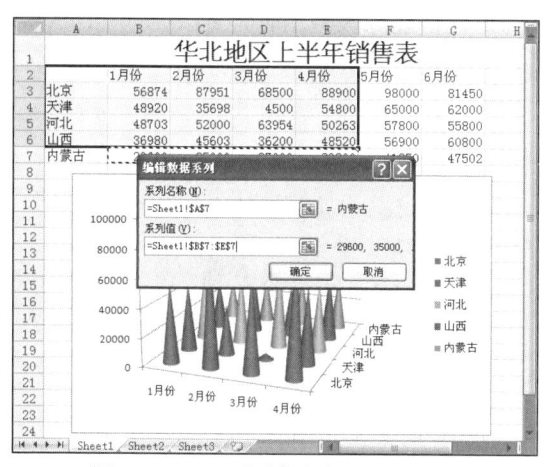

图 8-24 返回"选择数据源"对话框

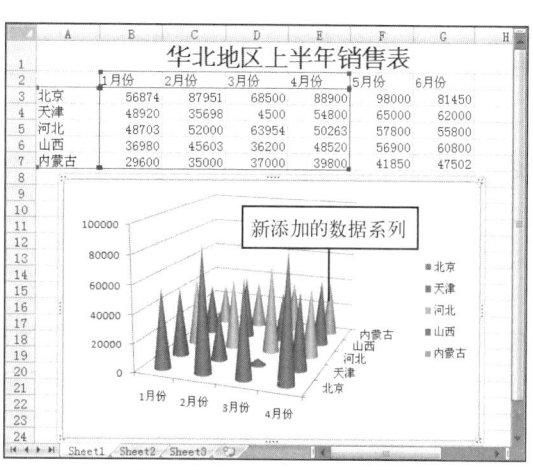

图 8-25 新添加数据系列

2. 拖动颜色边框添加数据

新创建图表或选择创建后的图表时，在工作表中引用数据所在的单元格区域会以不同颜色的边框显示出来。通常边框的颜色有绿色、紫色和蓝色，各颜色的含义如下：

- 绿色边框：代表图例中的数据。
- 紫色边框：代表横坐标轴中的数据。
- 蓝色边框：代表图形中的数据。

上机练习 8.4 通过颜色边框为"华北地区上半年销售表"工作簿中的图表添加数据

1 保持"华北地区上半年销售表"工作簿为打开状态，选择需要添加数据的图表区，此时工作表中引用数据所在的单元格区域就出现了不同颜色的边框，如图 8-26 所示。

2 每种颜色边框的四个角上都有一个控制点，将鼠标指针移至控制点上，当其变为形状时，按住鼠标左键不放，拖动至目标区域再释放鼠标，如图 8-27 所示即为更改蓝色边框范围后，图表更新的效果图。

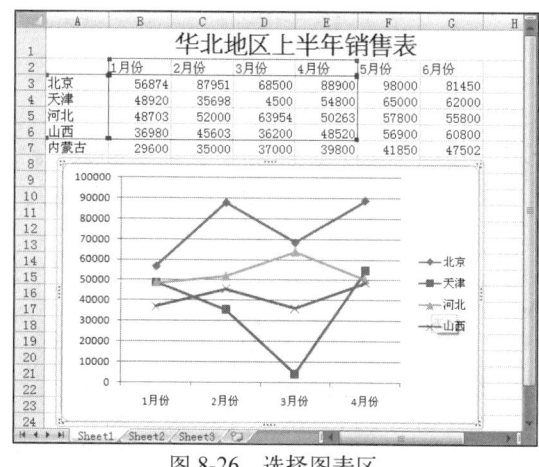

图 8-26 选择图表区

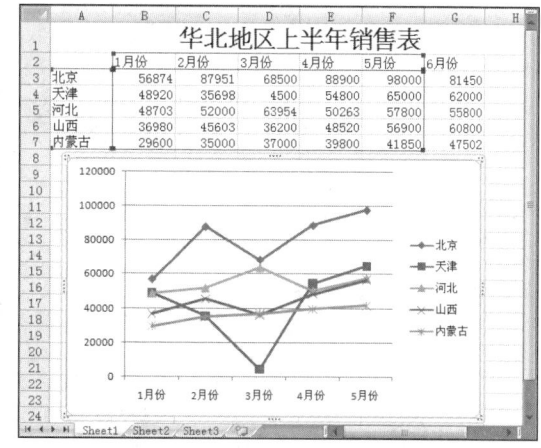

图 8-27 更改边框后的效果图

提示 对三种颜色边框中的其中一种边框进行调整时，其余两种边框都会做相应的调整来适应新的数据范围。

3. 删除数据

图表创建完成以后，若发现工作表中有多余的单元格区域被引用时，可以通过"Delete"键或对话框来删除多余的数据，删除数据后，图表区中的内容会随引用单元格区域的变化而变化。

上机练习 8.5　删除"华北地区上半年销售表"工作簿山西地区的数据

1 打开"华北地区上半年销售表"工作簿并选择图表区，单击"设计"选项卡中"数据"组的"选择数据"按钮，打开"选择数据区域"对话框，如图 8-28 所示。

2 此时"图表数据区域"文本框将自动显示工作表中所选的单元格区域，选择"图例项"列表框中的"山西"选项，单击"删除"按钮，然后单击"确定"按钮，如图 8-29 所示。

图 8-28　打开"选择数据区域"对话框

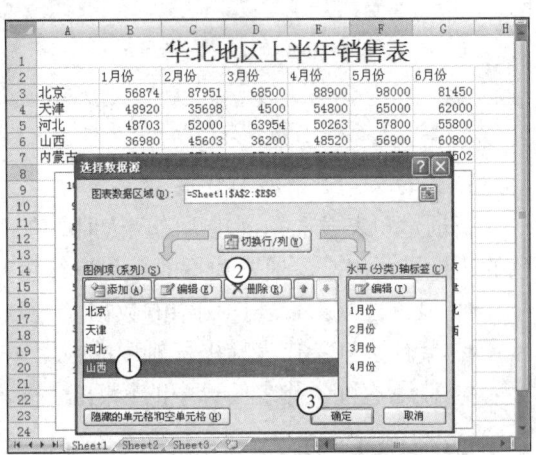
图 8-29　选择山西地区

3 删除图表区中"山西"的数据系列后的效果如图 8-30 所示。

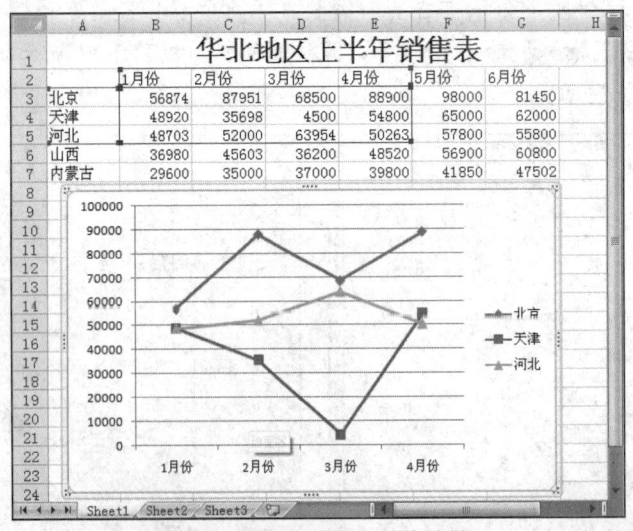
图 8-30　删除山西地区后的效果图

4. 修改数据

若图表创建完成以后才发现单元格中输入了错误的数据，可以直接在单元格中对数据进行修改，与此同时图表中相应的数据系列也会做出相应的调整。

上机练习 8.6　修改"华北地区上半年销售表"工作簿中 E3 单元格的数据

1 打开"华北地区上半年销售表"工作簿，然后选择 E3 单元格，如图 8-31 所示。

2 在 E3 单元格中输入"41250"，然后按"Enter"键，修改完毕后即可看到图表区折线的变化情况，如图 8-32 所示。

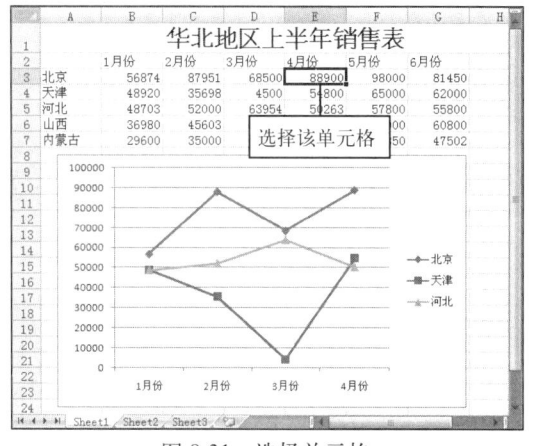

图 8-31　选择单元格

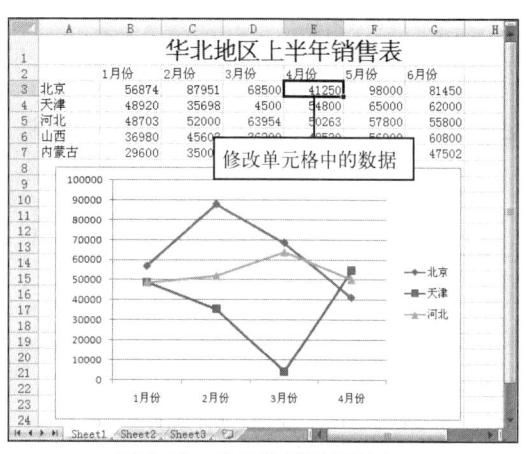

图 8-32　修改数据后的图表

8.3.3　调整图表大小和位置

插入图表后，有时会因为表格数据过多等原因，使图表中显示的内容达不到预期，此时可利用鼠标对图表的位置和大小进行设置，以满足实际需要。

1. 调整图表大小

调整图表大小主要是对图表区、绘图区和图例三者而言，它们都可以通过鼠标拖动来完成大小的设置。

上机练习 8.7　调整"华北地区上半年销售表"工作簿中图表区的大小

1 打开"华北地区上半年销售表"工作簿，选择图表区，将鼠标指针移至图表区的右上角，如图 8-33 所示。

2 按住鼠标左键不放，当其变为十形状时，拖动鼠标至目标位置再释放鼠标，如图 8-34 所示即为调整图表区的大小之后的效果图。

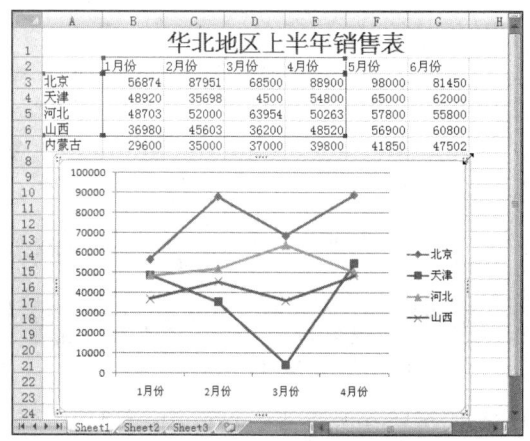

图 8-33　选择图表区并定位鼠标位置

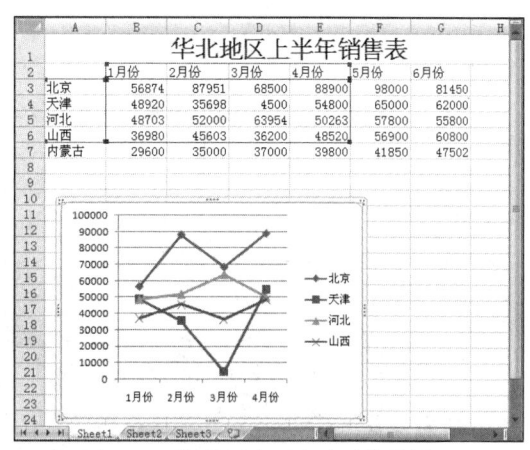

图 8-34　调整图表区大小后的效果图

选择图表区后,图表区的边框将出现 8 个控制点。将鼠标指针移至这些控制点上并进行拖动可调整图表大小。拖动不同位置的控制点,将出现如下几种不同的效果:

(1) 将鼠标指针移至边框的 4 个角上时,鼠标指针将变成⤢或⤡形状,拖动鼠标指针可以同时改变图表区的高度和宽度。

(2) 将鼠标指针移至上下边框的 ┅┅ 位置时,鼠标指针将变成↕形状,拖动鼠标指针可以改变图表区的高度而宽度不会改变。

(3) 将鼠标指针移至左右边框的 位置时,鼠标指针将变成↔形状,拖动鼠标指针可以改变图表区的宽度而高度不会改变。

> **提 示** 将鼠标指针移至图表区边框上,当其变为形状时,拖动鼠标可以移动图表区的位置而不会改变图表区的大小。

2. 调整图表位置

利用"移动图表"对话框可以将创建的表格移动到其他工作表中,以避免同一工作表中的数据过于混乱的情况。

上机练习 8.8 将"华北地区上半年销售表"工作簿中的图表区移至新工作表

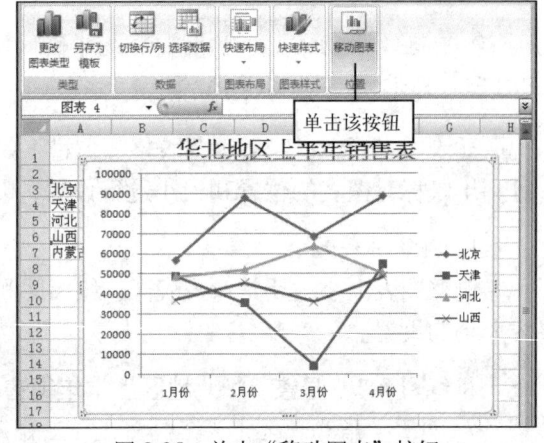

1 打开"华北地区上半年销售表"工作簿,然后选择图表,单击"设计"选项卡中"位置"组的"移动图表"按钮,如图 8-35 所示。

2 打开"移动图表"对话框,在"选择放置图表的位置"列表框选中"新工作表"单选按钮,然后单击"确定"按钮,如图 8-36 所示。

3 此时工作簿将新建一个名为"Chart1"的工作表,并将创建的图表移至其中,如图 8-37 所示。

图 8-35 单击"移动图表"按钮

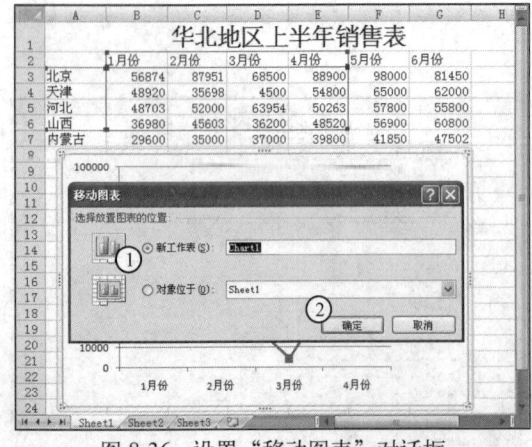

图 8-36 设置"移动图表"对话框

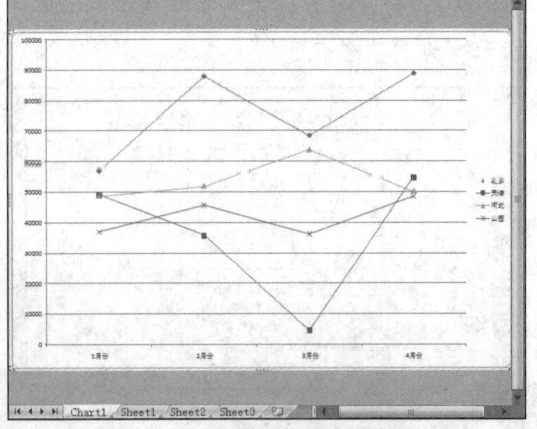

图 8-37 移动图表后的效果图

> **提 示** 在"移动图表"对话框的"新工作表"单选按钮右侧的文本框中还可为新工作表命名。

8.3.4 重新组织图表数据

重新组织图表中的数据是指将原数据区域中的行和列中的数据进行对调，达到使图表区中横坐标轴和图例之间进行互换的目的。

上机练习 8.9　切换"华北地区上半年销售表"工作簿中行和列

1 打开"华北地区上半年销售表"工作簿，然后选择图表，单击"设计"选项卡中"数据"组的"切换行/列"按钮，如图 8-38 所示。

2 切换行和列之后的图表区的效果图如图 8-39 所示。

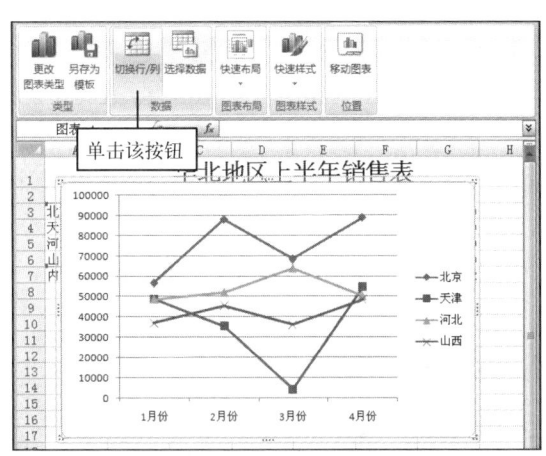
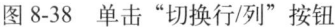

图 8-38　单击"切换行/列"按钮

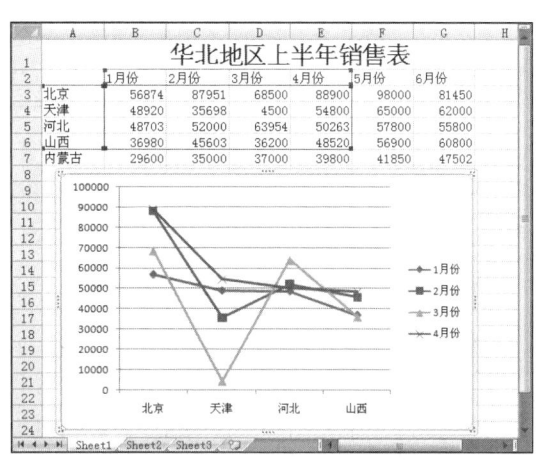

图 8-39　设置后的效果

 若想恢复重表组织后的图表区，可以再次单击"设计"选项卡的"数据"组中的"切换行/列"按钮。

8.4　美化图表

创建好图表后，可以对图表标题、图例和绘图区等进行美化操作，使图表更加美观和清晰。

8.4.1　美化图表标题

对图表标题进行适当美化可以使创建的图表更加美观，更具可读性。

上机练习 8.10　美化"华北地区上半年销售表"工作簿中的图表标题

1 打开"华北地区上半年销售表"工作簿，然后选择图表，单击"布局"选项卡中"标签"组的"图表标题"下拉按钮，在弹出的下拉列表中选择"图表上方"选项，如图 8-40 所示。

2 此时图表区内将自动显示插入的图表标题，将其中的文本修改为"华北地区上半年销售表"即可，如图 8-41 所示。

3 单击"标签"组中的"图表标题"下拉按钮，在弹出的下拉列表中选择"其他标题选项"命令，打开"设置图表标题格式"对话框，如图 8-42 所示。

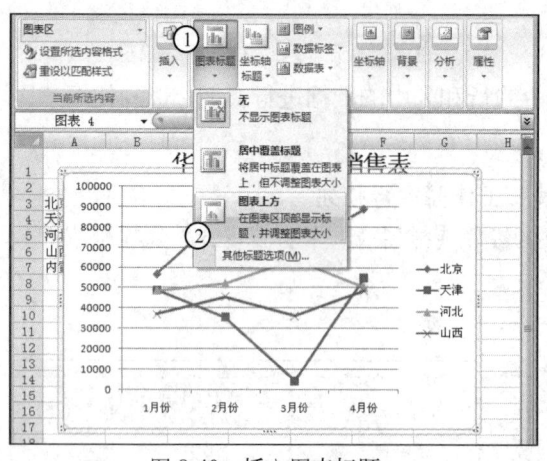
图 8-40　插入图表标题

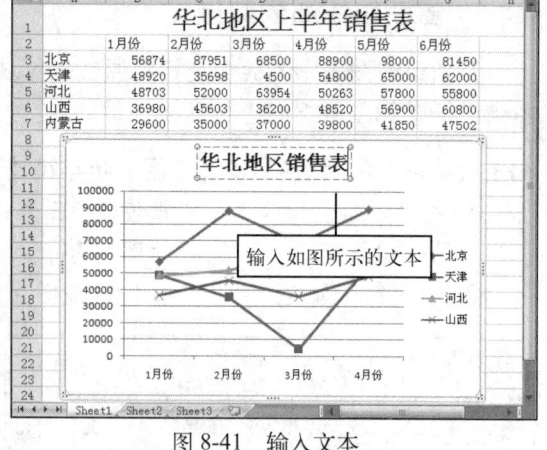
图 8-41　输入文本

4 选中"填充"列表框中的"图片或纹理填充"单选按钮,单击"纹理"按钮,在弹出的下拉列表中选择"纸莎草纸"选项,如图 8-43 所示。

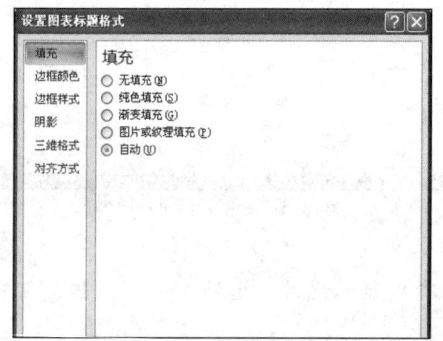
图 8-42　打开"设置图表标题格式"对话框

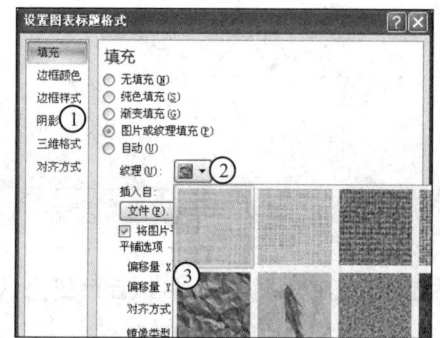
图 8-43　选择填充纹理

5 单击"边框颜色"按钮,在右侧的列表框中单击"颜色"下拉按钮,在弹出的下拉列表中选择"主题颜色"→"橄榄色"选项,如图 8-44 所示,然后单击对话框右下角的"关闭"按钮。

6 完成设置后的效果图如图 8-45 所示。

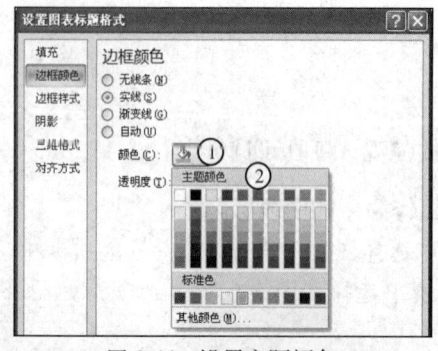
图 8-44　设置主题颜色

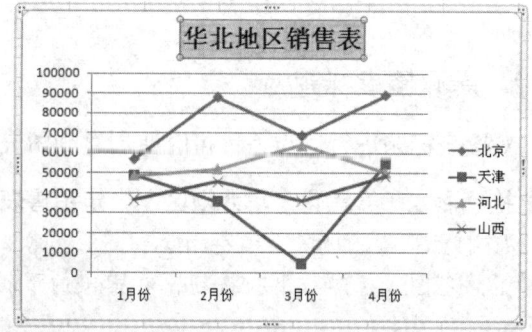
图 8-45　设置后的效果

8.4.2　美化绘图区

　　美化绘图区可以更好地体现在该区域上的数据系列,绘图区的美化重点应放在边框和线条的设置上,通过 Excel 2007 提供的美化功能可以很好地完成美化操作。

上机练习 8.11　美化"华北地区上半年销售表"工作簿中的绘图区

1 选择"华北地区上半年销售表"工作簿的绘图区，单击"布局"选项卡中"背景"组的"绘图区"下拉按钮，在弹出的下拉列表中选择"其他绘图区选项"命令，如图 8-46 所示。

2 打开"设置绘图区格式"对话框，单击"边框颜色"按钮，在右侧的"边框颜色"列表框中选中"实线"单选按钮，如图 8-47 所示。

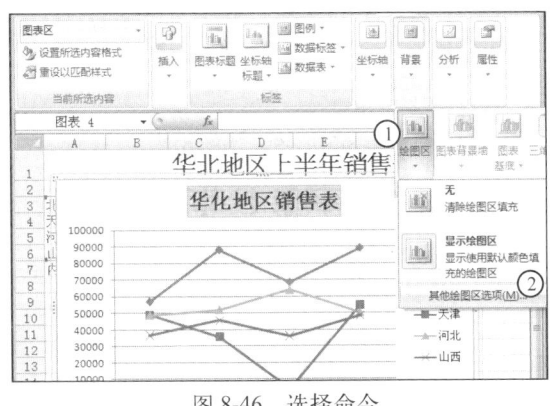
图 8-46　选择命令

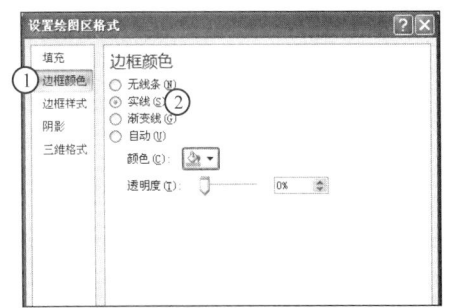
图 8-47　设置边框颜色

3 单击"边框样式"按钮，在右侧的列表框的"宽度"文本框中输入"2.5 磅"，单击"复合类型"下拉按钮，在弹出的下拉列表中选择"由细到粗"选项，如图 8-48 所示，然后单击对话框右下角的"关闭"按钮完成设置。

4 完成设置后的效果如图 8-49 所示。

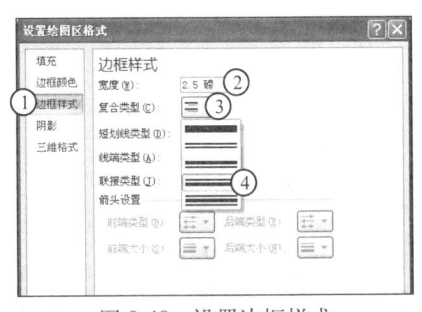
图 8-48　设置边框样式

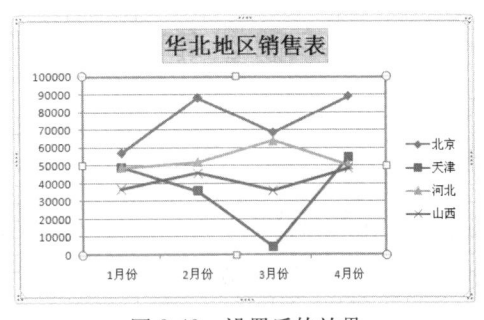
图 8-49　设置后的效果

8.4.3　美化数据系列

数据系列是图表最为重要的部分之一，其美化的关键在于使对应的图形能更好地显示相关数据，以便通过图表对数据进行分析和管理。

上机练习 8.12　美化"华北地区上半年销售表"工作簿中的数据系列

1 选择"华北地区上半年销售表"中图表的数据系列，单击"设计"选项卡中"图表样式"组的下拉按钮，在弹出的下拉列表中选择"样式 26"选项，如图 8-50 所示。

2 设置样式后的效果如图 8-51 所示。

> **提示**　在创建图表时，图表中并没有显示图表网格线，如果需要则可以为图表添加横网格线和纵网格线，方法为：单击"坐标轴"组中的"网格线"按钮，在打开"设置主要网格线格式"对话框中进行设置即可。

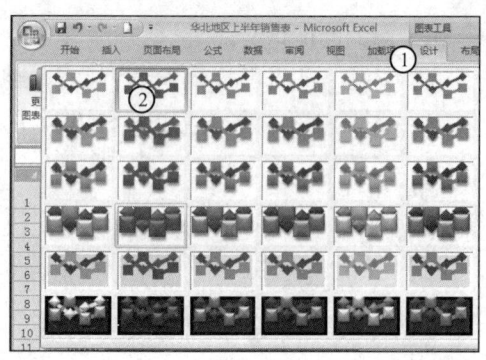
图 8-50 设置数据系列样式

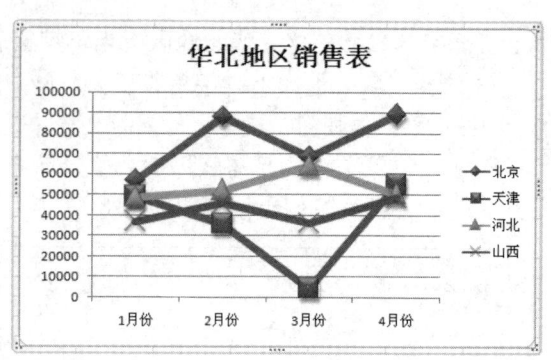
图 8-51 设置后的效果

8.4.4 美化数据标签

数据标签是指数据系列的数字化显示，这样更便于对数据系列对应的表格数据进行分析。美化数据标签主要是对数字格式进行设置。

上机练习 8.13 美化"华北地区上半年销售表"工作簿中的数据标签

1 选择"华北地区上半年销售表"工作簿中的图表区。单击"布局"选项卡中"标签"组的"数据标签"下拉按钮，在弹出的下拉列表中选择"上方"选项，如图 8-52 所示。

2 添加数据标签后的效果如图 8-53 所示。

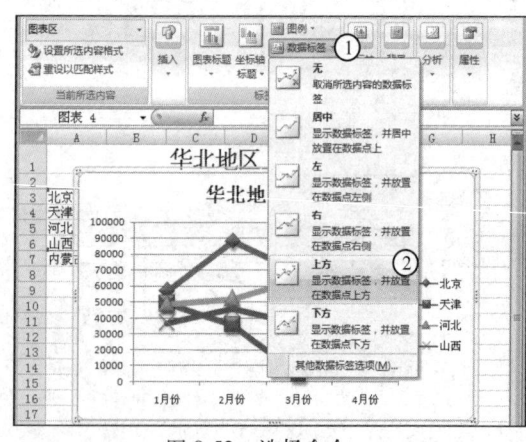
图 8-52 选择命令

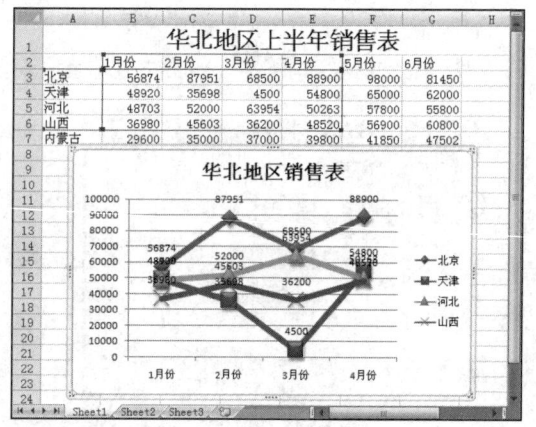
图 8-53 添加数据标签

3 单击"布局"选项卡中"标签"组的"其他数据标签选项"按钮，打开"设置数据标签格式"对话框，在"标签包括"栏中选中"系列名称"复选框，如图 4-54 所示。

4 单击"填充"按钮，在右侧的列表框选中"渐变填充"复选框，单击"预设颜色"按钮，在弹出的下拉列表中选择"羊皮纸"选项，如图 4-55 所示，然后单击对话框右下角的"关闭"按钮，完成设置。

5 美化数据标签后的效果图，如图 8-56 所示。

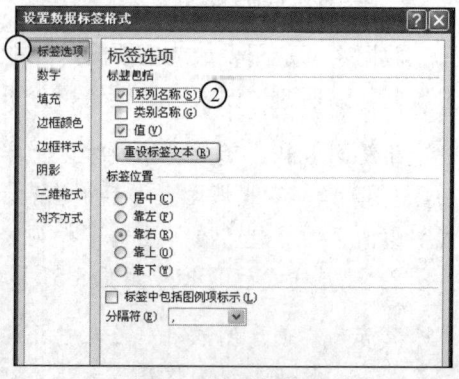
图 8-54 设置标签选项

第 8 章 图表的使用

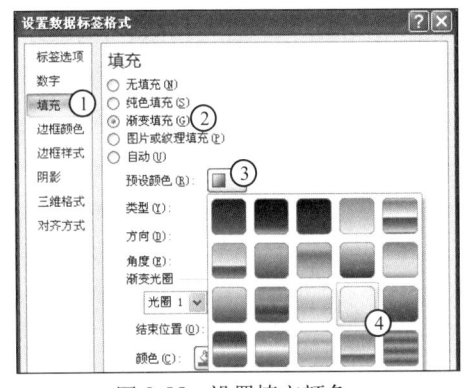

图 8-55 设置填充颜色

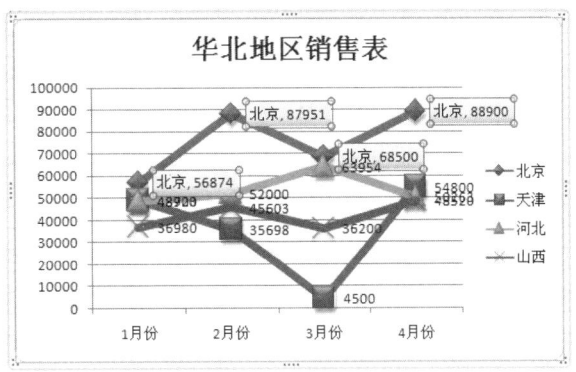

图 8-56 设置后的效果

8.4.5 美化图例

图例也是图表的重要组成部分之一，对它的美好应掌握清晰明了的原则，不应太过花哨，以达到能通过图例快速识别数据系列等对象即可。

上机练习 8.14 美化"华北地区上半年销售表"工作簿中的图例

1 选择"华北地区上半年销售表"中图表的图例，单击"布局"选项卡中"标签"组的"图例"下拉按钮，在弹出的下拉列表中选择"其他图例选项"命令，如图 8-57 所示。

图 8-57 选择命令

2 打开"设置图例格式"对话框，选中"图例位置"列表框中的"靠上"单选按钮，如图 8-58 所示。

3 单击"边框颜色"按钮，在右侧的列表框中选中"渐变线"单选按钮，单击"预设颜色"按钮，在弹出的下拉列表中选择"红木"选项，如图 8-59 所示。

4 单击"边框样式"按钮，在右侧列表框的"宽度"文本框中输入"1.5 磅"，如图 8-60 所示，然后单击对话框右侧的"关闭"按钮完成设置。

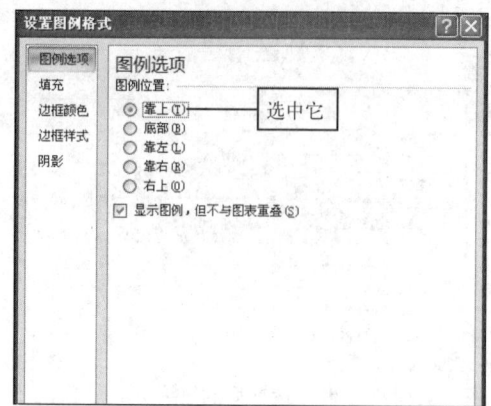
图 8-58 设置图例位置

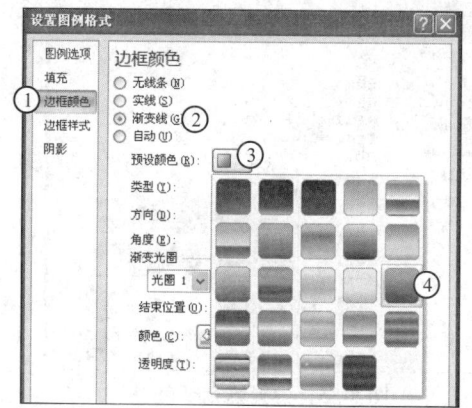
图 8-59 设置边框颜色

> **提示** 在对图表中的数据系列进行美化时,更改数据系列的样式之后,图表区中已经美化后的图表标题将自动恢复到初使状态。

5 美化图例后的效果如图 8-61 所示。

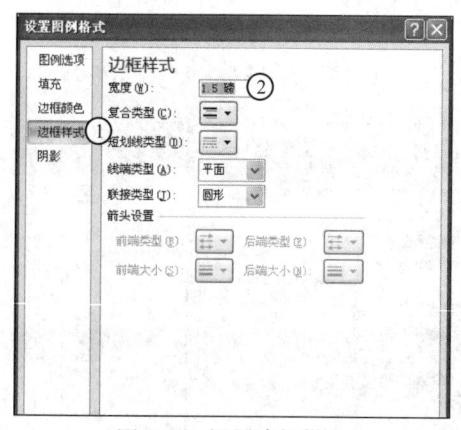
图 8-60 设置边框样式

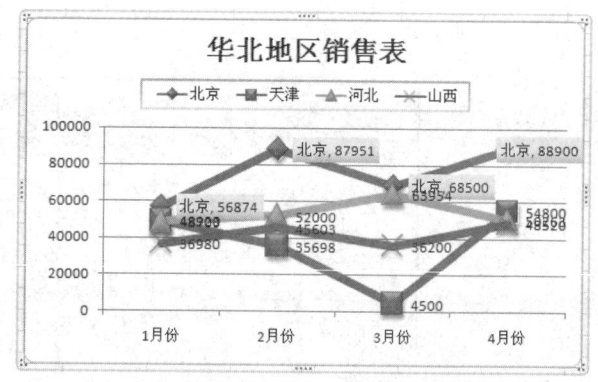
图 8-61 设置后的效果

8.4.6 美化坐标轴

坐标轴分为横坐标轴和纵坐标轴,各坐标轴上显示的文本和数据可以更好地识别绘图区中图形想要反映的数据。对坐标轴的美化主要包括单位、刻度以及颜色等方面的设置。

上机练习 8.15 美化"华北地区上半年销售表"工作簿中的纵坐标轴

1 选择"华北地区上半年销售表"工作簿中的主要纵坐标轴。单击"布局"选项卡中"坐标轴"组的"坐标轴"下拉按钮,在弹出的下拉列表中选择"主要纵坐标轴"→"其他主要纵坐标轴选项"命令,如图 8-62 所示。

2 打开"设置坐标轴格式"对话框,在"坐标轴选项"列表框中选中"最大值"栏中的"固定"单选按钮,并输入"90000",然后选中"主要刻度单位"栏中的"固定"单选按钮,并输入"10000",如图 8-63 所示。

3 单击"线型"按钮,在右侧的列表框的"宽度"文本框中输入"3 磅",如图 8-64 所示,然后单击对话框右下角的"关闭"按钮完成设置。

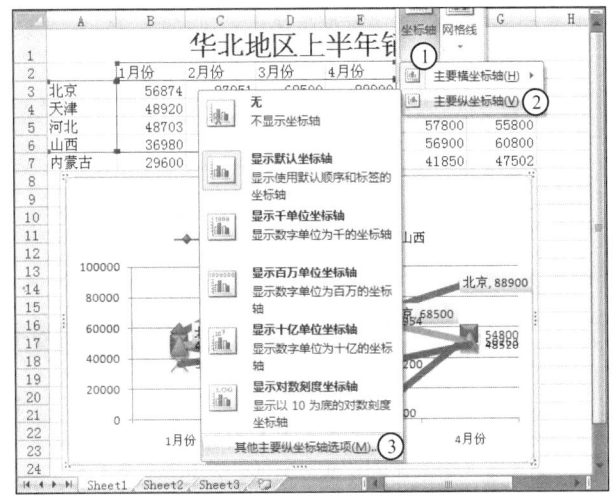

图 8-62 选择命令

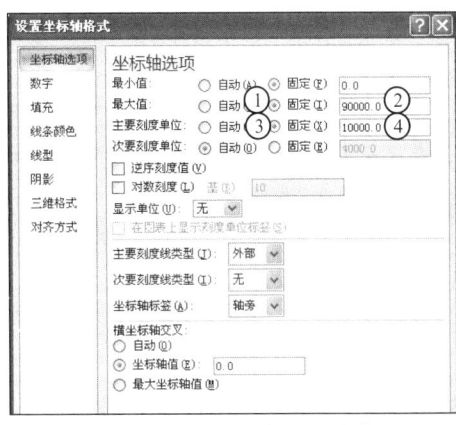

图 8-63 设置坐标轴刻度值

4 美化坐标轴后的效果如图 8-65 所示。

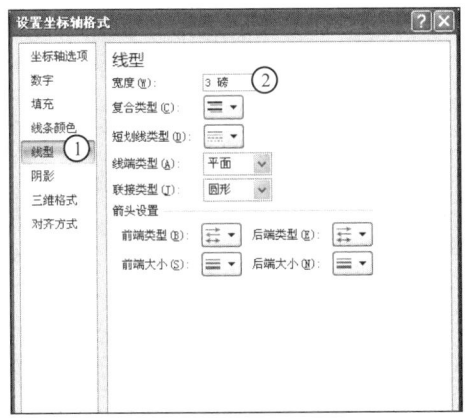

图 8-64 设置坐标轴线型宽度

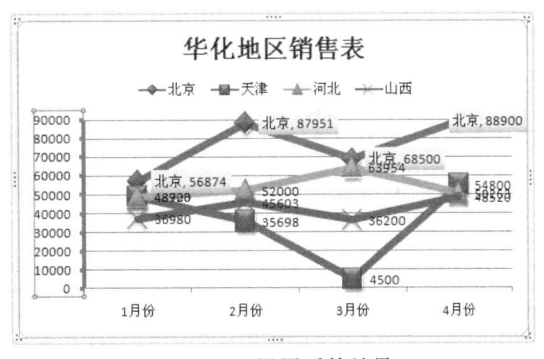

图 8-65 设置后的效果

8.4.7 美化坐标轴标题

坐标轴标题对图表起辅助作用，实际工作中可根据需要决定是否添加该标题。对坐标轴标题的美化主要是针对文本格式的设置，如字体、字号、颜色等。

上机练习 8.16 美化"华北地区上半年销售表"工作簿中的坐标轴标题

1 保持"华北地区上半年销售表"工作簿为打开状态，然后选择图表区。单击"布局"选项卡中"标签"组的"坐标轴标题"下拉按钮，在弹出的下拉列表中选择"主要横坐标轴标题"→"坐标轴下方标题"选项，如图 8-66 所示。

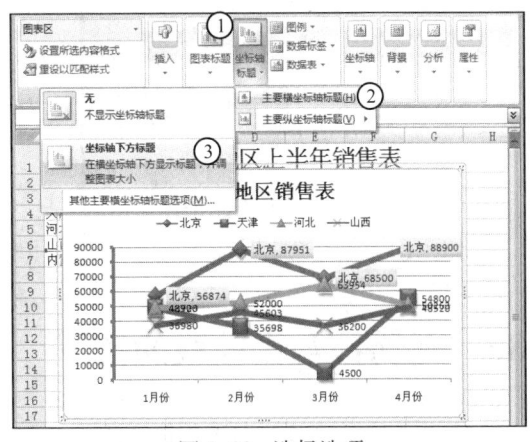

图 8-66 选择选项

2 此时图表区内将自动显示插入的横坐标轴标题,在文本框中输入"时间",如图8-67所示。

3 单击"标题"组中的"坐标轴标题"下拉按钮,在弹出的下拉列表中选择"主要横坐标轴标题"→"其他主要横坐标轴标题选项"命令。

4 打开"设置坐标轴标题"对话框,单击"填充"列表框中的"颜色"下拉按钮,在弹出的下拉列表中选择"橙色"选项,如图8-68所示。

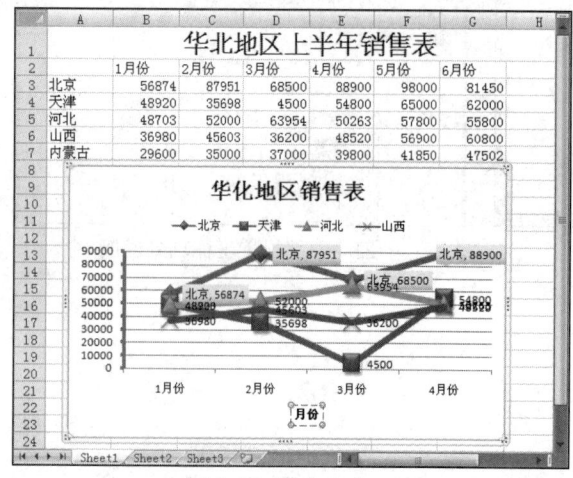

图8-67 输入文本

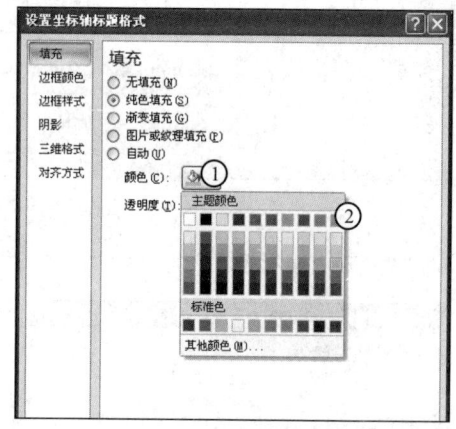

图8-68 设置填充颜色

5 单击"三维格式"按钮,在右侧的列表框中单击"顶端"栏右侧的下拉按钮,在弹出的下拉列表中选择"棱台"→"凸起"选项,如图8-69所示,然后单击对话框右下角的"关闭"按钮确认设置。

6 美化坐标轴标题后的效果如图8-70所示。

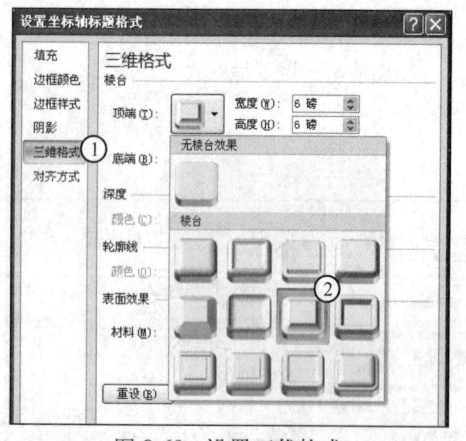

图8-69 设置三维格式

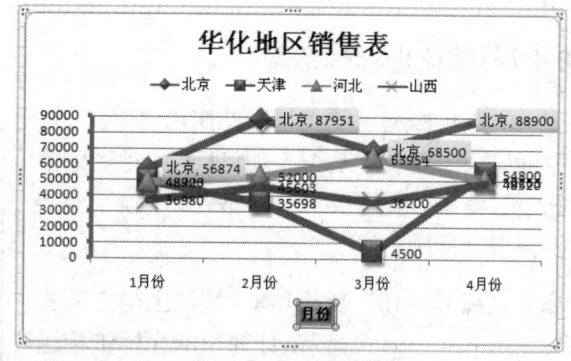

图8-70 设置后的效果

8.5 趋势线与误差线的使用

趋势线和误差线常用于辅助图表中显示的图形关系,以便能更加准确地对图表反映出来的数据进行分析和预测等。

8.5.1 使用趋势线

趋势线是显示图表区中某个数据系列的变化趋势的一种线段，使用趋势线可以直观地显示并预测图表区中数据的变化。

1．添加趋势线

创建的图表是没有趋势线的，此时可以通过"分析"组来添加趋势线。应注意的是，Excel 中有些图表类型是不能添加趋势线的，这其中包括有三维图表、雷达图、饼图和圆环图等。

上机练习 8.17　在"水果销售统计表"工作簿中添加趋势线

1 创建"水果销售统计表"工作簿并输入数据，选择 A2:C8 单元格区域，插入二维柱形图，并将图表区移至合适的位置，如图 8-71 所示。

2 单击"布局"选项卡中"分析"组的"趋势线"下拉按钮，在弹出的下拉列表中选择"线性趋势线"选项，如图 8-72 所示。

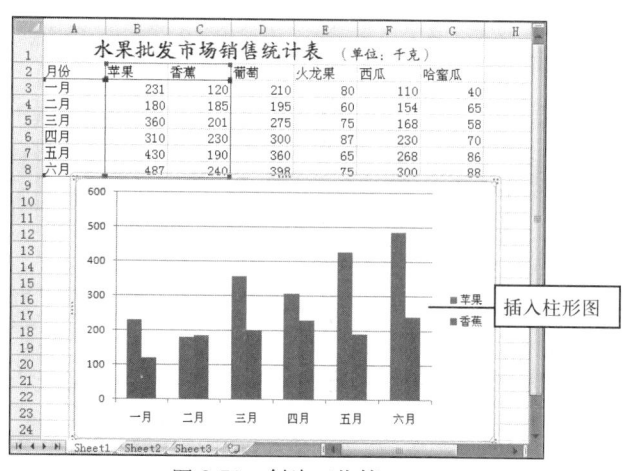

图 8-71　创建工作簿

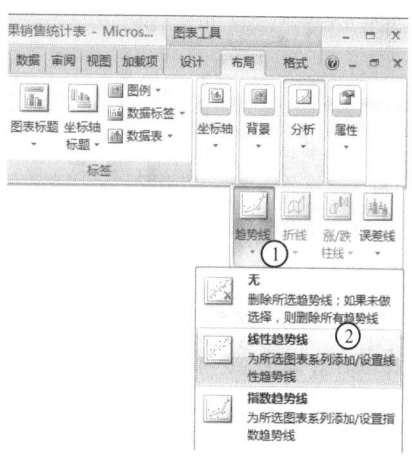

图 8-72　选择选项

3 打开"添加趋势线"对话框，在"添加基于系列的趋势线"列表框中选择"苹果"选项，然后单击"确定"按钮，如图 8-73 所示。

4 添加趋势线后的效果如图 8-74 所示。

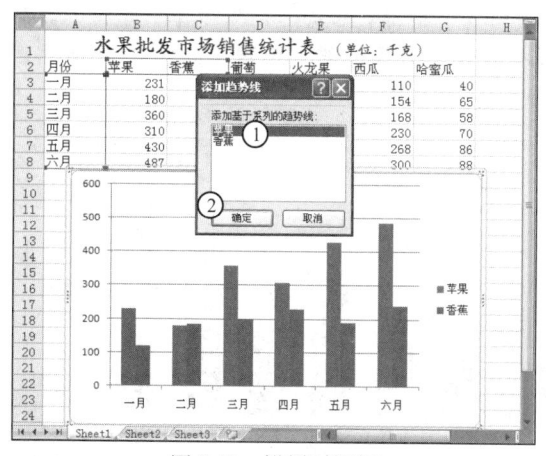

图 8-73　设置对话框

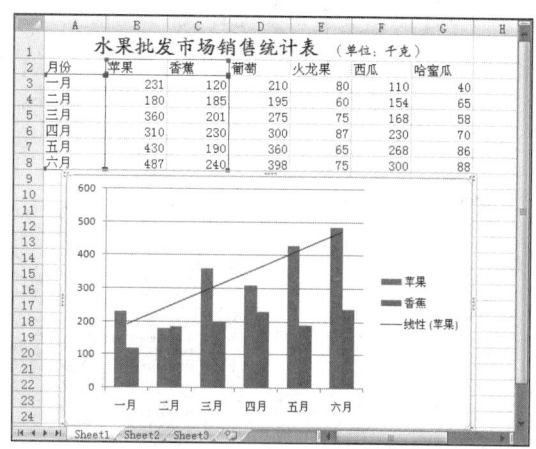

图 8-74　设置后的效果

2. 设置趋势线

为了使添加的趋势线更直观，清晰，可以对趋势线的颜色、线型和阴影等进行设置。

上机练习 8.18　对"水果销售统计表"工作簿中已添加趋势线进行美化

1 选择"水果销售统计表"工作簿图表区中的趋势线，单击"布局"选项卡中"分析"组的"趋势线"下拉按钮，在弹出的下拉列表中选择"其他趋势线选项"命令，如图 8-75 所示。

2 打开"设置趋势线格式"对话框，单击"线条颜色"按钮，在右侧的列表框中选中"实线"单选按钮并单击"颜色"按钮，在弹出的下拉列表中选择"橙色"选项，然后单击对话框右下角的"关闭"按钮，完成设置后的效果如图 8-76 所示。

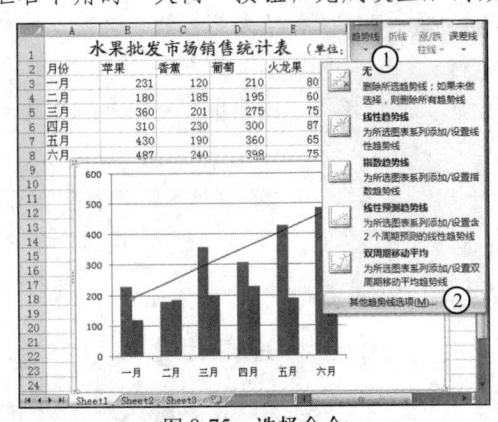

图 8-75　选择命令

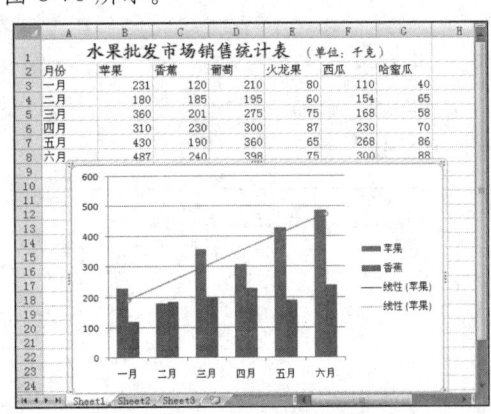

图 8-76　设置后的效果

8.5.2　使用误差线

误差线是显示图表区中相对序列中的每个数据标记的潜在误差或不确定度，利用误差线可以总结或归纳出图表区中的数据信息。

1. 添加误差线

误差线分为：标准误差误差线、百分比语差线和标准偏差误差线三种，在制作工作表的过程中可以根据实际情况进行选择后再添加。

上机练习 8.19　在"水果销售统计表"工作簿中添加误差线

1 打开"水果销售统计表"工作簿并选择绘图区，单击"布局"选项卡中"分析"组的"误差线"下拉按钮，在弹出的下拉列表中选择"标准误差误差线"选项，如图 8-77 所示。

2 添加误差线后的效果如图 8-78 所示。

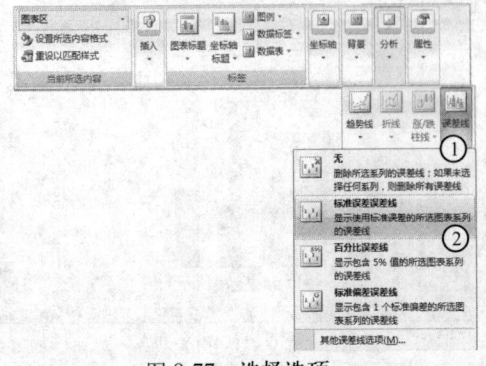

图 8-77　选择选项

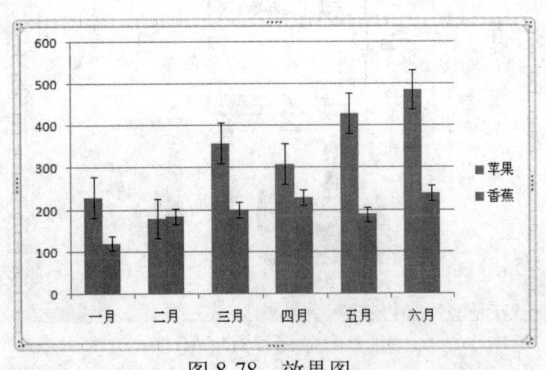

图 8-78　效果图

2. 设置误差线

新添加的误差线有时看起来不是那么直观和清晰，此时可利用"设置误差线格式"对话框对其进行美化。

上机练习 8.20 对"水果销售统计表"工作簿中已添加的误差线进行美化

1 选择图表区"香蕉"误差线，单击"布局"选项卡中"分析"组的"误差线"下拉按钮，在弹出的下拉列表中选择"其他误差线选项"命令，如图 8-79 所示。

2 打开"设置误差线格式"对话框，在"垂直误差线"列表框的"误差量"栏中选中"标准偏差"单选按钮，在右侧的数值框中输入"2.0"如图 8-80 所示。

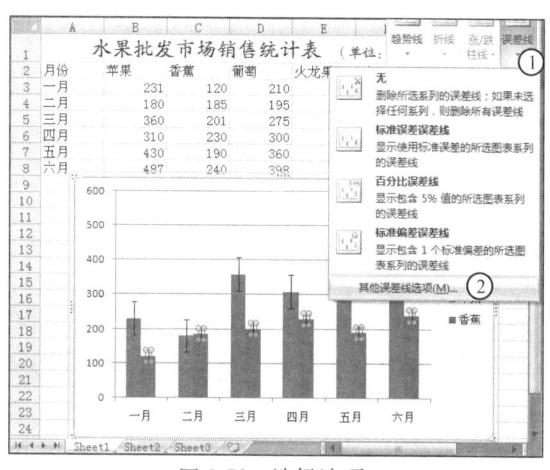

图 8-79 选择选项

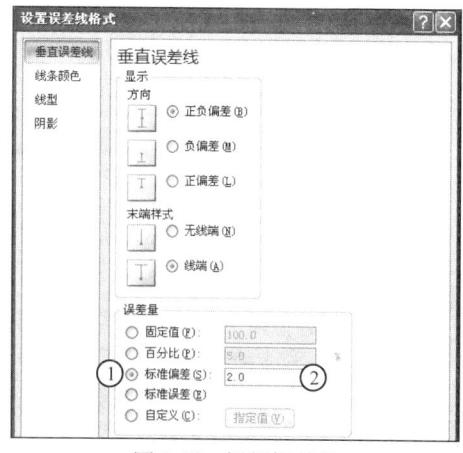

图 8-80 设置误差线

3 单击"线型"按钮，在右侧的列表框的"宽度"文本框中输入"2"，如图 8-81 所示，然后单击对话框右下角的"关闭"按钮，完成设置。

4 美化误差线后的效果如图 8-82 所示。

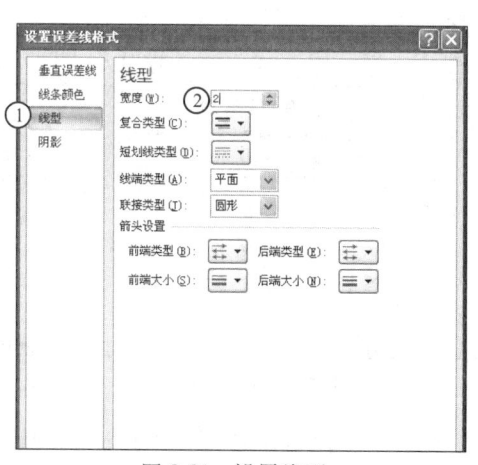

图 8-81 设置线型

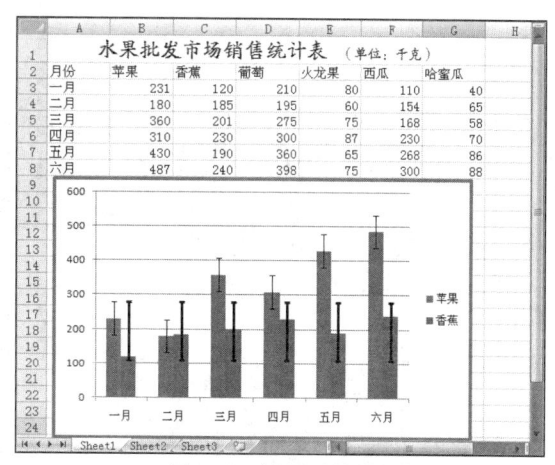

图 8-82 设置后的效果

8.6 技能实训

本章主要学习了 Excel 2007 的图表功能，其中包括图表的插入、图表的编辑、图表的美化以及趋势线和误差线的使用等，下面将通过制作"汽车市场份额表"工作簿来巩固本章所讲的知识，在制作过程中主要涉及到图表的插入、添加图表标题和轴标题、美化数据系列以及添加趋势线等操作，最终效果如图 8-83 所示。

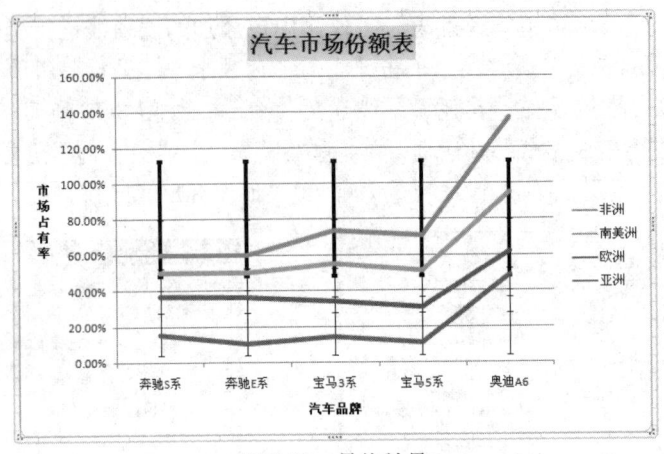

图 8-83 最终效果

【操作步骤】

1 创建"汽车市场份额表"工作簿并输入数据，选择 A2:F7 单元格区域，通过"插入"按钮插入簇状圆柱图，并将图表区移至合适的位置，如图 8-84 所示。

2 选择图表区，单击"布局"选项卡中"标签"组的"图表标题"下拉按钮，在弹出的下拉列表中选择"图表上方"选项，此时图表区内将自动显示插入的图表标题，在文本框中输入"汽车市场份额表"，如图 8-85 所示。

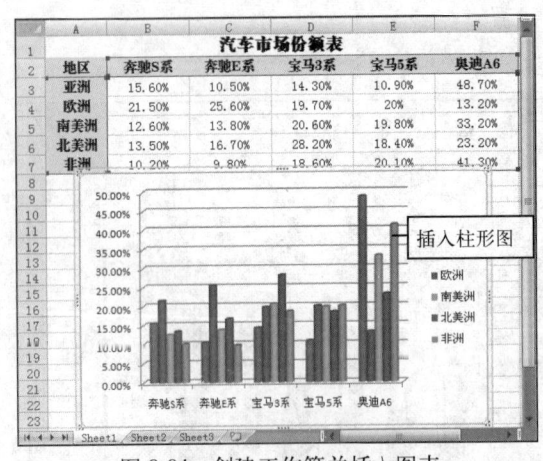

图 8-84 创建工作簿并插入图表

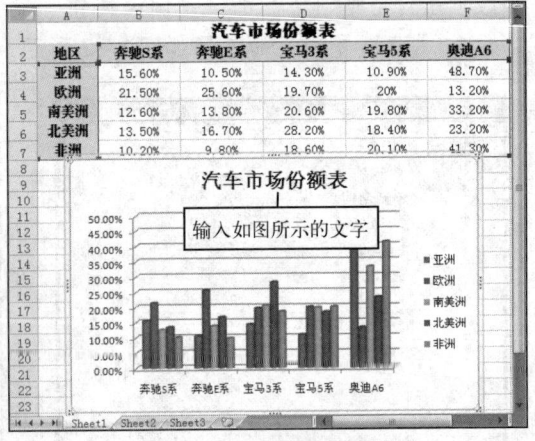

图 8-85 添加图表标题

3 选择图表区，单击"布局"选项卡中"标签"组的"坐标轴标题"下拉按钮，在弹出的下拉列表中选择"主要横坐标轴标题"→"坐标轴下方标题"选项，此时图表区内将自动显示插入的横坐标轴标题，在文本框中输入"汽车品牌"，如图 8-86 所示。

4 选择图表区，单击"布局"选项卡中"标签"组的"坐标轴标题"下拉按钮，在弹出的下拉列表中选择"主要纵坐标轴标题"→"竖排标题"选项，此时图表区内将自动显示插入的横坐标轴标题，在文本框中输入"市场占有率"，如图 8-87 所示。

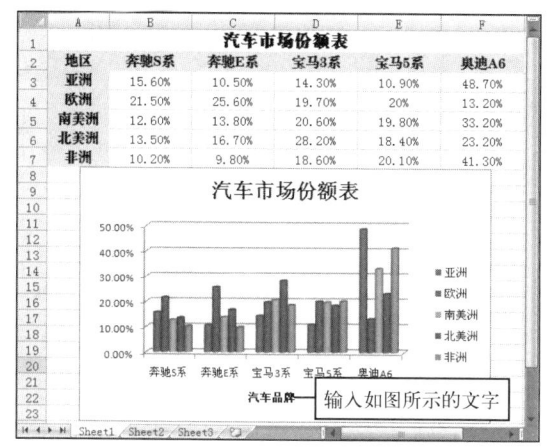

图 8-86 插入横坐标轴标题

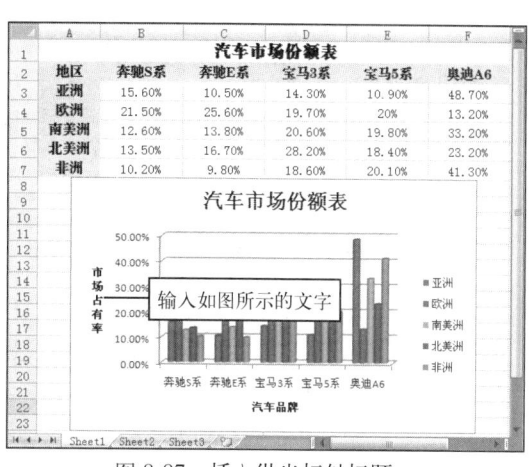

图 8-87 插入纵坐标轴标题

5 选择图表区，单击"设计"选项卡中"类型"组的"更改图表类型"按钮，打开"更改图表类型"对话框，单击"折线图"按钮，在右侧的列表框中选择"堆积折线图"选项，如图 8-88 所示。

6 单击"确定"按钮，完成更改图表型类型操作，效果如图 8-89 所示。

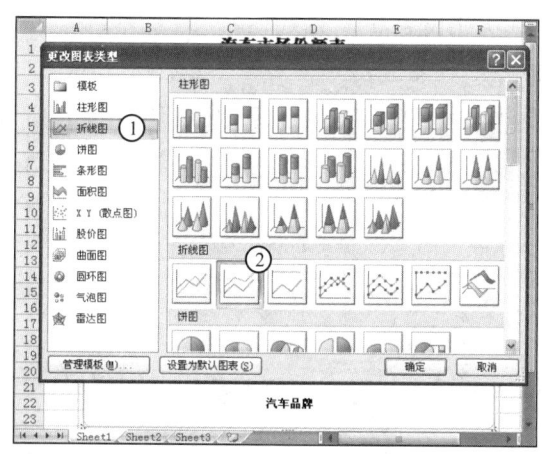

图 8-88 选择图表类型

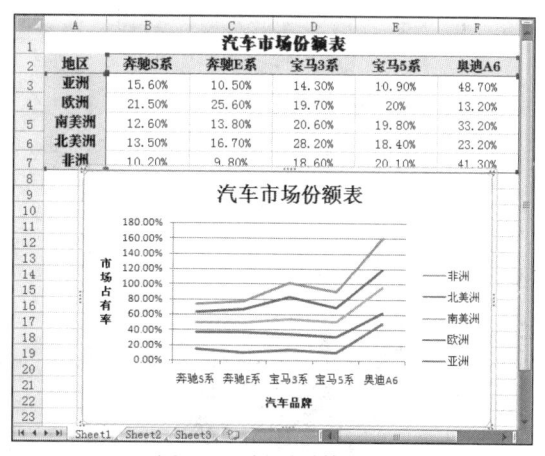

图 8-89 设置后的效果

7 选择绘图区，单击"设计"选项卡中"图表样式"组的下拉按钮，在弹出的下拉列表中选择"样式 18"选项，更改图表样式后的效果如图 8-90 所示。

8 选择图表区，单击"设计"选项卡中"数据"组的"选择数据"按钮，打开"选择数据区域"对话框，此时"图表数据区域"文本框将自动显示工作表中所选的单元格区域，选择"图例项"列表框中的"北美洲"选项，然后单击"删除"按钮，如图 8-91 所示。

9 单击对话框中的"确定"按钮，删除数据后的效果如图 8-92 所示

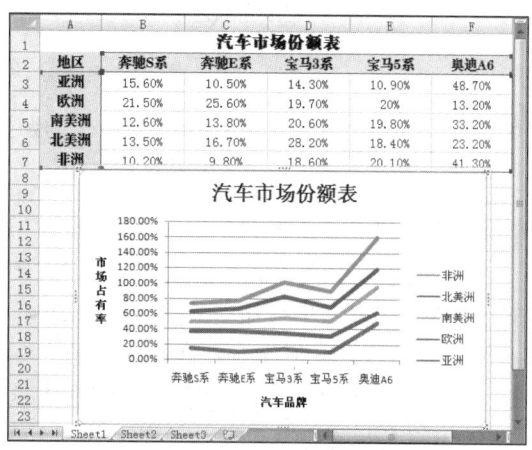

图 8-90 美化图表样式

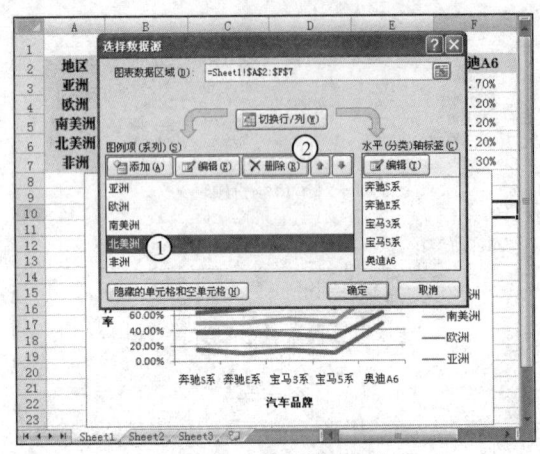

图 8-91 删除数据系列

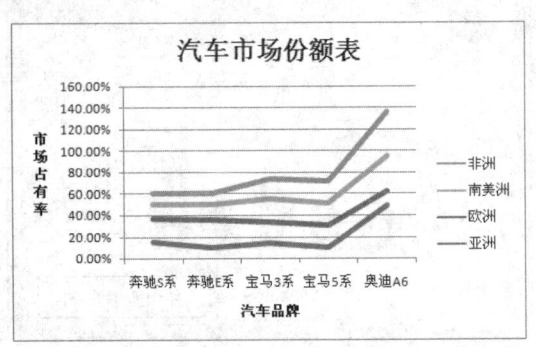

图 8-92 设置后的效果

10 选择图表标题，单击"布局"选项卡中"标签"组的"图表标题"下拉按钮，在弹出的下拉列表中选择"其他标题选项"命令，打开"设置图表标题格式"对话框，单击"填充"按钮，在右侧的列表框中选中"填充"列表框下的"渐变填充"单选按钮，然后单击"颜色"下拉按钮，在弹出的下拉列表中选择"蓝色"选项，如图 8-93 所示。

11 单击对话框右下角的"关闭"按钮，完成美化设置后的效果如图 8-94 所示。

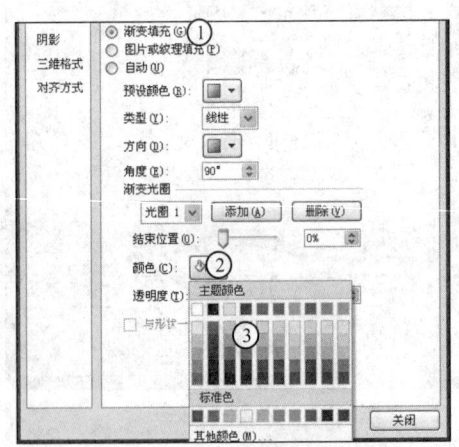

图 8-93 设置填充颜色

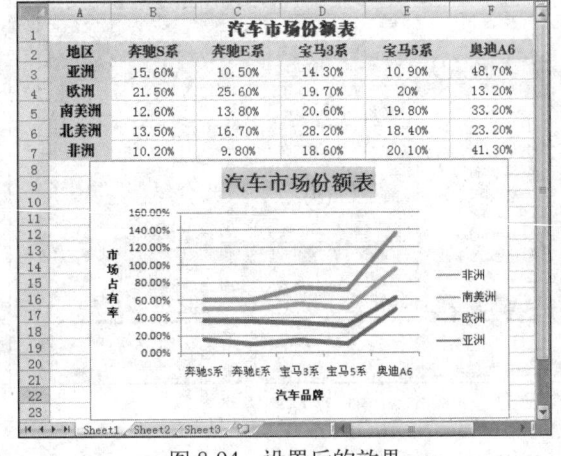

图 8-94 设置后的效果

> **提示** 通过"背景"组中的"图表背景墙"按钮，可以快速对图表区中的背景进行美化设置。若是三维图表利用"背景"组还可以对图表绘图区中的基底对象进行美化设置。

12 选择图表区，单击"布局"选项卡，在"分析"组中单击"误差线"下拉按钮，在弹出的下拉列表中选择"标准偏差误差线"选项，设置完成后的效果如图 8-95 所示。

13 选择"非洲"误差线，在"布局"选项卡的"分析"组中单击"误势线"下拉按钮，在弹出的下拉列表中选择"其他误势线选项"命令，打开"设置误差线格式"对话框，单击"线型"按钮，在右侧的列表框的"宽度"文本框中输入"3"，然后单击对话框右下角的"关闭"按钮，完成设置后的效果如图 8-96 所示。

14 将鼠标指标移至图表区的右上角，当其变为↗形状时，按住鼠标左键不放进行拖动移至目标位置后再释放鼠标完成案例制作，如图 8-97 所示。

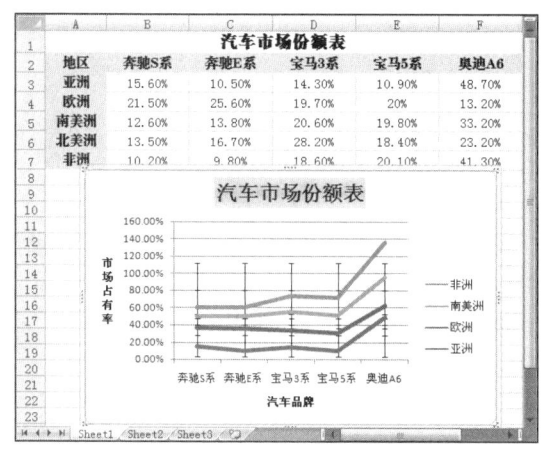
图 8-95 添加误差线

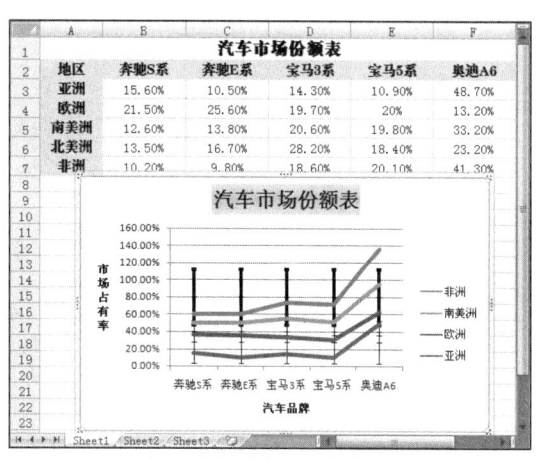
图 8-96 设置后的效果

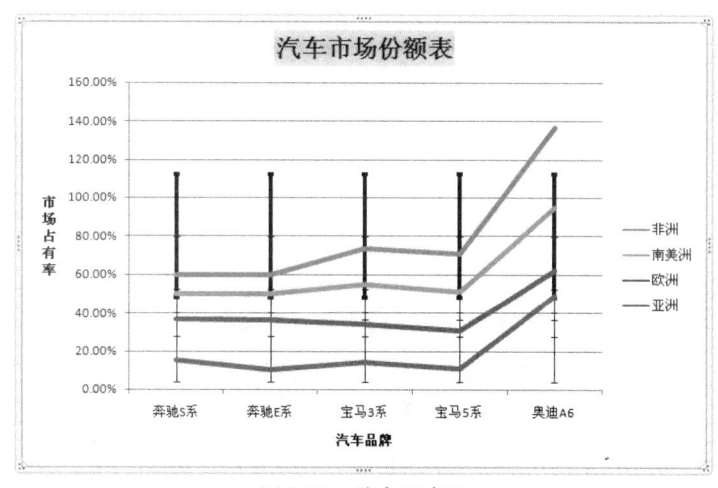
图 8-97 放大图表区

8.7 习题

一、填空题

1. 图表是一种以_____来显示或分析单元格数据的一种形式。

2. 在 Excel 中制作数据图表的步骤分为四步：确定图表类型，选择数据源，确定图表选项，确定_____。

3. 要改变显示在工作表中的图表类型，应在_____选项卡的"更改图表类型"按钮中选一个新的图表类型。

4. 要更改图表标题的位置，应在_____选项卡的"图表标题"按钮中选择相应的命令。

5. _____和_____常用于辅助图表中显示的图形关系，以便能更加准确地对图表反映出来的数据进行分析和预测等。

二、选择题

1. 在图表中，正确的说法是（　　）。

   A. 图表标题只能有一行

B. 图例由图例框、图例键与图例正文三个部分组成
C. 每种图表类型可以分成多种图表格式
D. 饼图的每个扇区不能视为一个对象

2. 在 Excel 表格图表中，没有的图形类型是（　　）。
   A. 柱形图　　　B. 条形图　　　C. 圆锥形图　　　D. 扇形图

3. 图表是工作表数据的一种视觉表示形式，图表是动态的，改变图表（　　）后，系统就会自动更新图表。
   A. x 轴数据　　B. y 轴数据　　C. 标题　　　D. 所依赖数据

4. 默认的图表类型是二维的（　　）图。
   A. 饼　　　　B. 折线　　　　C. 条型　　　　D. 柱型

5. 生成图表的数据称为（　　）。
   A. 数据系列　　B. 数组　　　C. 一个区　　　D. 以上都不是

三、操作题

1. 建立"销量份额表"，效果如图 8-98 所示。

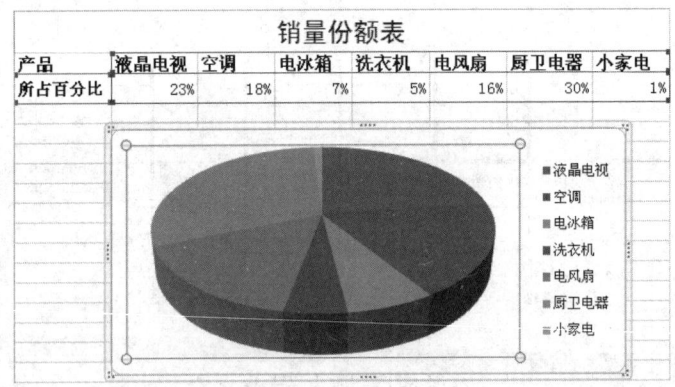

图 8-98　销量份额表

2. 美化"销量份额表"，效果如图 8-99 所示。

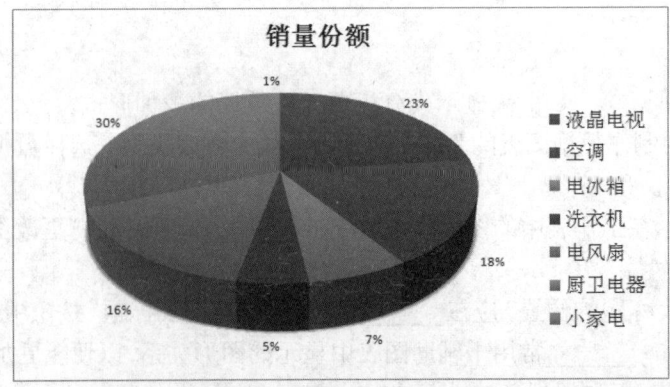

图 8-99　美化后的销量份额表

第 9 章　数据的管理

本章内容提要

数据管理是 Excel 2007 功能的一个重要体现，特别是在处理大量数据的表格时，对数据进行管理分析更显得尤为重要。本章将主要介绍记录单的使用、数据的排序、数据的筛选以及数据的分类汇总等知识，包括数据清单的使用、记录的编辑与查找、数据的简单排序、多重排序、按行排序、数据的自动筛选、自定义筛选、高级筛选以及分类汇总等相关操作。

本章重点与难点

- 记录单的使用
- 记录的编辑与查找
- 数据的排序
- 数据的筛选
- 数据的分类汇总

9.1　记录单

利用记录单管理表格，可以十分直观且快捷地对表格内容进行添加、修改或删除等操作。下面便对如何使用记录单进行详细介绍。

9.1.1　数据清单

数据清单即一张工作表中编辑好的二维表格，如图 9-1 所示的 A1:F15 单元格区域即为一个二维表格，也就是一张数据清单。只有具备一定条件的二维表格才能视为数据清单，其中主要包括的条件有：含有数据的单元格区域必须是连续的，不允许出现空行或空列，数据清单以列为字段、以行为记录，如下图中所示的“姓名”、“性别”等就是字段，而每一行的信息就为一个记录。

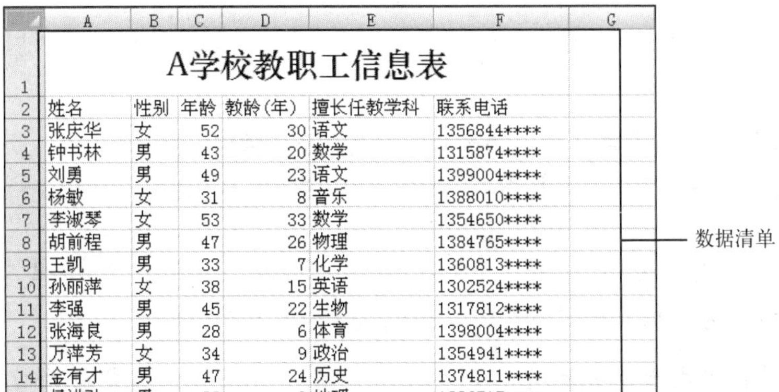

	A	B	C	D	E	F	G
1	A学校教职工信息表						
2	姓名	性别	年龄	教龄(年)	擅长任教学科	联系电话	
3	张庆华	女	52	30	语文	1356844****	
4	钟书林	男	43	20	数学	1315874****	
5	刘勇	男	49	23	语文	1399004****	
6	杨敏	女	31	8	音乐	1388010****	
7	李淑琴	女	53	33	数学	1354650****	
8	胡前程	男	47	26	物理	1384765****	
9	王凯	男	33	7	化学	1360813****	
10	孙丽萍	女	38	15	英语	1302524****	
11	李强	男	45	22	生物	1317812****	
12	张海良	男	28	6	体育	1398004****	
13	万萍芳	女	34	9	政治	1354941****	
14	金有才	男	47	24	历史	1374811****	
15	侯进孙	男	32	9	地理	1386515****	

图 9-1　数据清单

9.1.2 编辑记录

利用记录单来编辑数据清单中的记录不仅快捷，而且不易出错。下面将分别介绍如何利用记录单来修改记录、添加记录和删除记录。

1. 添加"记录单"按钮

Excel 2007 的工作界面中默认没有"记录单"按钮，因此还需通过"Excel 选项"对话框将其添加到界面中。

📖 上机练习 9.1　将"记录单"按钮添加到"快速访问工具栏"上

1　启动 Excel 2007，单击"Office"按钮，在弹出的下拉菜单中单击"Excel 选项"按钮。

2　打开如图 9-2 所示的"Excel 选项"对话框，选择左侧的"自定义"选项。

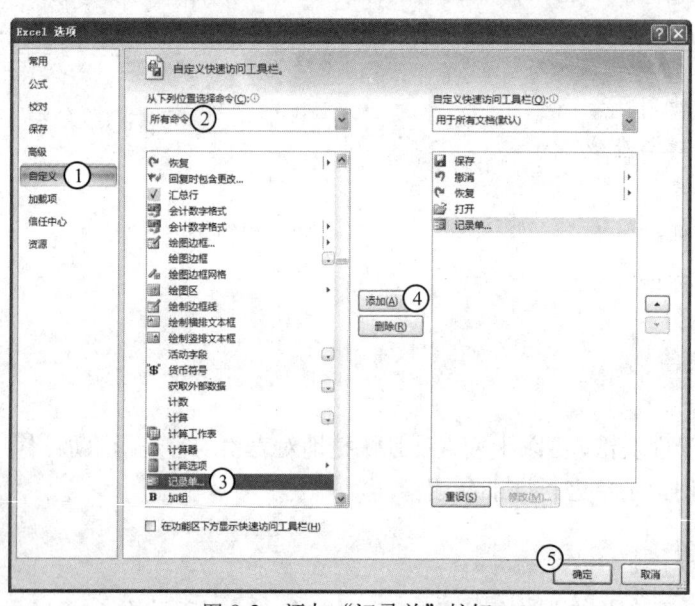

图 9-2　添加"记录单"按钮

3　在右侧的"从下列位置选择命令"下拉列表框中选择"所有命令"选项，在下方的列表框中找到并选择"记录单"选项。

4　单击"添加"按钮，将其添加到右侧的列表框中，最后单击"确定"按钮。

2. 修改记录

当数据清单中的某条记录中的一些数据需根据实际情况进行调整时，便可利用记录单进行修改。

📖 上机练习 9.2　修改姓名为"胡前程"所在的记录数据

1　输入如图 9-3 中所示的数据，选择数据清单中的任意一个单元格，然后单击"快速访问工具栏"中的"记录单"按钮。

2　打开"Sheet1"对话框，通过单击右侧的"上一条"或"下一条"按钮使记录单对话框中显示姓名为"胡前程"所在的一条记录，如图 9-4 所示。

> **提 示**　拖动打开的记录单对话框中间的滑块也可浏览和定位到数据清单中的任意一条记录。

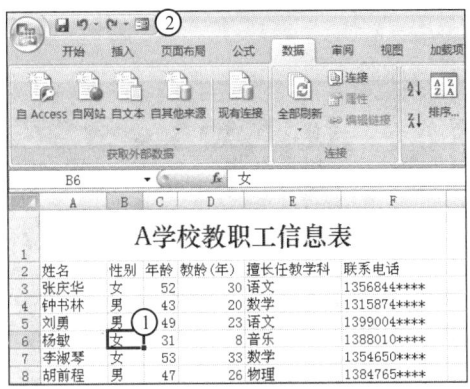

图 9-3 单击 "记录单" 按钮

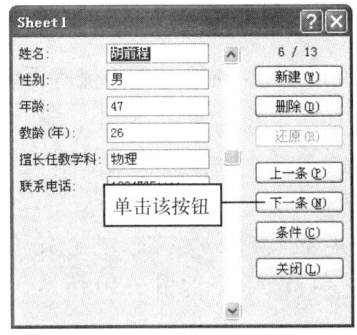

图 9-4 显示需修改的记录

3 选择 "教龄(年)" 文本框中的文本,然后输入 "28",按相同方法将 "擅长任教学科" 文本框中的文本修改为 "化学",如图 9-5 所示。

4 单击 "关闭" 按钮,修改后的记录如图 9-6 所示。

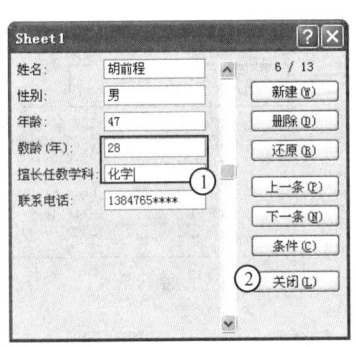

图 9-5 修改记录

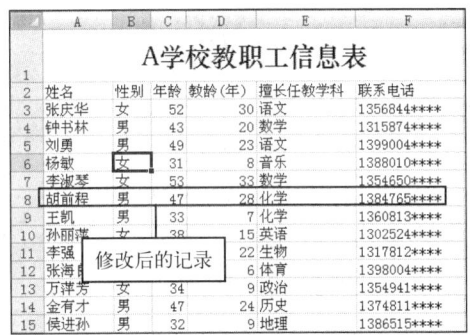

图 9-6 修改后的效果

3. 添加记录

利用记录单不仅可以对已有记录进行修改,还可添加新的记录。

上机练习 9.3　利用记录单新建一条记录

1 单击 "快速访问工具栏" 中的 "记录单" 按钮,打开 "Sheet1" 对话框,单击 "新建" 按钮。

2 在对话框左侧的若干文本框中根据实际情况输入新记录的相关数据,如图 9-7 所示。

3 单击 "关闭" 按钮,添加的记录如图 9-8 所示。

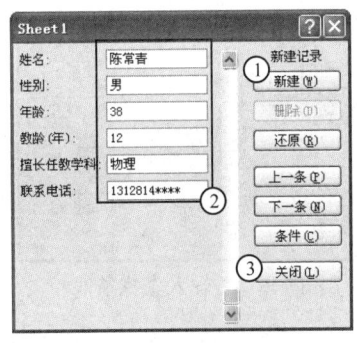

图 9-7 输入新记录数据

图 9-8 添加的新记录

4. 删除记录

对于不需要的记录，也可利用记录单快速将其删除。

● 上机练习 9.4　利用记录单删除不需要的记录

1 打开"Sheet1"对话框，通过单击右侧的"上一条"或"下一条"按钮显示需删除的记录，如图 9-9 所示。

2 单击"删除"按钮，打开提示对话框，提示该记录将被删除，如图 9-10 所示，单击"确定"按钮。

3 单击"关闭"按钮关闭"Sheet1"对话框，删除记录后的效果如图 9-11 所示。

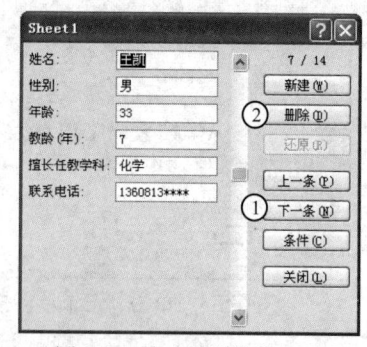

图 9-9　显示需删除的记录

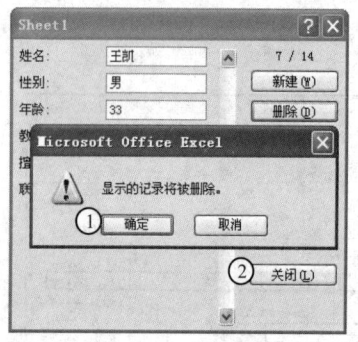

图 9-10　提示将删除记录

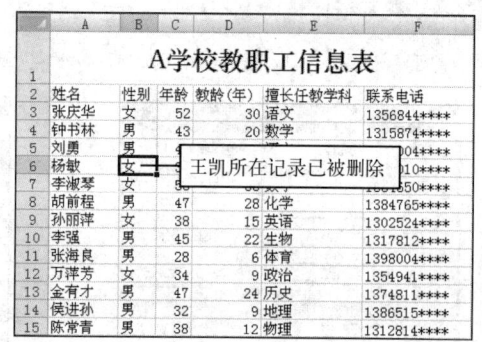

图 9-11　删除记录后的效果

9.1.3　查找记录

记录单对话框还具有查找记录的功能，利用此功能设置查找条件后，即可快速找到符合条件的记录，进而对这些记录进行各种操作，这在具有大量记录的数据清单中使用更加实用。

● 上机练习 9.5　利用记录单查找教龄大于 15 年的记录

1 打开"Sheet1"对话框，单击"条件"按钮，此时该按钮将显示为"表单"按钮，如图 9-12 所示。

2 在"教龄(年)"文本框中输入">15"，单击"表单"按钮，如图 9-13 所示。

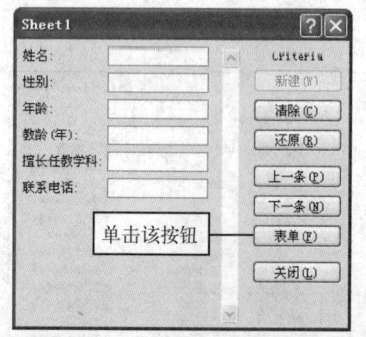

图 9-12　切换到输入查找条件的环境

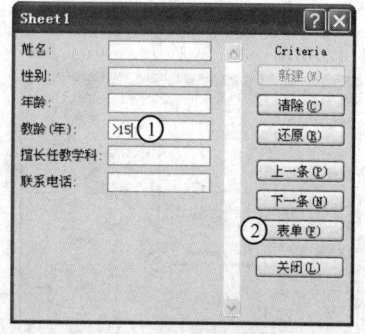

图 9-13　输入查找条件

3 单击"下一条"按钮，将从第一条记录开始查找符合条件的记录，如图 9-14 所示。

4 再次单击"下一条"按钮,将继续查找并显示出符合条件的记录,如图 9-15 所示。

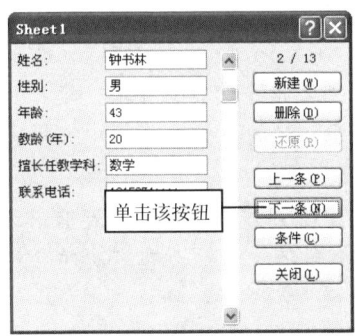

图 9-14 显示查找到的记录

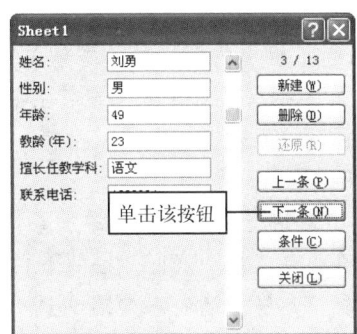

图 9-15 继续显示查找到的记录

9.2 数据的排序

在实际操作中,有时为了对表格数据进行管理或分析,常常需要将表格中的数据按一定的规则进行排列,如将员工当月所得工资按从多到少进行排列等,这就是数据的排序。

9.2.1 简单排序

简单排序是指仅依据表格中某一列的数据进行排序的操作,通过"数据"选项卡的"排序和筛选"组中的"升序"按钮 和"降序"按钮 即可轻易完成。

⊙ 上机练习 9.6 将"教职工信息表"中的数据按年龄从高到低进行排序

1 选择"教职工信息表"中"年龄"项下任意一个单元格,然后单击"数据"选项卡的"排序和筛选"组中的"降序"按钮 ,如图 9-16 所示。

2 此时表中的数据便按照教职工的年龄从高到低进行排列了,如图 9-17 所示。

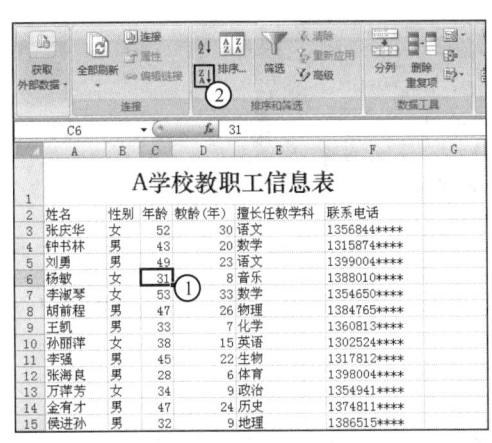

图 9-16 选择单元格

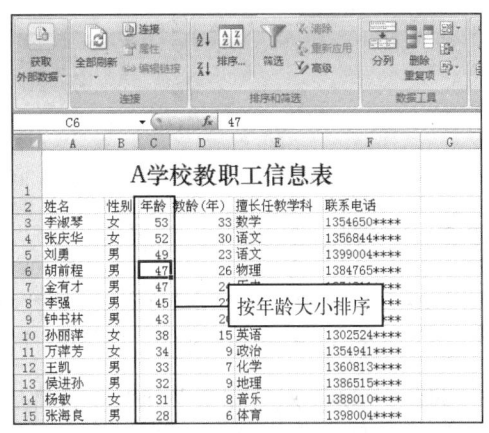

图 9-17 排序后的效果

9.2.2 多重排序

简单排序固然方便,但当排序的依据中有相同数据时,简单排序便无法显示需要的效果了,此时可对多列数据进行设置,指当某一列数据相同时,还可根据另一列的数据继续进行排序。

🖰 **上机练习 9.7　按教职工年龄进行降序排序，若年龄相同，则根据教龄进行升序排序**

1 选择"教职工信息表"中"年龄"项下任意一个单元格，然后单击"数据"选项卡的"排序和筛选"组中的"排序"按钮。

2 打开"排序"对话框，在"主要关键字"下拉列表框中选择"年龄"选项，在"排序依据"栏的下拉列表框中选择"数值"选项，在"次序"栏的下拉列表框中选择"降序"选项，如图 9-18 所示。

3 单击对话框左上方的"添加条件"按钮，在"次要关键字"下拉列表框中选择"教龄（年）"选项，在"排序依据"栏的下拉列表框中选择"数值"选项，在"次序"栏的下拉列表框中选择"升序"选项，如图 9-19 所示。

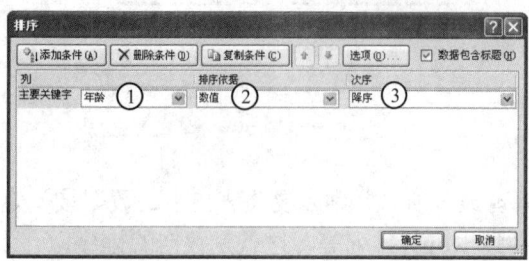 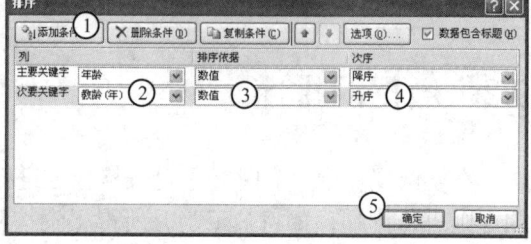

图 9-18　设置主要关键字的排序依据　　　图 9-19　设置次要关键字的排序依据

4 单击"确定"按钮，效果如图 9-20 所示，可见表格中首先依据年龄进行降序排序，当出现年龄相同的情况时（如第 6 列和第 7 列），则按照教龄进行升序排序。

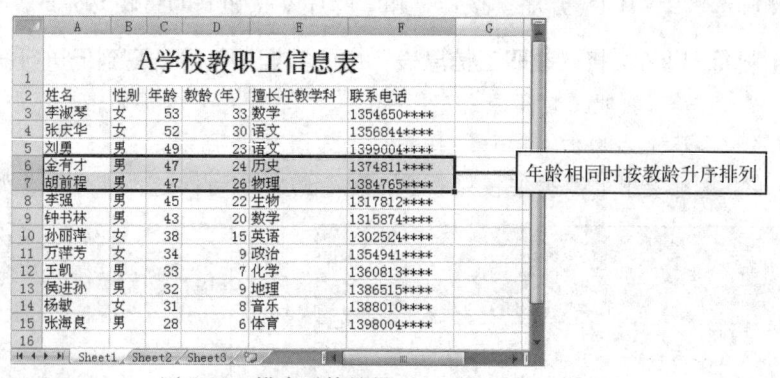

图 9-20　排序后的效果

9.2.3　按行排序

无论是简单排序或多重排序，都是针对表格中的列进行的操作。实际上通过进行相应设置，也可按行的数据进行排序，以满足日常操作需要。

🖰 **上机练习 9.8　对 C 和 D 列进行按行排序**

1 在"教职工信息表"中的 B16:D16 单元格区域输入如图 9-21 所示的数据，并选择 C2:D16 单元格区域。

2 单击"数据"选项卡的"排序和筛选"组中的"排序"按钮，在打开的"排序"对话框中单击右上方的"选项"按钮。

3 打开"排序选项"对话框，在"方向"栏中选中"按行排序"单选按钮，单击"确定"按钮，如图 9-22 所示。

图 9-21　输入按行排序的依据

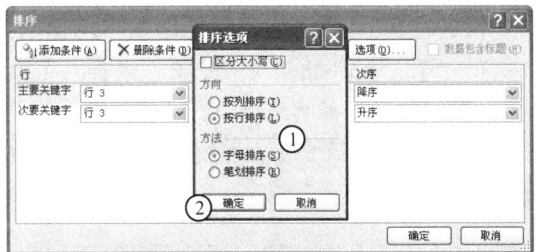

图 9-22　设置按行排序

> **提示**　按行排序的根本实际上是根据相应的数据以及对这些数据进行相应设置后对所在列进行排序的操作。简单的说，按行排序是针对整列的排列顺序进行排序的操作。

4 选择对话框中的次要关键字，单击对话框上方的"删除条件"按钮，如图 9-23 所示。

5 对主要关键字进行设置，效果如图 9-24 所示。

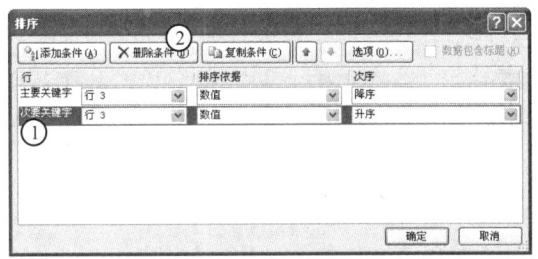

图 9-23　删除多余的条件

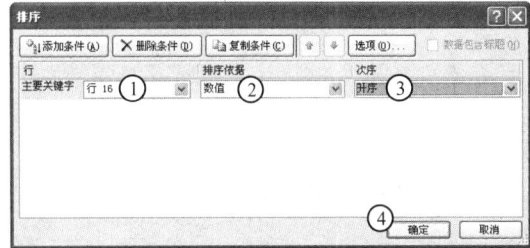

图 9-24　设置主要关键字

6 单击"确定"按钮，可见表格中的 C 列和 D 列位置发生了变化，如图 9-25 所示。

图 9-25　排序后的效果

9.3　数据的筛选

对数据进行筛选是对数据进行统计、管理和分析的重要手段，Excel 2007 提供了多种筛选方式，以满足日常工作和学习中对数据进行筛选的各种需求。

9.3.1　自动筛选

自动筛选可以快速筛选出符合条件的数据。Excel 2007 提供了多种自动筛选条件，如"大于"、"小于"、"介于"、"大于或等于"等,可根据实际需要进行选择。

上机练习 9.9　筛选出高于总销量平均值的数据

1 创建"产品销量表"并输入数据,选择包含数据的任意一个单元格,然后单击"数据"选项卡的"排序和筛选"组中的"筛选"按钮,此时表头右侧将出现下拉按钮,如图9-26所示。

2 单击"总销量"项右侧的下拉按钮,在弹出的下拉菜单中选择"数字筛选→高于平均值"命令,如图9-27所示。

图 9-26　显示筛选下拉按钮

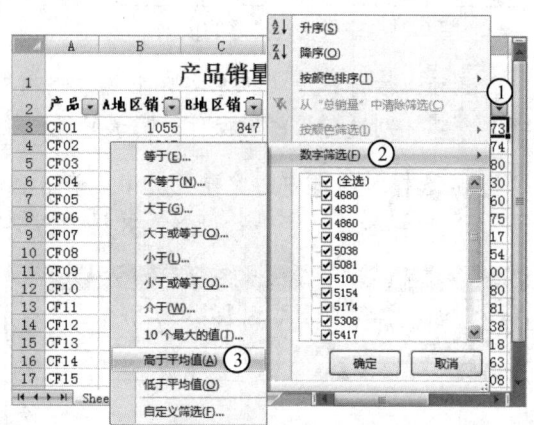
图 9-27　选择筛选条件

3 此时表格中将显示出所有符合筛选条件的数据,如图9-28所示。

图 9-28　筛选出的数据

9.3.2　自定义筛选

自定义筛选可以手动设置筛选条件,从而筛选出各种需要的数据,它相当于自动筛选中其他筛选条件的集合。

上机练习 9.10　筛选出总销量大于 4600 且小于 5200 的数据

1 在"产品销量表"中单击"总销量"项右侧的下拉按钮,在弹出的下拉菜单中选择"数字筛选→自定义筛选"命令。

2 打开"自定义自动筛选方式"对话框,在"总销量"栏下的第一个下拉列表框中选择"大于"选项,在右侧的下拉列表框中输入"4600"。选中"与"单选按钮,在下方左侧的下拉列表框中选择"小于"选项,在其右侧的下拉列表框中输入"5200",如图 9-29 所示。

3 单击"确定"按钮,筛选出符合设置条件的数据,如图 9-30 所示。

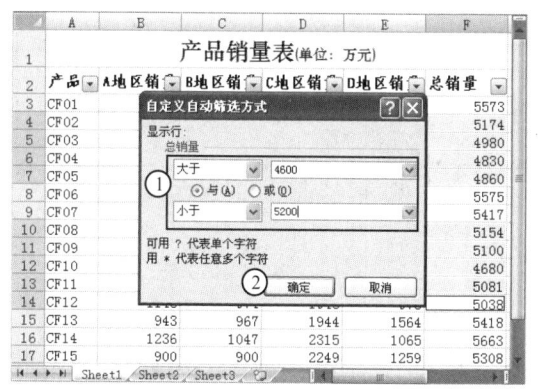

图 9-29 自定义筛选条件

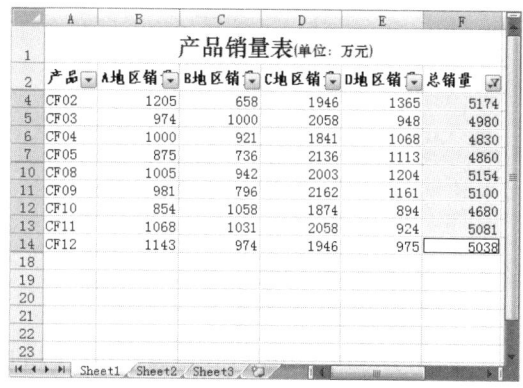

图 9-30 筛选出的数据

9.3.3 高级筛选

高级筛选主要用于通过设置复杂筛选条件进行筛选的操作,它可以筛选出更多符合实际需要的数据。

📖 上机练习 9.11　筛选出 B 地区销量为 796,总销量为 5100 的数据

1 在"产品销量表"的 A18:B19 单元格区域中输入如图 9-31 所示的数据,作为高级筛选的条件。

2 单击"数据"选项卡的"排序和筛选"组中的"高级"按钮,如图 9-32 所示。

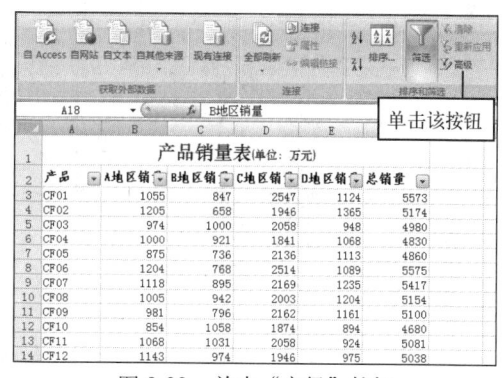

图 9-31 输入高级筛选条件　　　　　　　　图 9-32 单击"高级"按钮

3 打开"高级筛选"对话框,在"列表区域"和"条件区域"文本框中分别设置如图 9-33 所示的单元格区域(可直接输入也可通过单击 按钮来拖动鼠标选择)。

4 单击"确定"按钮,此时将显示出符合高级筛选条件的数据,如图 9-34 所示。

> 📢 **提　示**　若要退出筛选状态,即取消表头右侧的下拉按钮,可再次单击"数据"选项卡的"排序和筛选"组中的"筛选"按钮,使其呈非选择状态。

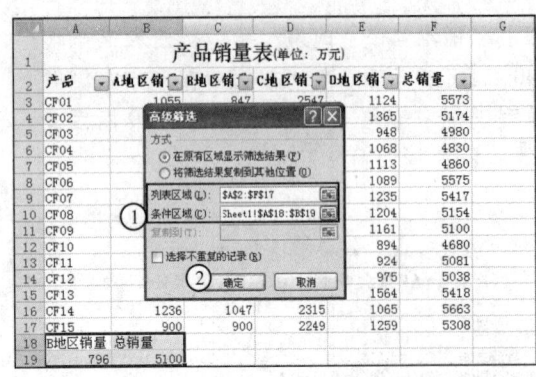

图 9-33 设置高级筛选的列表和条件区域

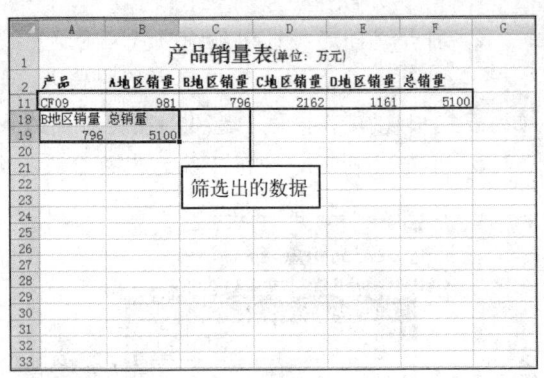

图 9-34 筛选出的数据

9.4 数据分类汇总

使用分类汇总功能可以将数据按设置的类别进行分类,然后汇总同类数据的总和或求平均值等统计,在日常工作中会经常用到。

9.4.1 创建分类汇总

通过 Excel 2007 提供的分类汇总功能可以轻易地创建出分类汇总,但在分类汇总之前,还需对分类的数据进行排序。

上机练习 9.12　汇总员工所在各部门所得奖金总和

1 创建"奖金分配表"并输入数据,然后选择"部门"项下的任意一个包含数据的单元格,如图 9-35 所示。

2 单击"数据"选项卡的"排序和筛选"组中的"降序"按钮,以"部门"项下的数据对表格进行降序排序,如图 9-36 所示。

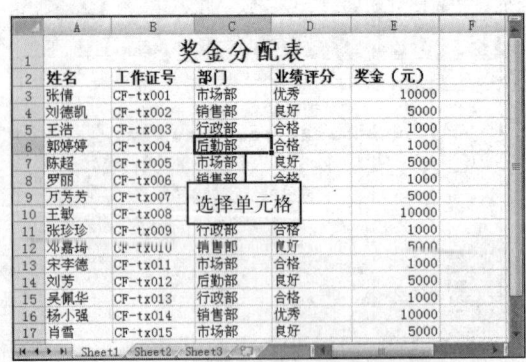

图 9-35 创建工作表并输入数据

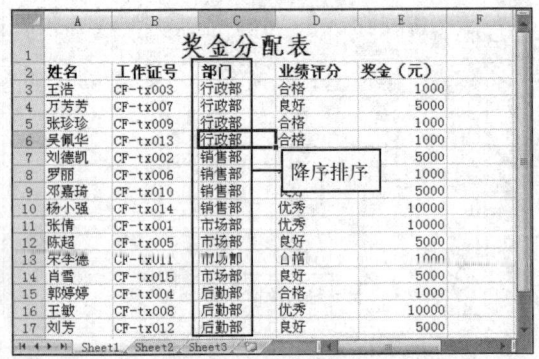

图 9-36 排序后的表格

3 单击"数据"选项卡的"分级显示"组中的"分类汇总"按钮,如图 9-37 所示。

4 打开"分类汇总"对话框,在"分类字段"下拉列表框中选择"部门"选项,在"汇总方式"下拉列表框中选择"求和"选项,在"选定汇总项"列表框中选中"奖金(元)"复选框,如图 9-38 所示。

5 单击"确定"按钮,即按部门汇总出相应的奖金总和,如图 9-39 所示。

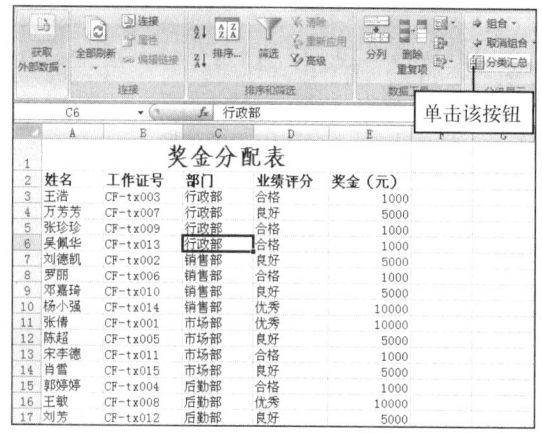
图 9-37　单击"分类汇总"按钮

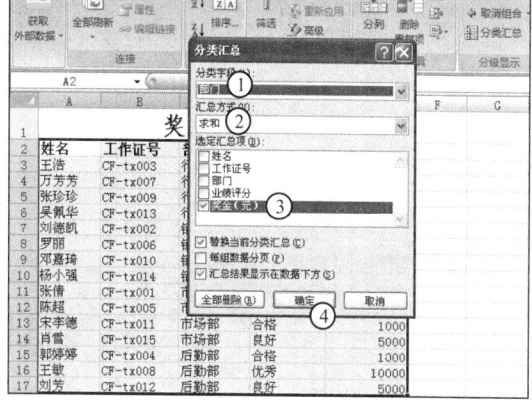
图 9-38　设置分类汇总的参数

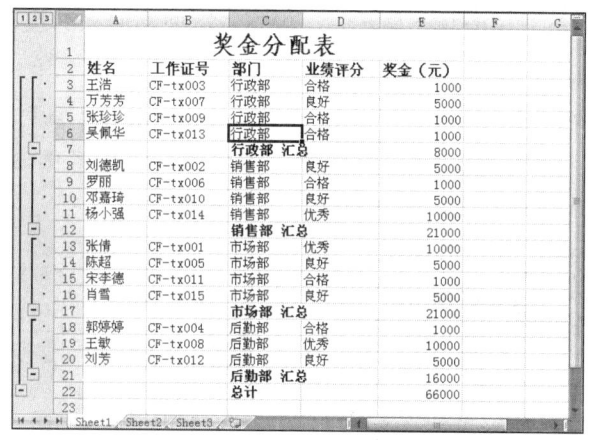
图 9-39　分类汇总后的效果

9.4.2　控制分类汇总显示级别

进行分类汇总后的表格，在其左侧都会自动生成一系列按钮，其作用在于控制分类汇总的显示级别，这些按钮的作用分别如下：

- ➕：单击该按钮将显示对应分类字段的明细信息，且按钮将变为➖状态，如图 9-40 所示。
- ➖：单击该按钮将隐藏对应分类字段的明细信息，且按钮将变为➕状态，如图 9-41 所示。

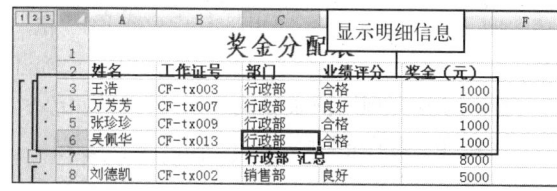
图 9-40　显示明细信息

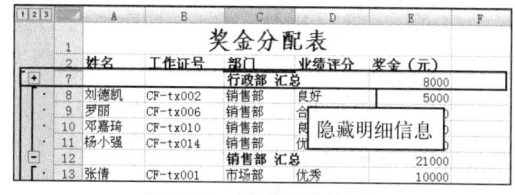
图 9-41　隐藏明细信息

- 1 2 3 ：这些分级按钮将根据表格汇总的数据显示，有时只有 2 级、3 级，有时也会达到 4 级、5 级，单击相应按钮将显示各级别下的内容，如图 9-42 所示，从左到右依次为单击 1 级、2 级和 3 级按钮所显示的内容。

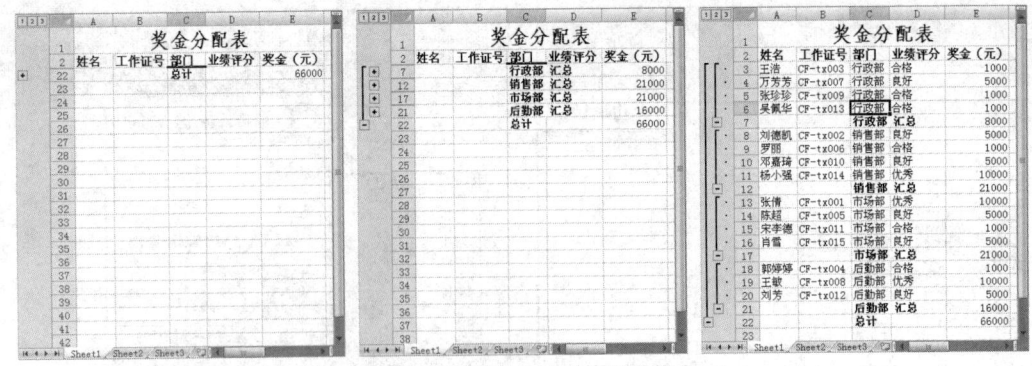

图 9-42 各级别下显示的汇总信息

9.4.3 取消分类汇总

当不需要表格以分类汇总的状态显示时，可将其返回到原来的状态。

上机练习 9.13 取消表格的分类汇总状态

1 选择表格中含有数据的任意一个单元格，并单击"分类汇总"按钮。
2 打开"分类汇总"对话框，单击"全部删除"按钮，如图 9-43 所示。
3 此时即可取消表格的分类汇总状态，如图 9-44 所示。

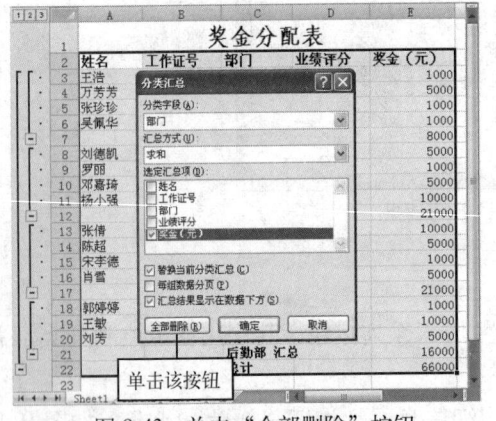

图 9-43 单击"全部删除"按钮

图 9-44 取消分类汇总的效果

9.5 技能实训

本章主要对 Excel 2007 在数据管理方面的功能做了详细讲解，主要包括利用记录单添加、修改和删除记录、对数据进行排序、筛选以及分类汇总等操作。下面将通过创建"家电销量统计表"对这些操作进行巩固练习。在练习过程中，主要将涉及到利用记录单修改记录和添加记录、筛选数据以及对数据进行分类汇总。如图 9-45 和图 9-46 所示即为在操作过程中的两个效果图。

【操作步骤】

1 创建"家电销量统计表"并输入相应数据，如图 9-47 所示。
2 选择数据清单中任意一个单元格，然后单击"快速访问工具栏"中的"记录单"按钮。
3 打开"Sheet1"对话框，通过单击右侧的"下一条"按钮使记录单对话框中显示品牌为"汤普森"所在的一条记录,如图 9-48 所示。

图 9-45 筛选数据的效果

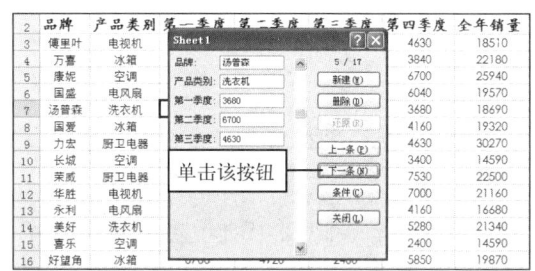
图 9-46 分类汇总的效果

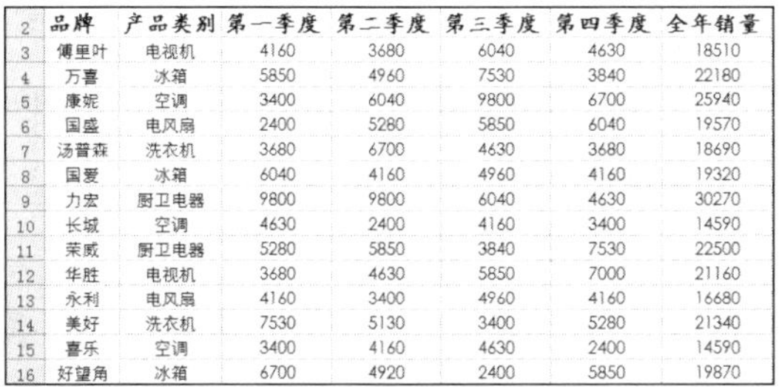

图 9-47 创建数据清单

图 9-48 显示需修改的记录

4 将第一季度的数据更改为"4600",完成记录的修改,然后单击对话框右上方的"新建"按钮,如图 9-49 所示。

5 新建一条记录,在相应的文本框中输入具体的数据,然后单击"关闭"按钮,如图 9-50 所示。

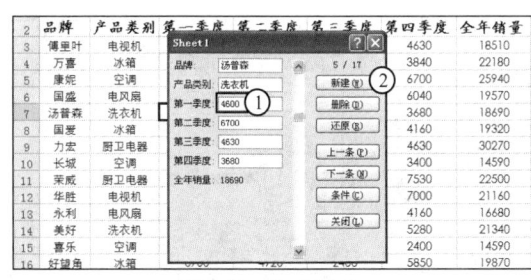
图 9-49 修改记录

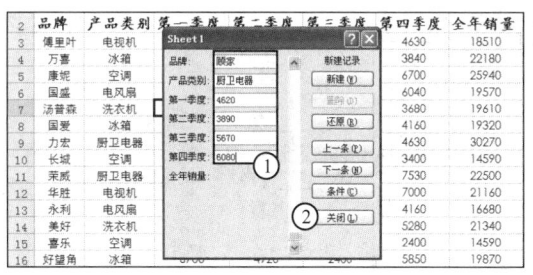
图 9-50 新建记录

6 切换到"数据"选项卡,单击"排序和筛选"组中的"筛选"按钮,使各表头右侧出现下拉按钮,如图 9-51 所示。

7 单击"全年销量"项右侧的下拉按钮,在弹出的下拉菜单中选择"数字筛选→自定义筛选"命令。

8 打开"自定义自动筛选方式"对话框,将参数设置为如图 9-52 所示,单击"确定"按钮。

9 筛选出全年销量大于 20000 且小于 30000 的数据,如图 9-53 所示。

10 再次单击"排序和筛选"组中的"筛选"按钮,退出筛选状态,然后选择"产品类别"项下的任意一个包含数据的单元格,如图 9-54 所示。

图 9-51 进入筛选状态

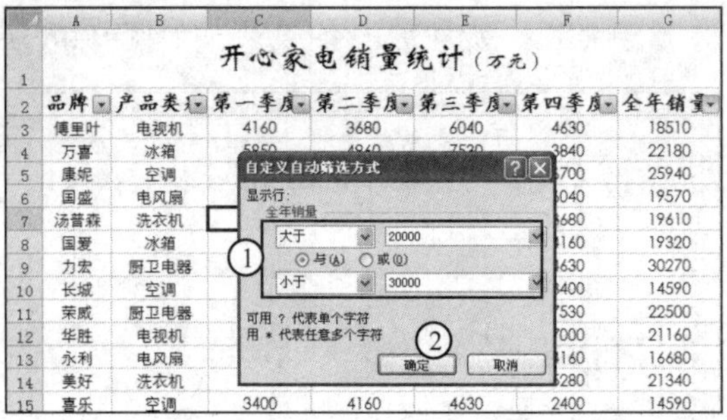

图 9-52 设置筛选条件

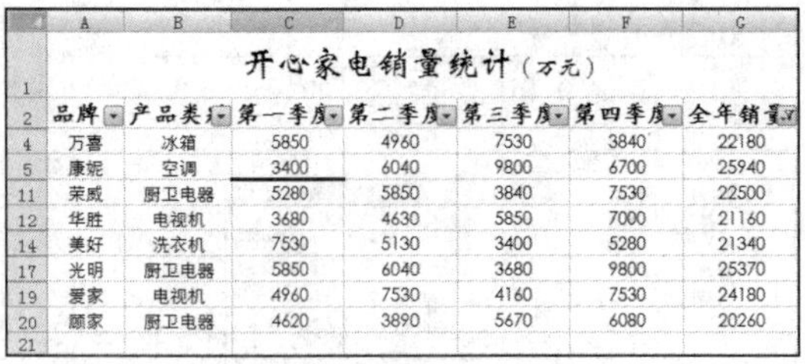

图 9-53 筛选出的数据

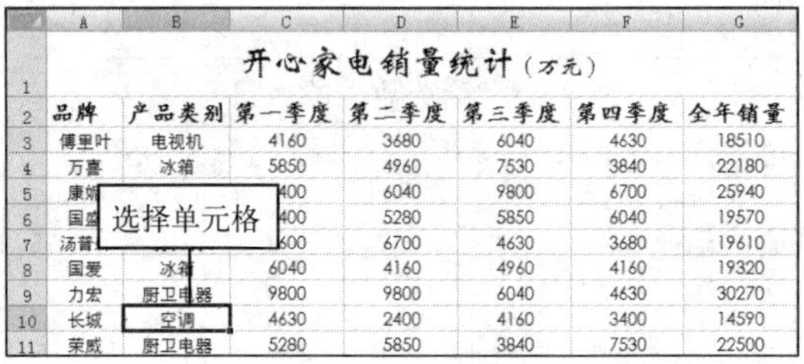

图 9-54 退出筛选状态

11 单击"排序和筛选"组中的"升序"按钮,以"产品类别"项下的数据为排序依据对表格进行升序排列,如图 9-55 所示。

12 单击"数据"选项卡的"分级显示"组中的"分类汇总"按钮。

13 打开"分类汇总"对话框,在"分类字段"下拉列表框中选择"产品类别"选项,在"汇总方式"下拉列表框中选择"求和"选项,在"选定汇总项"列表框中选中"第一季度"、"第三季度"和"全年销量"3 个复选框,以分别对这 3 项进行汇总,如图 9-56 所示。

图 9-55 对数据进行排序

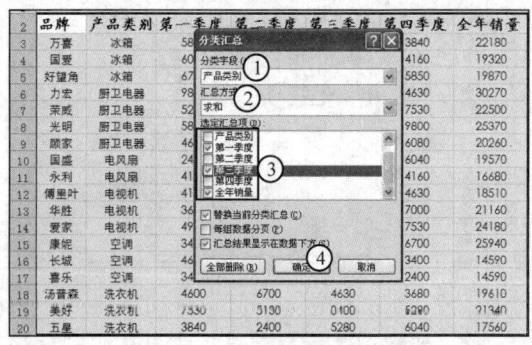

图 9-56 设置分类汇总参数

14 单击"确定"按钮,即可按产品类别汇总出第一季度、第三季度和全年销量的总和。

9.6 习题

一、填空题

1. _____ 即一张工作表中编辑好的二维表格,只有具备一定条件的二维表格才能视为数据清单,其中主要包括的条件有:含有数据的单元格区域必须是_____,不允许出现_____，数据清单以_____为字段、以_____为记录。

2. 要想利用数据清单管理表格数据，首先还需在默认的Excel工作窗口中的"快速访问工具栏"上添加_____按钮。

3. 在实际操作中，有时为了对表格数据进行管理或分析，常常需要将表格中的数据按一定的规则进行排列，这就是数据的_____。Excel默认包含_____和_____两种排序方式。

4. _____可以快速筛选出符合条件的数据，Excel提供了多种这种筛选条件，如"大于"、"小于"、"介于"、"大于或等于"等。

5. 通过Excel提供的分类汇总功能可以轻易地创建出分类汇总，但在分类汇总之前，还需对分类的数据进行_____。

二、选择题

1. 以下操作中不属于Excel的操作是（ ）。
   A. 自动排版　　　　　　　　　B. 自动填充数据
   C. 自动求和　　　　　　　　　D. 自动筛选

2. 在Excel中，对工作表的数据进行自定义排序，排序关键字（ ）。
   A. 只能一列　　B. 只能两列　　C. 最多三列　　D. 可以多于三列

3. 将"主要关键字"设置为"年龄、降序排序"，"次要关键字"设置为"工资、升序排序"，表示（ ）。
   A. 按工资进行升序排序，若年龄相同，则根据年龄进行升序排序
   B. 按年龄进行升序排序
   C. 按年龄进行降序排序，若年龄相同，则根据工资进行升序排序
   D. 以上都不对

4. 要筛选出总分大于500且小于550的数据，需设置的条件为（ ）。
   A. 大于500，与，小于550　　　　B. 大于等于500，与，小于等于550
   C. 大于500，或，小于550　　　　D. 大于等于500，或，小于等于550

5. 关于分类汇总的操作，以下说法正确的是（ ）。
   A. 对数据进行分类汇总后，就不能取消分类汇总的状态
   B. 不用对数据进行排序，也能执行分类汇总操作
   C. 分类汇总数据后，不能对数据进行分级显示
   D. 第2次分类汇总的数据总是会替换前一次分类汇总的数据

三、操作题

1. 建立"员工工资表"，效果如图9-57所示，添加一条记录，内容为"CF20013，赵芳，销售部，基本工资2000，提成3000"。

2. 利用记录单将周龙的基本工资更改为3000。

3. 按职员编号进行降序排序。

4. 按实发工资进行降序排序，当实发工资相同时，按提成进行降序排序，当提成也相同时，则按基本工资进行降序排序。

5. 筛选出实发工资最高的前10位职员信息。

6. 筛选出实发工资大于4500小于或等于6500的职员信息。

员工工资表

职员编号	姓名	部门	基本工资	提成	实发工资
CF20001	黄小龙	办公室	3000	500	3500
CF20002	郑丽	市场部	2500	2000	4500
CF20003	曾凯	销售部	1500	3000	4500
CF20004	黄伟	行政部	2000	1000	3000
CF20005	刘晓佳	销售部	1500	4000	5500
CF20006	李明明	市场部	3000	3500	6500
CF20007	周龙	企划部	3500	4000	7500
CF20008	洪建华	行政部	2000	2500	4500
CF20009	张丽	市场部	2000	3000	5000
CF20010	宋子丹	企划部	2500	4000	6500
CF20011	朱宏	销售部	1500	5000	6500
CF20012	陈方天	企划部	2500	3500	6000

图 9-57 员工工资表

7. 按相同部门对工资表进行分类汇总，以得到各部门实发工资的总和。

第 10 章　数据的分析

本章内容提要

数据透视表和数据透视图是 Excel 2007 进行数据分析的重要工具，它们以报表和图形的方式，可以直观地汇总、分析表格数据，为实际工作带来了很大的方便。本章将重点讲解数据透视表的创建、更新、删除以及数据透视图的创建和移动等相关操作。

本章重点与难点

- ➢ 创建数据透视表
- ➢ 更新数据透视表
- ➢ 删除数据透视表
- ➢ 创建数据透视图
- ➢ 移动数据透视表

10.1　使用数据透视表

数据透视表可以对大量数据进行快速汇总并建立交叉列表，能清晰地反映和方便地查看工作表中的数据信息，进而对数据信息进行分析处理。

10.1.1　创建数据透视表

数据透视表的建立必须以表格中的数据为基础，原理与图表的创建类似。

上机练习 10.1　为"缴费统计表"创建数据透视表

1 创建"缴费统计表"并输入数据，切换到"插入"选项卡，单击"表"组中的"数据透视表"下拉按钮，如图 10-1 所示。

2 在弹出的下拉菜单中选择"数据透视表"命令，如图 10-2 所示。

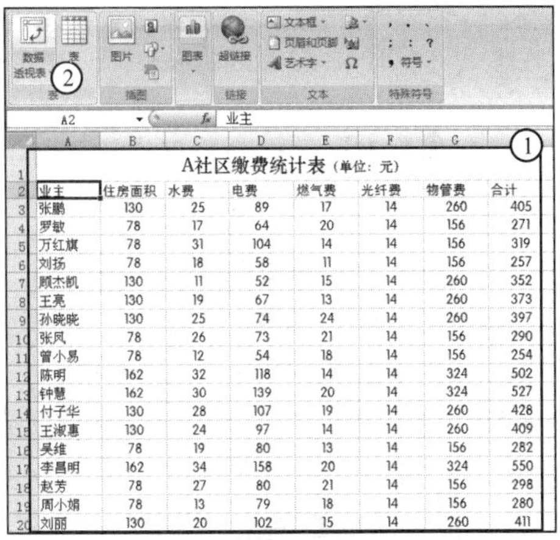

图 10-1　创建表格数据 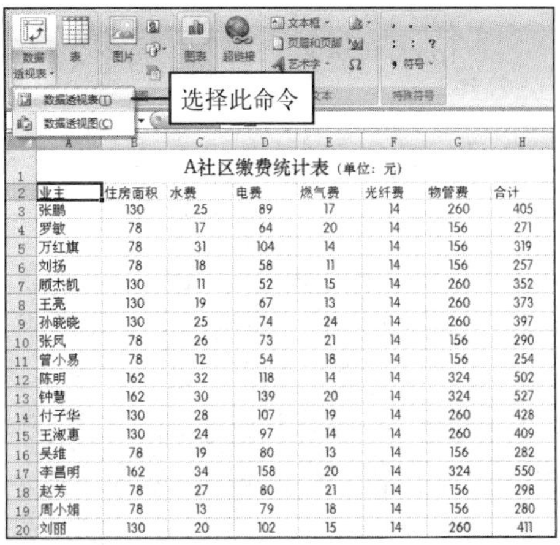　　　　　　　　　图 10-2　选择"数据透视表"命令

3 打开"创建数据透视表"对话框,选中"选择一个表或区域"单选按钮,单击下方文本框右侧的按钮,如图 10-3 所示。

4 拖动鼠标选择数据区域,这里选择 A2:H20 单元格区域,单击对话框中的按钮,如图 10-4 所示。

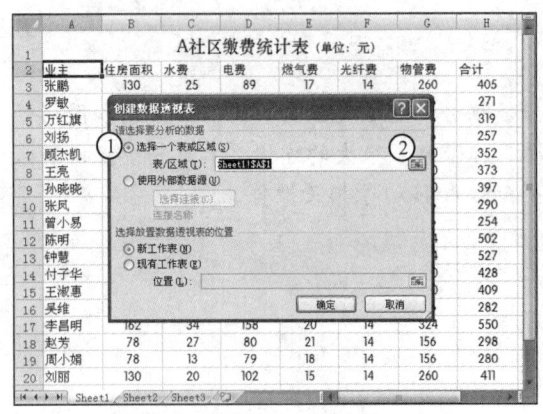

图 10-3　设置数据透视表的区域　　　　　　图 10-4　选择区域

5 返回"创建数据透视表"对话框,选中下方的"现有工作表"单选按钮,单击下方文本框右侧的按钮,如图 10-5 所示。

6 单击某个单元格确定数据透视表插入的起始位置,这里选择 A23 单元格,单击对话框中的按钮,如图 10-6 所示。

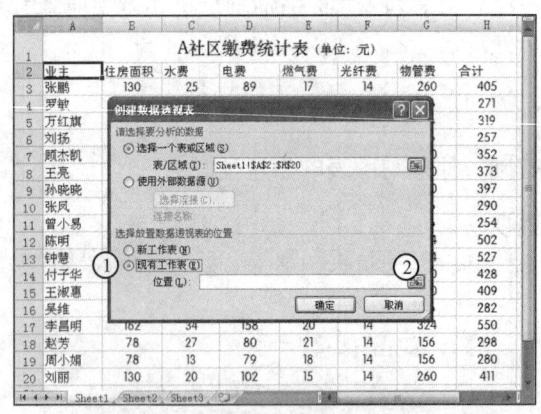 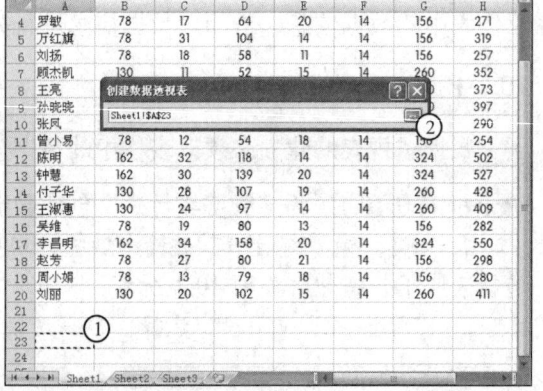

图 10-5　设置数据透视表的创建位置　　　　图 10-6　选择起始位置

> **提示**　若在"创建数据透视表"对话框下方选中"新工作表"单选项,则在设置好其他参数后,将自动新建一个空白工作表并将创建好的数据透视表置于其中。

7 返回"创建数据透视表"对话框,单击"确定"按钮,如图 10-7 所示。

8 此时将在 A23 单元格中创建数据透视表区域(其中还没有任何数据),并同时打开"数据透视表字段列表"窗格,以便向数据透视表区域中添加需要的数据,如图 10-8 所示。

9 选中"数据透视表字段列表"窗格中"选择要添加到报表的字段"列表框中对应的复选框,即可在左侧的数据透视表区域显示出相应的数据,如图 10-9 所示即为选中了"业主"、"住房面积"、"水费"、"光纤费"和"合计"复选框后生成的数据透视表。

第 10 章　数据的分析

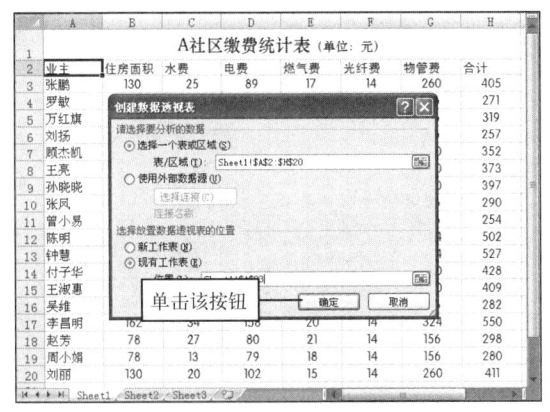

图 10-7　完成参数设置　　　　　图 10-8　创建的空白数据透视表

10 单击数据透视表左上角的"行标签"项右侧的下拉按钮，可在弹出的下拉列表中设置需要显示的行标签，对应此数据透视表即为设置显示的业主信息，完成后单击"确定"按钮，如图 10-10 所示。

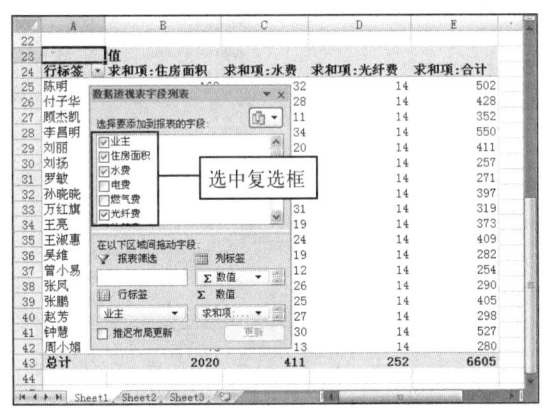 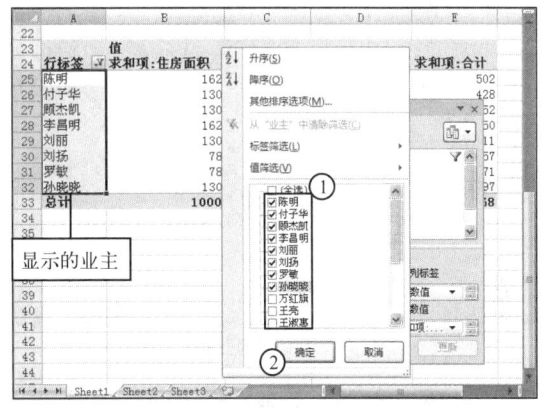

图 10-9　设置数据透视表的生成项　　　　　图 10-10　设置需要显示的业主

10.1.2　编辑数据透视表

编辑数据透视表包括对其行标签、列标签以及数值项的设置，对表自身的美化以及对数据的及时更新等操作，下面就分别对这些知识进行介绍。

1. 标签的设置

在 Excel 2007 中，根据实际需要可随时对数据透视表中的行标签、列标签以及数值项进行设置，以满足工作需要。

上机练习 10.2　将列标签字段设置为"业主"、行标签字段设置为"住房面积"和"电费"，数值项字段设置为"平均值"

1 取消选中"数据透视表字段列表"窗格中"选择要添加到报表的字段"列表框中的复选框，此时数据透视表呈空白状态，如图 10-11 所示。

2 将"选择要添加到报表的字段"列表框中的"业主"复选框拖动到窗格下方的"列标签"文本框中，如图 10-12 所示。

179

图 10-11　清空数据透视表数据

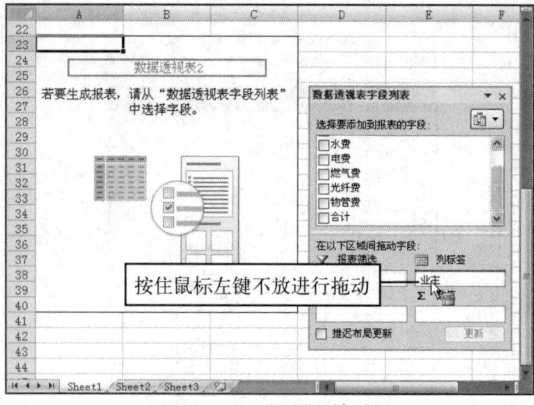
图 10-12　设置列标签

3. 释放鼠标，即可为数据透视表添加列标签，如图 10-13 所示。
4. 用相同方法将"住房面积"复选框拖动到"行标签"文本框中，效果如图 10-14 所示。

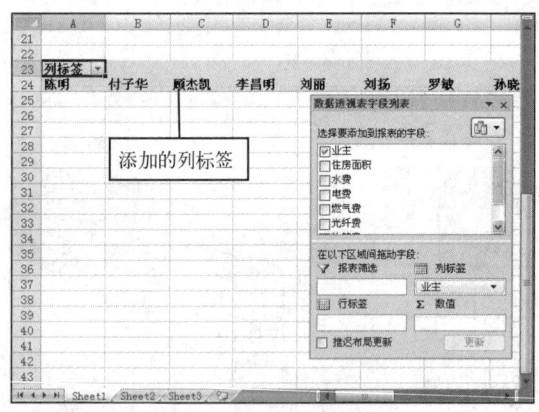
图 10-13　添加的列标签

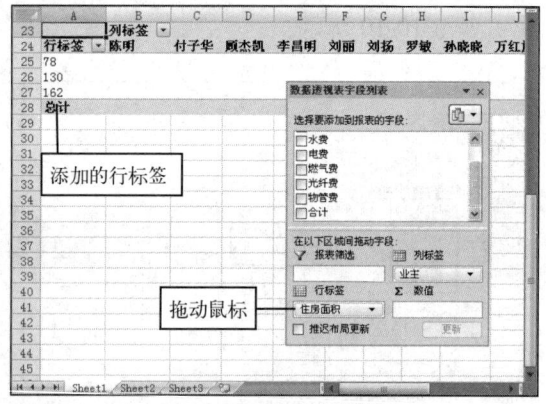
图 10-14　设置行标签

5. 将"电费"复选框拖动到"行标签"文本框中，效果如图 10-15 所示。
6. 将"合计"复选框拖动到"数值"文本框中，效果如图 10-16 所示。

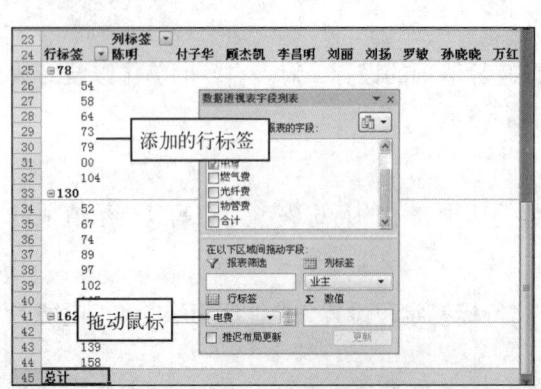
图 10-15　设置行标签

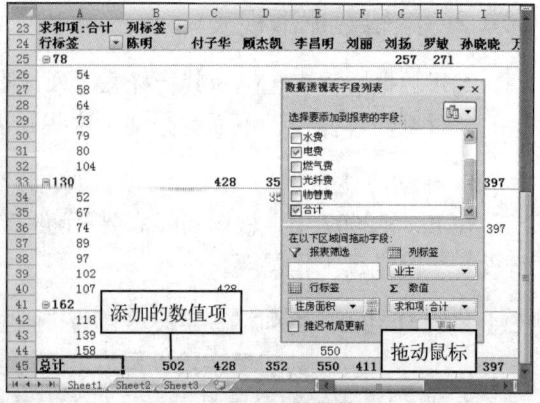
图 10-16　设置数值项

7. 单击"数值"文本框中的下拉按钮，在弹出的下拉菜单中选择"值字段设置"命令，如图 10-17 所示。
8. 打开"值字段设置"对话框，在"计算类型"列表框中选择"平均值"选项，单击"确定"按钮,如图10-18所示。

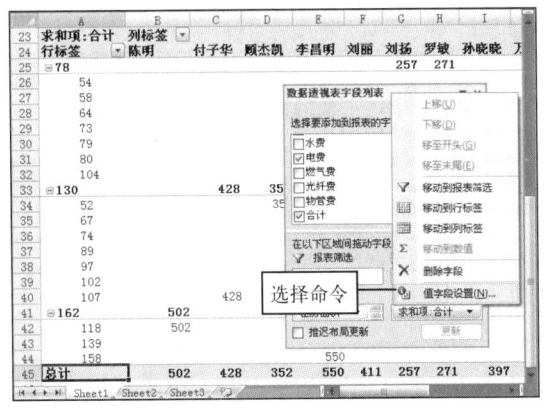

图10-17　选择命令

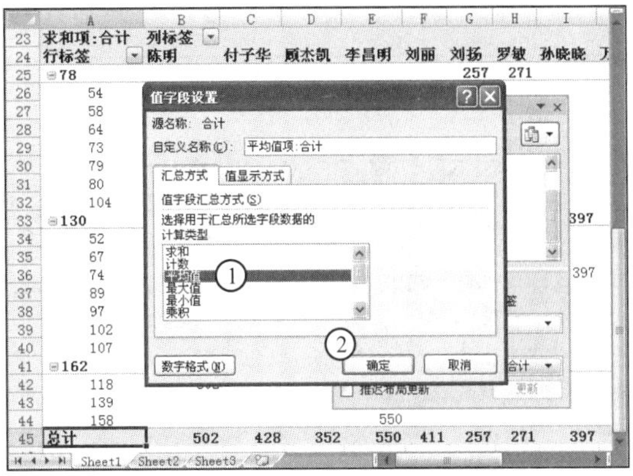

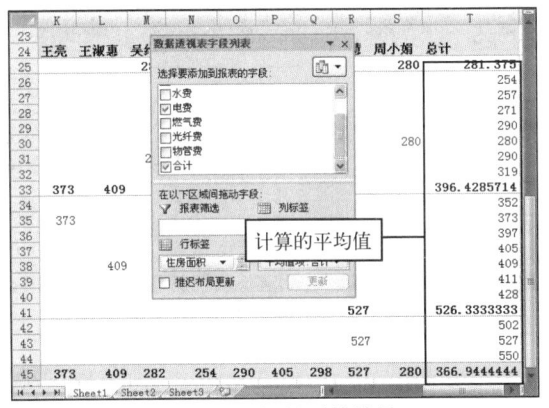

图10-18　更改计算类型

9　此时数据透视表中将计算出行和列中相应数据的平均值,如图10-19所示。

图10-19　设置后的效果

> **提示**　在"数据透视表字段列表"窗格下方单击某个标签的文本框,在弹出的下拉菜单中选择"删除字段"命令可将其中的一个字段删除,即不在数据透视表中显示。

2. 数据透视表的美化

通过对数据透视表的行、列或整体进行美化设计,不仅可以增加数据透视表的美观程度,也有利于数据的显示,增强可读性。

上机练习10.3　对数据透视表的行及整体进行美化设计

1　选择数据透视表中的任意一个单元格,单击"设计"选项卡,如图10-20所示。
2　选中"数据透视表样式选项"组中的"镶边行"复选框,美化后的效果如图10-21所示。

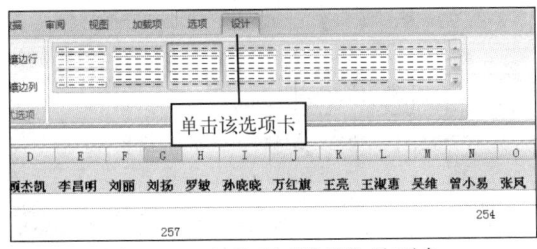

图10-20　切换到"设计"选项卡

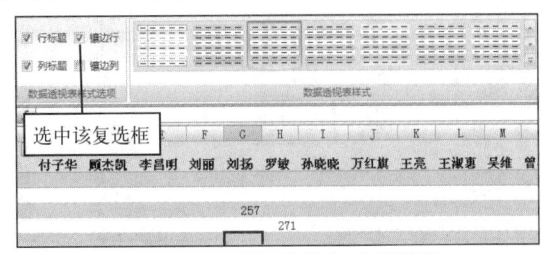

图10-21　对行的样式进行设置

3 单击"数据透视表样式"组中列表框的下拉按钮，如图10-22所示。
4 在弹出的下拉列表中选择某种样式对应的选项，这里选择如图10-23所示的选项。

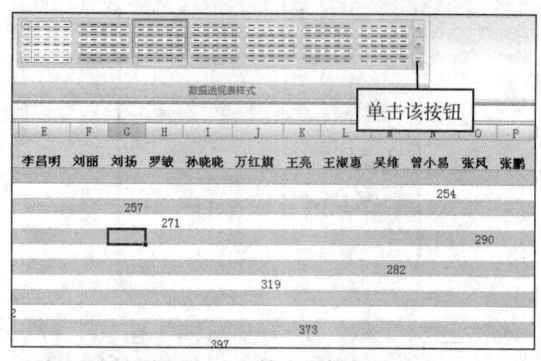

图10-22　单击下拉按钮

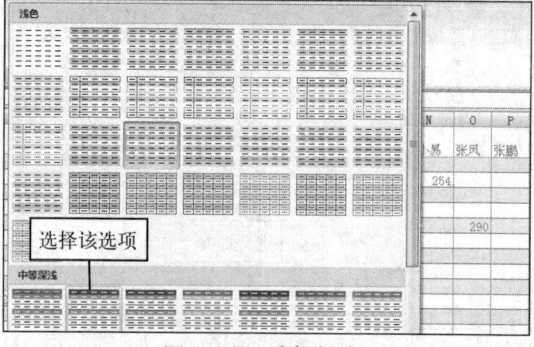

图10-23　选择样式

5 此时数据透视表将应用选择的样式，效果如图10-24所示。

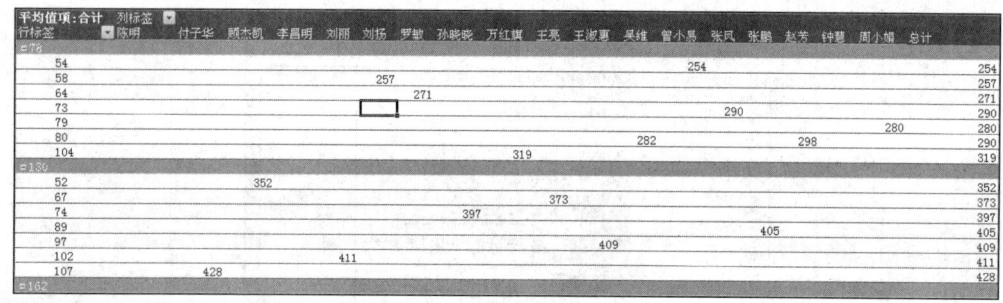

图10-24　应用样式后的效果

3. 数据的更新

当对表格中的数据进行添加、删除或修改后，为了使数据透视表中反映的数据更加准确，需及时对数据透视表进行更新。

上机练习10.4　修改业主陈明的电费，并更新数据透视表

1 将D12单元格中的数据由"118"更改为"218"，如图10-25所示，此时合计会自动发生变化。

2 观察数据透视表中相应的数据却没有发生变化，如图10-26所示。

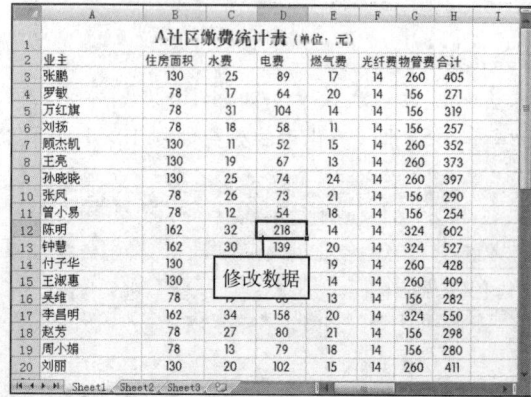

图10-25　修改数据

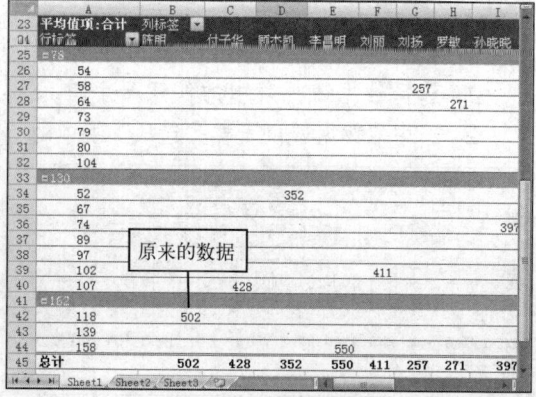

图10-26　未及时更新

3 选择数据透视表中任意一个单元格,单击出现的"选项"选项卡,然后单击"数据"组中的"刷新"下拉按钮,在弹出的下拉菜单中选择"刷新"命令,如图 10-27 所示。

4 此时可见数据透视表中相应的数据均进行了更新,如图 10-28 所示。

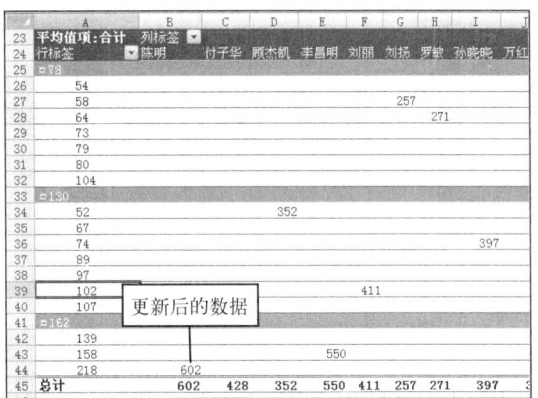

图 10-27　选择命令　　　　　　　　　　图 10-28　更新后的效果

4. 数据透视表的选项设置

利用"数据透视表选项"对话框可对数据透视表的名称、显示项目等多种参数进行设置,其方法为:在数据透视表中选择任意一个单元格,然后单击"选项"选项卡中"数据透视表"组中的"选项"按钮,如图 10-29 所示(也可单击"选项"按钮右侧的下拉按钮,在弹出的下拉菜单中选择"选项"命令),在打开的"数据透视表选项"对话框中即可进行设置,该对话框各选项卡的作用如下:

- "布局和格式"选项卡:可对单元格中的错误值或空值进行显示设置,也可对更新数据时表格的大小和格式进行设置,如图 10-30 所示。

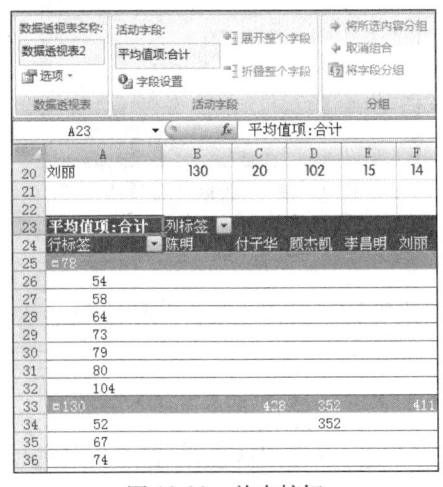

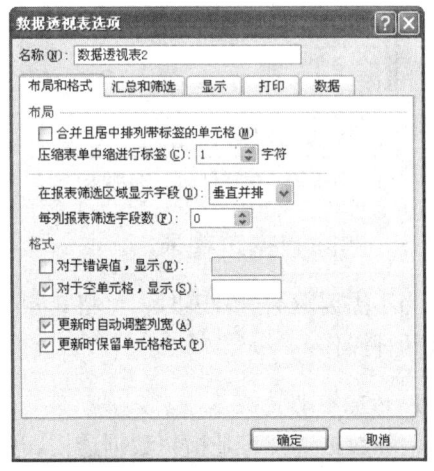

图 10-29　单击按钮　　　　　　　　　　图 10-30　"布局和格式"选项卡

- "汇总和筛选"选项卡:可设置总计显示的位置,并可在对数据透视表进行筛选、分类汇总和排序操作时,设置相应的显示方式,如图 10-31 所示。
- "显示"选项卡:可设置数据透视表中各数据的显示方式,如是否展开所有带有⊞标记的数据、是否显示筛选下拉按钮等,如图 10-32 所示。

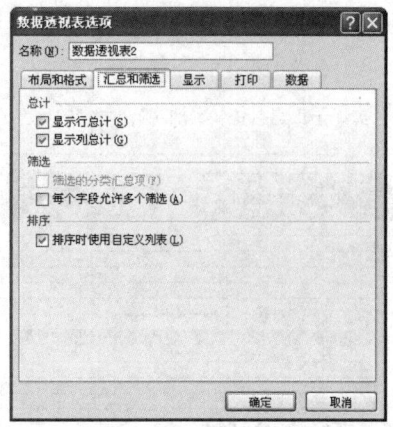

图 10-31 "筛选和排序"选项卡

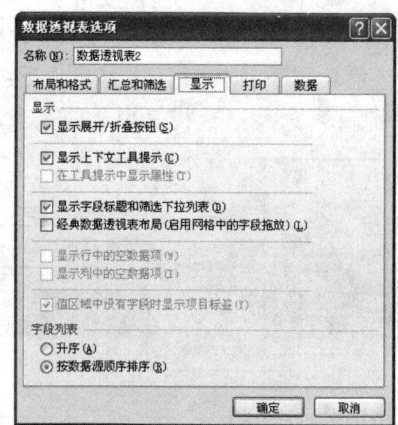

图 10-32 "显示"选项卡

> **提示** 在"数据透视表选项"对话框的"名称"文本框中可对当前数据透视表的名称进行设置。

- "打印"选项卡：可设置在打印数据透视表时显示的对象，如图 10-33 所示。
- "数据"选项卡：可设置在保存、打印或打开时对数据的处理，如图 10-34 所示。

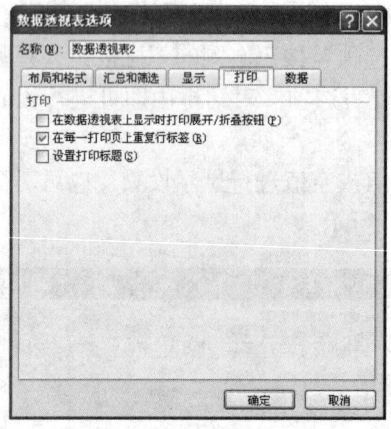

图 10-33 "打印"选项卡

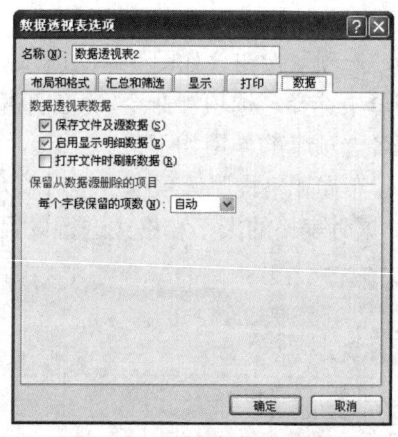

图 10-34 "数据"选项卡

10.1.3　删除数据透视表

当不需要数据透视表时，可将其删除，删除数据透视表包括清除数据和删除整个数据透视表两种操作。

1. 清除数据透视表

清除数据透视表是指将数据透视表中的所有数据删除，但保留数据透视表本身的区域。

上机练习 10.5　清除数据透视表

1 选择数据透视表中任意一个单元格，单击"选项"选项卡，在"操作"组中单击"清除"按钮，在弹出的下拉菜单中选择"全部清除"命令，如图 10-35 所示。

2 此时数据透视表中的数据将消失，但数据透视表的区域仍然保留在工作表中，如图 10-36 所示。

第 10 章 数据的分析

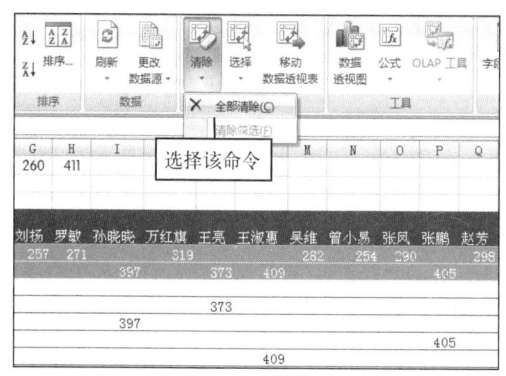

图 10-35 选择命令

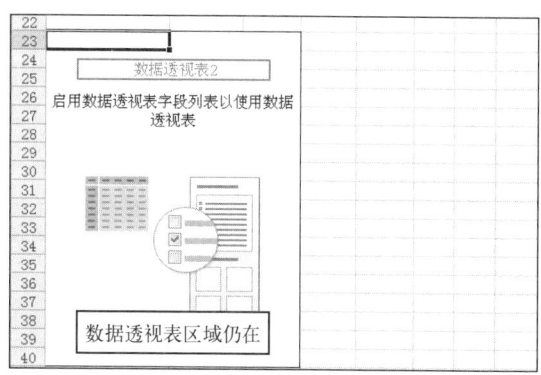

图 10-36 清除后的效果

 提示　在"选项"选项卡的"显示/隐藏"组中单击"字段列表"按钮，在显示出的窗格中通过删除下方文本框中的所有字段，也可达到清除数据透视表的目的。

2．删除数据透视表

删除数据透视表将把数据透视表的数据及区域一并清除，即工作表中将不再显示数据透视表的任何信息。

上机练习 10.6　删除数据透视表

1 选择数据透视表中任意一个单元格，单击"选项"选项卡，在"操作"组中单击"选择"按钮，在弹出的下拉菜单中选择"整个数据透视表"命令，如图 10-37 所示。

2 按"Delete"键，此时数据透视表将消失，如图 10-38 所示。

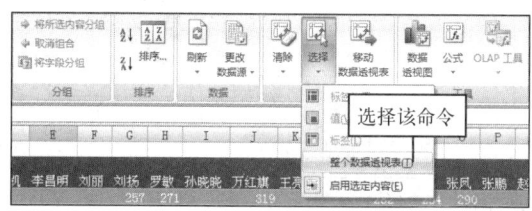

图 10-37 选择命令

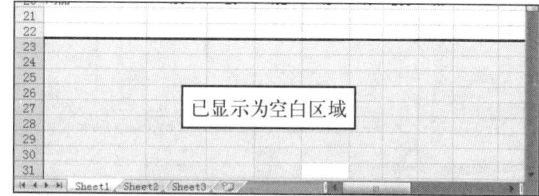

图 10-38 删除后的效果

10.2 使用数据透视图

数据透视图与数据透视表是对应关系，它相当于将数据透视表中的数据以图形的方式更为直观的显示出来。利用数据透视图并结合数据透视表，可以对表格中的数据进行更为准确的分析、归纳和整理。

10.2.1 创建数据透视图

数据透视图的创建必须基于数据透视表，因此，在实际操作中，创建数据透视图需分为在已有数据透视表的基础上创建和在没有数据透视表的情况下创建两种情况。

1．在数据透视表的基础上创建

当表格中存在数据透视表时，则可通过"选项"选项卡快速创建数据透视图。

上机练习 10.7　利用数据透视表创建数据透视图

1 选择数据透视表中任意一个单元格，单击"选项"选项卡，在"工具"组中单击"数据透视图"按钮，如图 10-39 所示。

2 打开"插入图表"对话框，在左侧的列表框中选择图表类型，这里选择"柱形图"选项，在右侧的列表框中可选择该类型下的一种显示方式，这里选择如图 10-40 所示的选项，最后单击"确定"按钮。

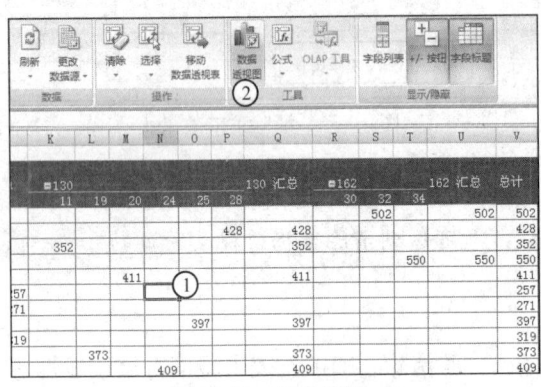　　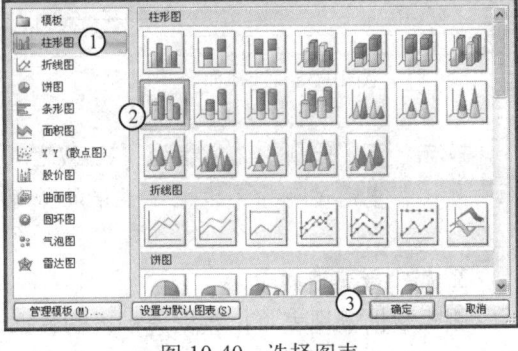

图 10-39　单击按钮　　　　　　　　　图 10-40　选择图表

3 此时将创建数据透视图，并打开"数据透视图筛选窗格"，如图 10-41 所示。

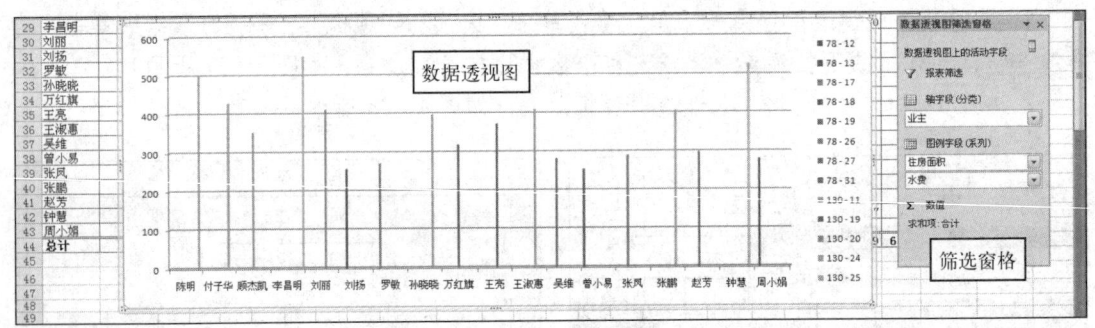

图 10-41　创建的数据透视图

 **提 示**　创建了数据透视图后，可在同时打开的"数据透视图筛选窗格"中单击某个下拉列表框右侧的下拉按钮，在弹出的菜单中筛选出需要显示的数据，此时数据透视图和数据透视表都将同步筛选出对应的数据，以便对需要的数据进行分析处理。

2. 在没有数据透视表的情况下创建

当表格中没有数据透视表时，则需要通过"插入"选项卡，并结合数据透视表的创建来创建数据透视图。

上机练习 10.8　在"缴费统计表"中创建数据透视图

1 单击"插入"选项卡，然后单击"表"组中的"数据透视表"下拉按钮，如图 10-42 所示。

2 在弹出的下拉菜单中选择"数据透视图"命令，如图 10-43 所示。

3 打开"创建数据透视表及数据透视图"对话框，按创建数据透视表的方法选择创建区域和起始单元格，如图 10-44 所示，单击"确定"按钮。

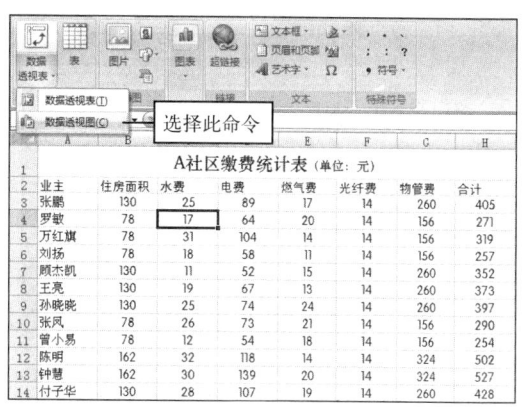

图 10-42 单击按钮　　　　　　　图 10-43 选择命令

4 此时将创建空白的数据透视表和空白的数据透视图，并同时打开"数据透视表字段列表"窗格和"数据透视图筛选窗格"，如图 10-45 所示。

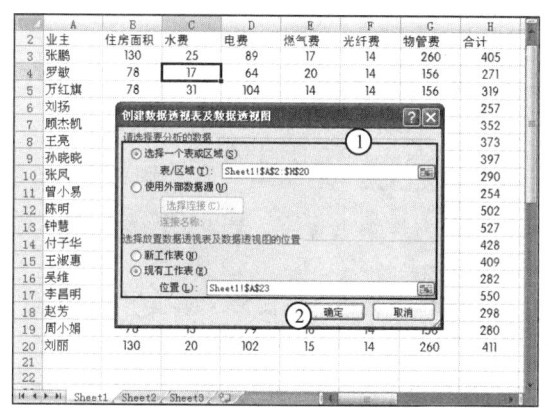

图 10-44 设置创建参数　　　　　　图 10-45 创建的效果

5 将"数据透视表字段列表"窗格中列表框的"业主"字段拖动到下方的"轴字段"文本框中，此时数据透视表将显示对应的数据，而数据透视图则仍然空白，如图 10-46 所示。

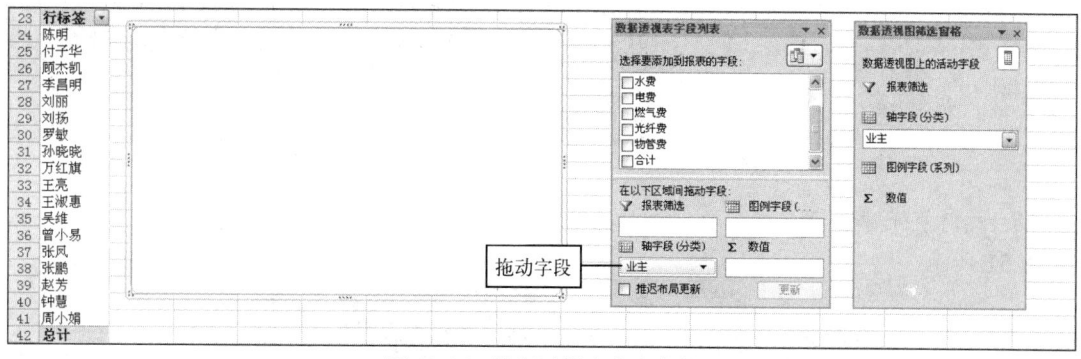

图 10-46 数据透视表发生变化

6 用相同方法将"住房面积"和"水费"字段拖动到"图例字段"文本框中，此时数据透视图开始显示数据透视表中对应的数据，如图 10-47 所示。

7 将"合计"字段拖动到"数值"文本框中，完成数据透视图的创建，如图 10-48 所示。

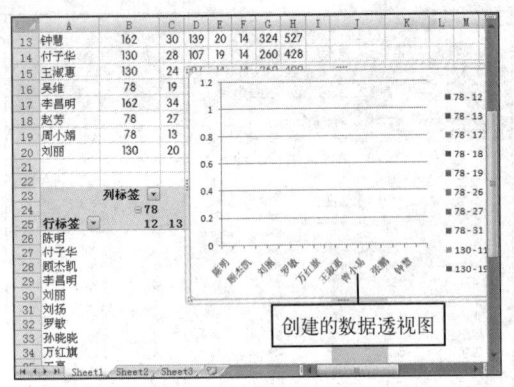
图 10-47 创建数据透视图

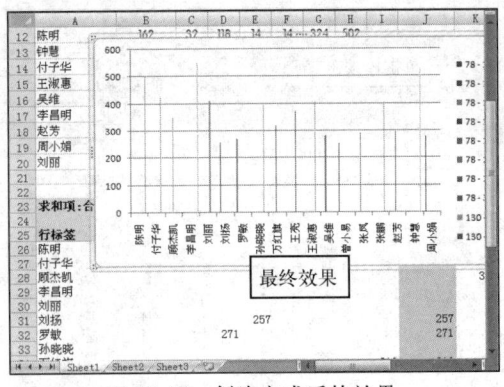
图 10-48 创建完成后的效果

提 示 数据透视图的移动、缩放、美化等操作都与图表的对应操作相同,均可通过选择数据透视图后出现的"数据透视图工具"下的几个选项卡实现。

10.2.2 将数据透视图独立为工作表

若觉得在同一工作表中放置的内容太多,则可考虑将创建的数据透视图独立为单独的工作表。

上机练习 10.9 在"缴费统计表"中将数据透视图独立出来

1 选择工作表中的数据透视图,单击出现的"设计"选项卡,然后单击"位置"组中的"移动图表"按钮,如图 10-49 所示。

2 打开"移动图表"对话框,选中"新工作表"单选按钮,在右侧的文本框中可为这个新工作表命名,这里命名为"数据透视图",如图 10-50 所示,单击"确定"按钮。

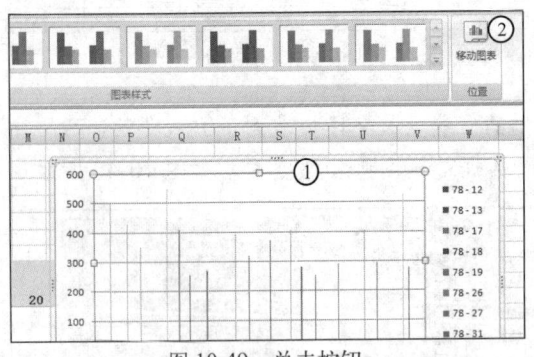
图 10-49 单击按钮

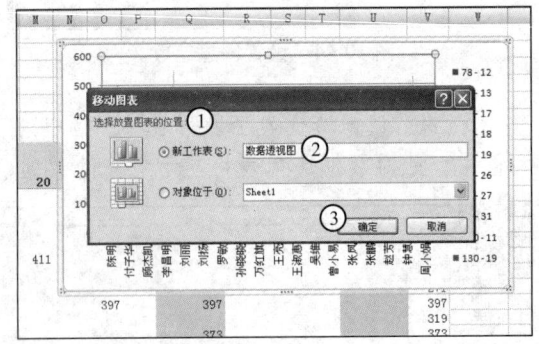
图 10-50 输入名称

3 此时将新建一个名为"数据透视图"的工作表,并在其中显示创建的数据透视图,如图 10-51 所示。

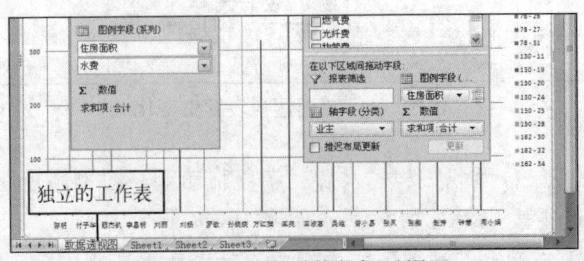
图 10-51 独立后的数据透视图

10.3 技能实训

本章主要对数据透视表和数据透视图的应用进行了较为详细的介绍。数据透视表和数据透视图是 Excel 2007 提供的分析数据的重要工具之一,合理使用它们可以使工作中的操作极大简化,进而提高工作效率。下面将建立一个"产品库存表",并在其中创建数据透视表和数据透视图,以巩固练习本章所学知识,如图 10-52 为练习的最终效果。

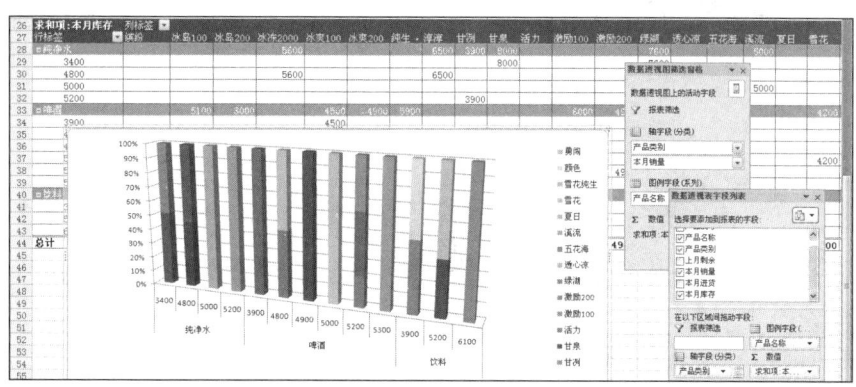

图 10-52　练习的最终效果

【操作步骤】

1 创建"产品库存表"并输入数据,切换到"插入"选项卡,单击"表"组中的"数据透视表"下拉按钮,在弹出的下拉菜单中选择"数据透视表"命令,如图 10-53 所示。

2 打开"创建数据透视表"对话框,选中"选择一个表或区域"单选按钮,单击下方文本框右侧的按钮,并利用拖动鼠标的方法将区域设置为如图 10-54 所示的范围。

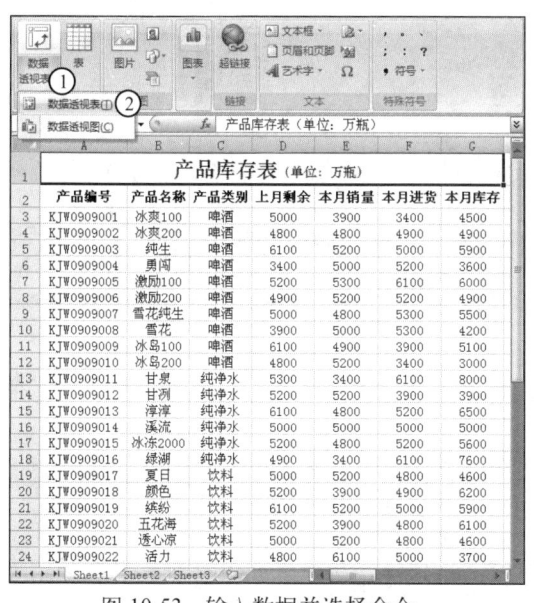

图 10-53　输入数据并选择命令

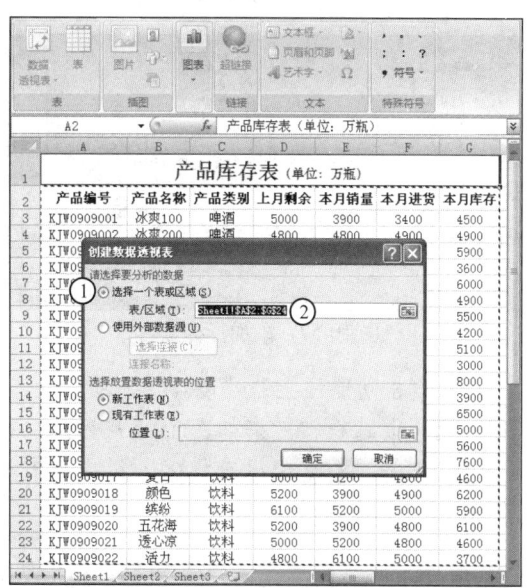

图 10-54　设置创建区域

3 选中下方的"现有工作表"单选按钮,利用按钮将起始单元格设置为如图 10-55 所示,然后单击"确定"按钮。

4 创建一个空白的数据透视表，并打开"数据透视表字段列表"窗格，将"选择要添加到报表的字段"列表框中的"产品名称"复选框拖动到窗格下方的"列标签"文本框中，如图10-56所示，此时数据透视表将生成相应的数据。

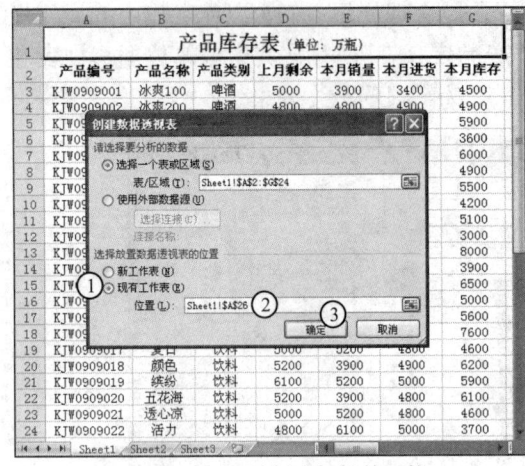

图10-55 设置创建起始单元格

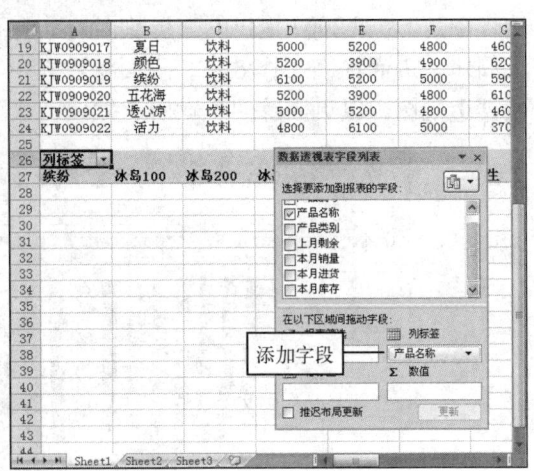

图10-56 添加列标签

5 用相同方法将"产品类别"和"本月销量"复选框拖动到"行标签"文本框中（拖动时应注意将"本月销量"移至"产品类别"下方），效果如图10-57所示。

6 继续将"本月库存"复选框拖动到"数值"文本框中，效果如图10-58所示。

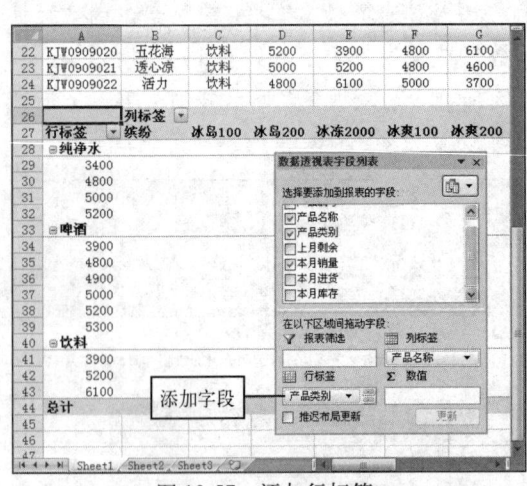

图10-57 添加行标签

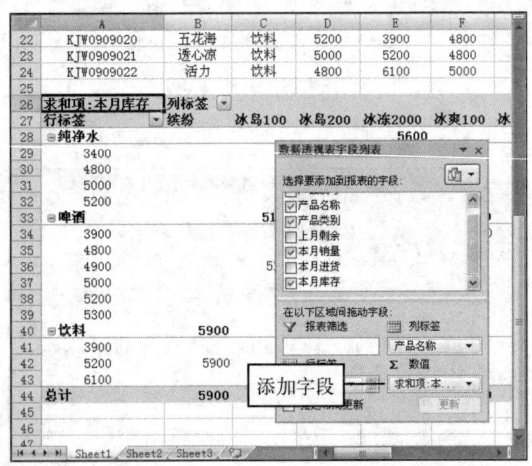

图10-58 添加数值项

7 单击功能区上的"设计"选项卡，选中"数据透视表样式选项"组中的"镶边行"和"镶边列"复选框，效果如图10-59所示。

8 单击"数据透视表样式"组中列表框的下拉按钮，在弹出的下拉列表中选择如图10-60所示的选项。

提示 单击"数据透视表样式"组中列表框的下拉按钮，在弹出的下拉列表中选择"清除"命令，可将数据透视表中应用的所有格式全部清除。

9 选择数据透视表中任意一个单元格，单击"选项"选项卡，在"工具"组中单击"数据透视图"按钮，如图10-61所示。

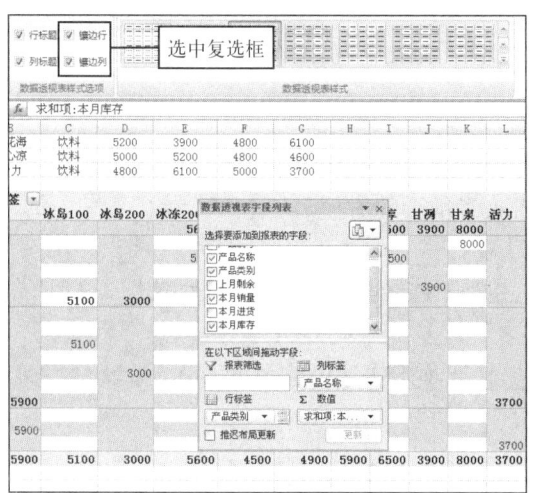
图 10-59　镶边行和列

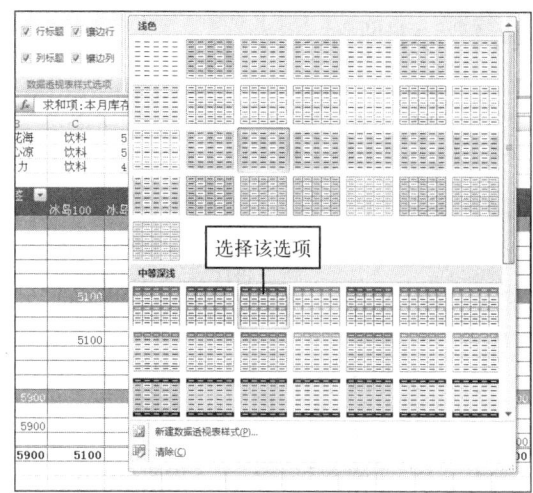
图 10-60　应用样式

10 打开"插入图表"对话框，在左侧的列表框中选择图表类型，如选择"柱形图"选项，在右侧的列表框中选择如图 10-62 所示的选项，最后单击"确定"按钮。

图 10-61　单击按钮

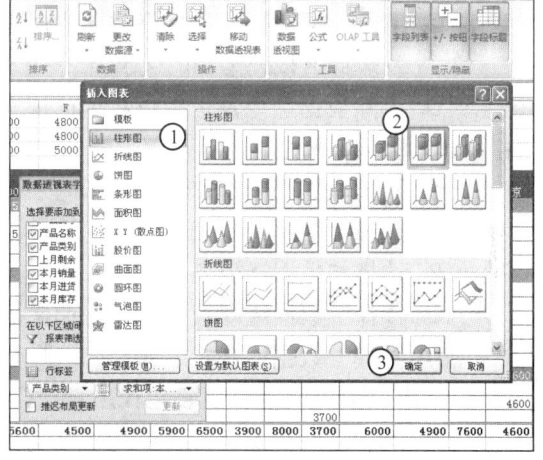
图 10-62　选择图表类型

11 创建数据透视图，并打开"数据透视图筛选窗格"窗格，如图 10-63 所示。适当将数据透视图放大即可，最终效果参见图 10-52 所示。

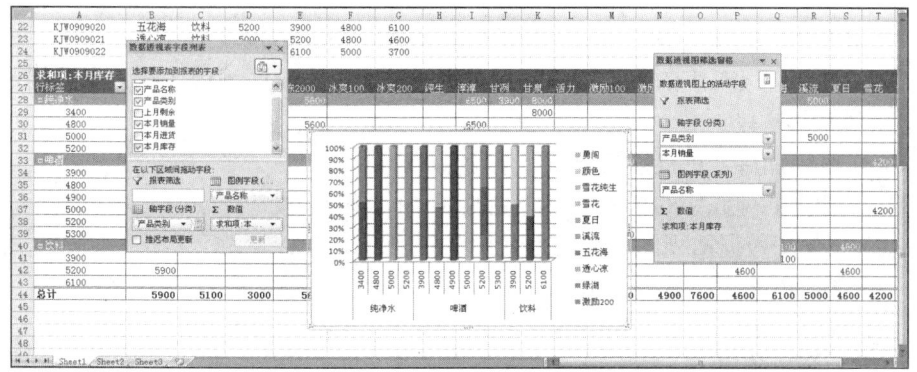
图 10-63　创建的数据透视图

10.4 习题

一、填空题

1. _____和_____是 Excel 进行数据分析的重要工具，它们以报表和图形的方式，可以直观地汇总、分析表格数据，为实际工作带来了很大的方便。
2. 创建数据透视表时，可根据需要将其创建在_____或_____中。
3. 数据透视图与数据透视表是对应关系，它相当于将数据透视表中的数据以_____的方式更为直观的显示出来。
4. 当表格中存在数据透视表时，通过_____选项卡快速创建数据透视图。

二、选择题

1. 关于清除数据透视表和删除数据透视表，以下说法错误的是（   ）。
   A. 清除数据透视表是指将数据透视表中的所有数据删除，但保留数据透视表本身的区域
   B. 删除数据透视表将把数据透视表的数据及区域一并清除，即工作表中将不再显示数据透视表的任何信息
   C. 清除数据透视表是指将数据透视表中的所有数据格式删除，但保留具体的数据以及数据透视表本身的区域
   D. 删除数据透视表是指将数据透视表中的所有数据删除，但保留数据透视表本身的区域
2. 关于创建数据透视表的步骤，下列选项正确的是（   ）。
   A. 选择"数据透视表"命令，选择创建位置，选择数据区域，添加数据透视表选项
   B. 选择"数据透视表"命令，添加数据透视表选项，选择数据区域，选择创建位置
   C. 选择"数据透视表"命令，选择数据区域，选择创建位置，添加数据透视表选项
   D. 选择"数据透视表"命令，选择数据区域，添加数据透视表选项，选择创建位置
3. 如果要将数据透视表创建在所选数据区域下方的 A23 单元格处，则（   ）。
   A. 选中"现有工作表"单选项，在"位置"文本框中输入"A23"
   B. 选中"新工作表"单选项，在"位置"文本框中输入"A23"
   C. 选中"当前工作表"单选项，在"位置"文本框中输入"A23"
   D. 选中"所选工作表"单选项，在"位置"文本框中输入"A23"
4. 关于编辑数据透视表的说法，错误的是（   ）。
   A. 选中相应的复选框即可将对应的字段添加到数据透视表中
   B. 通过将字段对应的复选框拖动到数据透视表的某个区域中，即可在数据透视表中添加该字段
   C. 字段添加后，可根据情况随时清除
   D. 添加到的列标签的字段，不能更改成行标签的字段
5. 以下不属于数据透视图类型的是（   ）。
   A. 柱形图   B. 圆环图   C. 折线图   D. 扇形图

三、操作题

1. 为"员工工资表"创建数据透视表，要求"姓名"字段显示在列标签区域；"职员编

号"字段显示在行标签区域;"实发工资"字段显示在数值区域,效果如图 10-64 所示。

员工工资表					
职员编号	姓名	部门	基本工资	提成	实发工资
CF20001	黄小龙	办公室	3000	500	3500
CF20002	郑丽	市场部	2500	2000	4500
CF20003	曾凯	销售部	1500	3000	4500
CF20004	黄伟	行政部	2000	1000	3000
CF20005	刘晓佳	销售部	1500	4000	5500
CF20006	李明明	市场部	3000	3500	6500
CF20007	周龙	企划部	3500	4000	7500
CF20008	洪建华	行政部	2000	2500	4500
CF20009	张丽	市场部	2000	3000	5000
CF20010	宋子丹	企划部	2500	4000	6500
CF20011	朱宏	销售部	1500	5000	6500
CF20012	陈方天	企划部	2500	3500	6000

求和项:实发工资	姓名											
职员编号	陈方天	洪建华	黄伟	黄小龙	李明明	刘晓佳	宋子丹	曾凯	张丽	郑丽	周龙	朱宏	总计
CF20001				3500									3500
CF20002										4500			4500
CF20003								4500					4500
CF20004			3000										3000
CF20005						5500							5500
CF20006					6500								6500
CF20007											7500		7500
CF20008		4500											4500
CF20009									5000				5000
CF20010							6500						6500
CF20011												6500	6500
CF20012	6000												6000
总计	6000	4500	3000	3500	6500	5500	6500	4500	5000	4500	7500	6500	63500

图 10-64　数据透视表

2. 将"部门"字段添加到行标签区域,并筛选出销售部的员工实发工资,效果如图 10-65 所示。

求和项:实发		姓名			
职员编号	部门	刘晓佳	曾凯	朱宏	总计
⊟CF20003	销售部		4500		4500
CF20003 汇总			4500		4500
⊟CF20005	销售部	5500			5500
CF20005 汇总		5500			5500
⊟CF20011	销售部			6500	6500
CF20011 汇总				6500	6500
总计		5500	4500	6500	16500

图 10-65　修改数据透视表

3. 为上题筛选出来的数据透视表创建数据透视图,效果如图 10-66 所示。

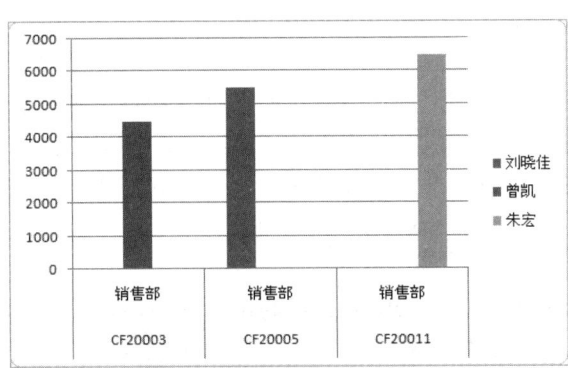

图 10-66　数据透视图

第 11 章 数据的高级运算

本章内容提要

对于一些工作和学习中较难计算的问题，通过 Excel 2007 则可轻易完成，且准确率更高。本章就将介绍如何使用 Excel 2007 来完成对复杂问题的计算，主要包括合并计算、一元一次方程和多元一次方程求解、数组的计算以及矩阵的计算等。通过本章学习，使读者能得心应手地处理类似的计算问题。

本章重点与难点

- ➢ 合并计算
- ➢ 一元一次方程求解
- ➢ 多元一次方程求解
- ➢ 数组的计算
- ➢ 矩阵的计算

11.1 合并计算

合并计算是指将相同或不同工作表中的数据，通过 Excel 2007 进行计算，然后并汇总到该工作表或其他的工作表中的操作。利用合并计算功能，可以汇总一个或多个工作表区域中的数据。下面分别介绍按位置合并计算和按类合并计算的方法。

11.1.1 按位置合并

按位置合并计算要求所有源区域中的数据的排列顺序相同，也就是两个或多个表格中的每一条记录名称、字段名称和排列顺序均相同。当需合并的对象满足这样的条件时，则可按位置对数据进行合并计算。

上机练习 11.1 按位置合并计算两分店的图书销量

1 启动 Excel 2007，在 Sheet1 工作表中输入如图 11-1 所示的数据，建立一分店图书销量表。

2 切换到 Sheet2 工作表中，并输入如图 11-2 所示的数据，其中 A2:E2 单元格区域以及 A3:A25 单元格区域中数据的内容和顺序需一致，建立二分店图书销量表。

 提示　在建立数据时，可将 Sheet1 工作表的数据复制到 Sheet2 工作表中，然后将销量数据进行修改，以提高工作效率。

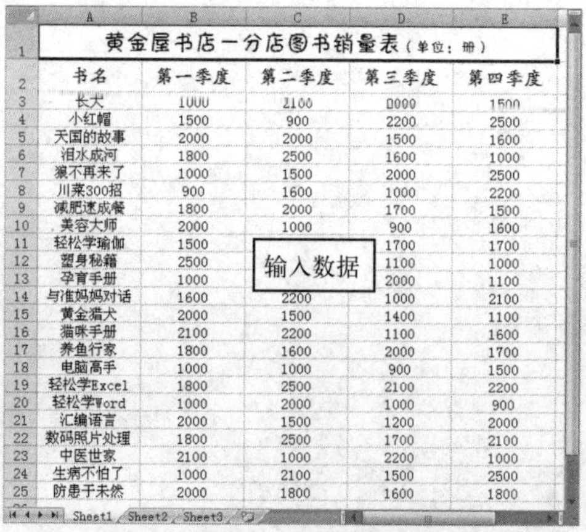

图 11-1　输入一分店的销量数据

3 切换到 Sheet3 工作表中,并输入如图 11-3 所示的数据,以便将两分店的销量数据进行合并。

图 11-2 输入二分店销量数据

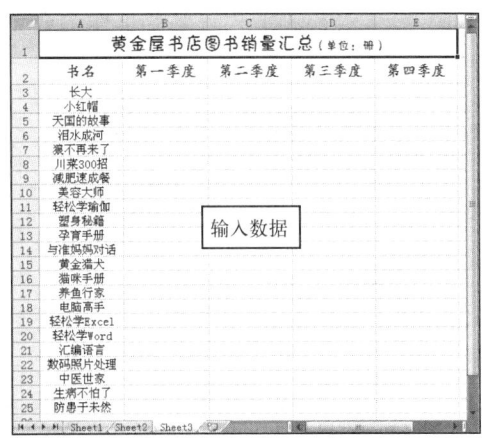

图 11-3 建立销量汇总表

4 在 Sheet3 工作表中选择合并计算后的起始单元格,这里选择 B3 单元格,然后切换到"数据"选项卡中,在"数据工具"组中单击"合并计算"按钮,如图 11-4 所示。

5 打开"合并计算"对话框,在"函数"下拉列表框中选择合并计算的计算方式,这里选择"求和"选项,单击"引用位置"文本框右侧的 按钮,如图 11-5 所示。

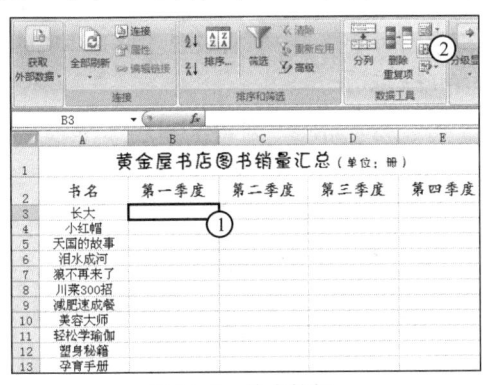

图 11-4 单击按钮

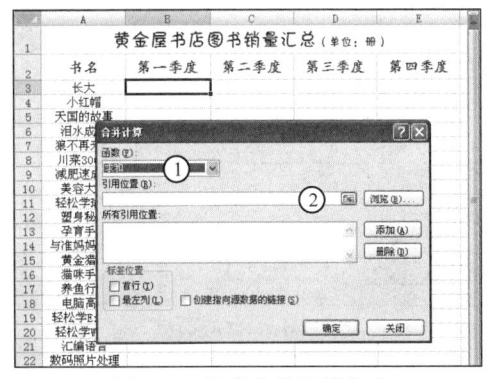

图 11-5 选择合并计算方式

6 切换到 Sheet1 工作表,拖动鼠标选择 B3:E25 单元格区域,单击对话框右侧的按钮,如图 11-6 所示。

7 返回"合并计算"对话框,单击"添加"按钮,将选择的区域添加到"所有引用位置"列表框中,如图 11-7 所示。

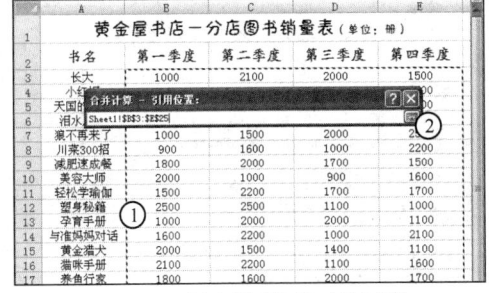

图 11-6 选择引用的单元格区域

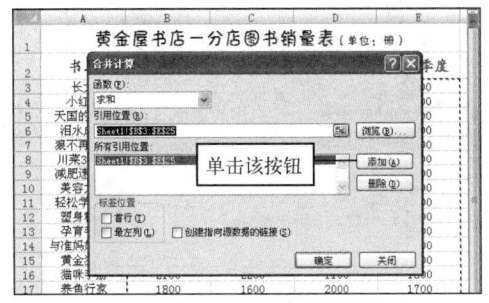

图 11-7 添加引用的单元格地址

8 用相同方法将 Sheet2 工作表中的 B3:E25 单元格区域添加到"所有引用位置"列表框中，如图 11-8 所示，单击"确定"按钮。

9 此时 Sheet3 工作表中便出现了合并后的数据，如图 11-9 所示。

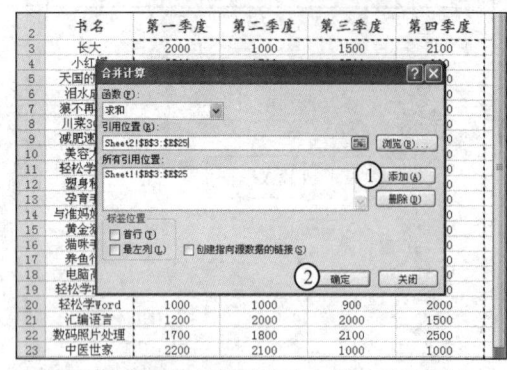

图 11-8 引用其他工作表中的单元格地址

图 11-9 合并计算得到的数据

11.1.2 按类合并

若需进行合并的源区域中的数据的排列顺序、记录名称或字段名称三者有其一不同时，则只能对其按类进行合并计算。

上机练习 11.2 按类合并计算两分店的图书销量

1 将 Sheet2 工作表中 A23:A25 单元格区域中的数据进行修改，使 Sheet2 工作表与 Sheet1 工作表中待合并计算的数据内容不一致，如图 11-10 所示。

2 将 Sheet3 工作表中 A3:E25 单元格区域中的数据全部删除，如图 11-11 所示。

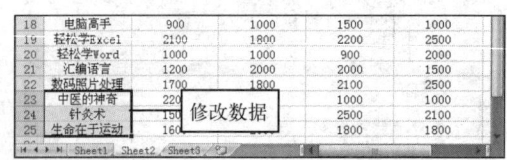

图 11-10 修改数据

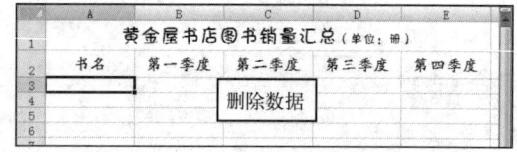

图 11-11 删除数据

3 选择 Sheet3 工作表中的 A3 单元格作为合并计算后的起始单元格，单击"数据"选项卡中"数据工具"组的"合并计算"按钮，打开"合并计算"对话框，将 Sheet1 工作表中 A3:E25 单元格区域添加到"所有引用位置"列表框中，如图 11-12 所示。

4 用相同方法将 Sheet2 工作表中的 A3:E25 单元格区域添加到"所有引用位置"列表框，如图 11-13 所示。

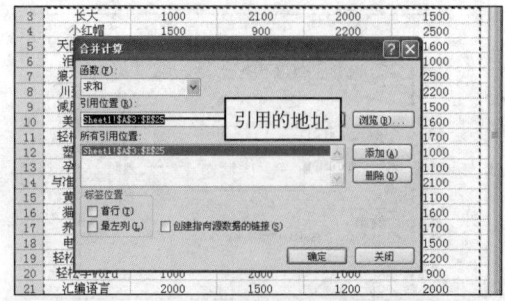

图 11-12 添加引用的单元格地址

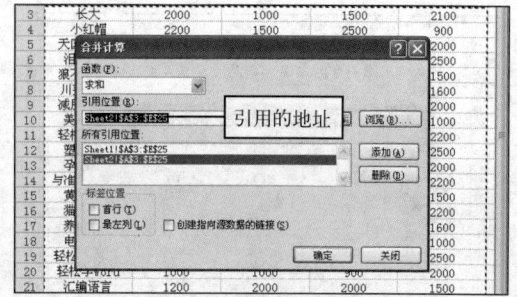

图 11-13 添加引用的单元格地址

提示 若想删除"所有引用位置"列表框中的曾经添加的单元格地址，可选择需删除的某个单元格地址，然后单击右侧的"删除"按钮即可。

5 选中"标签位置"栏中的"最左列"复选框，单击"确定"按钮，如图 11-14 所示。
6 此时 Sheet3 工作表中便出现了合并后的数据，如图 11-15 所示。

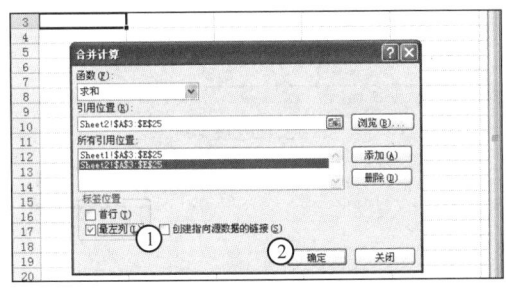

图 11-14 设置标签位置

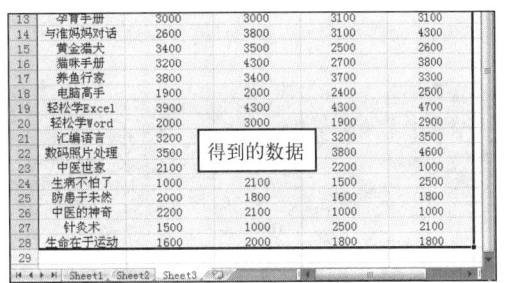

图 11-15 合并计算得到的数据

11.2 方程求解

在工作和学习中经常会遇到类似方程的问题，如计算施工周期、工作量、工资等，有时还会涉及到二元甚至多元方程的问题。通过手动计算不仅速率较慢，准确率也不高。Excel 2007 在对方程求解这方面的功能便可以很好地解决这些问题，下面便主要讲解如何利用 Excel 2007 来求解一元一次方程和多元一次方程的操作。

11.2.1 一元一次方程

Excel 2007 处理一元一次方程的问题时，首先分析方程中的已知量和未知量，并明确目标单元格和可变单元格。然后列出方程，将预计结果放在方程等号右侧，公式放在方程等号左侧。在目标单元中输入方程的计算公式（即方程左侧的数据），最后利用"单变量求解"对话框计算结果。

上机练习 11.3 计算"施工进度表"中每人的工作时长

1 创建"施工进度表"，并输入如图 11-16 所示的数据。
2 列出方程：人数×施工难度×每组总工作时长＝完工总时长。其中：每组总工作时长＝人数×每人工作时长，因此可得到最终的方程：人数×施工难度×人数×每人工作时长＝完工总时长，其中每人工作时长所在的单元格为可变单元格，完工总时长所在的单元格为目标单元格。
3 选择 E3 单元格，在其中输入前面推算出的方程左侧的公式"=B3*C3*B3*D3"，如图 11-17 所示。

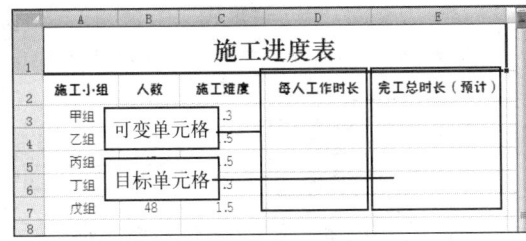

图 11-16 输入并分析数据

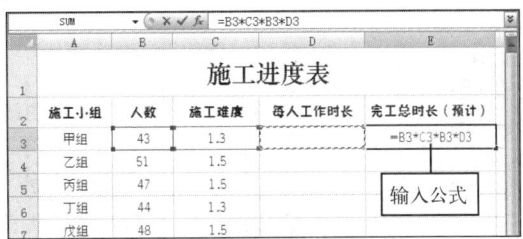

图 11-17 输入公式

4 按 "Ctrl+Enter" 键确认输入并选择 E3 单元格,切换到 "数据" 选项卡,单击 "数据工具" 组中的 "假设分析" 下拉按钮,在弹出的下拉菜单中选择 "单变量求解" 命令,如图 11-18 所示。

5 打开 "单变量求解" 对话框,在 "目标单元格" 文本框中输入 "E3",在 "目标值" 文本框中输入预计的完工总时长,如 "8000",在 "可变单元格" 文本框中输入 "D3",然后单击 "确定" 按钮,如图 11-19 所示。

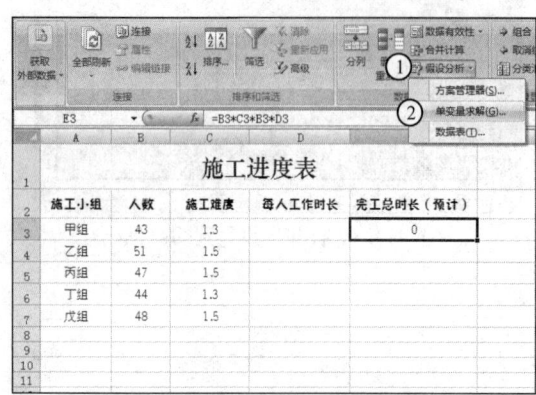
图 11-18　选择命令

图 11-19　设置单变量求解参数

6 打开 "单变量求解状态" 对话框,其中再次显示了目标值和当前解的数值,以便再次确认输入数据是否正确,单击 "确定" 按钮,如图 11-20 所示。

7 此时将计算出每人工作时长,如图 11-21 所示。

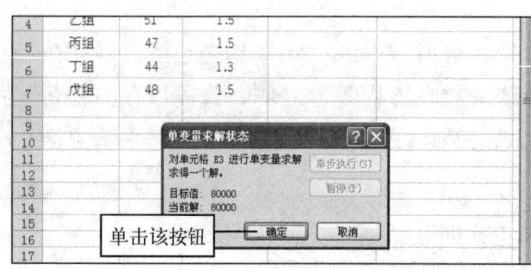
图 11-20　显示求解的部分参数数据

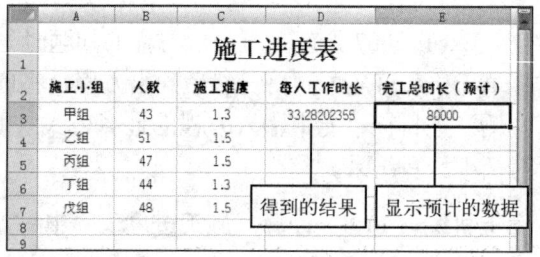
图 11-21　计算的结果

8 复制 E3 单元格中的公式到 E4:E7 单元格区域中,如图 11-22 所示。

9 按照相同的方法,计算其他几个组的每人工作时长,这里都预计完工总时长为 "80000",得到的结果如图 11-23 所示。

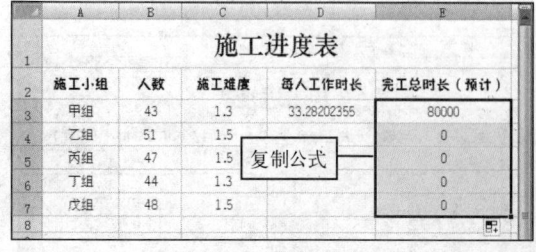
图 11-22　复制公式

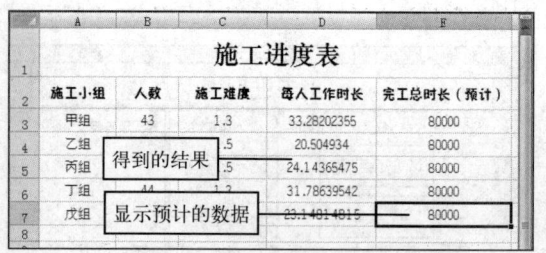
图 11-23　计算其他小组的每人工作时长

11.2.2 多元一次方程组

处理多元一次方程的步骤与处理一元一次方程的步骤大致相似，首先还是要分析方程中的已知量和未知量，以及明确目标单元格和可变单元格。然后列出方程，选择目标单元格，并在其中输入方程的左侧的计算公式，只是后面需通过"规划求解"命令来完成计算。

1. 加载"规划求解"功能

默认情况下，Excel 2007 没有将"规划求解"功能显示在功能区，此时还需手动将其加载。

上机练习 11.4　加载"规划求解"功能

1　启动 Excel 2007，单击"Office"按钮，在弹出的菜单下方单击"Excel 选项"按钮，打开"Excel 选项"对话框，选择左侧的"加载项"选项，然后单击对话框下方的"转到"按钮，如图 11-24 所示。

2　打开"加载宏"对话框，选中"可用加载宏"列表框中的"规划求解加载项"复选框，单击"确定"按钮，如图 11-25 所示。

图 11-24　单击按钮

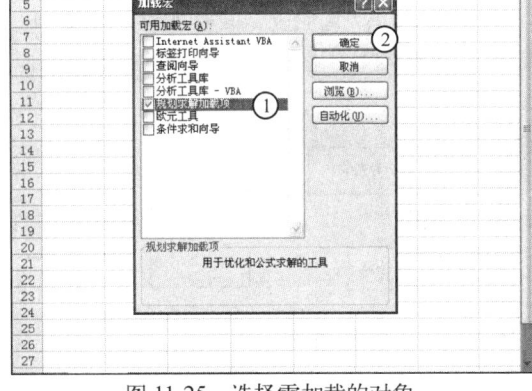

图 11-25　选择需加载的对象

3　打开提示对话框，提示该功能尚未安装并可现在安装，单击"是"按钮，如图 11-26 所示。

4　此时 Excel 2007 将打开安装对话框，并显示进度，如图 11-27 所示。

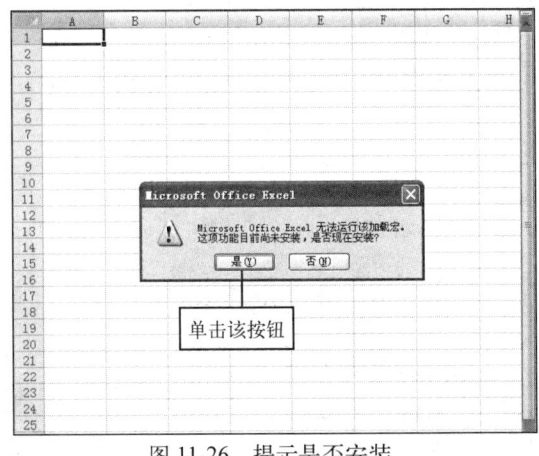

图 11-26　提示是否安装

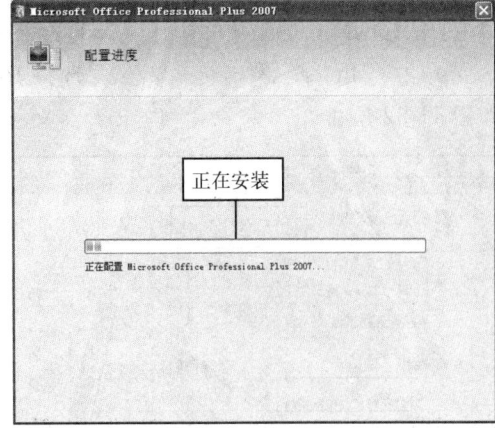

图 11-27　显示安装进度

5　安装完成后，将在"数据"选项卡中显示"分析"组，其中便有"规划求解"按钮，如图 11-28 所示。

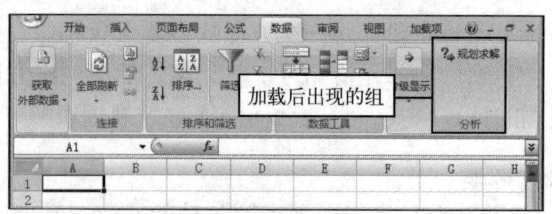

图 11-28　加载后的效果

2. 求解多元一次方程

加载了"规划求解"功能后，便可利用它来处理复杂的多元一次方程了。

上机练习 11.5　求解三元一次方程

1 创建"三元一次方程"表，并输入如图 11-29 所示的数据。其中可分为 4 个部分，一是题目区域，一是答案区域，且存放答案的单元格视为可变单元格，还有就是方程结果区域，且存放方程结果的区域视为目标单元格，最后还有系数区域，每个单元格中根据题目区域输入对应的系数。

2 选择 B7 单元格，根据方程(1)左侧的计算数据输入对应的公式，这里输入"=E7*E2+F7*E3+G7*E4"，其中 E2、E3、E4 为答案区域中存放答案的单元格地址，如图 11-30 所示。

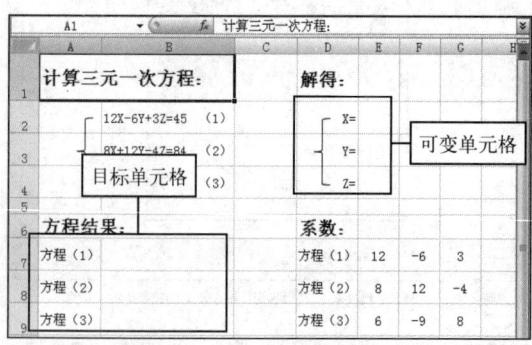

图 11-29　输入并分析数据

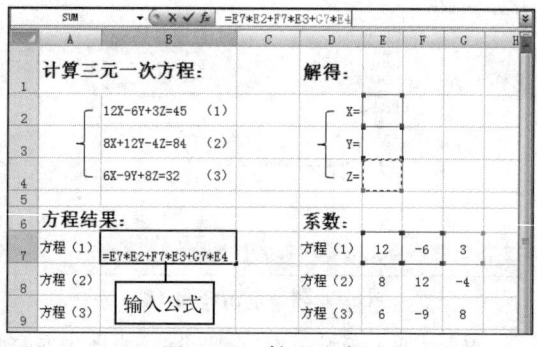

图 11-30　输入公式

3 在编辑栏中选择公式中的数据"E2"，按"F4"键使其引用为绝对引用，用相同方法将 E3 和 E4 单元格的引用地址更改为绝对引用，如图 11-31 所示。

4 按"Enter"键确认输入，并选择 B8 单元格，此时 B7 单元格中显示的数据为"0"，如图 11-32 所示。

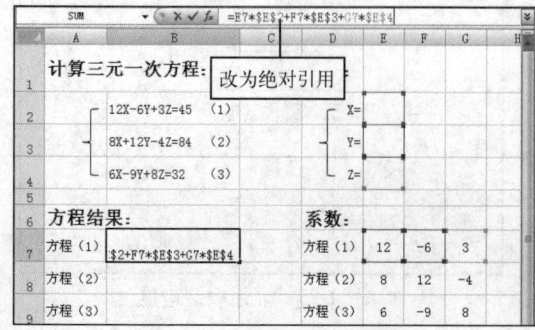

图 11-31　更改为绝对引用

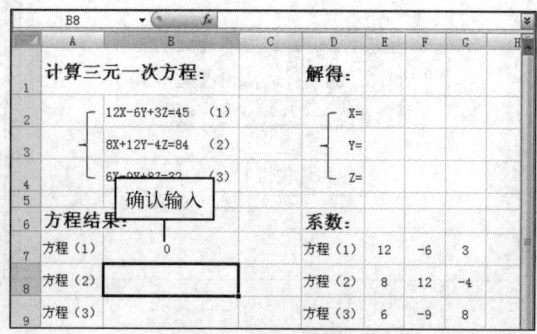

图 11-32　确认公式输入

5 用同样的方法在 B8 单元格中输入公式"=E8*E2+F8*E3+G8*E4",注意 E2、E3 和 E4 单元格的引用地址为绝对引用,如图 11-33 所示。

6 在 B9 单元格中输入公式"=E9*E2+F9*E3+G9*E4",如图 11-34 所示。

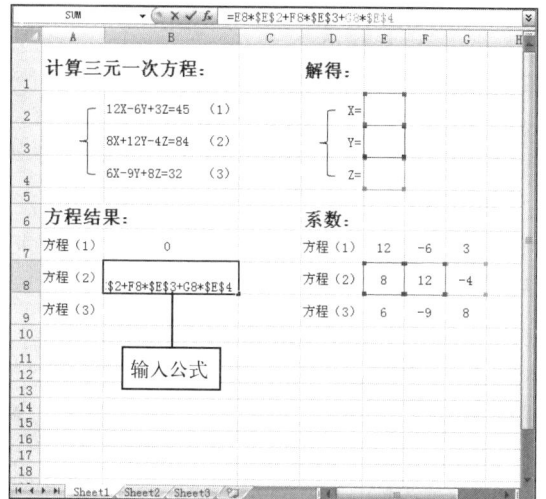

图 11-33 输入公式

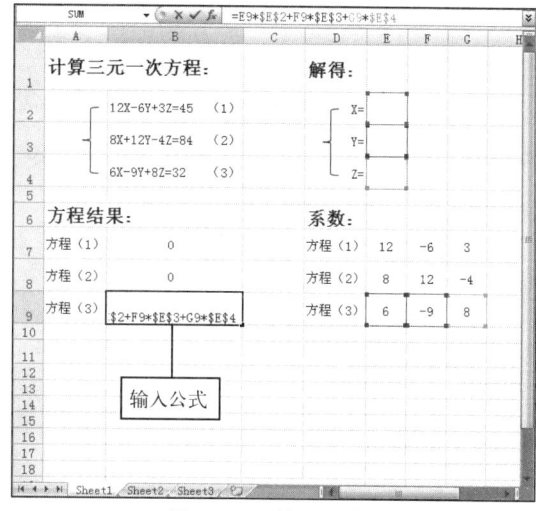

图 11-34 输入公式

7 重新选择 B7 单元格,单击"数据"选项卡中"分析"组的"规划求解"按钮,打开"规划求解参数"对话框,在"设置目标单元格"文本框中将参数设置为"B7",选中"值为"单选按钮,在右侧的文本框中输入"45",然后单击"可变单元格"文本框右侧的 按钮,如图 11-35 所示。

8 拖动鼠标选择 E2:E4 单元格区域作为可变单元格区域,然后单击对话框右侧的 按钮,如图 11-36 所示。

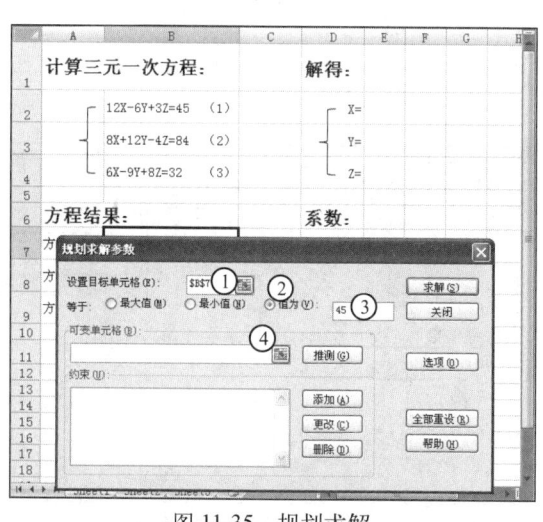

图 11-35 规划求解

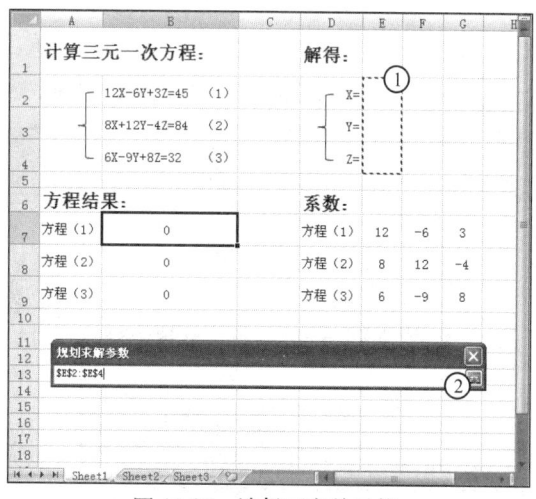

图 11-36 选择可变单元格

9 返回"规划求解参数"对话框,单击"添加"按钮,如图 11-37 所示。

10 打开"添加约束"对话框,将"单元格引用位置"文本框中的参数设置为"B8",运算符设置为"=","约束值"文本框中的参数设置为方程(2)的结果"84",如图 11-38 所示,单击"添加"按钮。

201

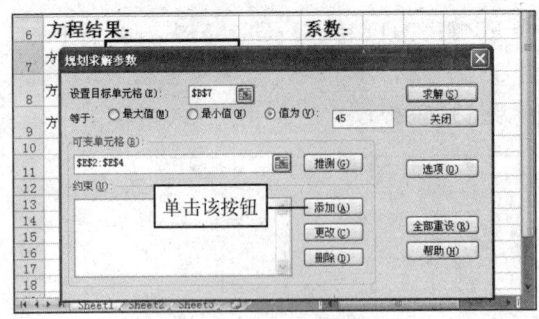

图 11-37　单击按钮

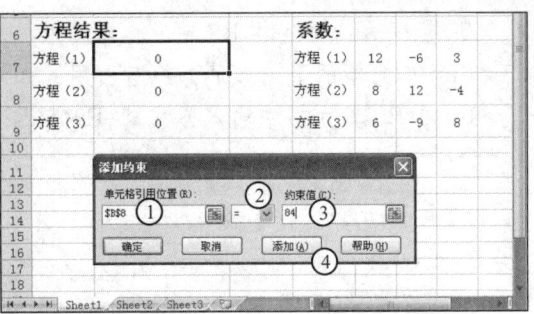

图 11-38　添加约束

11 在"单元格引用位置"文本框中将参数设置为"B9",运算符设置为"=","约束值"文本框中的参数设置为方程(3)的结果"32",如图11-39所示,单击"确定"按钮。

12 返回"规划求解参数"对话框,单击"求解"按钮,如图11-40所示。

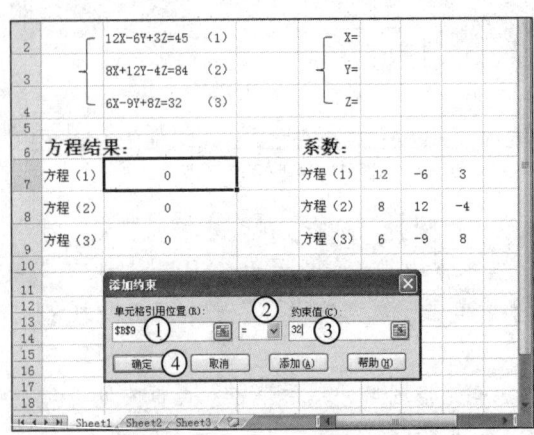

图 11-39　添加约束

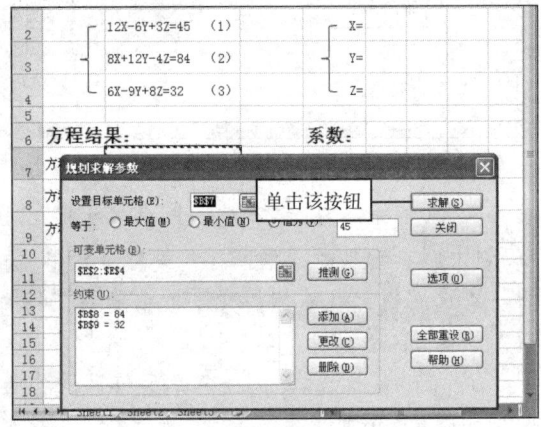

图 11-40　单击按钮

13 打开"规划求解结果"对话框,单击"确定"按钮,如图11-41所示。

14 完成方程的求解,效果如图11-42所示。

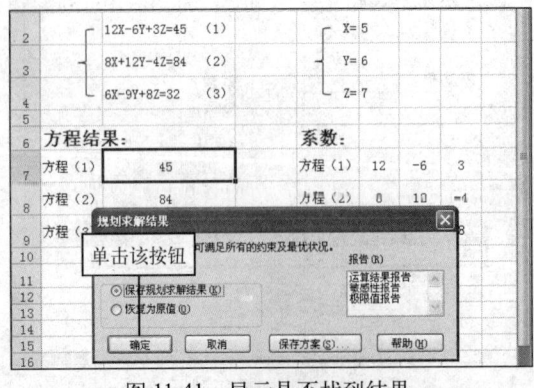

图 11-41　显示是否找到结果

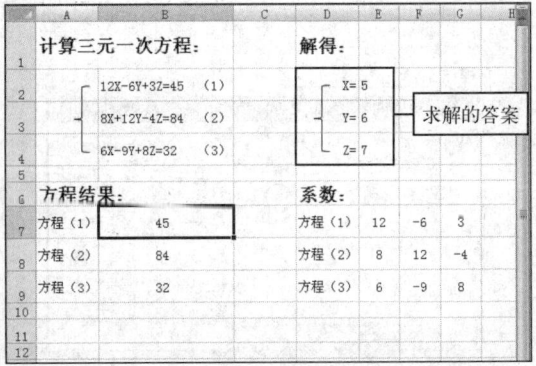

图 11-42　得到的答案

11.3　数组和矩阵计算

在 Excel 2007 中,将数组定义为某一行或某一列连续的数据,如图11-43所示;将矩阵定义为连续的行或列上的连续数据，如图 11-44 所示。

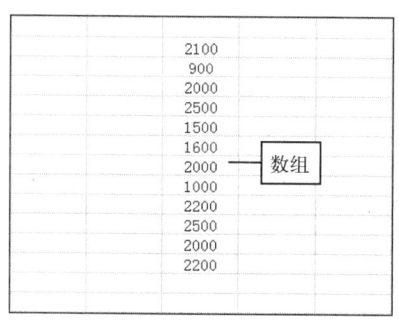

图 11-43　数组

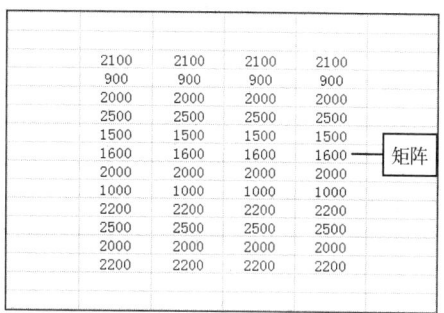

图 11-44　矩阵

通过 Excel 2007 可以实现快速对数组和矩阵进行各种计算，下面便详细介绍具体的操作方法。

11.3.1　计算数组

利用 Excel 2007 可以对数组进行加法、减法等运算，不过在进行计算之前，需先对待计算的数组进行名称定义的操作。下面便介绍计算数组的方法。

上机练习 11.6　对数组进行加法计算

1 输入两个数组，如图 11-45 所示。

2 选择数组 A 下的数据，这里选择 A2:A13 单元格区域，如图 11-46 所示。

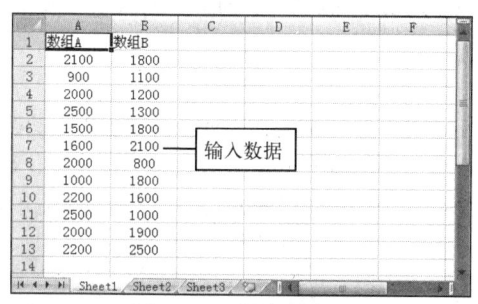

图 11-45　输入数组

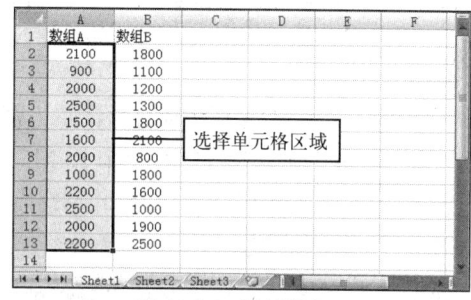

图 11-46　选择数据

3 在编辑栏的名称框中选择其中的名称，输入新的单元格区域名称，这里输入"A"，按"Enter"键，完成名称的定义，如图 11-47 所示。

4 用相同的方法为 B2:B13 单元格区域命名为"B"，如图 11-48 所示。

图 11-47　定义名称

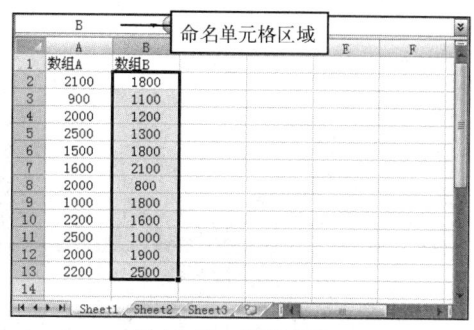

图 11-48　定义名称

203

提示 在"公式"选项卡的"定义名称"组中单击"定义名称"按钮，也可为选择的单元格或单元格区域定义需要的名称。

5 在 D1 单元格中输入"A+B="，然后选择计算结果所在的单元格区域，该区域的数量和方向必须与数组中的数据一致，如图 11-49 所示。

6 在编辑区中输入公式"=A+B"，其中 A 和 B 分别表示两个数组所在的单元格区域名称，如图 11-50 所示。

7 按"Ctrl+Shift+Enter"键，可见选择的单元格区域中便出现了所得的结果，如图 11-51 所示。

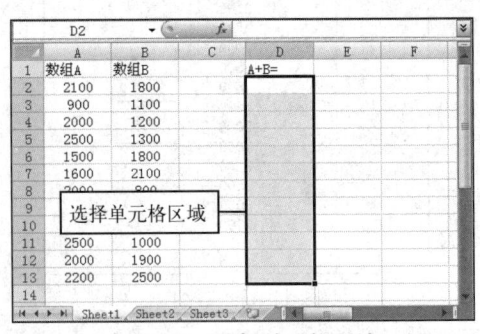

图 11-49　选择单元格区域

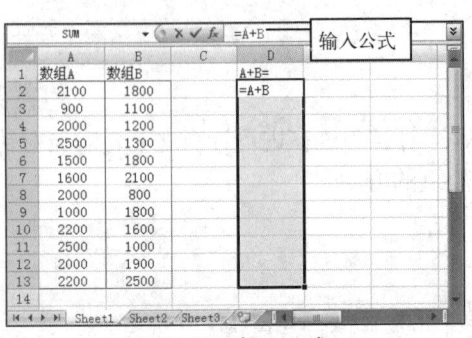

图 11-50　输入公式

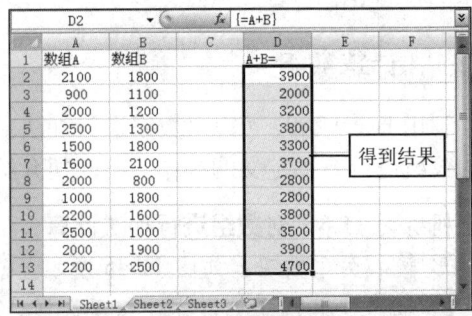

图 11-51　计算结果

11.3.2　计算矩阵

矩阵的计算方法除了按数组的计算方法可以实现之外，Excel 2007 还专门提供了一些函数实现对矩阵的其他高级计算，如利用 MDETERM 函数计算矩阵的行列式，利用 MINVERSE 函数计算矩阵的逆矩阵，利用函数计算矩阵的乘积以及利用 SUMPRODUCT 函数计算矩阵中所有对应元素的乘积之和等。

上机练习 11.7　计算矩阵各对应元素的乘积

1 输入两个矩阵，如图 11-52 所示。

2 选择矩阵 A 下的数据，将该单元格区域名称命名为"矩阵 A"，如图 11-53 所示。

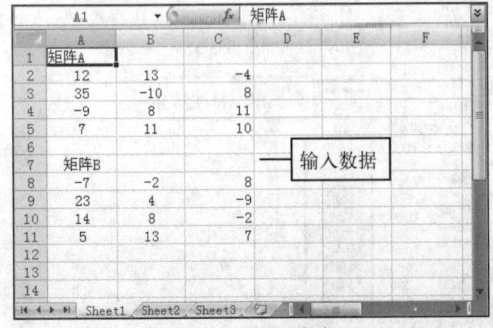

图 11-52　输入数据

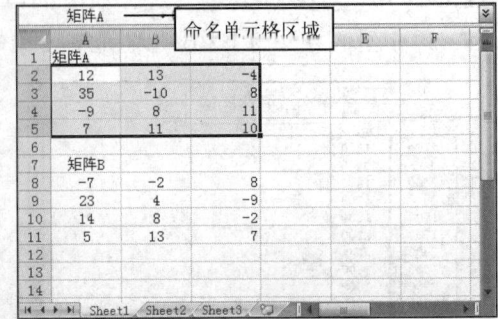

图 11-53　命名单元格区域

3 选择矩阵 B 下的数据，将该单元格区域名称命名为"矩阵 B"，如图 11-54 所示。

4 在 E2 单元格中输入"解得:",再选择计算结果所在的单元格(这里最终的结果是个元素乘积之和,因此只需选择一个单元格,否则也应选择与矩阵相同的单元格区域),如图 11-55 所示。

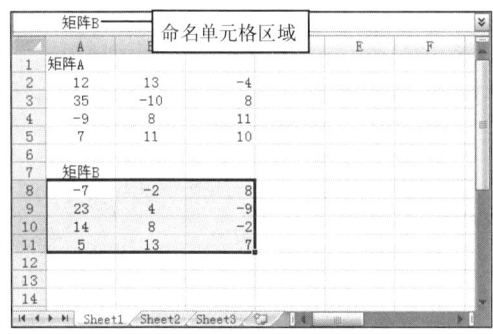

图 11-54 命名单元格区域

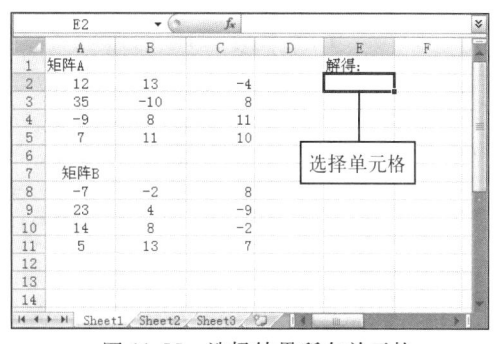

图 11-55 选择结果所在单元格

5 单击"插入函数"按钮,打开"插入函数"对话框,在"或选择类别"下拉列表框中选择"数学与三角函数"选项,在下方的"选择函数"列表框中选择"SUMPRODUCT"选项,单击"确定"按钮,如图 11-56 所示。

6 打开"函数参数"对话框,在"Array1"和"Array2"文本框中分别输入"矩阵 A"和"矩阵 B",单击"确定"按钮,如图 11-57 所示。

7 此时所选单元格中便出现了所得的计算结果,如图 11-58 所示。

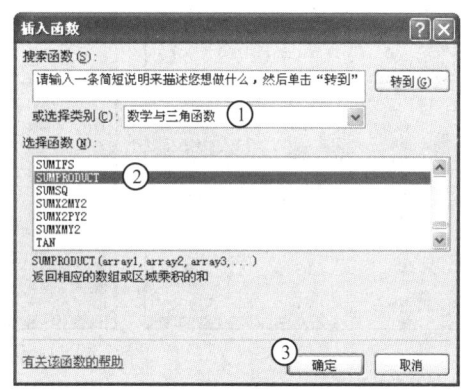

图 11-56 选择函数

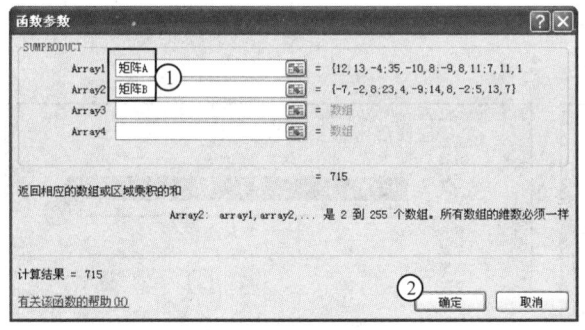

图 11-57 设置函数参数

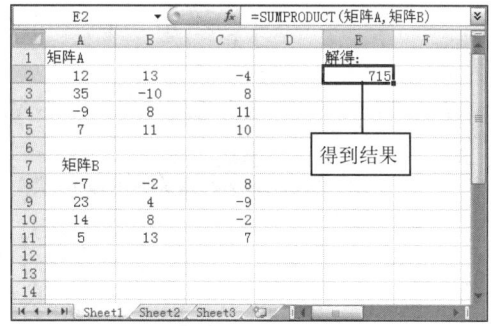

图 11-58 计算结果

11.4 技能实训

本章主要介绍使用 Excel 2007 进行合并计算、方程求解以及数组和矩阵的计算等知识。通过本章学习,可以了解到 Excel 2007 在高级运算方面的功能,也能在学习过程中,更加熟练地使用 Excel 计算问题。下面将通过制作水果销量表,利用合并计算功能合并两分店的水果销量,然后通过 SUMPRODUCT 函数计算出两店总的销售额,如图 11-59 所示为操作的最终效果。

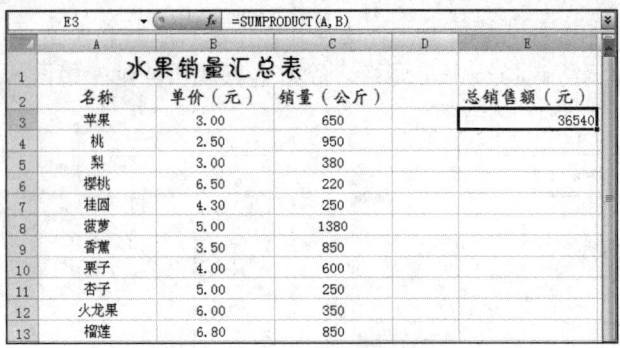

图 11-59 最终结果

【操作步骤】

1 启动 Excel 2007，分别在 Sheet1、Sheet2 和 Sheet3 工作表中输入如图 11-60 所示的数据。

图 11-60 输入数据制作表格

2 选择 Sheet3 工作表中的 C3:C16 单元格区域，单击"数据"选项卡，在"数据工具"组中单击"合并计算"按钮。打开"合并计算"对话框，单击 按钮，如图 11-61 所示。

3 切换到 Sheet1 工作表，拖动鼠标选择 C3:C16 单元格区域，单击 按钮，如图 11-62 所示。

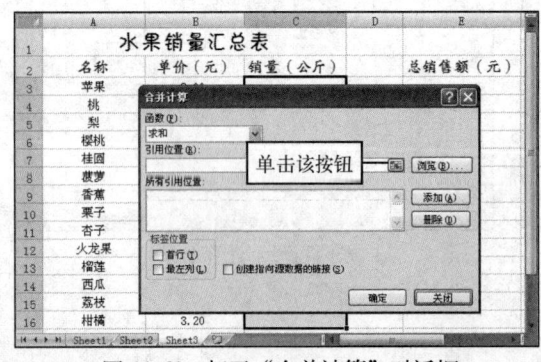

图 11-61 打开"合并计算"对话框

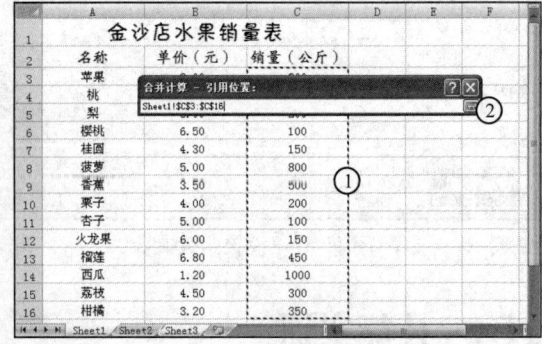

图 11-62 选择单元格区域

4 返回"合并计算"对话框，单击"添加"按钮将选择的单元格区域地址添加到下方的列表框中，如图 11-63 所示，然后单击 按钮。

5 切换到 Sheet2 工作表，拖动鼠标选择 C3:C16 单元格区域，单击 按钮，如图 11-64 所示。

图 11-63　添加单元格区域地址

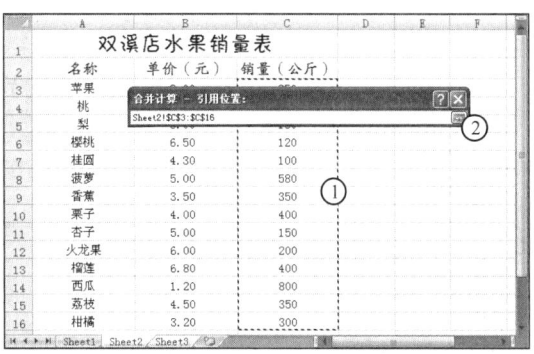

图 11-64　选择单元格区域

6 返回"合并计算"对话框，单击"添加"按钮继续将选择的单元格区域地址添加到下方的列表框中，如图 11-65 所示，然后单击"确定"按钮。

7 此时即可在 Sheet3 工作表的 C3:C16 单元格区域中显示合并计算后的数据，如图 11-66 所示。

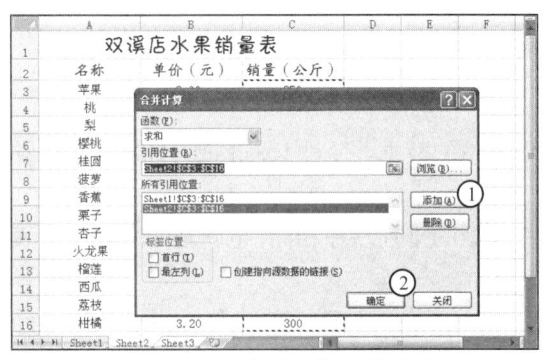

图 11-65　添加单元格区域地址

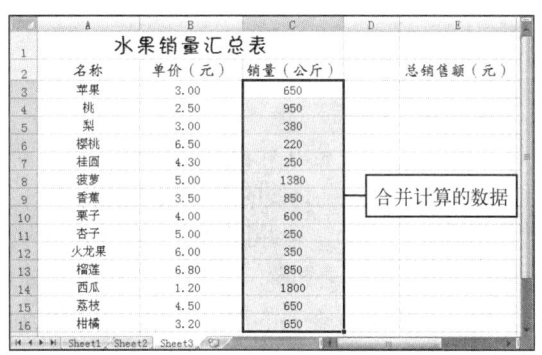

图 11-66　得到合并计算后的数据

8 此时 C3:C16 单元格区域呈选择状态，直接在名称框中输入"B"，然后按"Enter"键，为该单元格区域命名，如图 11-67 所示。

9 选择 B3:B16 单元格区域，按相同方法在名称框中输入"A"，然后按"Enter"键，为该单元格区域命名，如图 11-68 所示。

图 11-67　命名单元格区域

图 11-68　命名单元格区域

10 选择 E3 单元格，单击"插入函数"按钮，打开"插入函数"对话框，在"或选择类别"下拉列表框中选择"数学与三角函数"选项，在下方的"选择函数"列表框中选择

"SUMPRODUCT"选项,单击"确定"按钮,如图11-69所示。

11 打开"函数参数"对话框,在"Array1"和"Array2"文本框中分别输入"A"和"B",单击"确定"按钮,如图11-70所示,此时便将计算出两个分店的总销售额。

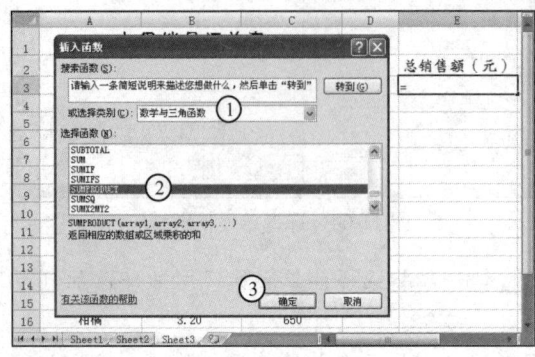

图 11-69 选择函数

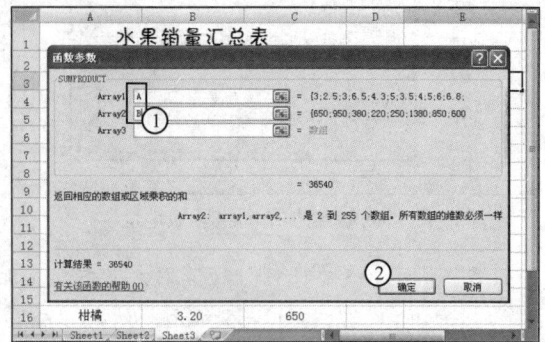

图 11-70 设置函数参数

11.5 习题

一、填空题

1. _____合并计算是指将相同或不同工作表中的数据,通过 Excel 进行计算,然后并汇总到该工作表或其他的工作表中的操作。

2. 按_____合并计算要求所有源区域中的数据的排列顺序相同,也就是两个或多个表格中的每一条记录名称、字段名称和排列顺序均相同。

3. 若需进行合并的源区域中的数据的排列顺序、记录名称或字段名称三者有其一不同时,则只能对其进行_____合并计算。

4. 通过_____功能可处理 Excel 中的多元一次方程组。

5. 计算数组之前,需先对待计算的数组进行_____操作。

6. 利用 MDETERM 函数可计算矩阵的_____;利用_____函数可计算矩阵的逆矩阵;利用_____函数可计算矩阵中所有对应元素的乘积之和。

二、选择题

1. 若 A 店 1~4 季度的销售额分别为 10000、20000、30000 和 40000,B 店 1~4 季度的销售额分别为 20000、30000、40000 和 50000,则将这两个店按位置合并后,两点第 3 季度的销售额是(   )。

  A. 30000   B. 50000   C. 70000   D. 90000

2. 关于 Excel 处理一元一次方程的步骤,以下顺序正确的是(   )。

(1) 列出方程,将预计结果放在方程等号右侧,公式放在方程等号左侧
(2) 明确目标单元格和可变单元格
(3) 分析方程中的已知量和未知
(4) 在目标单元中输入方程的计算公式(即方程左侧的数据)
(5) 利用"单变量求解"对话框计算结果

  A. (1) (2) (3) (4) (5)   B. (3) (2) (1) (4) (5)
  C. (3) (1) (2) (4) (5)   D. (1) (3) (2) (4) (5)

3. 关于规划求解，以下说法错误的（　　）。
   A. 默认情况下，"规划求解"功能没有显示在 Excel 功能区，需手动添加
   B. 通过"加载宏"对话框可加载"规划求解"功能
   C. 处理多元一次方程的步骤与处理一元一次方程的步骤大致相似，只是后面需通过"规划求解"命令来完成计算
   D. "规划求解"功能最多只能计算三元一次方程
4. 用于计算矩阵乘积的函数是（　　）。
   A. MDETERM　　B. MINVERSE　　C. MMULT　　D. SUMPRODUCT

三、操作题

1. 按图 11-71 所示的数据，分别在工作簿的 Sheet1 工作表和 Sheet2 工作表中建立两个连锁店的销售统计表，然后在 Sheet3 工作表中利用按位置合并数据的方法求两个连锁店相应商品的销售总额。

文具店销售统计表					
商品代码	名称	一季度	二季度	三季度	四季度
XM0101	铅笔	¥5,000.00	¥6,000.00	¥10,000.00	¥2,100.00
XM0102	钢笔	¥3,200.00	¥1,500.00	¥1,000.00	¥4,000.00
XM0103	圆珠笔	¥10,000.00	¥20,000.00	¥35,000.00	¥28,000.00
XM0104	水彩笔	¥5,000.00	¥2,500.00	¥3,800.00	¥1,700.00
XM0105	蜡笔	¥800.00	¥1,200.00	¥3,000.00	¥1,100.00

图 11-71　合并计算数据

2. 在 Sheet2 工作表中添加商品"毛笔"，然后新建 Sheet4 工作表，并在其中利用按类合并数据的方法求两个连锁店相应商品的销售总额。
3. 输入如图 11-72 所示的数据，并利用"规划求解"功能求解三元一次方程组。
4. 输入如图 11-73 所示的数据，并计算两个数组之和。

求解三元一次方程组：
$$\begin{cases} 3X-4Y+8Z=20 \\ 2X-3Y+5Z=38 \\ 7X-3Y+3Z=46 \end{cases}$$

方程1	3X-4Y+8Z=20		方程1之解	
方程2	2X-3Y+5Z=38		方程2之解	
方程3	7X-3Y+3Z=46		方程3之解	

方程1系数	方程2系数	方程3系数	求解得：	
3	2	7	X=	
-4	-3	-3	Y=	
8	5	3	Z=	

图 11-72　求解三元一次方程组

计算下列两个数组之和：

数组A	数组B	解得：
34	24	
51	31	
41	27	
24	19	
17	5	
28	18	
10	32	
8	14	
20	4	

图 11-73　计算数组

5. 输入如图 11-74 所示的数据，并计算两个矩阵对应元素的乘积之和。

计算下列两个矩阵对应元素的乘积之和。

$$A \begin{bmatrix} 15, & 8, & 3 \\ 12, & -2, & 5 \\ -4, & 12, & 4 \end{bmatrix} \quad B \begin{bmatrix} 1, & 12, & 14 \\ 5, & 3, & -4 \\ -6, & -4, & 7 \end{bmatrix}$$

矩阵A			
15	8	3	解得
12	-2	5	
-4	12	4	

矩阵B			
1	12	14	
5	3	-4	
-6	-4	7	

图 11-74　计算矩阵

第 12 章 财 务 应 用

本章内容提要

财务应用是 Excel 2007 功能的最大体现，通过 Excel 强大的计算功能，可以解决许多繁杂且困难的财务题目，是财务工作很好的帮手。本章将主要介绍利用 Excel 计算折旧值、选择最优信贷方案、进行投资预算、模拟运算、方差分析以及债券计算等操作。使读者通过本章学习，掌握解决这些常见财务问题的方法。

本章重点与难点

- ➢ 计算折旧值
- ➢ 选择最优信贷方案
- ➢ 投资预算
- ➢ 模拟预算
- ➢ 方差分析
- ➢ 债券计算

12.1 计算折旧值

折旧值主要用于固定资产的折旧计算。固定资产在使用年限内，因各种因素会产生有形或无形的损耗，计算其折旧值便是将固定资产的成本在使用年限内转化为现值。下面主要介绍 DB 函数、VDB 函数和 SYD 函数在处理关于折旧值方面的应用。

12.1.1 DB 函数的使用

DB 函数的表达式为 DB（cost, salvage, life, period, month），作用是使用固定余额递减法计算固定资产在一定期限内的折旧值，其表达式中各参数的含义和用法如下：

- cost：固定资产的初始值，此参数不能为负数。
- salvage：固定资产在折旧期末的价值，即资产残值。
- life：折旧期限，也叫使用寿命。
- period：需计算折旧值的期限。其使用单位必须与 life 的单位相同，如 life 以 "1" 表示一年，则 period 的 "12" 只能表示为 12 年，不能表示为 12 个月。
- month：指第一年的月份数，此参数可忽略，此时 Excel 将自动判断该值为 "12"。

上机练习 12.1 使用 DB 函数计算数控车床每年的折旧值和累计折旧值

1 启动 Excel 2007，输入计算折旧值的原始数据，包括购买资产时的金额（即初始值）、资产残值、使用年数等，如图 12-1 所示。

2 选择 G2 单元格，单击"插入函数"按钮，打开"插入函数"对话框，在"或选择类别"下拉列表框中选择"财务"选项，在下方的"选择函数"列表框中选择"DB"选项，单击"确定"按钮，如图 12-2 所示。

图 12-1　输入数据

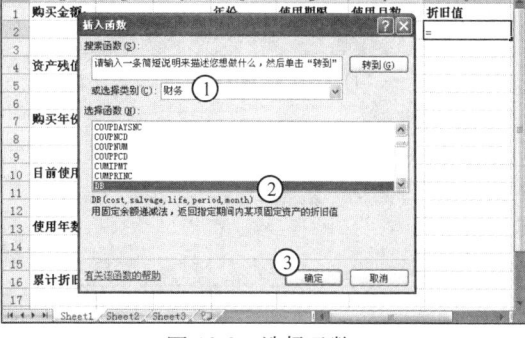

图 12-2　选择函数

3 打开"函数参数"对话框，单击"Cost"文本框右侧的按钮，如图 12-3 所示。

4 选择资产初始值所在的单元格，这里选择 B2 单元格，单击对话框右侧的按钮，如图 12-4 所示。

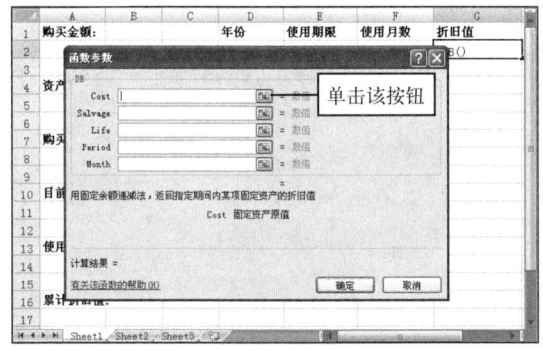

图 12-3　设置函数参数

图 12-4　选择单元格

5 用相同方法设置其他参数对应的单元格地址，如图 12-5 所示。

6 用于资产初始值的引用是固定不变的，因此需选择"函数参数"对话框中"Cost"文本框中的地址，按"F4"键将其转化为绝对引用，如图 12-6 所示。

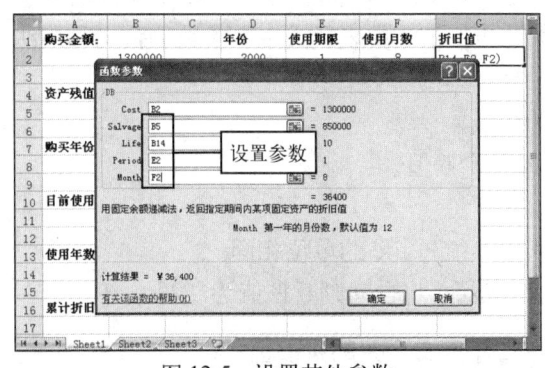

图 12-5　设置其他参数

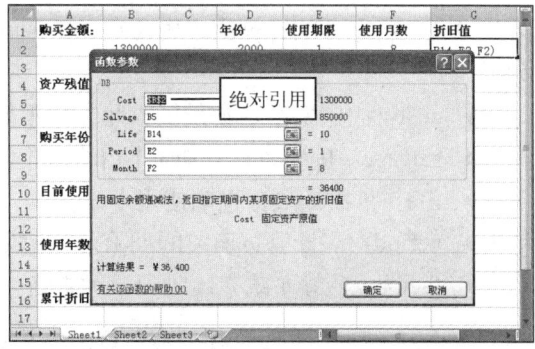

图 12-6　转化为绝对引用

7 按照相同的方法，将资产残值和使用年数对应的地址转化为绝对引用，如图 12-7 所示，单击"确定"按钮。

8 此时 G2 单元格中便计算出 2000 年时资产的折旧值，如图 12-8 所示。

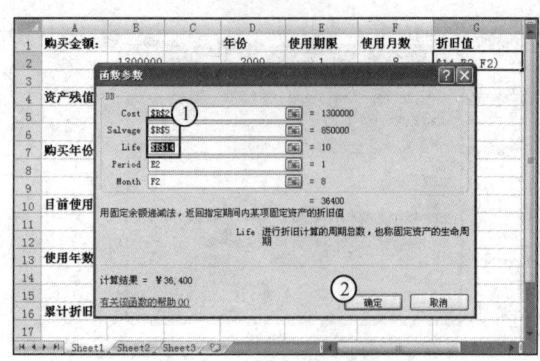

图 12-7 转化为绝对引用

图 12-8 计算出的折旧值

9 拖动 G2 单元格右下角的控制柄,将公式填充到 G3:G11 单元格中,依次计算出其余年份的折旧值,如图 12-9 所示。

10 选择 B17 单元格,利用求和函数 SUM 将 G2:G11 单元格区域中的数据加在一起,即可求出这几年的累计折旧值,如图 12-10 所示。

图 12-9 填充公式

图 12-10 计算累计折旧值

12.1.2 DDB 函数的使用

DDB 函数的表达式为 DDB(cost, salvage, life, period, factor),作用是使用双倍余额递减法或其他指定方法计算固定资产在一定期限内的折旧值,其表达式中各参数的含义和用法如下:

- cost:固定资产的初始值,此参数不能为负数。
- salvage:固定资产在折旧期末的价值,即资产残值。
- life:折旧期限,也叫使用寿命。
- period:需计算折旧值的期限。其使用单位必须与 life 的单位相同。
- factor:余额递减率,此参数可忽略,此时 Excel 将自动判断该值为"2"。

上机练习 12.2 使用 DDB 函数计算数控车床第二年第二个月的折旧值

1 启动 Excel 2007,输入计算折旧值的原始数据,包括购买资产时的金额(即初始值)、资产残值、使用年数等,如图 12-11 所示。

2 选择 E2 单元格,单击"插入函数"按钮,打开"插入函数"对话框,在财务类函数中选择 DDB 函数,单击"确定"按钮,如图 12-12 所示。

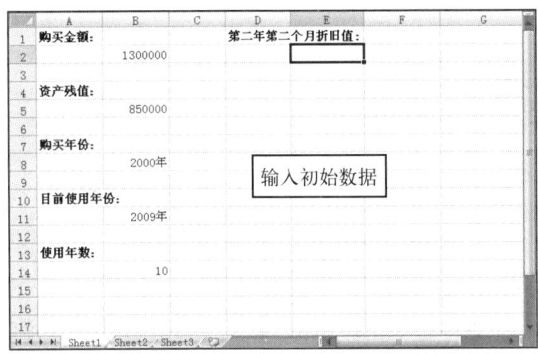

图 12-11　输入数据

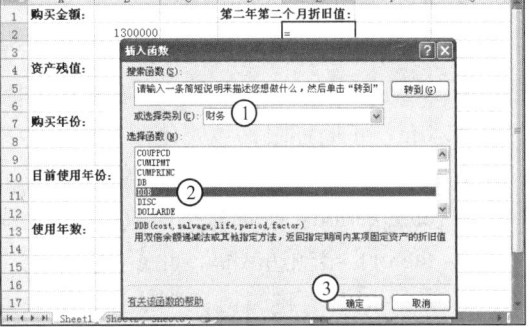

图 12-12　选择函数

3 打开"函数参数"对话框，将"Cost"和"Salvage"的参数设置为如图 12-13 所示。

4 在设置"Life"参数时，由于是计算第二年第二个月的折旧值，因此这里需乘以 12 将年转化为月作为单位，以便同"Period"的参数单位一致，如图 12-14 所示。

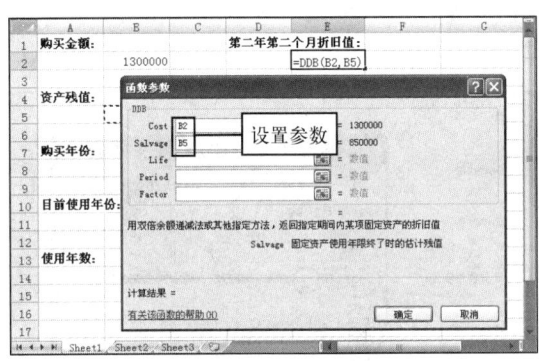

图 12-13　设置参数

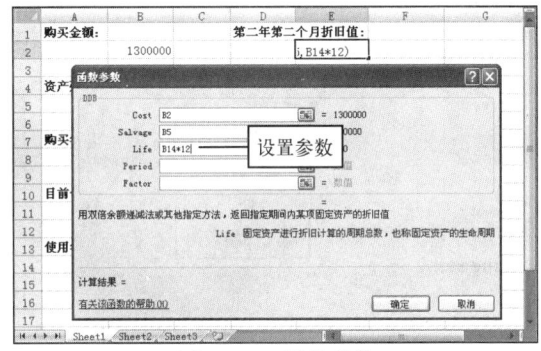

图 12-14　转化单位

5 由于是计算第二年第二个月的折旧值，因此"Period"的参数应为第一年的"12"个月加上第二年的"2"个月，如图 12-15 所示。

6 忽略"factor"的参数，直接单击"确定"按钮，此时便得到第二年第二个月的折旧值，如图 12-16 所示。

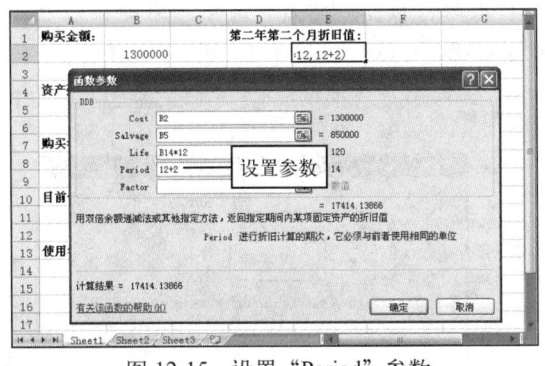

图 12-15　设置"Period"参数

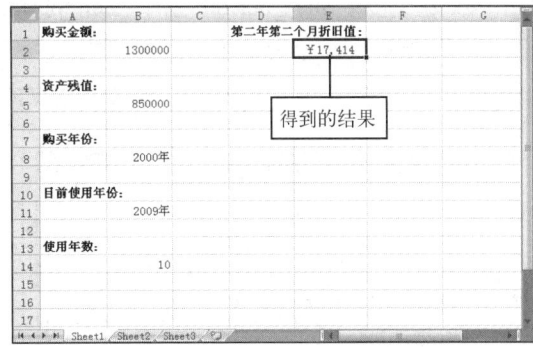

图 12-16　计算结果

12.1.3　VDB 函数的使用

VDB 函数的表达式为 VDB(cost, salvage, life, start_period, end_ period, factor, no_switch)，作用是使用余额递减法或其他指定方法计算固定资产在特定或部分期限内的折旧值，其表达式中各参数的含义和用法如下：
- cost：固定资产的初始值，此参数不能为负数。
- salvage：固定资产在折旧期末的价值，即资产残值。
- life：折旧期限，也叫使用寿命。
- start_period：需计算折旧值的开始期限。其使用单位必须与 life 的单位相同。
- end_period：需计算折旧值的结束期限。其使用单位必须与 life 的单位相同。
- factor：余额递减率，此参数可忽略，此时 Excel 将自动判断该值为"2"。
- no_switch：逻辑值，判断当折旧值大于余额递减法计算出的值时，是否使用直线折旧法进行计算。

上机练习 12.3　使用 VDB 函数计算数控车床第一年的折旧值

1 启动 Excel 2007，输入计算折旧值的原始数据，包括购买资产时的金额（即初始值）、资产残值、使用年数等，如图 12-17 所示。

2 选择 E2 单元格，单击"插入函数"按钮，打开"插入函数"对话框，在财务类函数中选择 VDB 函数，单击"确定"按钮，如图 12-18 所示。

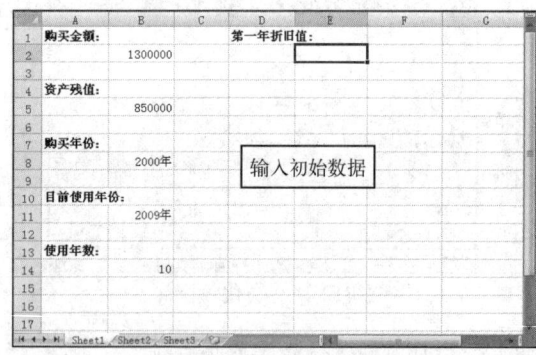

图 12-17　输入数据

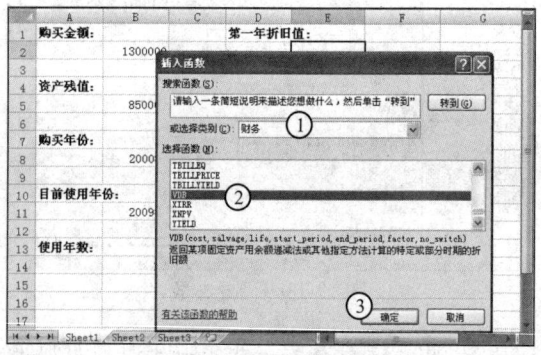

图 12-18　选择函数

3 打开"函数参数"对话框，将"Cost"、"Salvage"和"Life"的参数设置为如图 12-19 所示。

4 在设置"Start_period"和"End_period"参数时，根据题意是计算第一年的折旧值，因此这两个参数应分别设置为"0"和"1"，如图 12-20 所示，然后单击"确定"按钮。

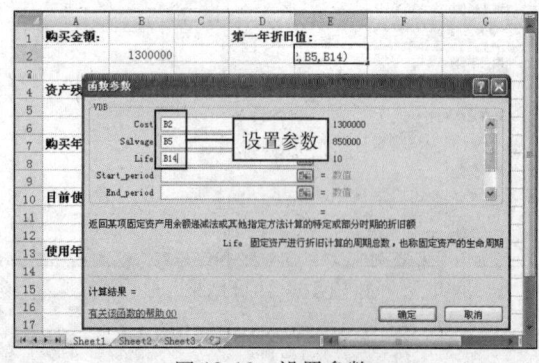

图 12-19　设置参数

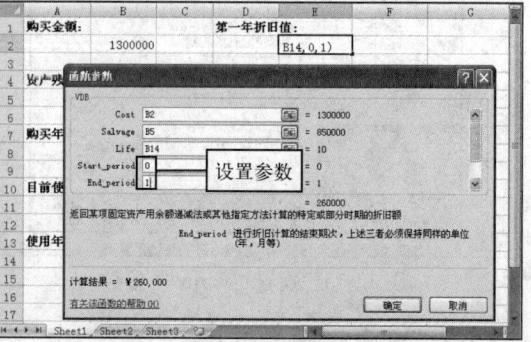

图 12-20　设置参数

5 此时便得到第一年的折旧值，如图 12-21 所示。

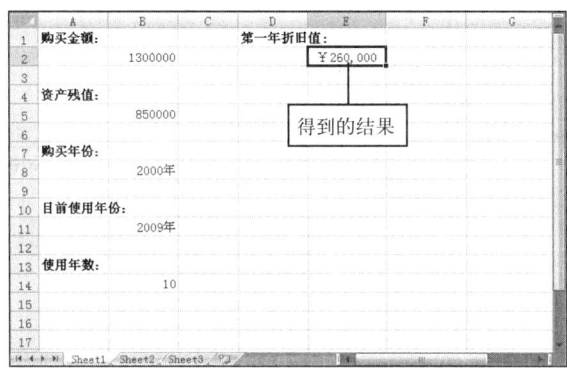

图 12-21　计算结果

12.1.4　SYD 函数的使用

SYD 函数的表达式为 SYD（cost, salvage, life, per），作用是使用年限总和折旧法计算固定资产每期的折旧值，其表达式中各参数的含义和用法如下：

- cost：固定资产的初始值，此参数不能为负数。
- salvage：固定资产在折旧期末的价值，即资产残值。
- life：折旧期限，也叫使用寿命。
- per：指点计算折旧值的期限。

上机练习 12.4　使用 SYD 函数计算数控车床第三年的折旧值

1 启动 Excel 2007，输入计算折旧值的原始数据，包括购买资产时的金额（即初始值）、资产残值、使用年数等，如图 12-22 所示。

2 选择 E2 单元格，单击"插入函数"按钮，打开"插入函数"对话框，在财务类函数中选择 SYD 函数，单击"确定"按钮，如图 12-23 所示。

3 打开"函数参数"对话框，将"Cost"、"Salvage"和"Life"的参数设置为如图 12-24 所示。

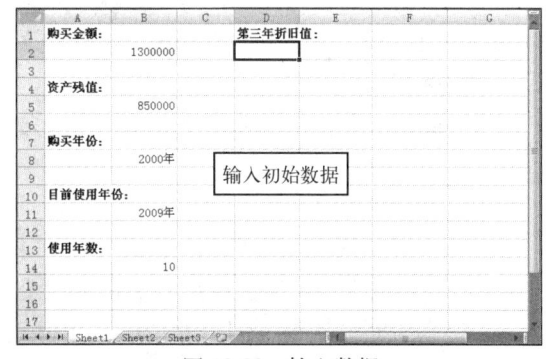

图 12-22　输入数据

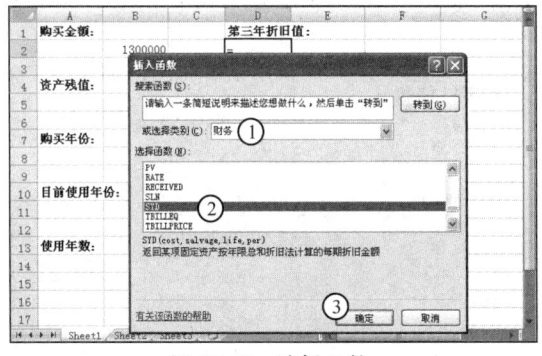

图 12-23　选择函数

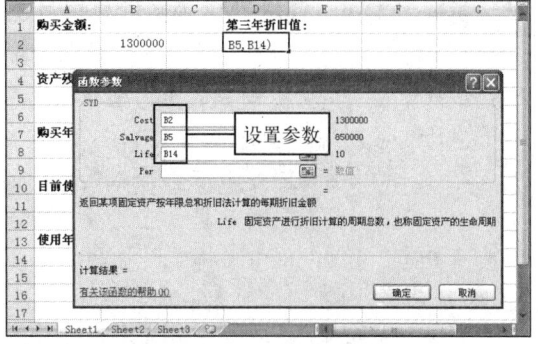

图 12-24　设置参数

4 由于是计算第三年的折旧值，因此参数"Per"应设置为"3"，如图 12-25 所示，然

后单击"确定"按钮。

5 此时便得到第三年的折旧值,如图12-26所示。

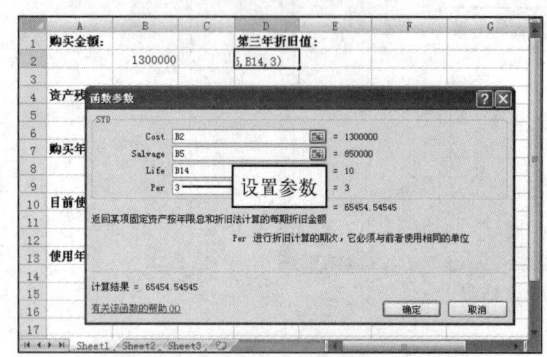

图12-25 设置参数

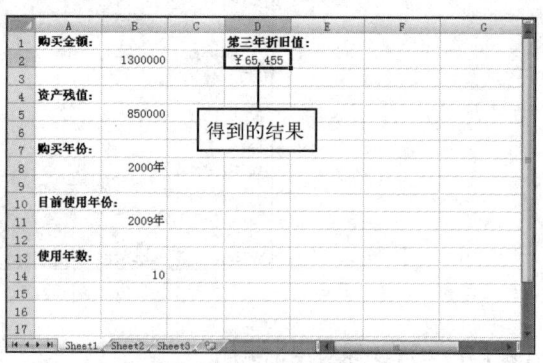

图12-26 计算结果

12.2 选择最优信贷方案

在实际工作中,经常会遇到同时出现几种信贷方案无法选择的情况,此时若利用Excel 2007的方案管理器并结合PMT函数,便可轻易挑选出最优方案,难题即迎刃而解。

12.2.1 PMT函数的使用

PMT函数的表达式PMT(rate, nper, pv, fv, type),其作用在于计算在固定利率的情况下,贷款的等额分期偿还值。其表达式中各参数的含义和用法如下:

- rate:贷款利率。
- nper:该项贷款的付款总额,其单位需与rate参数的单位一致,即如3年期年利率为11%的贷款按月支付,rate应为11%/12,nper应为3*12,若按年支付,rate应为11%,nper应为3。
- pv:现值,也称为本金,或一系列未来付款的当前值的累积和。
- fv:未来值,或在最后一次付款后希望的现金余额,此参数可忽略,此时Excel将自动判断该值为"0",即最后一次付款后无余额。
- type:指定每期付款的时间,其中"0"表示期末,"1"表示期初。

上机练习12.5 使用PMT函数计算每月还款金额

1 启动Excel 2007,输入计算还款金额的初始数据,包括贷款金额、还款期限、贷款利率、还款时间等,如图12-27所示。

2 选择E2单元格,单击"插入函数"按钮,打开"插入函数"对话框,在财务类函数中选择PMT函数,单击"确定"按钮,如图12-28所示。

3 将"Rate"参数的数据设置为"B8/12",其中B8表示贷款的年利率,将其除以12是根据题目要求按月进行还款,如图12-29所示。

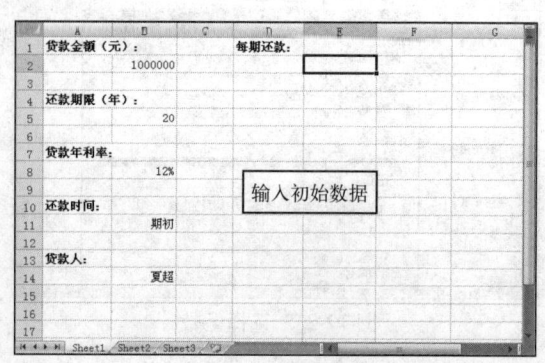

图12-27 输入数据

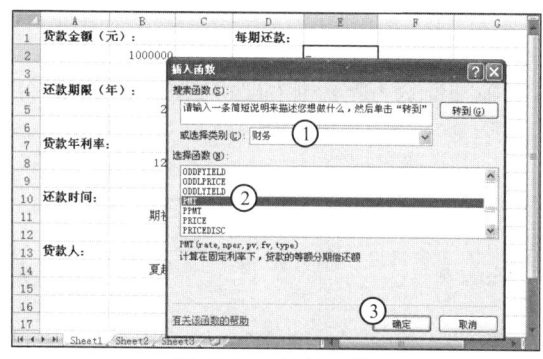
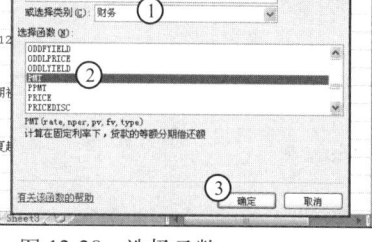

图 12-28　选择函数　　　　　　　图 12-29　设置参数

4 将"Nper"参数的数据设置为"B5*12",其中B5表示还款总期限,将其乘以12是将单位从年转化为月,从而与"Rate"的单位一致,如图12-30所示。

5 将"Pv"参数的数据设置为"B2",忽略参数"Fv",表示希望最后一次还款后无剩余余额,如图10-31所示。

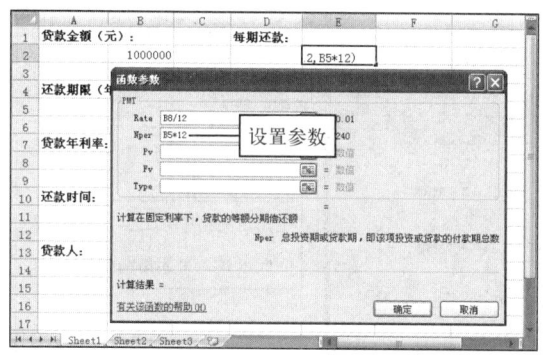
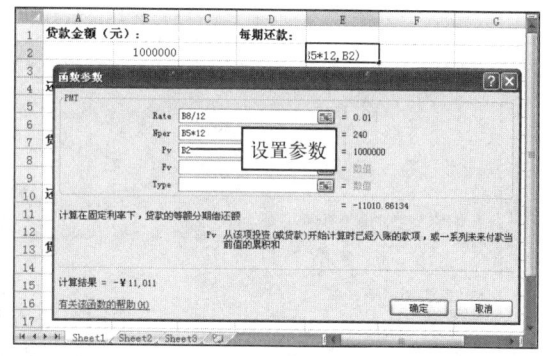

图 12-30　设置参数　　　　　　　图 12-31　设置参数

6 由于是每月期初还款,因此将"Type"的值设置为"1",然后单击"确定"按钮,如图12-32所示。

7 此时即得到每月的还款金额,如图12-33所示。

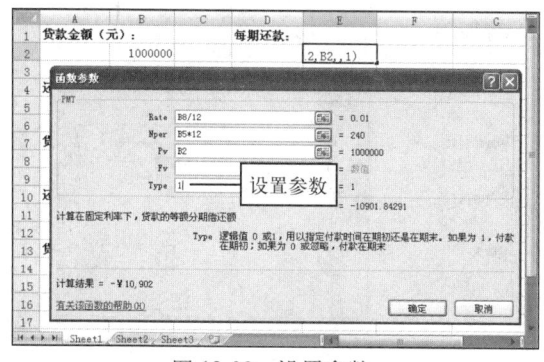
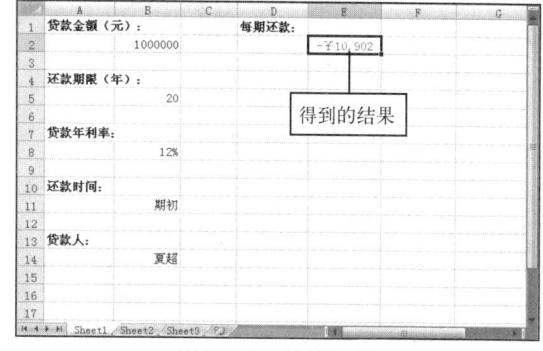

图 12-32　设置参数　　　　　　　图 12-33　计算结果

> **提示**　利用 PMT 函数计算出的值总是负值,并不是计算出错导致的。若希望结果以正值的方式出现,可在 pv 参数前添加"-"符号进行设置。

12.2.2 创建方案

利用 Excel 2007 的"方案管理器"功能，可将多种信贷方案添加到管理器中，以便进行比较，从而找出其中最优的信贷方案。

上机练习 12.6 添加信贷方案

1 启动 Excel 2007，输入如图 12-34 所示的数据。

2 选择 E2 单元格，在其中插入 PMT 函数并设置函数参数，如图 12-35 所示，然后单击"确定"按钮。

3 切换到"数据"选项卡，单击"数据工具"组中的"假设分析"下拉按钮，在弹出的下拉菜单中选择"方案管理器"命令，如图 12-36 所示。

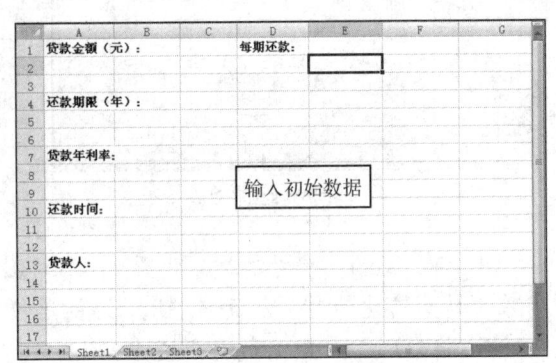

图 12-34 输入数据

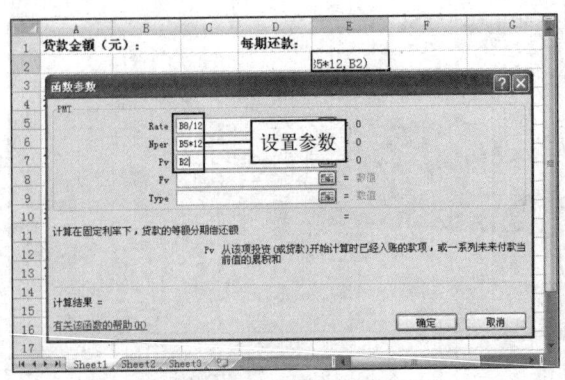

图 12-35 设置参数

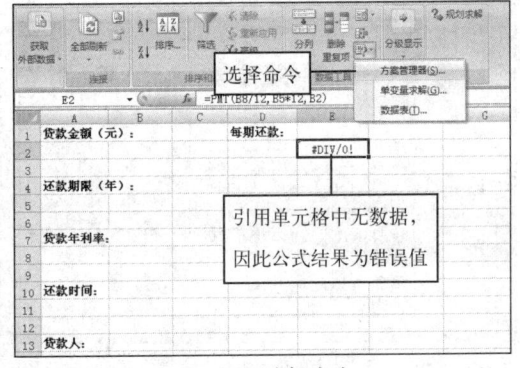

图 12-36 选择命令

4 打开"方案管理器"对话框，单击"添加"按钮，如图 12-37 所示。

5 打开"添加方案"对话框，在"方案名"文本框中输入此方案的名称，如"中发银行"，单击"可变单元格"文本框右侧的 按钮，如图 12-38 所示。

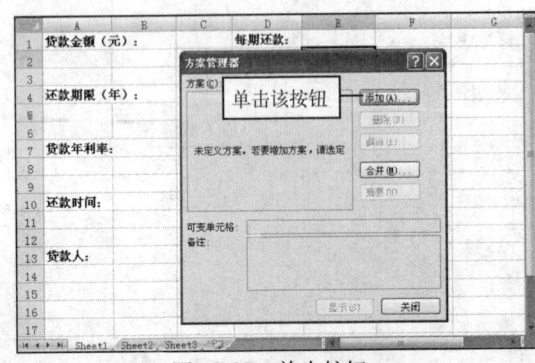

图 12-37 单击按钮

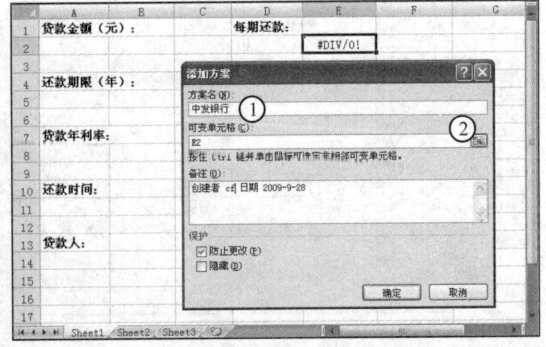

图 12-38 输入方案名

6 按住"Ctrl"键不放的同时，依次选择 B2、B5 和 B8 单元格，即将这些单元格视为可变单元格，单击对话框右侧的 按钮，如图 12-39 所示。

7 返回"编辑方案"对话框，单击"确定"按钮，如图 12-40 所示。

第12章 财务应用

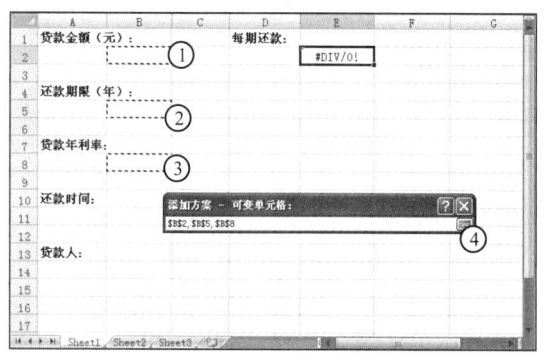

图 12-39　设置可变单元格

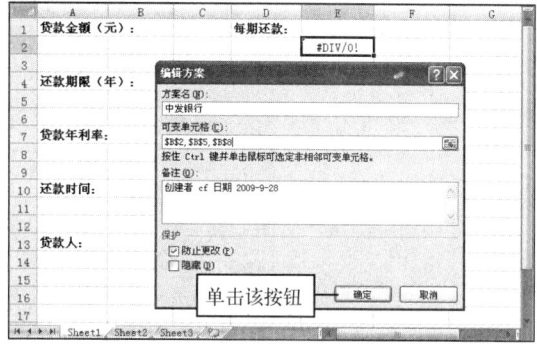

图 12-40　单击按钮

8 打开"方案变量值"对话框，在其中的文本框中根据实际情况输入相关的数据，这里输入如图 12-41 所示的数据，从上到下的含义是"贷款金额、还款时间、贷款年利率"，然后单击"确定"按钮。

9 返回"方案管理器"对话框，单击"添加"按钮，如图 12-42 所示。

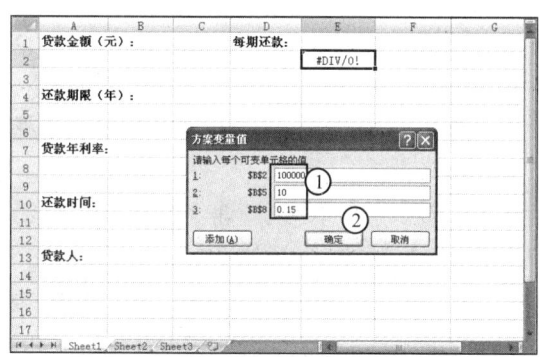

图 12-41　设置可变单元格的值

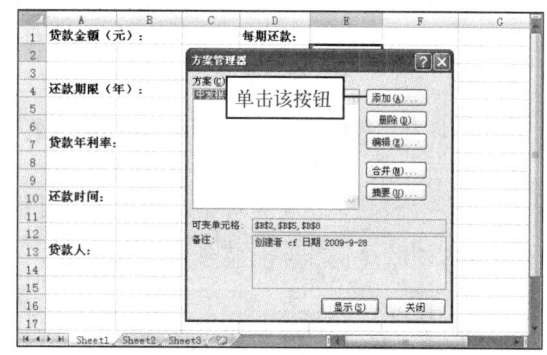

图 12-42　继续添加方案

10 打开"添加方案"对话框，在"方案名"文本框中输入另一套方案的名称，如"顺海银行"，单击"确定"按钮，如图 12-43 所示。

11 打开"方案变量值"对话框，在其中的文本框中根据实际情况输入此方案的相关数据，然后单击"确定"按钮，如图 12-44 所示。

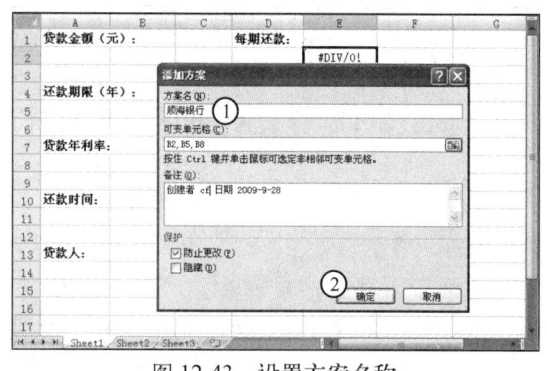

图 12-43　设置方案名称

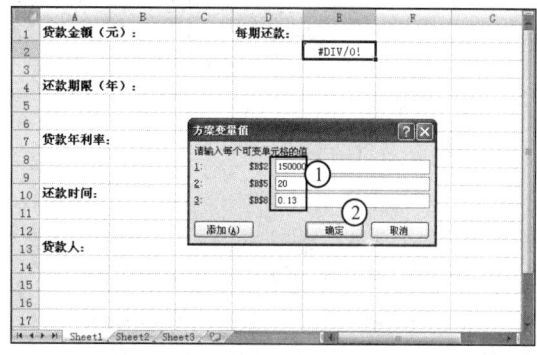

图 12-44　设置可变单元格的值

12 再次返回"方案管理器"对话框，按相同的方法将所有方案添加到其中即可，如图 12-45 所示。

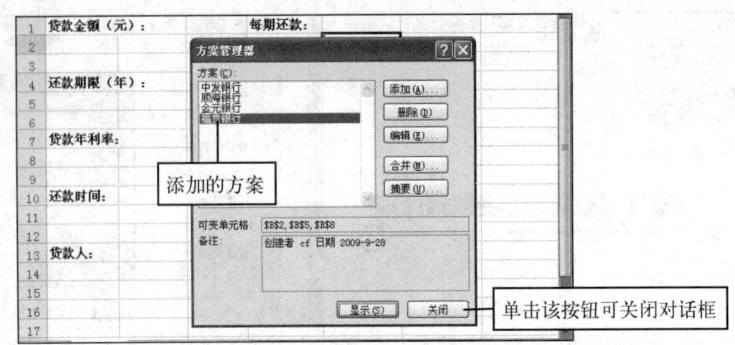

图 12-45 添加的几种方案

12.2.3 管理与选择最优方案

利用"方案管理器"添加好方案后，还可根据实际情况对其中的某些方案进行修改，然后找出最优方案了。

上机练习 12.7　修改方案并找出最优方案

1 假设金元银行提高了年利率，此时需重新根据情况进行修改。在"数据"选项卡中单击"数据工具"组中的"假设分析"下拉按钮，在弹出的下拉菜单中选择"方案管理器"命令。

2 打开"方案管理器"对话框，在"方案"列表框中选择需修改的方案名称，这里选择"金元银行"选项，单击"编辑"按钮，如图 12-46 所示。

3 打开"编辑方案"对话框，在其中可根据情况修改方案名称、可变单元格以及"备注"文本框中的文本，这里直接单击"确定"按钮，如图 12-47 所示。

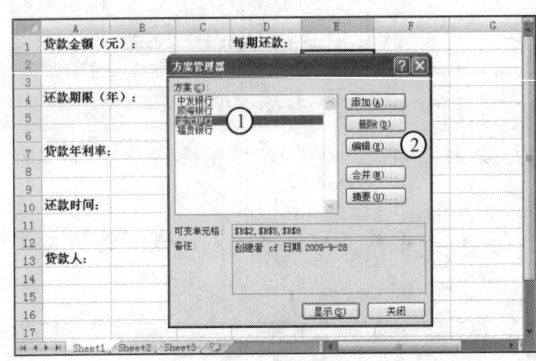

图 12-46　选择需修改的方案

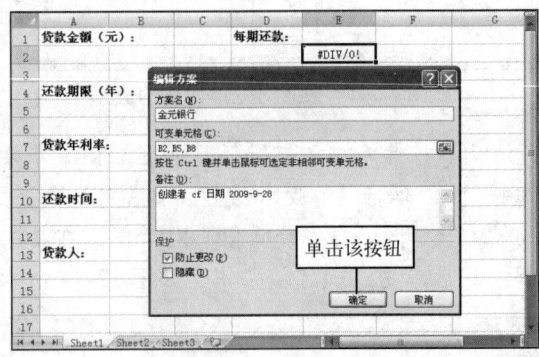

图 12-47　单击按钮

4 打开"方案变量值"对话框，将第三个变量的值由"0.17"修改为"0.18"，单击"确定"按钮，如图 12-48 所示。

5 完成方案的修改后，返回"方案管理器"对话框，此时便可选择这些方案中最优的一种方案了，单击对话框右侧的"摘要"按钮，如图 12-49 所示。

6 打开"方案摘要"对话框，在"报表类型"栏中可设置建立的报表类型，这里选中"方案摘要"单选项，在下方的"结果单元格"文本框中选择前面插入公式的单元格地址，如图 12-50 所示。然后单击"确定"按钮。

7 此时将在工作簿中新建一个名为"方案摘要"的工作表，在其中将计算出所有方案的每期还款金额，通过比较计算出的结果即可轻易找到最优的信贷方案。如图 12-51 中所示的最优方案便是中发银行的方案。

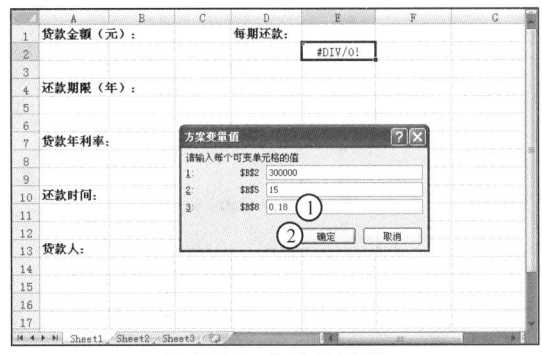

图 12-48　修改年利率

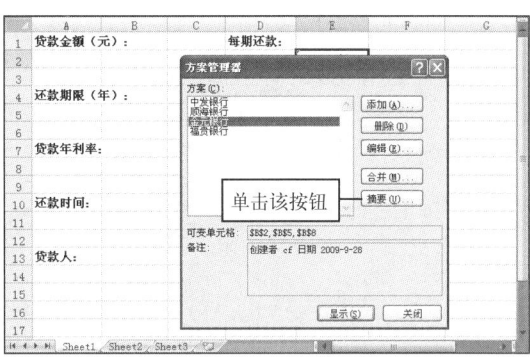

图 12-49　完成修改

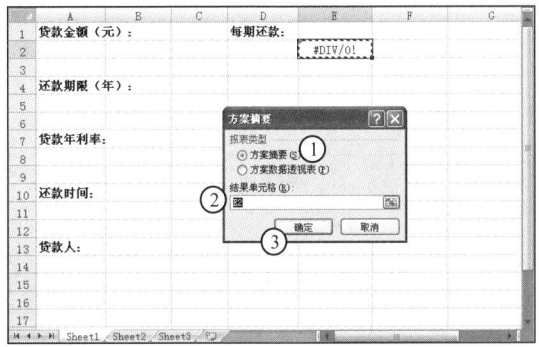

图 12-50　设置建立方案的参数

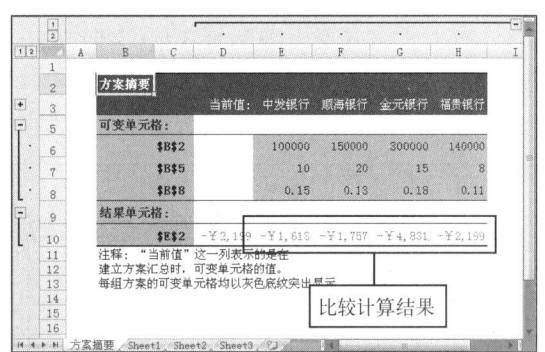

图 12-51　创建的方案摘要

12.3　投资预算

Excel 2007 提供了许多用于投资预算的函数，通过这些函数可以计算出投资或收益的相应数据，下面将主要对一些常用的投资预算函数进行介绍，包括 NPER 函数、PV 函数和 FV 函数等。

12.3.1　NPER 函数的使用

NPER 函数的表达式为 NPER(rate, pmt, pv, fv, type)，作用是在固定利率及等额分期付款方式的前提下，返回某项投资的总期数，其表达式中各参数的含义和用法如下：

- rate：各期利率，为固定值。
- pmt：各期所应支付的金额，其数值在整个年金期间保持不变。
- pv：现值，或一系列未来付款的当前值的累积和。
- fv：未来值，或在最后一次付款后希望得到的现金余额。此参数可忽略，此时 Excel 将自动判断该值为"0"，即最后一次付款后无余额。
- type：指定每期付款的时间，其中"0"表示期末，"1"表示期初。

🖰上机练习 12.8　使用 NPER 函数计算还清贷款的年数

1 启动 Excel 2007，输入计算还款期数的原始数据，包括贷款金额、每期还款金额、贷款年利率、还款时间等，如图 12-52 所示。

2 选择 E2 单元格，单击"插入函数"按钮，打开"插入函数"对话框，在财务类函数中选择 NPER 函数，单击"确定"按钮，如图 12-53 所示。

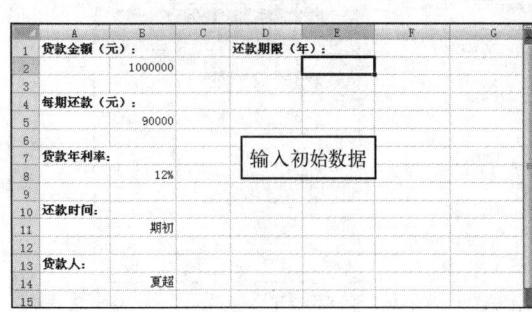

图 12-52　输入数据

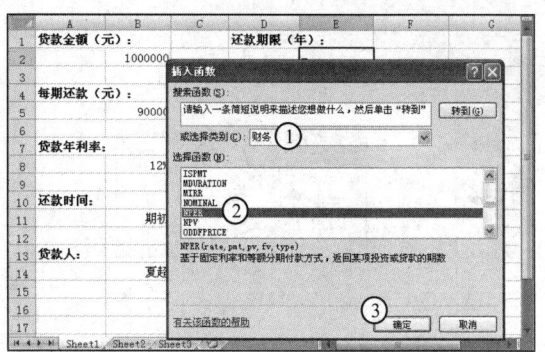

图 12-53　选择函数

3 打开"函数参数"对话框,将"Rate"、"Pmt"、"Pv"和"Type"的参数设置为如图 12-54 所示,参数"Fv"忽略,然后单击"确定"按钮。

4 此时便得到还清贷款的总年数,如图 12-55 所示。

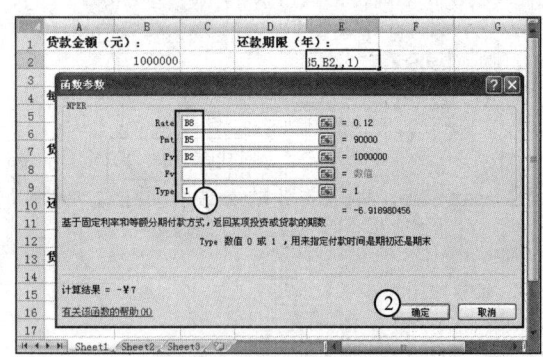

图 12-54　设置参数

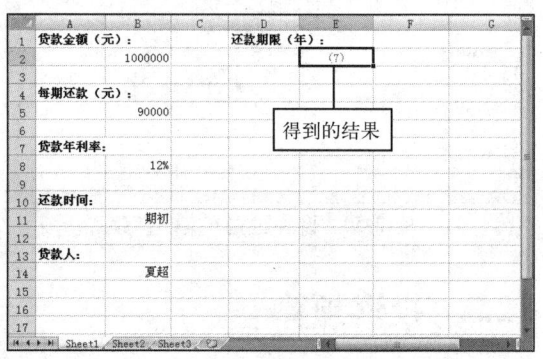

图 12-55　计算结果

12.3.2　PV 函数的使用

PV 函数的表达式为 PV(rate, nper, pmt, fv, type),作用是计算某项贷款的一系列偿还额的当前总值,其表达式中各参数的含义和用法如下:

- rate:各期利率,为固定值。
- nper:该项贷款的付款总额,其单位需与 rate 参数的单位一致。
- pmt:各期所应支付的金额,其数值在整个年金期间保持不变。
- fv:未来值,或在最后一次付款后希望得到的现金余额。
- type:指定每期付款的时间,其中"0"表示期末,"1"表示期初。

上机练习 12.9　使用 PV 函数计算需还的总贷款额

1 启动 Excel 2007,输入计算还款总额的原始数据,包括每期还款金额、贷款年利率、还款期数、还款时间等,如图 12-56 所示。

2 选择 E2 单元格,单击"插入函数"按钮,打开"插入函数"对话框,在财务类函数中选择 PV 函数,单击"确定"按钮,如图 12-57 所示。

3 打开"函数参数"对话框,将"Rate"、"Nper"、"Pmt"和"Type"的参数设置为如图 12-58 所示,参数"Fv"忽略,然后单击"确定"按钮。

4 此时便得到需还清贷款的总额,如图 12-59 所示。

第 12 章 财务应用

图 12-56 输入数据

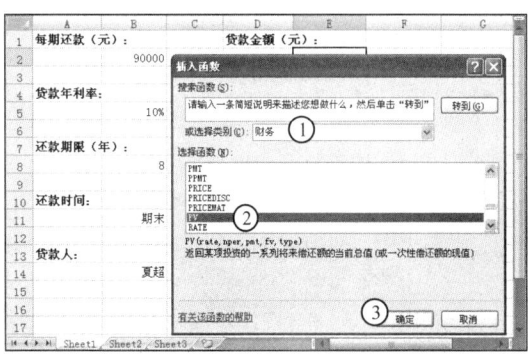

图 12-57 选择函数

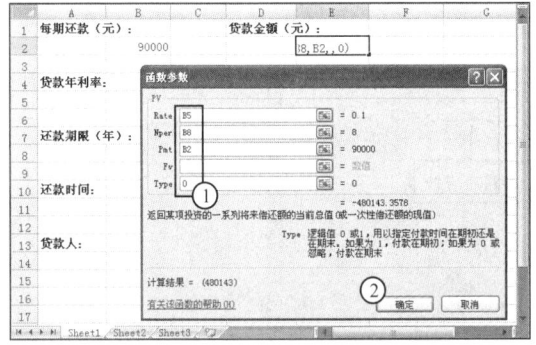

图 12-58 设置参数

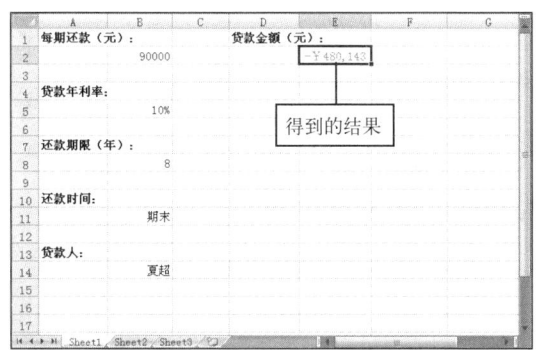

图 12-59 计算结果

12.3.3 FV 函数的使用

FV 函数的表达式为 FV(rate, nper, pmt, pv, type)，作用是基于固定利率及等额分期付款方式，返回某项投资的未来值，其表达式中各参数的含义和用法如下：

- rate：各期利率，为固定值。
- nper：该项贷款的付款总额，其单位需与 rate 参数的单位一致。
- pmt：各期所应支付的金额，其数值在整个年金期间保持不变。
- pv：现值，或一系列未来付款的当前值的累积和。
- type：指定每期付款的时间，其中"0"表示期末，"1"表示期初。

上机练习 12.10 使用 FV 函数计算 3 年后的总投资

1 启动 Excel 2007，输入计算总投资的原始数据，包括先期投资、后期投资、年利率、投资年数等，如图 12-60 所示。

2 选择 E2 单元格，单击"插入函数"按钮，打开"插入函数"对话框，在财务类函数中选择 FV 函数，单击"确定"按钮，如图 12-61 所示。

3 打开"函数参数"对话框，将"Rate"、"Nper"、"Pmt"、"Pv"和"Type"的参数设置为如图 12-62 所示，然后单击"确定"按钮。

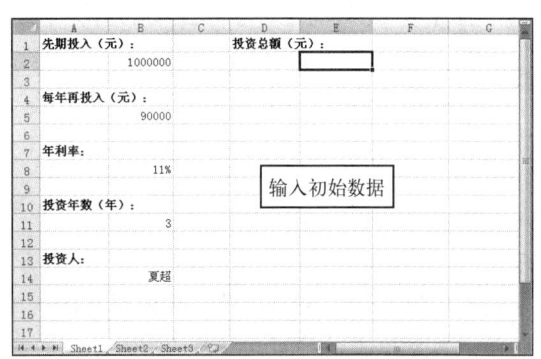

图 12-60 输入数据

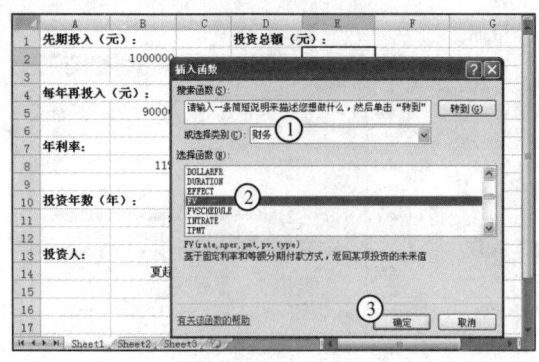
图 12-61 选择函数

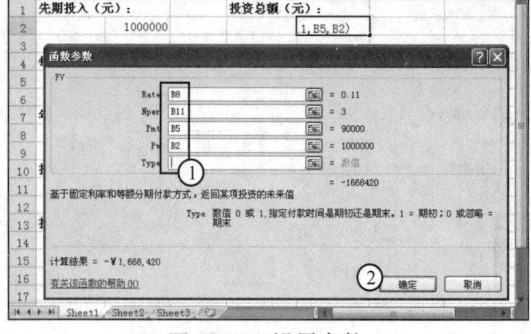
图 12-62 设置参数

4 此时便得到此项目的投资总额，如图 12-63 所示。

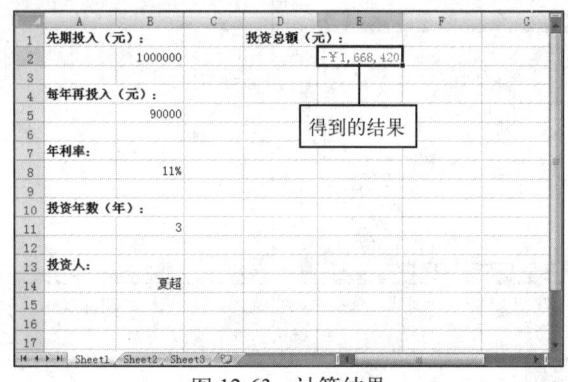
图 12-63 计算结果

12.4 模拟运算

模拟运算是指 Excel 2007 通过其"数据表"的功能，分析一种或两种数据在变动的情况下产生的各种相关数据的计算，对于投资贷款等领域有极大的辅助作用。

12.4.1 单变量数据分析

单变量数据分析可分析一种数据在波动情形下产生多种数据时，其他相关数据的变化。

上机练习 12.11 在年利率变动的情况下计算各种年利率下每期还款金额

1 启动 Excel 2007，输入计算每期还款金额的原始数据，包括贷款金额、年利率、还款期限、年利率的各种波动值等，如图 12-64 所示。

2 选择 E2 单元格，在其中插入 PMT 函数，计算当利率为 B5 单元格中的数值时，每期还款的金额，函数参数设置如图 12-65 所示。然后单击"确定"按钮。

3 计算出当年利率为 12% 时每年的还款金额，然后选择 D2:E13 单元格区域，切

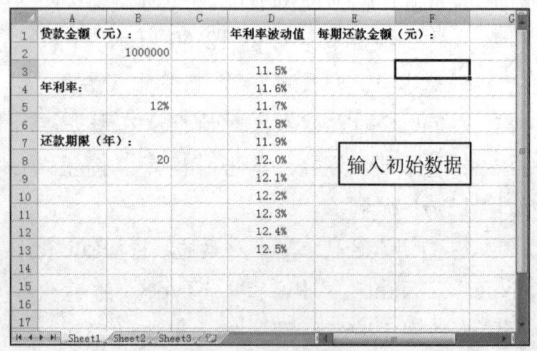
图 12-64 输入数据

换到"数据"选项卡,单击"数据工具"组中的"假设分析"下拉按钮,在弹出的下拉菜单中选择"数据表"命令,如图 12-66 所示。

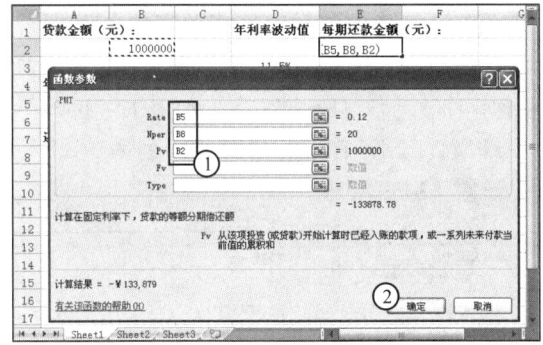

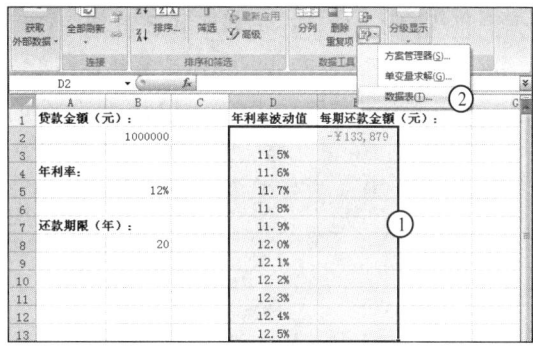

图 12-65　设置参数　　　　　　　　　　　图 12-66　选择单元格区域

4 打开"数据表"对话框,由于需得到的数据以列的方式进行保存,因此这里单击"输入引用列的单元格"文本框右侧的按钮,如图 12-67 所示。

5 选择产生波动的数据所在的单元格,这里选择 B5 单元格,然后单击对话框右侧的按钮,如图 12-68 所示。

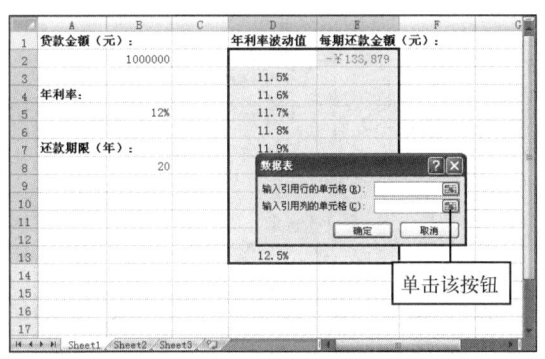

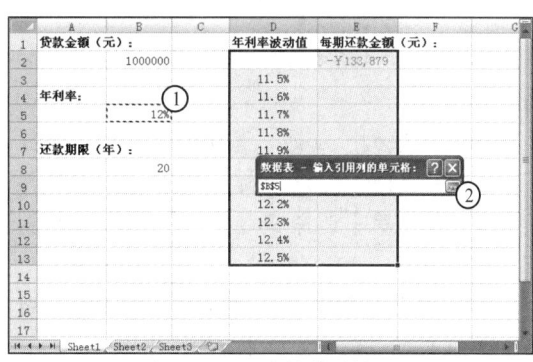

图 12-67　打开"数据表"对话框　　　　　　图 12-68　选择单元格

6 返回"数据表"对话框,单击"确定"按钮,如图 12-69 所示。

7 此时便得到各种年利率的情况下,每年需要偿还的贷款金额,如图 12-70 所示。

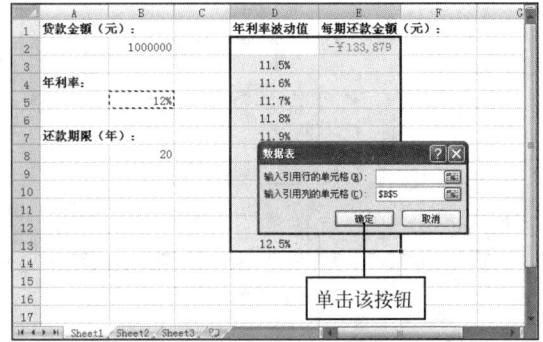

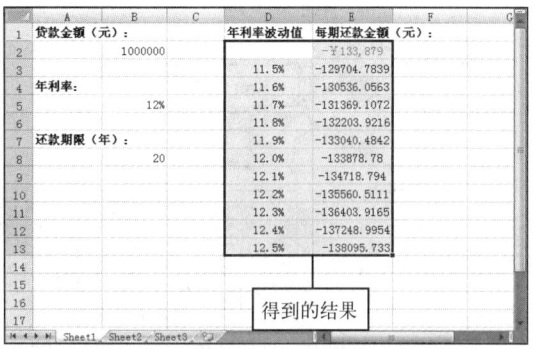

图 12-69　单击按钮　　　　　　　　　　　图 12-70　计算结果

12.4.2 双变量数据分析

双变量数据分析可分析两种数据同时波动时,计算出其他相关数据的结果。

上机练习 12.12　在年利率和还款期限变动的情况下计算各种年利率下每期还款金额

1 启动 Excel 2007,输入计算每期还款金额的原始数据,包括贷款金额、年利率、还款期限、年利率的各种波动值(A7:A17)以及还款期限的各种波动值(B6:F6)等,如图 12-71 所示。

2 选择 A6 单元格,在其中插入 PMT 函数 "=PMT(E2,E5,B2)",计算在年利率为 12%、还款期限为 20 年的情况下,每年需还款的金额,如图 12-72 所示。

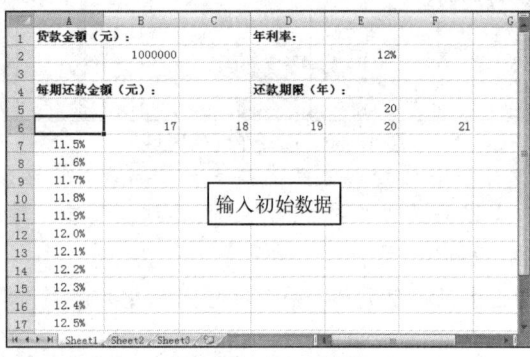

图 12-71　输入数据

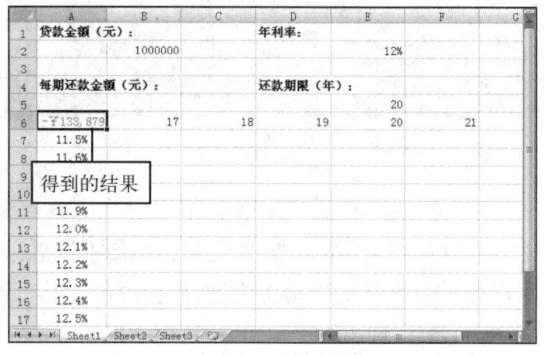

图 12-72　计算结果

3 选择 A6:F17 单元格区域,如图 12-73 所示。

4 切换到"数据"选项卡,单击"数据工具"组中的"假设分析"下拉按钮,在弹出的下拉菜单中选择"数据表"命令,如图 12-74 所示。

5 打开"数据表"对话框,在"输入引用行的单元格"文本框中将参数设置为"E5"(因为这里的还款期限波动值以行的形式排列),如图 12-75 所示。

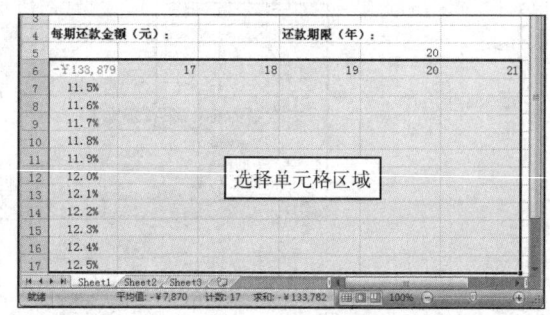

图 12-73　单元格区域

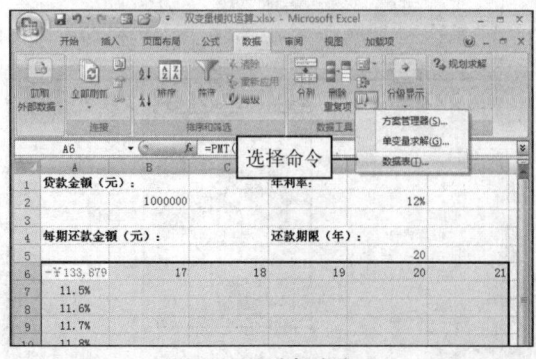

图 12-74　选择命令

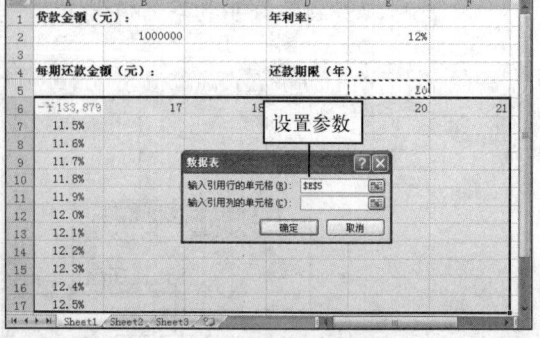

图 12-75　引用单元格地址

6 在"输入引用列的单元格"文本框中将参数设置为"E2",如图 12-76 所示,然后单击"确定"按钮。

7 此时便得到各种年利率和还款期限的情况下，每年需要偿还的贷款金额，如图 12-77 所示。

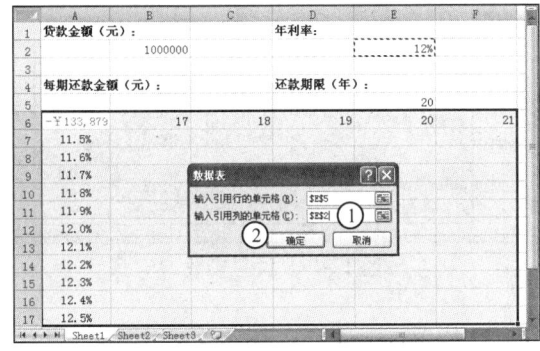

图 12-76　引用单元格地址

图 12-77　计算结果

12.5　债券计算

债券计算是属于较为复杂的计算类别。在 Excel 2007 中，专门制定了多种涉及到债券方面计算的函数，利用这些函数，也可以轻松将复杂的债券问题化繁为简。

12.5.1　定期付息债券应计利息的计算

利用 ACCRINT 函数可实现定期付息债券应计利息的计算，该函数的表达式为 ACCRINT (issue, first_interest, settlement, rate, par, frequency, basis, calc_method)，其表达式中各参数的含义和用法如下：

- issue：债券的发行日期，此参数需为日期型数据。
- first_interest：债券的首次计息日，此参数需为日期型数据。
- settlement：债券的结算日，此参数需为日期型数据。
- rate：债券的年票息率。
- par：债券的票面值，此参数可忽略，此时 Excel 将自动判断该值为"￥1000"。
- frequency：每年支付票息的次数。值为 1 表示按年支付；值为 2 表示按半年支付；值为 4 表示按季支付。
- basis：判断采用的日算类型，值为 0 或忽略表示为 US(NASD)30/360 日算类型；值为 1 表示为实际天数/实际天数日算类型；值为 2 表示实际天数/360 日算类型；值为 3 表示实际天数/365 日算类型；值为 4 表示欧洲 30/360 日算类型。
- calc_method：逻辑值，值为 TRUE(1)，将返回从发行日到结算日的总应计利息；值为 FALSE(0)，将返回从首次计息日到结算日的应计利息。此参数可忽略，此时 Excel 将自动判断该值为"TRUE"。

上机练习 12.13　利用 ACCRINT 函数计算应计利息

1 启动 Excel 2007，输入原始数据，如图 12-78 所示。

2 选择 E2 单元格，在其中插入 ACCRINT 函数，并将函数参数设置为如图 12-79 所示，然后单击"确定"按钮。

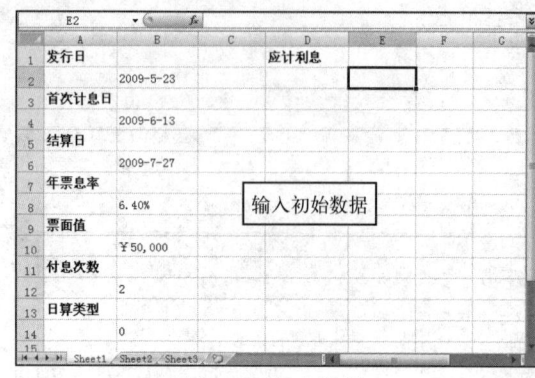
图 12-78 输入数据

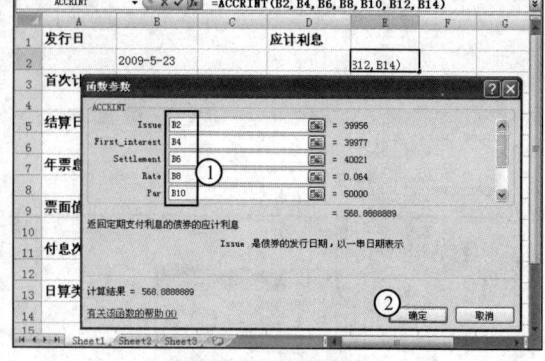
图 12-79 设置参数

3 此时即得到应计利息的具体数据，如图 12-80 所示。

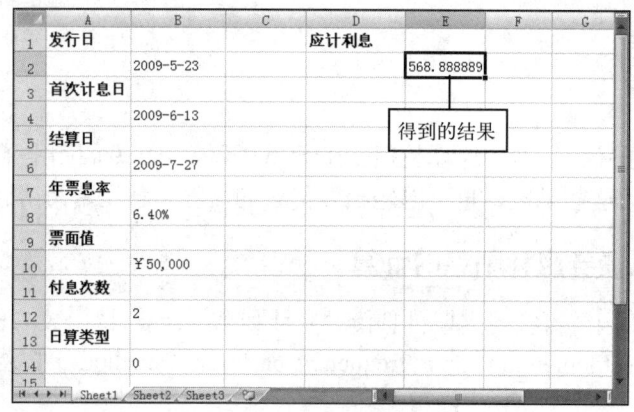
图 12-80 计算结果

12.5.2 到期日支付利息债券年收益率的计算

利用 YIELDMAT 函数可实现在到期日支付利息的债券年收益率的计算，该函数的表达式为 YIELDMAT(settlement, maturity, issue, rate, pr, basis)，其表达式中各参数的含义和用法如下：

- settlement：债券的结算日，此参数需为日期型数据。
- maturity：债券的到期日，此参数需为日期型数据。
- issue：债券的发行日期，此参数需为日期型数据。
- rate：债券发行日的利率。
- pr：每张票面为￥100 的债券的现值。
- basis：判断采用的日算类型，值为 0 或忽略表示为 US(NASD)30/360 日算类型；值为 1 表示为实际天数/实际天数日算类型；值为 2 表示实际天数/360 日算类型；值为 3 表示实际天数/365 日算类型；值为 4 表示欧洲 30/360 日算类型。

上机练习 12.14 利用 YIELDMAT 函数计算年收益率

1 启动 Excel 2007，输入原始数据，如图 12-81 所示。

2 选择 E2 单元格，在其中插入 YIELDMAT 函数，并将函数参数设置为如图 12-82 所示，然后单击"确定"按钮。

第 12 章 财务应用

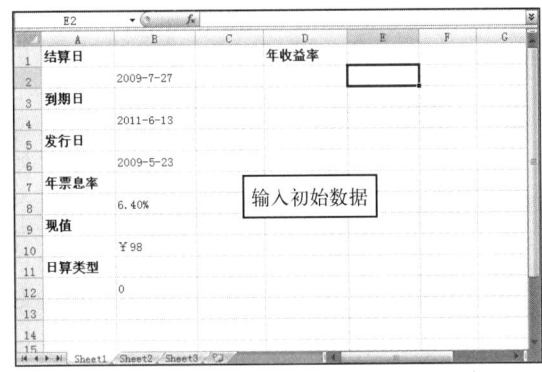

图 12-81 输入数据

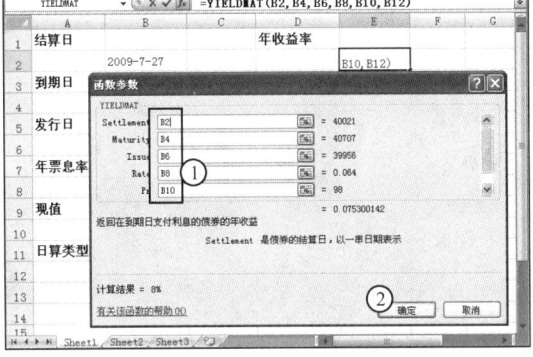

图 12-82 设置参数

3 此时即得到年收益率的具体数据，如图 12-83 所示。

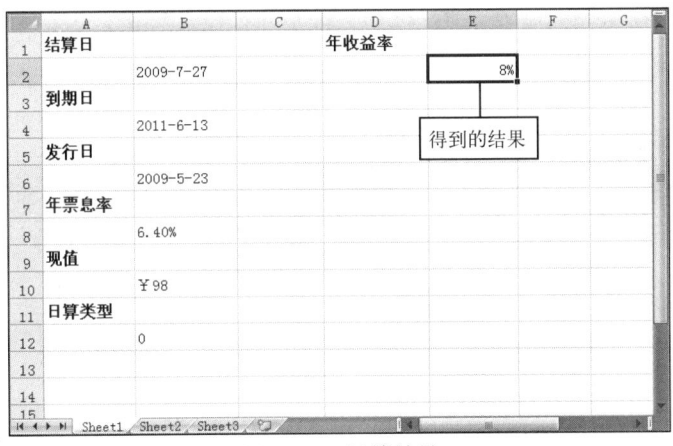

图 12-83 计算结果

12.5.3 完全投资型债券金额的计算

利用 RECEIVED 函数可以实现完全投资型债券在到期日收回金额的计算，该函数的表达式为 RECEIVED(settlement, maturity, investment, discount, basis)，其表达式中各参数的含义和用法如下：

- settlement：债券的结算日，此参数需为日期型数据。
- maturity：债券的到期日，此参数需为日期型数据。
- investment：投资债券的总金额。
- discount：债券的贴现率。
- basis：判断采用的日算类型，值为 0 或忽略表示为 US(NASD)30/360 日算类型；值为 1 表示为实际天数/实际天数日算类型；值为 2 表示实际天数/360 日算类型；值为 3 表示实际天数/365 日算类型；值为 4 表示欧洲 30/360 日算类型。

🖰上机练习 12.15 利用 RECEIVED 函数计算收回金额

1 启动 Excel 2007，输入原始数据，如图 12-84 所示。
2 选择 E2 单元格，在其中插入 RECEIVED 函数，并将函数参数设置为如图 12-85 所示，然后单击"确定"按钮。

229

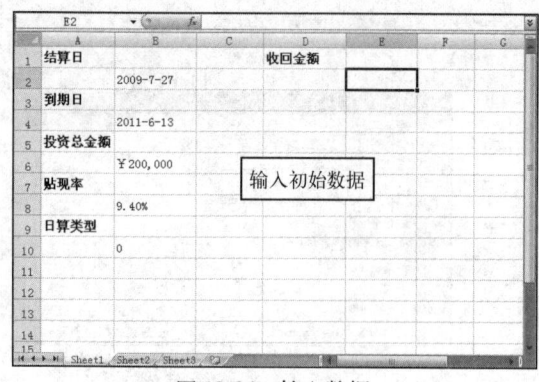
图 12-84　输入数据

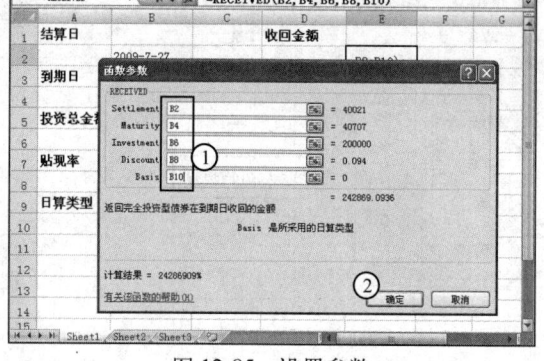
图 12-85　设置参数

3 此时即得到收回金额的具体数据，如图 12-86 所示。

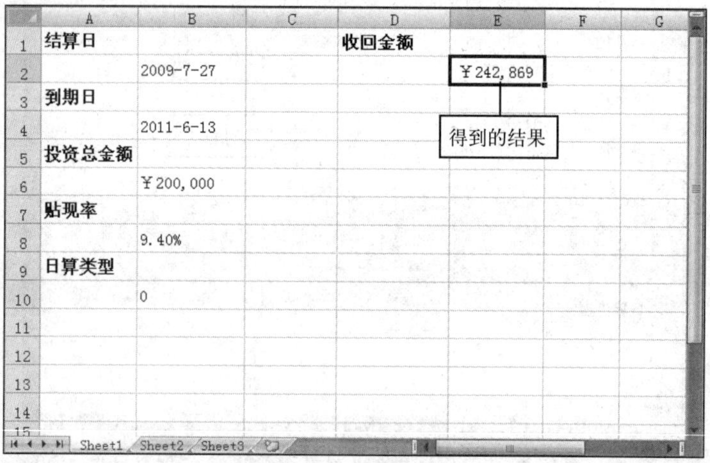

图 12-86　计算结果

12.5.4　完全投资型债券利率的计算

利用 INTRATE 函数可实现完全投资型债券利率的计算，该函数的表达式为 INTRATE(settlement, maturity, investment, redemption, basis)，其表达式中各参数的含义和用法如下：

- settlement：债券的结算日，此参数需为日期型数据。
- maturity：债券的到期日，此参数需为日期型数据。
- investment：投资债券的总金额。
- redemption：到期日收回的资金。
- basis：判断采用的日算类型，值为 0 或忽略表示为 US(NASD)30/360 日算类型；值为 1 表示为实际天数/实际天数日算类型；值为 2 表示实际天数/360 日算类型；值为 3 表示实际天数/365 日算类型；值为 4 表示欧洲 30/360 日算类型。

上机练习 12.16　利用 INTRATE 函数计算收回金额

1 启动 Excel 2007，输入原始数据，如图 12-87 所示。

2 选择 D2 单元格，在其中插入 INTRATE 函数，并将函数参数设置为如图 12-88 所示，然后单击"确定"按钮。

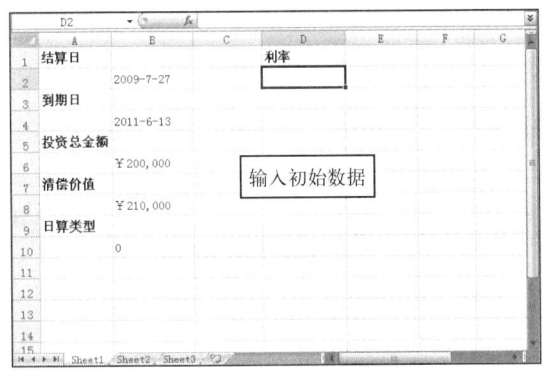
图 12-87 输入数据

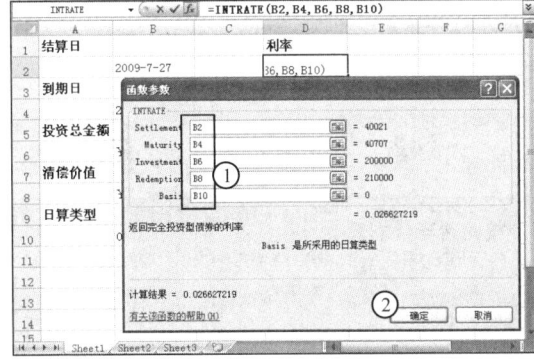
图 12-88 设置参数

3 此时即得到利率的具体数据，如图 12-89 所示。

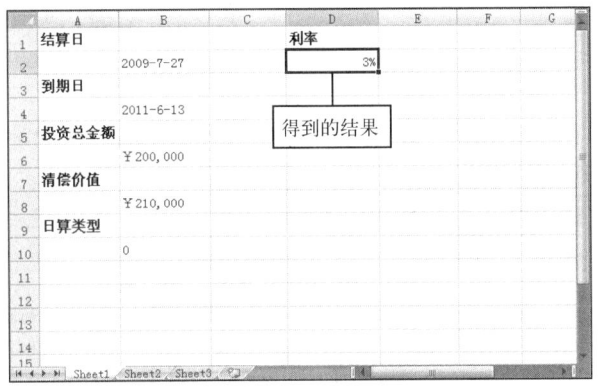
图 12-89 计算结果

12.6 技能实训

本章主要对 Excel 2007 在财务方面的应用做了详细讲解，包括计算折旧值的多种方法、选择最优信贷方案的方法、投资预算的多种情况、模拟运算的实现以及证券计算等。通过本章学习，可以了解 Excel 2007 在财务应用方面的强大功能，也可以提高解决工作中关于相关问题的能力。下面将以按揭购车为例，巩固本章所学知识，其中将涉及到 PV 函数的使用、双变量的数据分析以及 DB 函数的使用等，如图 12-90 所示为练习的最终效果。

图 12-90 最终效果

【操作步骤】

1 启动 Excel 2007，输入如图 12-91 所示的数据。

2 选择 A7 单元格，单击"插入函数"按钮，打开"插入函数"对话框，在财务类函数中选择 PV 函数，首先计算购车需投入的总金额，单击"确定"按钮，如图 12-92 所示。

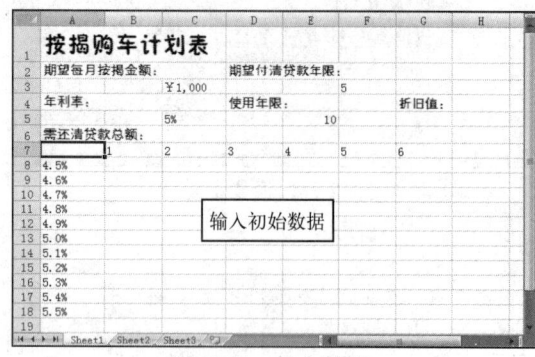

图 12-91 输入数据

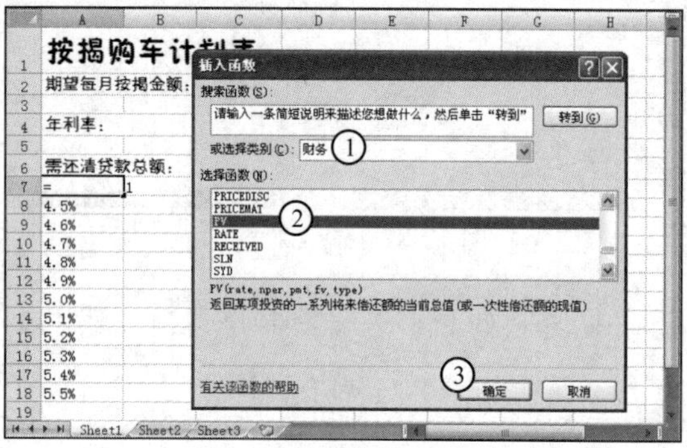

图 12-92 选择函数

3 打开"函数参数"对话框，将"Rate"、"Nper"、"Pmt"的参数设置为如图 12-93 所示，参数"Fv"和"Type"忽略，然后单击"确定"按钮。

4 此时便得到需还清贷款的总额，如图 12-94 所示。

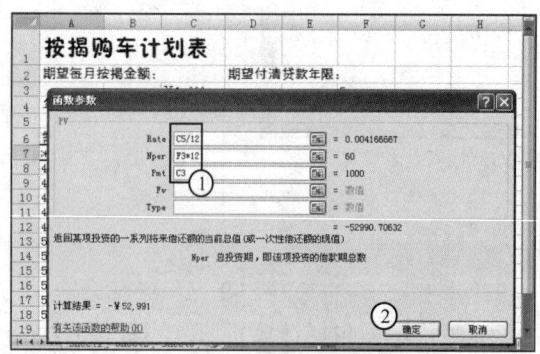

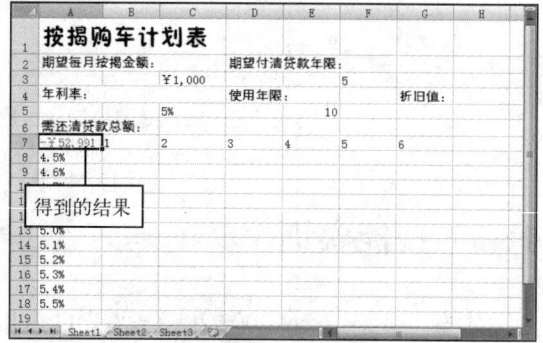

图 12-93 设置参数

图 12-94 计算结果

5 选择 A7:G18 单元格区域，切换到"数据"选项卡，单击"数据工具"组中的"假设分析"下拉按钮，在弹出的下拉菜单中选择"数据表"命令，如图 12-95 所示。

6 打开"数据表"对话框，在"输入引用行的单元格"文本框中将参数设置为"F3"，如图 12-96 所示。

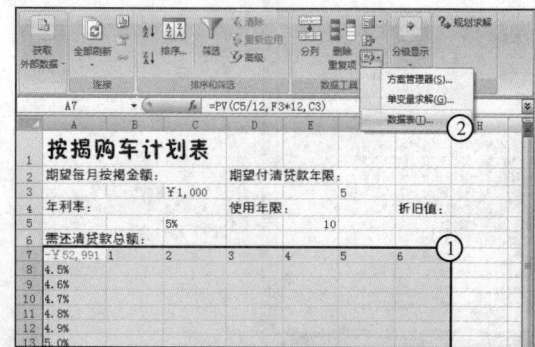

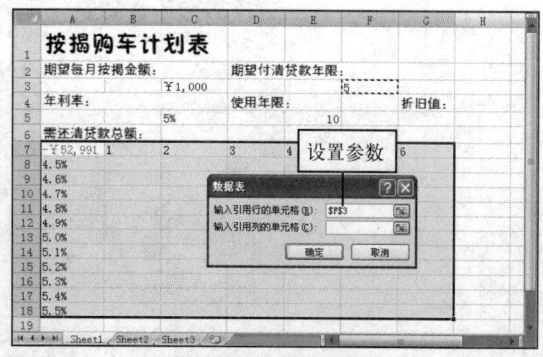

图 12-95 选择命令

图 12-96 引用地址

7 在"输入引用列的单元格"文本框中将参数设置为"C5",如图 12-97 所示,然后单击"确定"按钮。

8 此时便得到各种年利率和还款期限的情况下,每年需要偿还的贷款金额,如图 12-98 所示。

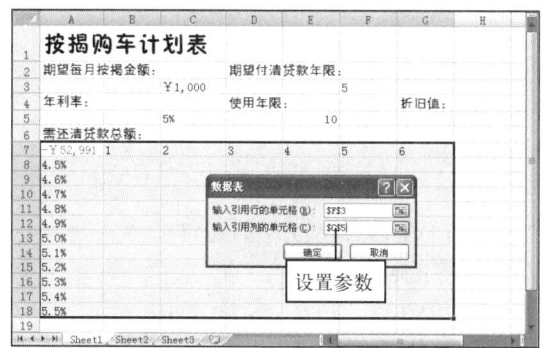

图 12-97 引用地址

图 12-98 分析结果

9 以双变量分析出的数值最大的单元格为计算折旧值的参考数据,选择 H5 单元格,单击"插入函数"按钮,在打开的对话框中选择 DB 函数,单击"确定"按钮,如图 12-99 所示。

10 在打开的对话框中将参数设置为如图 12-100 所示,单击"确定"按钮完成计算。

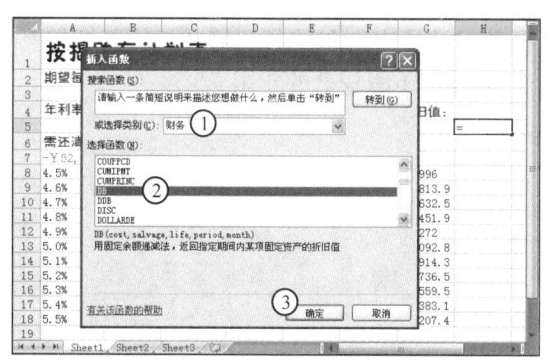

图 12-99 选择函数

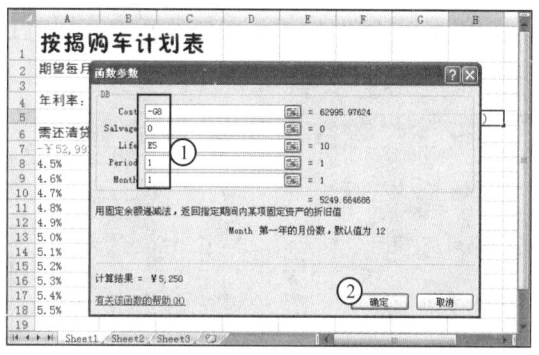

图 12-100 设置参数

12.7 习题

一、填空题

1. DB 函数是使用_____来计算固定资产在一定期限内的折旧值。

2. _____函数是使用双倍余额递减法或其他指定方法计算固定资产在一定期限内的折旧值。

3. SYD 函数是使用_____计算固定资产每期的折旧值。

4. _____函数用于计算在固定利率的情况下,贷款的等额分期偿还值。

5. 要实现将多种信贷方案添加到管理器中,通过比较后找出其中最优的信贷方案的操作,需用到_____功能。

6. Excel 提供了许多用于投资预算的函数,如用于在固定利率及等额分期付款方式的前提下,返回某项投资的总期数的_____函数;用于计算某项贷款的一系列偿还额的当前总值的_____函数和用于计算基于固定利率及等额分期付款方式,返回某项投资的未来值的_____函数等。

二、选择题

1. DB 函数的表达式为（   ）。
   A. DB（cost, salvage, life, period, month）
   B. DB（salvage, cost, life, period, month）
   C. DB（cost, salvage, period, life, month）
   D. DB（cost, life, salvage, period, month）

2. 用于实现定期付息债券应计利息计算的函数是（   ）。
   A. ACCRINT   B. YIELDMAT   C. RECEIVED   D. INTRATE

3. 用于实现在到期日支付利息的债券年收益率计算的函数是（   ）。
   A. ACCRINT   B. YIELDMAT   C. RECEIVED   D. INTRATE

4. 用于实现完全投资型债券在到期日收回金额计算的函数是（   ）。
   A. ACCRINT   B. YIELDMAT   C. RECEIVED   D. INTRATE

5. 用于实现完全投资型债券利率计算的函数是（   ）。
   A. ACCRINT   B. YIELDMAT   C. RECEIVED   D. INTRATE

三、操作题

1. 输入如图 12-101 所示的数据，利用 DB 函数求该资产每年的折旧值和累计折旧值。
2. 输入如图 12-102 所示的数据，利用 NPER 函数求还清贷款的年限。

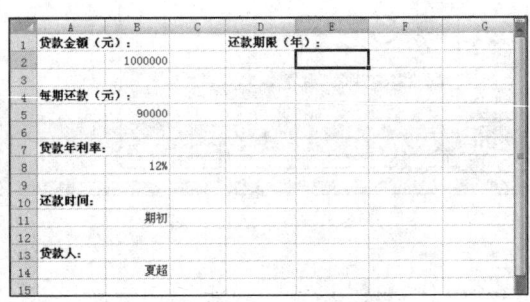

图 12-101　计算折旧值　　　　　　　　图 12-102　计算还款期限

3. 输入如图 12-103 所示的数据，利用单变量数据分析计算每期还款金额。
4. 输入如图 12-104 所示的数据，利用 ACCRINT 函数计算应计利息。

图 12-103　单变量数据分析　　　　　　图 12-104　计算应计利息

第13章 宏的使用

本章内容提要

在 Excel 2007 中利用宏功能可以将重复处理的步骤自动化，以提高工作效率。本章将对宏的知识进行详细介绍，包括对宏的认识、宏的录制、宏的运行以及宏的管理等。通过本章所讲的知识，使读者在日常工作或学习中能够熟练地使用宏来进行表格的处理。

本章重点与难点

- ➢ 认识宏
- ➢ 录制宏
- ➢ 运行宏
- ➢ 管理宏

13.1 认识宏

简单地说，宏就是由用户定义好的操作，它的英文名称为 Macro。Excel 集成了 VBA 高级程序语言，通过 VBA 语言便可轻易地编写出各种精巧的宏，使工作效率大大提高。不过要想利用 VBA 语言编写宏，需要对该种语言有较深的认识，并熟悉电脑编程技巧，这对于大多数读者来说，都不太现实。因此在 Excel 中，宏也可以代表能完成某项任务的一组键盘和鼠标的操作指令或一系列函数命令，它根据一系列预定义的规则替换一定的文本模式，从而达到自动化处理设置对象的目的。也就是说，通过一些鼠标或键盘的操作，来代替 VBA 语言的编写，也能达到使用宏的目的。

在工作中，若涉及到一系列重复操作的情况，如制作一年中每个月的员工工资表、制作内容大体相同的工作簿，甚至是在工作表中进行的一系列重复操作时，便可通过创建和运行宏使这些重复的操作自动处理。因此，适当地在工作或学习中使用宏操作，不仅可节省宝贵的时间，还可以避免文件大小太大，占用过多的磁盘空间。

13.2 录制宏

录制宏的操作就是利用鼠标和键盘向电脑传达指令，来代替使用 VBA 语言编写宏代码的过程，要使用宏的自动化功能，则必须先将这些需转化为自动化的操作录制一遍。

上机练习 13.1 创建"销售业绩表"的框架，并将此操作录制为宏

1 启动 Excel 2007，单击"视图"选项卡，在"宏"组中单击"宏"下拉按钮，在弹出的下拉菜单中选择"录制宏"命令，如图 13-1 所示。

2 打开"录制新宏"对话框，在"宏名"文本框中输入待录制的宏的名称，如"销售业绩表"，在"快捷键"文本框中可设置录制后运行此宏的快捷键，如输入"A"（为避免与"全

部选择"的快捷键重复,Excel 自动更改快捷键为"Ctrl+Shift+A"),在"保存在"下拉列表框中选择"当前工作簿"选项,在"说明"文本框中可输入对此宏的相关说明,单击"确定"按钮,如图 13-2 所示。

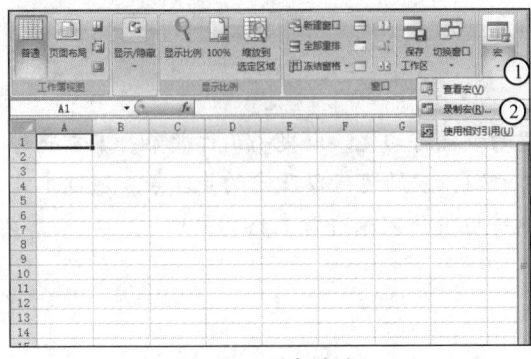

图 13-1 选择命令　　　　　　　　　　　图 13-2 设置新宏的相关参数

3 进入录制宏的状态,在 A1 单元格中输入"销售业绩表",然后将其字体格式设置为"华文中宋、20 号",如图 13-3 所示。

4 输入销售业绩表的各项表头数据,如图 13-4 所示。

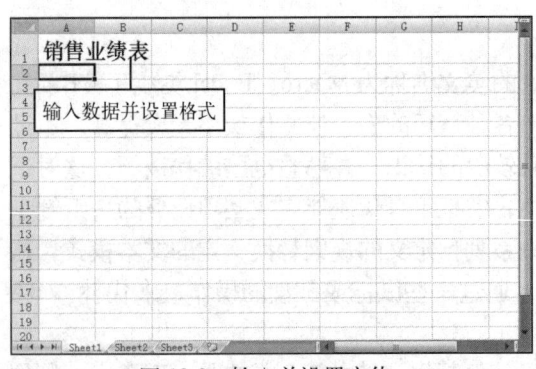 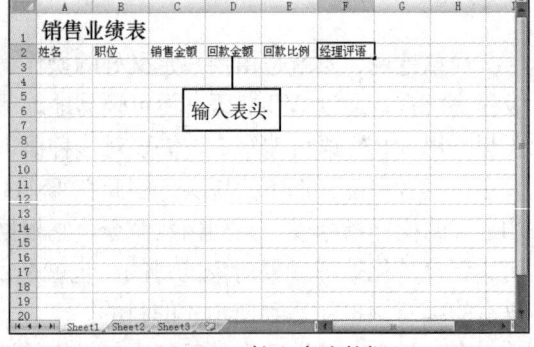

图 13-3 输入并设置字体　　　　　　　　图 13-4 输入表头数据

5 输入员工姓名的相关信息,如图 13-5 所示。

6 完成数据输入后,单击"视图"选项卡,在"宏"组中单击"宏"下拉按钮,在弹出的下拉菜单中选择"停止录制"命令,如图 13-6 所示,完成宏的录制操作。

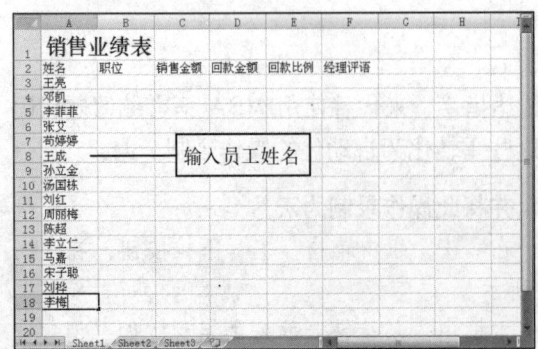 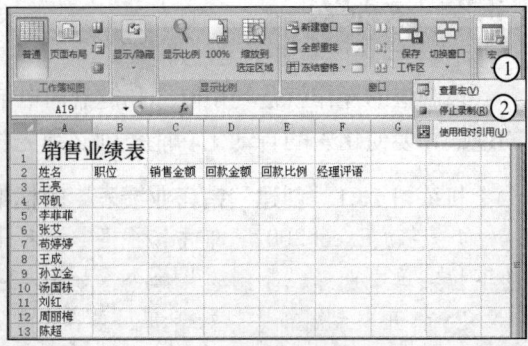

图 13-5 输入姓名　　　　　　　　　　　图 13-6 停止录制宏

13.3 保存含有宏的工作簿

保存含有宏的工作簿与保存一般的工作簿有一定的区别，在保存时 Excel 也会有相应提示，若不按 Excel 2007 提示的正确方法进行保存，则关闭该工作簿后，是无法运行前面所录制的宏的。

上机练习 13.2　保存"销售业绩表"

1 单击"自定义快速访问工具栏"中的"保存"按钮，打开"另存为"对话框，在"保存位置"下拉列表框中选择工作簿的保存路径，如"桌面"，在"文件名"下拉列表框中输入"销售业绩表.xlsx"，单击"保存"按钮，如图 13-7 所示。

2 Excel 将打开提示对话框，提示单击"是"按钮将无法启用宏，单击"否"按钮重新选择可以启用宏的保存格式，如图 13-8 所示，因此单击"否"按钮。

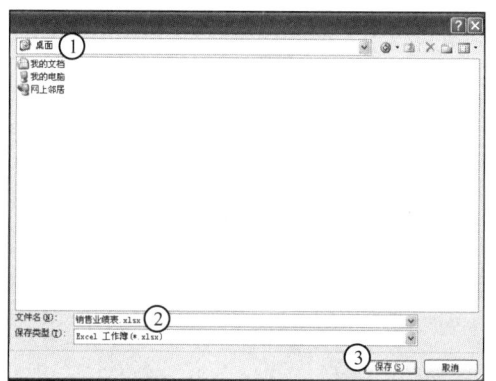

图 13-7　设置保存参数

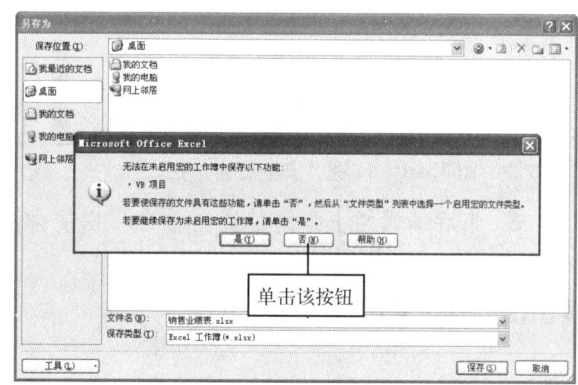

图 13-8　打开提示对话框

3 返回"另存为"对话框，在"保存类型"下拉列表框中选择"Excel 启用宏的工作簿(*.xlsm)"选项，单击"保存"按钮即可，如图 13-9 所示。

图 13-9　选择具有启用宏功能的保存类型

13.4 打开含有宏的工作簿

由于宏具有一定的危险性（指有些病毒会以宏为载体侵入电脑），因此 Excel 2007 在打开含有宏的工作簿时，首先会将宏禁用，此时也无法实现宏的运行。因此在打开含有宏的工作簿时，在确定宏没有病毒的情况下，才能将其启用。

上机练习 13.3　打开"销售业绩表"并启用宏

1　双击"销售业绩表"将其打开，此时在编辑栏上方将出现"安全警告"栏，提示此工作簿中的宏已被禁用，单击"选项"按钮，如图 13-10 所示。

2　打开"Microsoft Office 安全选项"对话框，在确认宏安全的情况下，选中"启用此内容"单选按钮，然后单击"确定"按钮，如图 13-11 所示。

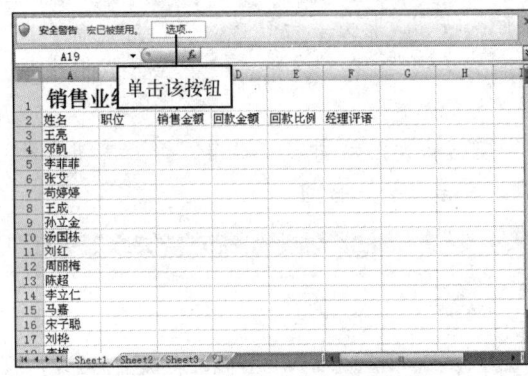
图 13-10　出现"安全警告"栏

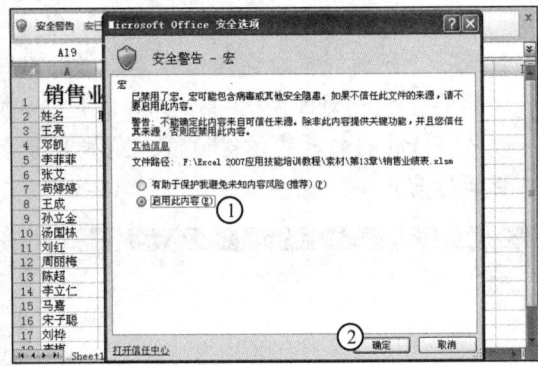
图 13-11　启用宏

3　此后编辑栏上方的"安全警告"栏便会消失，此工作簿中的宏也可使用了。

13.5　运行宏

运行宏是指启用录制好的宏，在 Excel 2007 中可通过对话框、快速访问工具栏、快捷键等多种方式运行录制的宏，下面便分别对这些方式进行介绍。

13.5.1　利用对话框运行

利用"宏"对话框可以直观地查看此工作簿中所有录制好的宏，并可选择需要运行的宏。

上机练习 13.4　利用"宏"对话框在 Sheet2 工作表中运行宏

1　打开"销售业绩表.xlsm"工作簿，单击"Sheet2"工作表标签，切换到 Sheet2 工作表中，选择数据存放的起始单元格，这里保持默认选择的 A1 单元格。

2　单击"视图"选项卡，在"宏"组中单击"宏"下拉按钮，在弹出的下拉菜单中选择"查看宏"命令，如图 13-12 所示。

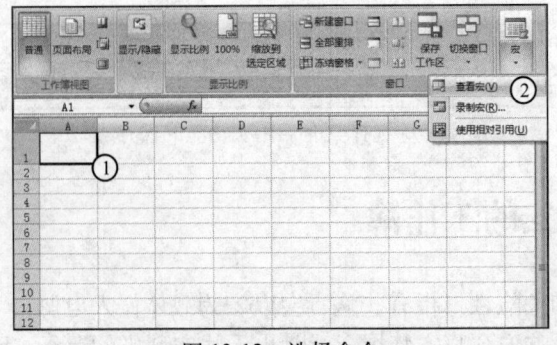
图 13-12　选择命令

3 打开"宏"对话框,在"宏名"文本框下方的列表框中选择要运行的宏,这里选择"销售业绩表"选项,单击"执行"按钮,如图 13-13 所示。

4 稍后便可在 Sheet2 工作表中自动完成表格框架数据的输入操作,效果如图 13-14 所示。

图 13-13 选择需运行的宏

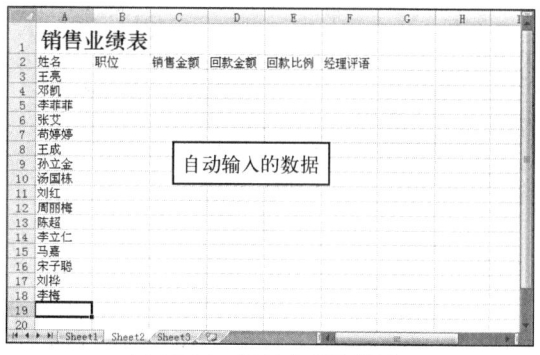

图 13-14 运行宏后的效果

13.5.2 利用快速访问工具栏运行

通过将功能选项卡中的"查看宏"命令添加到自定义快速访问工具栏以后,便可通过单击该栏上的按钮快速打开"宏"对话框,进而运行需要的宏。

上机练习 13.5 利用快速访问工具栏在 Sheet3 工作表中运行宏

1 打开"销售业绩表.xlsm"工作簿,单击"Sheet3"工作表标签。

2 单击"Office"按钮,在弹出的菜单中单击"Excel 选项"按钮,打开"Excel 选项"对话框。

3 选择"自定义"选项,在右侧的"从下列位置选择命令"下拉列表框中选择"视图 选项卡"选项,在下方的列表框中选择"查看宏"选项(右侧没有下拉按钮的这种),单击"添加"按钮,将其添加至右侧"自定义快速访问工具栏"下拉列表框下方的列表框中,然后单击"确定"按钮,如图 13-15 所示。

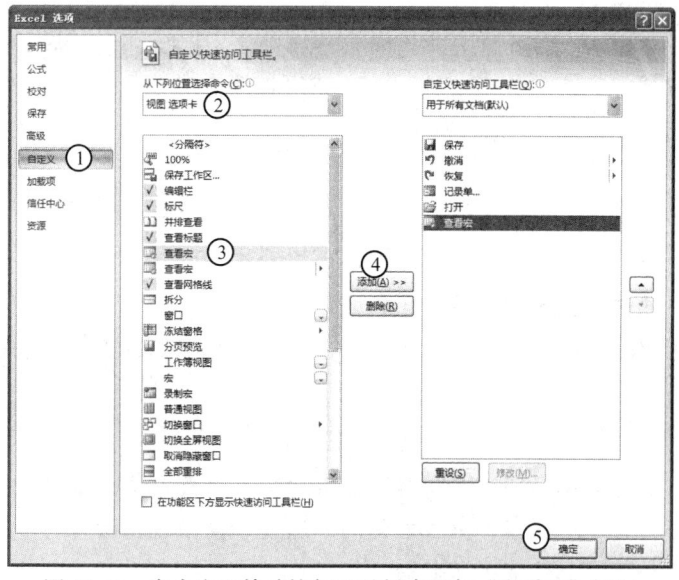

图 13-15 在自定义快速访问工具栏中添加"查看宏"按钮

4 单击自定义快速访问工具栏中的"查看宏"按钮,如图 13-16 所示。

5 打开"宏"对话框,在"宏名"文本框下方的列表框中选择要运行的宏,如"销售业绩表",单击"执行"按钮,如图 13-17 所示。

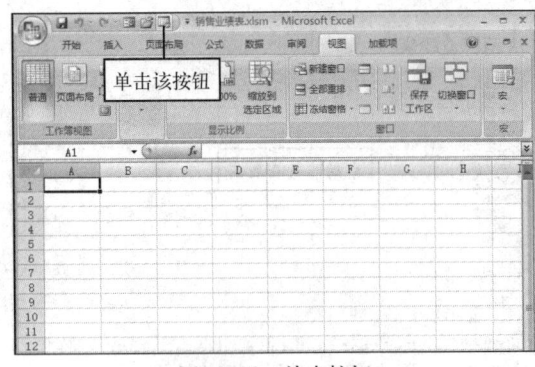
图 13-16 单击按钮

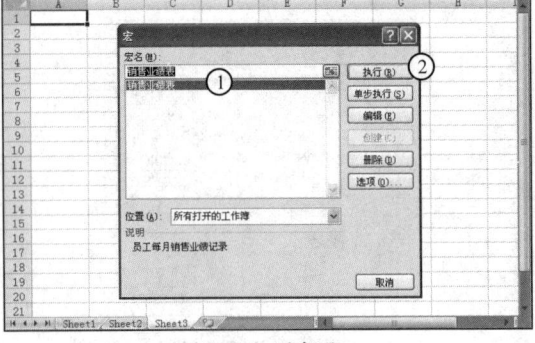
图 13-17 选择宏

6 此时可见在 Sheet3 工作表中已自动完成表格框架数据的输入操作,如图 13-18 所示。

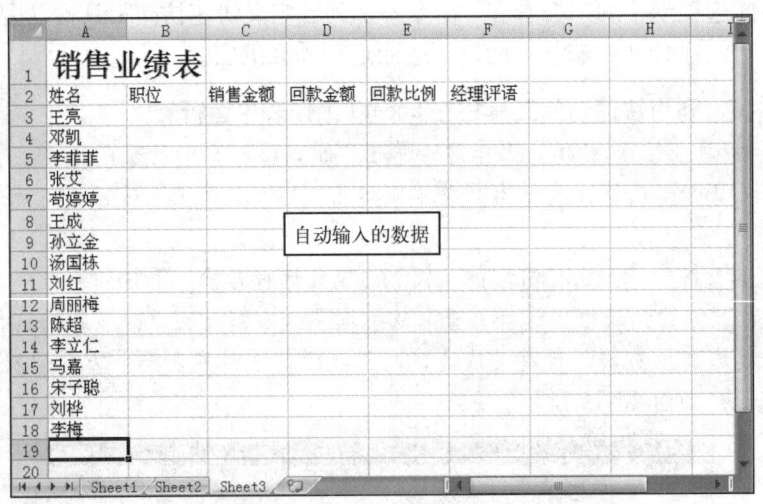
图 13-18 运行宏后的效果

13.5.3 利用快捷键运行

录制宏时若设置了相应的快捷键,便可免去通过对话框运行宏的麻烦,直接按相应快捷键运行即可。

上机练习 13.6 通过快捷键在新建的工作簿中运行宏

1 在"销售业绩表.xlsm"工作簿中按"Ctrl+N"键,快速新建一个空白工作簿,如图 13-19 所示。

2 按"Ctrl+Shift+A"键即可运行宏,效果如图 13-20 所示。

 提示　通过自定义快速访问工具栏的"查看宏"按钮或直接选择功能选项卡中相应的命令打开"宏"对话框,单击右侧的"选项"按钮,在打开的"宏选项"对话框中可查看和修改相应宏的快捷键。

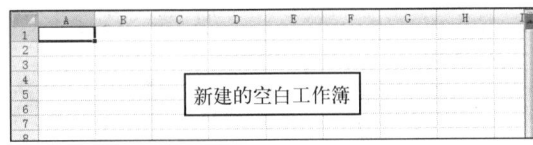
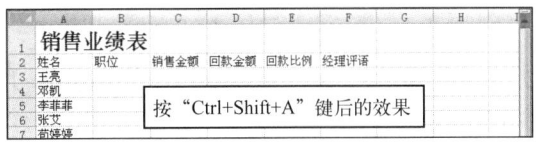

图 13-19 新建工作簿　　　　　　　图 13-20 运行宏后的效果

 提示　若录制宏时选择的保存位置为"当前工作簿",则只有在此工作簿的基础上新建的工作簿的工作表中才能运行录制的宏。关闭此工作簿并重启 Excel 2007 后便不能再运行录制的宏了。

13.6　管理宏

对于录制的宏,Excel 2007 允许对其进行编辑、调试、删除等各种管理操作,以满足日常工作和学习中的各种需要。下面便分别介绍关于编辑宏、调试宏、删除宏的操作以及有关宏病毒的一些知识。

13.6.1　编辑宏

录制的宏是可以根据实际情况进行编辑修改的,比如录制的宏的内容有公司员工姓名,当公司出现人事变动时,便可根据实际情况对这些员工姓名进行及时修改,从而防止建立的如员工工资表等包含员工姓名的表格出现错误的情况。

上机练习 13.7　将录制的宏的表名字体改为"方正少儿简体",并将姓名"李梅"更改为"方晓波"

1　打开"销售业绩表.xlsm"工作簿并启用宏,然后按"Ctrl+N"键新建一个空白工作簿。

2　单击"视图"选项卡,在"宏"组中单击"宏"下拉按钮,在弹出的下拉菜单中选择"查看宏"命令。

3　打开"宏"对话框,选择需编辑的宏,单击右侧的"编辑"按钮,如图 13-21 所示。

4　在打开的窗口中显示了宏对应的 VBA 语言,如图 13-22 所示。

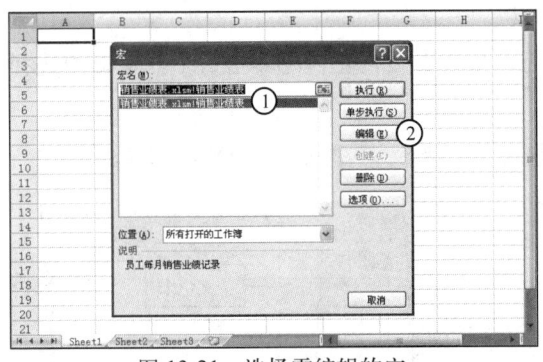
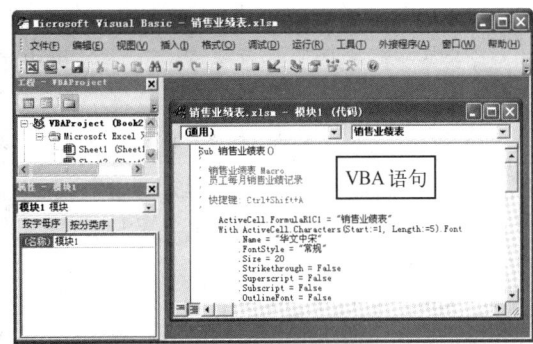

图 13-21　选择需编辑的宏　　　　　图 13-22　显示宏对应的 VBA 语言

5　找到需修改的语句,将相应的文本进行修改,这里将"华文中宋"更改为"方正少儿简体",如图 13-23 所示,表示将表名有华文中宋的字体更改为方正少儿简体。

6　找到姓名为"李梅"所在的语句,将"李梅"修改为"方晓波",如图 13-24 所示,单击窗口工具栏中的"保存"按钮,然后将窗口关闭。

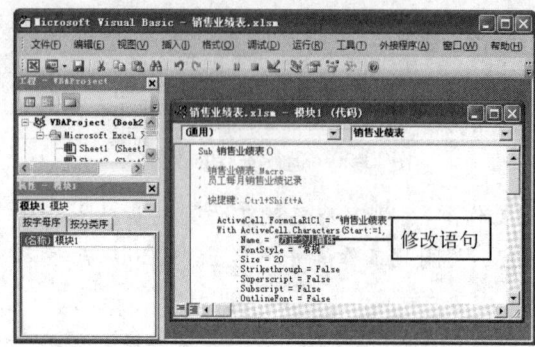
图 13-23 修改语句

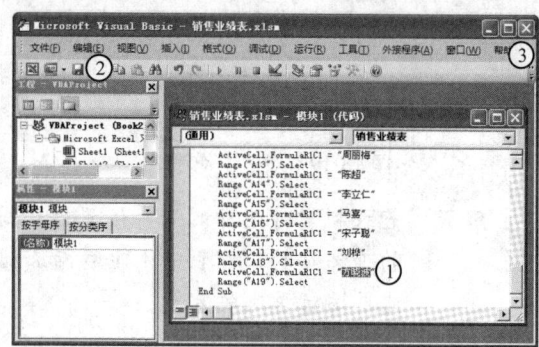
图 13-24 修改语句

7 返回到工作簿窗口中,按"Ctrl+Shift+A"键运行宏,可见此时自动输入的数据和修改宏之前的数据发生了相应改变,如图 13-25 所示。

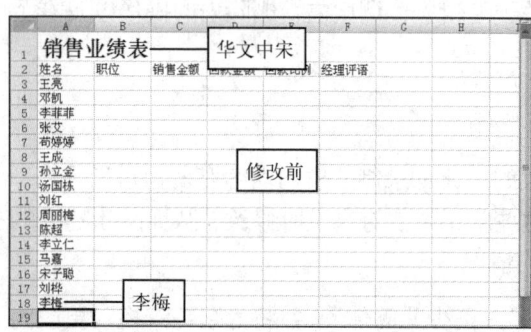
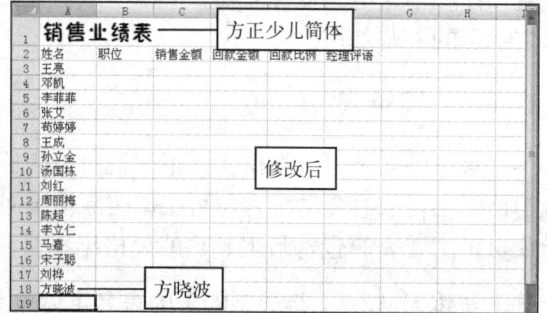

图 13-25 编辑宏前后的对比效果

13.6.2 调试宏

调试宏是指对宏语言进行检查,查看语句是否正确,是否能正常运行。当对宏进行编辑修改后,更应该及时对宏进行调试,以免运行宏时出现问题。

上机练习 13.8 对宏进行调试,若有错误则进行修改

1 打开"销售业绩表.xlsm"工作簿并启用宏。

2 单击"视图"选项卡,在"宏"组中单击"宏"下拉按钮,在弹出的下拉菜单中选择"查看宏"命令。

3 打开"宏"对话框,选择需编辑的宏,单击右侧的"编辑"按钮。

4 在打开的窗口中显示了宏对应的 VBA 语言,若其中有严重错误,则 Excel 会以红色字体显示。

5 选择"调试→逐句式"命令,或按"F8"键,开始对宏的 VBA 语言进行逐句检查,并以黄色背景显示,如图 13-26 所示。

6 继续按"F8"键进行调试,当出

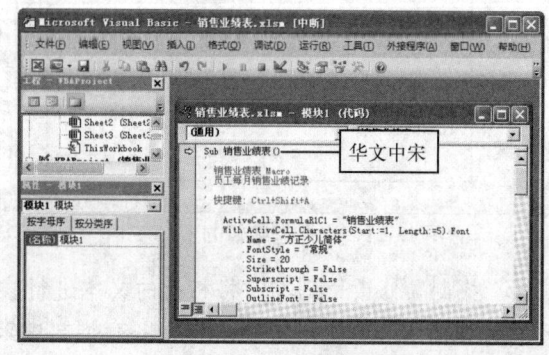
图 13-26 逐句调试

现语句错误时，将打开如图13-27所示的对话框，提示运行错误，单击"结束"按钮。

7 此时光标插入点将出现在有错误的语句左侧，检查该语句，根据观察发现在"="符号左侧少了数字"1"，在该处单击鼠标定位插入点，输入"1"，如图13-28所示。

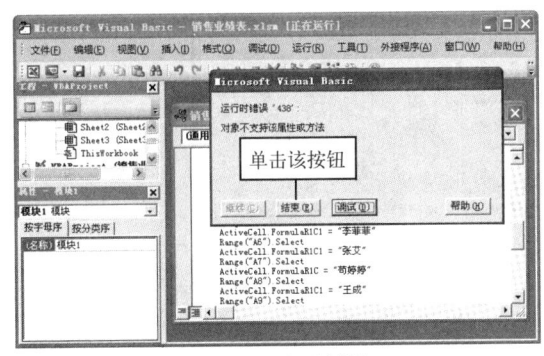

图13-27　发现错误　　　　　　　　　图13-28　更正并保存

8 单击"保存"按钮，继续按"F8"键进行调试，单击调试到最后一句语句时，若没有发现错误，Excel又将重头调试，若发现错误，将其更正并保存，然后关闭窗口即可。

13.6.3　删除宏

为了便于管理，当遇到不需要的宏或无法修正错误的宏时，应将其删除。

▲上机练习13.9　删除录制的宏

1 在工作表中打开"宏"对话框，选择需删除的宏，单击右侧的"删除"按钮。
2 打开提示对话框，提示是否删除所选的宏，单击"是"按钮，如图13-29所示。

图13-29　提示是否删除宏

13.6.4　宏病毒

Excel 2007中的宏病毒是指寄存在工作簿或模板所录制的宏中的电脑病毒。当打开含有宏病毒的工作簿或Excel 2007模板时，宏病毒便会随着宏的启用而被激活。然后转移到电脑的Normal模板上，此后凡是自动保存的工作簿都会感染上这种宏病毒，并随着其他用户的使用而蔓延到其他电脑上。Excel 2007针对宏病毒的危害，提供了设置宏安全的功能，使每个用户都能根据自己的需要对宏的使用进行安全设置。

▲上机练习13.10　禁用所有宏，并发出通知

1 打开"Excel 选项"对话框，选择左侧列表框中的"信任中心"选项，单击右侧的"信任中心设置"按钮，如图13-30所示。
2 打开"信任中心"对话框，选择左侧列表框中的"宏设置"选项，选中右侧的"禁用所有宏，并发出通知"单选按钮，然后单击"确定"按钮，如图13-31所示。

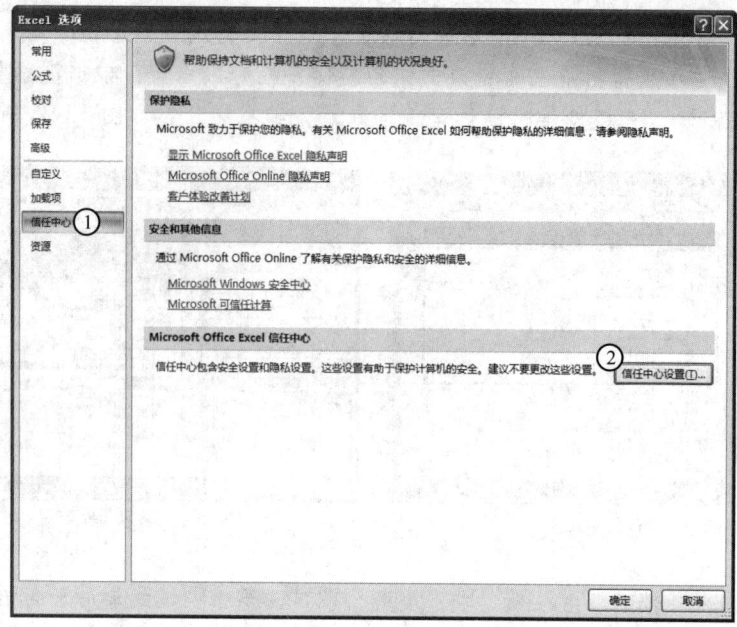

图 13-30 "Excel 选项"对话框

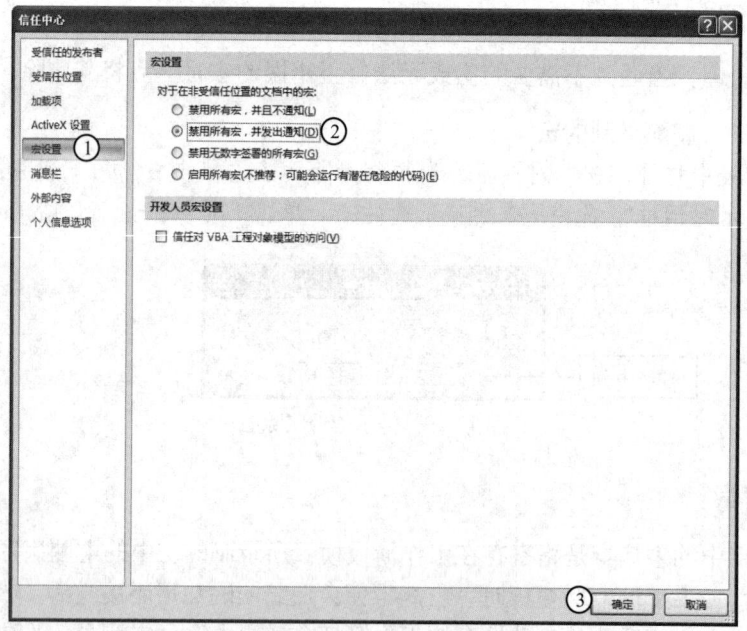

图 13-31 "信任中心"对话框

13.7 技能实训

  本章主要对 Excel 2007 中关于宏的使用进行了讲解，包括录制宏、运行宏、编辑宏、调试宏、删除宏以及设置宏的安全等知识。通过本章学习，应了解宏在编辑表格中起到的作用、掌握各种关于宏的操作，并能对宏的安全有一定程度的认识。下面将通过一个案例来巩固本章所学知识，其中将涉及到的操作包括录制宏、编辑宏和运行宏等，最终效果如图 13-32 所示。

第 13 章　宏的使用

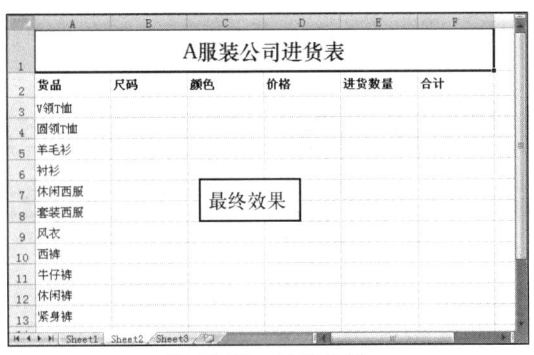

图 13-32　最终效果

【操作步骤】

1 启动 Excel 2007，单击"视图"选项卡，在"宏"组中单击"宏"下拉按钮，在弹出的下拉菜单中选择"录制宏"命令。

2 打开"录制新宏"对话框，在"宏名"文本框中输入"服装进货表"，在"快捷键"文本框中输入"B"，在"保存在"下拉列表框中选择"当前工作簿"选项，在"说明"文本框中输入"每月进货清单"，单击"确定"按钮，如图 13-33 所示。

3 进入录制宏的状态，首先制作表名。将 A1:F1 单元格区域合并，在其中输入数据"A 服装公司进货表"，并将字体格式设置为"黑体，14 号"，如图 13-34 所示。

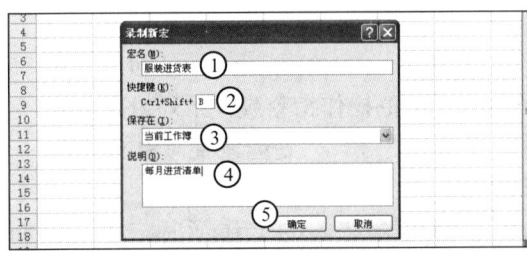

图 13-33　设置宏参数

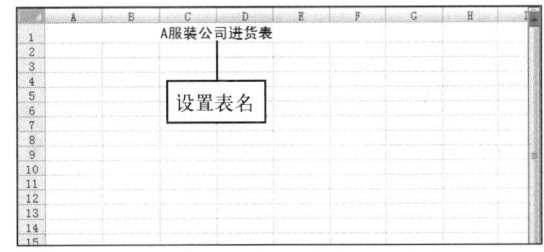

图 13-34　输入表名

4 调整 A 列～F 列的列宽以及第 1 行～第 13 行的行高，如图 13-35 所示。

5 输入表头数据，并将字体加粗，如图 13-36 所示。

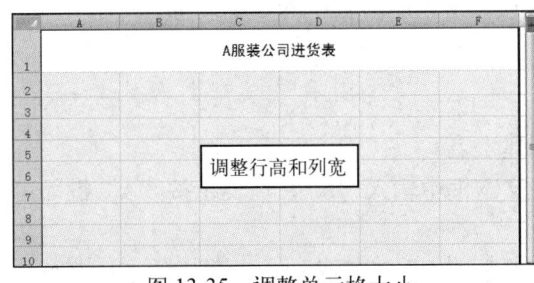

图 13-35　调整单元格大小

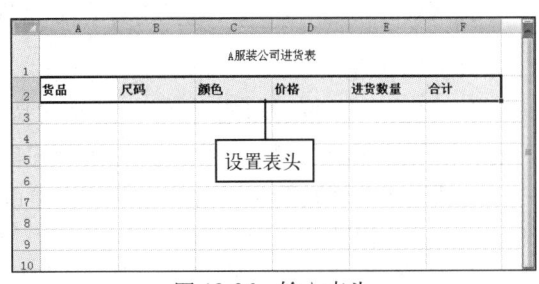

图 13-36　输入表头

6 输入货品名称，单击"视图"选项卡，在"宏"组中单击"宏"下拉按钮，在弹出的下拉菜单中选择"停止录制"命令，完成宏的录制操作。

7 再次打开"宏"对话框，选择刚录制的宏，单击右侧的"编辑"按钮。

8 找到显示"黑体"和"14"的 VBA 语句，该语句的作用是定义表名字体的格式，如图 13-37 所示。

9 将"黑体"和"14"分别修改为"华文中宋"和"20",单击窗口的"关闭"按钮,如图 13-38 所示。

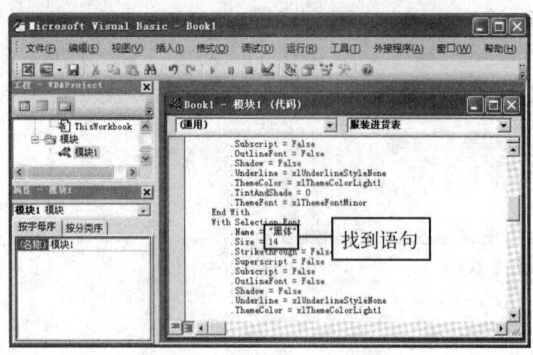 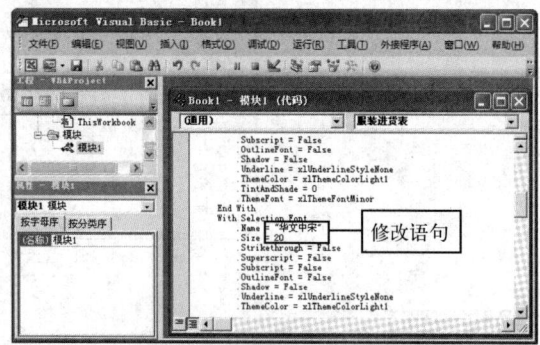

图 13-37　查找 VBA 语句　　　　　　图 13-38　修改 VBA 语句

10 返回工作簿,切换到 Sheet2 工作表中,按"Ctrl+Shift+B"键,运行录制的宏,如图 13-32 所示。

11 单击自定义快速访问工具栏中的"保存"按钮,将工作簿以".xlsm"的格式进行保存即可。

13.8　习题

一、填空题

1. 宏代表能完成某项任务的一组_____和_____的操作指令或一系列函数命令,它根据一系列预定义的规则替换一定的文本模式,从而达到_____处理设置对象的目的。

2. 适当地在工作或学习中使用宏操作,不仅可以_____,还可以_____。

3. 由于宏具有一定的危险性,因此 Excel 在打开含有宏的工作簿时,首先会将宏_____。

4. 对于录制的宏,Excel 允许对其进行编辑、调试、_____等各种管理操作,以满足日常工作和学习中的各种需要。

5. Excel 中的_____是指寄存在工作簿或模板所录制的宏中的电脑病毒。

二、选择题

1. 关于录制宏的操作,以下说正确的是(　　)。

　A. 录制宏之前,必须为将要录制的宏创建宏名

　B. 在"录制新宏"对话框的"快捷键"文本框中输入"A",则表示按"A"键即可执行录制宏的操作

　C. 单击"视图"选项卡,在"宏"组中单击"宏"下拉按钮,在弹出的下拉菜单中选择"录制"命令可打开"录制新宏"对话框

　D. 在"录制新宏"对话框的"快捷键"文本框中输入"A",则表示按"Ctrl+A"键即可执行录制宏的操作

2. 保存宏时,需在"另存为"对话框的"保存类型"下拉列表框中选择(　　)选项才能正常使用宏。

A. Excel 工作簿　　　　　　　　　B. Excel 二进制工作簿
C. Excel 启用宏的工作簿（*.xlsm）　D. Excel 97-2003 工作簿

3. 要启用宏，正确的操作方法是（　　）。
    A. 无需设置，打开包含宏的工作簿时便可自动启用
    B. 单击"视图"选项卡，在"宏"组中单击"启用宏"按钮
    C. 单击"视图"选项卡，在"宏"组中单击"宏"按钮
    D. 在"安全警告"栏中单击"选项"按钮，在打开的对话框中选中"启用此内容"
       单选按钮。

4. 通过（　　）可运行录制的宏。
    A. 对话框　　　　　　　　　　　B. 快速访问工具栏
    C. 快捷键　　　　　　　　　　　D. 右键菜单

5. 关于管理宏的相关操作，以下说法错误的是（　　）。
    A. 通过 VBA 语言可修改录制的宏
    B. 打开"宏"对话框，选择需编辑的宏，单击右侧的"编辑"按钮即可查看该宏的
       VBA 语言
    C. 调试宏时，出错的 VBA 语句会议黄色背景来显示
    D. 打开"宏"对话框，选择需删除的宏，单击右侧的"删除"按钮可删除录制的宏

三、操作题

1. 新建工作簿，录制如图 13-39 所示的宏，要求宏名为"员工工资表"、快捷键为"Ctrl+1"，录制时标题单元格字体为"汉仪中黑简、22"，其余字体格式为"宋体、12、加粗"。

员工工资表					
姓名	基本工资	提成	奖金	应发工资	实发工资
李德江					
张凯					
钱小乐					
袁敏					
李凤凰					
王寒					
马建峰					
胡玲玲					
刘嘉琦					
魏平					
林海					
朱奇龄					
吴晓婷					
罗德容					
曾月鸣					

图 13-39　录制宏

2. 在新建的工作簿的 Sheet2 工作表中利用快捷键运行上题录制的宏。
3. 修改宏内容，要求将标题单元格的字体格式更改为"华文中宋"。
4. 逐步调试录制的宏。

第 14 章　网络与共享

本章内容提要

Excel 2007 提供的网络与共享功能，在办公自动化中非常实用，它最大限度地实现了资源的共享，不仅节约了办公成本，也提高了工作效率。本章将主要对共享 Excel 工作表、Office 办公组件之间的相互共享使用、超链接的使用以及发布和发送 Excel 工作表等知识进行详细介绍。通过本章学习，提高日常工作和学习中共享资源的能力。

本章重点与难点

- 共享 Excel 工作表
- Office 组件间的链接和嵌入
- 超链接
- 发布 Excel 工作表
- 以邮件方式发送 Excel 工作表

14.1　共享 Excel 工作表

在日常办公中，经常会出现多人都需要使用某一工作表的情况，此时若将这些工作表进行共享处理，便可达到共同使用的目的。

14.1.1　在局域网中共享工作表

在局域网中共享工作表不仅可以共同使用某人创建好的工作表，还可以多人共同创建工作表，不仅节约了资源，更节约了时间。

1．设置共享

要实现在局域网中共享工作表，首先需对工作表进行相应设置。

● 上机练习 14.1　共享"产品库存表"

1 创建"产品库存表"，并单击"审阅"选项卡，在"更改"组中单击"共享工作簿"按钮，如图 14-1 所示。

2 打开"共享工作簿"对话框，单击"编辑"选项卡，在其中选中"允许多用户同时编辑，同时允许工作簿合并"复选框，然后单击"确定"按钮，如图 14-2 所示。

3 打开提示对话框，提示执行此操作将导致保存工作簿，如图 14-3 所示，单击"确定"按钮。

图 14-1　单击按钮

图14-2 启用共享功能

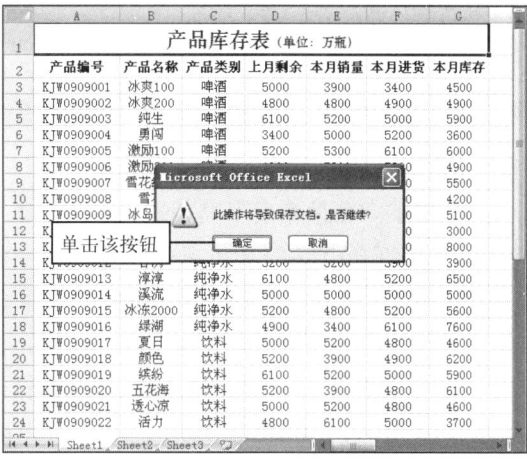
图14-3 确认操作

4 此时将完成对该工作簿的共享操作,且标题栏的工作簿名称后会出现"共享"字样,如图14-4所示。

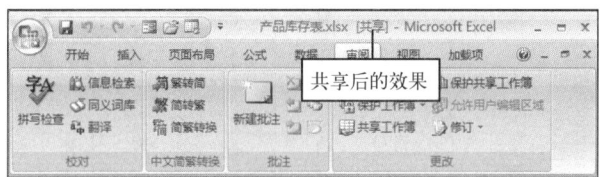
图14-4 共享后的效果

2. 编辑共享的工作表

编辑已共享的工作表的方法没有什么不同,只是当其他用户对此工作簿进行编辑并保存后,则会打开如图14-5所示的提示对话框,提示其他用户对此工作簿进行了更改并更新,直接单击"确定"按钮即可。

图14-5 其他用户对工作簿进行修改并保存

3. 在共享工作表中突出显示修订

共享工作表可以节约成本,最大限度共享资源,但有时由于其他用户对工作表进行了修改和更新后，会使创建人对表格的内容不完全了解，此时便可利用 Excel 2007 提供的显示修订功能，不仅可以指定将其他用户的修订突出显示，还可以突出显示具体的内容，从而实现共享工作表的用户对所有关于此工作表的更改都能清楚。

上机练习 14.2　共享"产品库存表"

1　在"产品库存表"中单击"审阅"选项卡，在"更改"组中单击"修订"按钮，在弹出的下拉菜单中选择"突出显示修订"命令，如图 14-6 所示。

2　打开"突出显示修订"对话框，选中"修订人"复选框，在右侧的下拉列表框中选择"除我之外每个人"选项，单击"位置"复选框右侧的按钮，如图 14-7 所示。

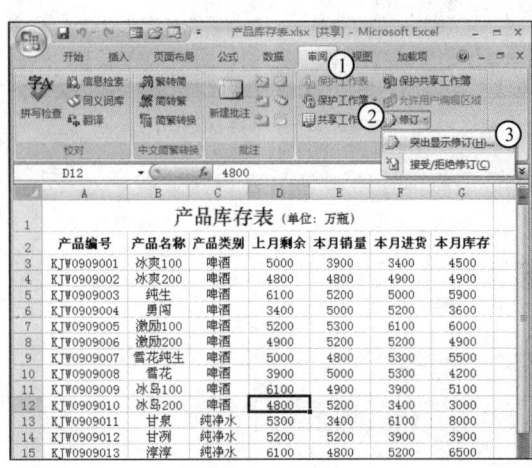

图 14-6　选择命令　　　　　　　　　图 14-7　设置修订人

3　拖动鼠标选择单元格区域，表示在这个区域中对单元格进行修改才会突出显示修订，这里选择 A3:G24 单元格区域，然后单击对话框右侧的按钮，如图 14-8 所示。

4　在返回的对话框中单击"确定"按钮，如图 14-9 所示。

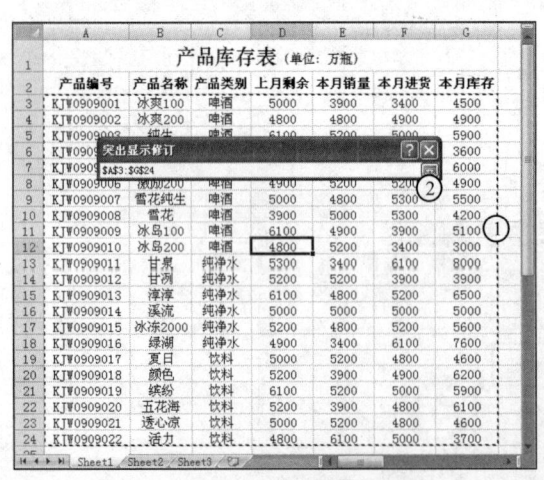 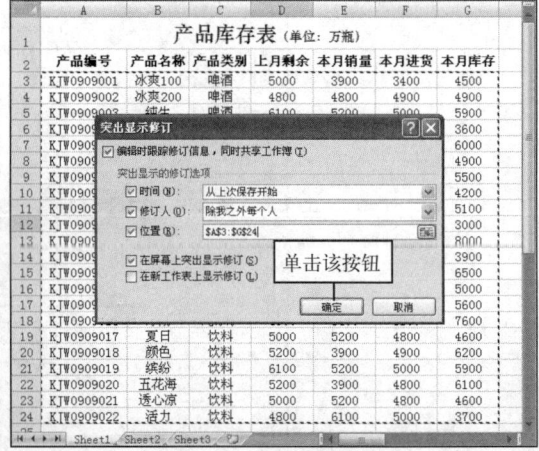

图 14-8　选择区域　　　　　　　　　图 14-9　确认设置

5　打开提示对话框，提示没有发现任何修订，直接单击"确定"按钮，如图 14-10 所示。

6　在返回的对话框中单击"确定"按钮，如图 14-9 所示，此后当局域网中其他用户对选定区域内的单元格进行修改后，便会及时显示进行修改的用户和具体修改的内容。

第14章　网络与共享

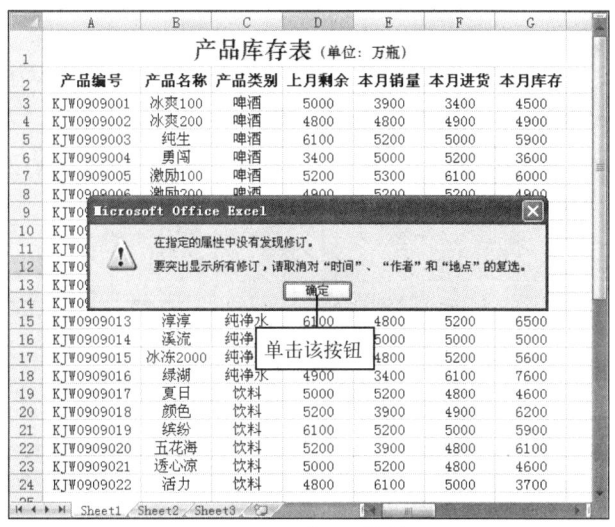

图 14-10　提示对话框

4. 接受或拒绝其他人的修订

Excel 2007 不仅赋予了共享工作表的用户以查看任何修改记录，还允许此用户接受或拒绝对工作表的修改，避免工作表数据随意被错误修订。

上机练习 14.3　接受他人对共享工作表的修订

1 在"产品库存表"中单击"审阅"选项卡，在"更改"组中单击"修订"按钮，在弹出的下拉菜单中选择"接受/拒绝修订"命令，如图 14-11 所示。

2 打开"接受或拒绝修订"对话框，选中"修订人"复选框，在右侧的下拉列表框中选择"除我之外每个人"选项，单击"位置"复选框右侧的 按钮，如图 14-12 所示。

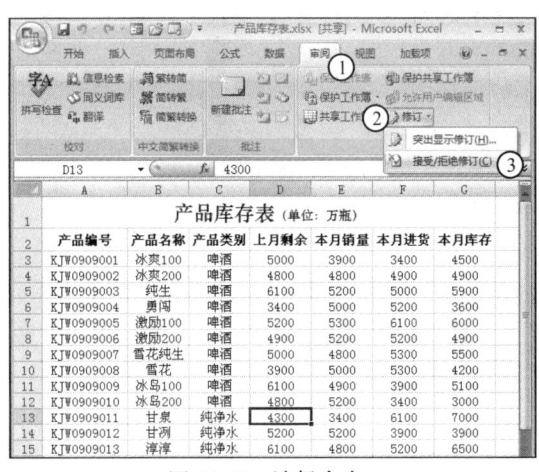

图 14-11　选择命令

图 14-12　设置修订人

3 拖动鼠标选择单元格区域，表示在这个区域中对单元格的修改会判断是否接受，这里选择 A3:G24 单元格区域，然后单击对话框右侧的 按钮，如图 14-13 所示。

4 在返回的对话框中单击"确定"按钮，如图 14-14 所示。

5 若其他用户在选定的区域内对单元格进行了修改，则"接受或拒绝修订"对话框中将显示具体的修改内容，如图 14-15 所示，单击对话框下方的"接受"按钮表示接受此修改。

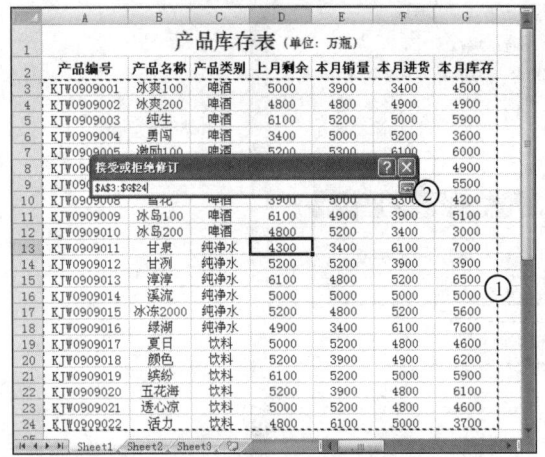

图 14-13　选择区域　　　　　　　　　图 14-14　确认设置

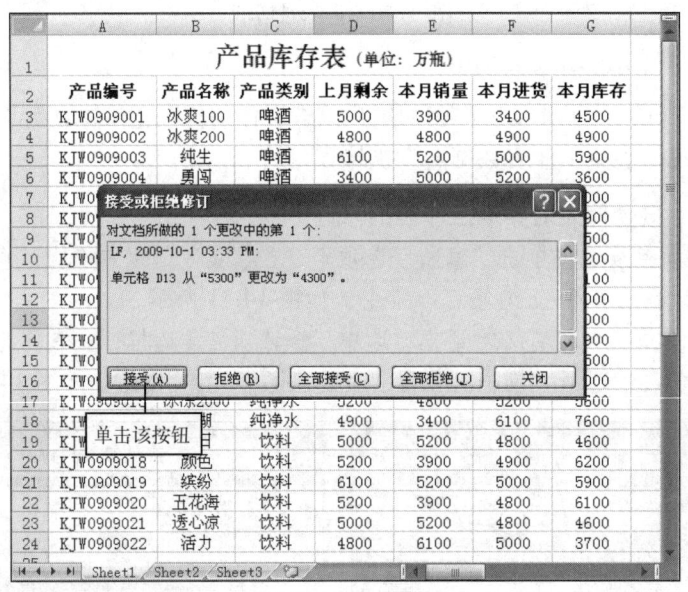

图 14-15　接受修订

> **提示**　单击"接受或拒绝修订"对话框中的"拒绝"按钮表示拒绝此修订；单击工作表中有多处修订时，单击"全部接受"按钮可接受所有修订；单击"全部拒绝"按钮表示拒绝所有修订；单击"关闭"按钮可关闭对话框。

5. 撤消共享

共享工作表虽然提高了工作效率，节约了成本，但也增加了表格数据被破坏、泄露等危险。因此若不再需要共享工作表时，应及时将其撤消共享。撤消共享的方法十分简便，只需在"共享工作簿保护"对话框的"编辑"选项卡中取消选中"允许多用户同时编辑，同时允许工作簿合并"复选框，然后单击"确定"按钮，并在打开的提示对话框，提示取消共享后修订将被删除，且正在编辑的其他用户也不能保存相应修改，单击"是"按钮即可，如图 14-16 所示。

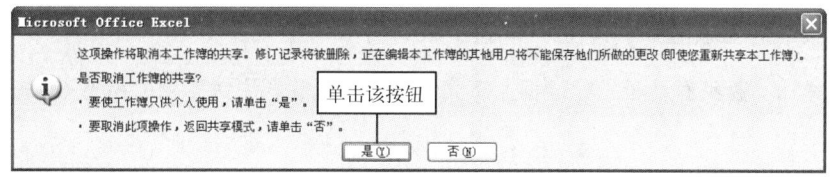

图 14-16 撤消共享状态

14.1.2 数据有效性

设置数据有效性可以限制修改单元格的范围,也可以限制输入的数据类型等,这对共享工作表提供了极大的安全保障。

提示 要对需共享的工作表进行数据有效性设置,需保证此工作表处于非共享状态,否则数据有效性功能将无法使用,待设置好之后,再将工作表共享即可。

1. 设置数据有效性的出错警告

通过数据有效性设置,可使在某些单元格区域中输入非设置允许的数据类型时,弹出某种出错警告提示。

上机练习 14.4 限制"产品库存表"中 D3:G24 单元格区域的输入类型为 0~10000 范围内的整数,否则弹出出错警告

1 在"产品库存表"中选择 D3:G24 单元格区域,单击"数据"选项卡,在"数据工具"组中单击"数据有效性"下拉按钮,在弹出的下拉菜单中选择"数据有效性"命令,如图 14-17 所示。

2 打开"数据有效性"对话框,单击"设置"选项卡,在"允许"下拉列表框中选择"整数"选项,在"数据"下拉列表框中选择"介于"选项,在"最小值"文本框中输入"0",在"最大值"文本框中输入"10000",如图 14-18 所示。

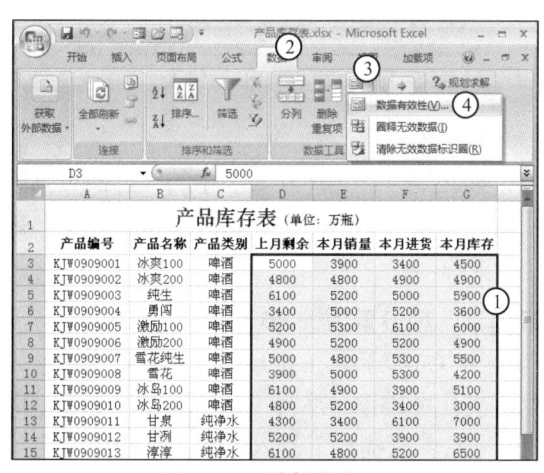

图 14-17 选择命令

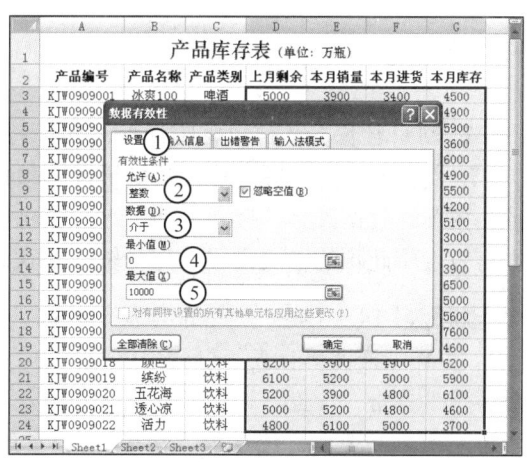

图 14-18 设置有效性条件

3 单击"出错警告"选项卡,在"样式"下拉列表框中选择"警告"选项,在右侧的"标题"和"错误信息"文本框中输入如图 14-19 所示的内容,单击"确定"按钮。

4 此时当在 D3:G24 单元格区域中输入非 0~10000 范围的整数时,便将打开如图 14-20 所示的对话框,该对话框的标题和显示的内容均为设置文本,单击"是"按钮可确定输入,

单击"否"按钮将重新输入,单击"取消"按钮将取消输入操作。

> **提 示** 单击"数据有效性"对话框左下角的"全部删除"按钮可删除所有数据有效性设置。

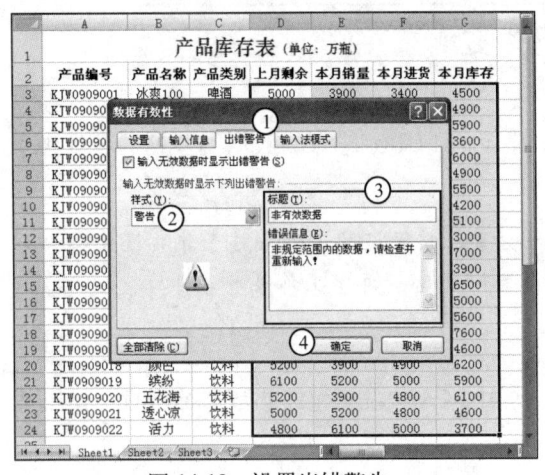

图 14-19 设置出错警告

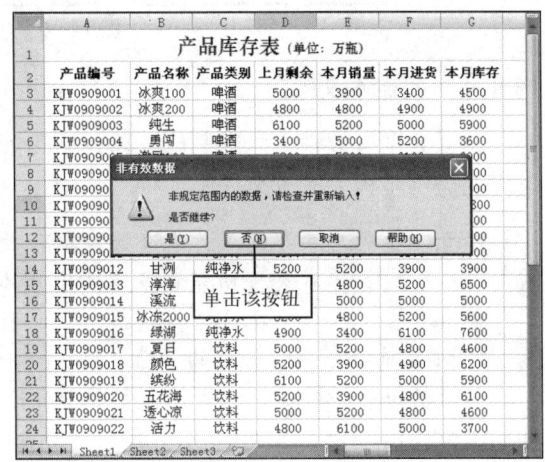

图 14-20 出现警告对话框

> **提 示** Excel 2007 提供了 3 种出错警告,除了前面介绍的"警告"错误之外,还有如图 14-21 所示的"停止"错误,设置该出错警告将使用户无法在单元格中输入非设置允许的数据类型,另外还有"信息"错误,如图 14-22 所示。设置该出错警告将对输入的非有效数据进行提示,但不会强制重新输入。

图 14-21 "停止"错误

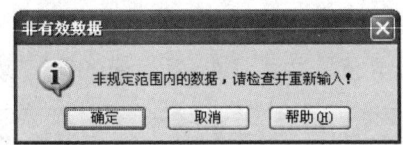

图 14-22 "信息"错误

2. 利用数据有效性功能选择输入数据

当制作某些只有固定输入数据情况的项目时,如此处"产品库存表"中的"产品类别"项,该项的数据仅有"啤酒、纯净水、饮料"3 项,为避免输入其他错误数据,便可使用数据有效性将此项的输入设置为选择输入方式。

上机练习 14.5 将"产品库存表"中的"产品类别"项设置为选择输入

1 在"产品库存表"中的"产品类别"项下选择 C3 单元格,然后打开"数据有效性"对话框,单击"设置"选项卡,在"允许"下拉列表框中选择"序列"选项,在"来源"文本框中输入"啤酒,纯净水,饮料",其中的逗号需在英文状态下输入,然后单击"确定"按钮,如图 14-23 所示。

2 此时 C3 单元格右侧将出现下拉按钮,利用填充公式的方法,拖动 C3 单元格右下角的填充柄至下方需输入数据的单元格区域,这里拖动至 C24 单元格,如图 14-24 所示。

> **提 示** 若在设置了选择输入模式的单元格中手动输入其他数据,则 Excel 会以"停止"错误的方式要求用户重新输入或选择符合设置条件的数据。

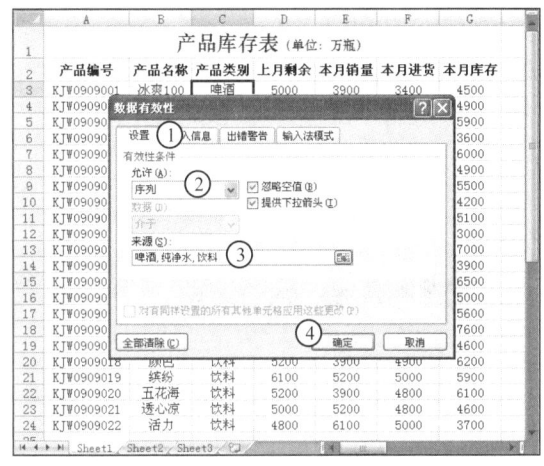
图 14-23 "停止"错误

图 14-24 "信息"错误

3 此时选择需输入产品类别的单元格,单击其右侧出现的下拉按钮,在弹出的下拉列表中即可选择正确的类别对应的选项,如图 14-25 所示。

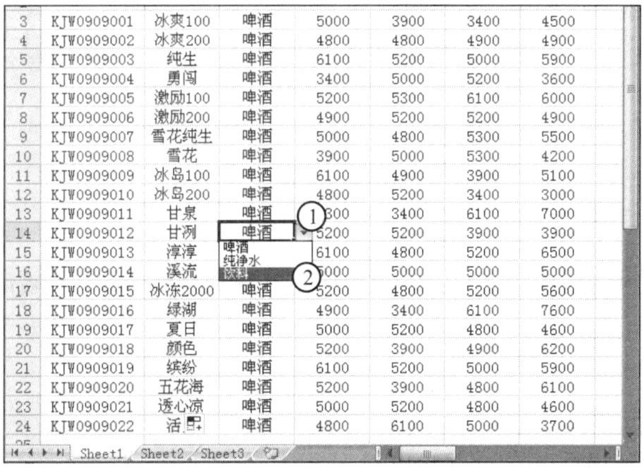

图 14-25 选择输入

14.1.3 在 Internet 中共享工作表

除了在局域网中共享工作表之外,还可将制作的表格上传到 Internet 中,从而解决异地共享的问题,使资源的共享最大化。

上机练习 14.6 将"产品库存表"共享到 Internet 中

1 在"产品库存表"中单击"Office"按钮,在弹出的菜单中选择"另存为"命令,打开"另存为"对话框,在"保存位置"下拉列表框中选择"添加/更改 FTP 位置"选项,如图 14-26 所示。

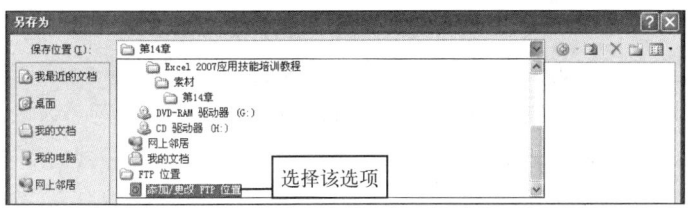
图 14-26 选择选项

2 打开"添加/更改 FTP 位置"对话框,在"FTP 站点名称"文本框中设置需上传的位置,这里输入"192.168.2.14",然后单击"添加"按钮,如图 14-27 所示。

3 此时将输入的 FTP 站点名称添加到下方的"FTP 站点"列表框中,继续在"登录为"栏中设置登录方式,其中选中"匿名"单选按钮将隐藏注册名并登录,选中"用户"单选按钮,可激活右侧的下拉列表框,在其中可输入或选择用户名,从而以注册的用户身份登录;在"密码"文本框中可设置登录密码,这里将参数设置为如图 14-28 所示,然后单击"确定"按钮。

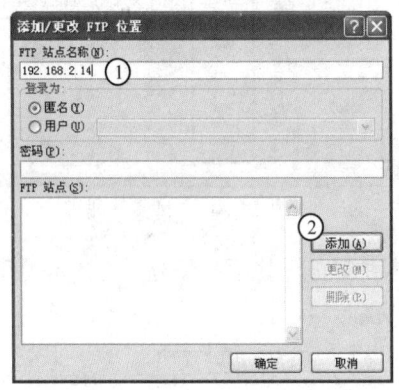 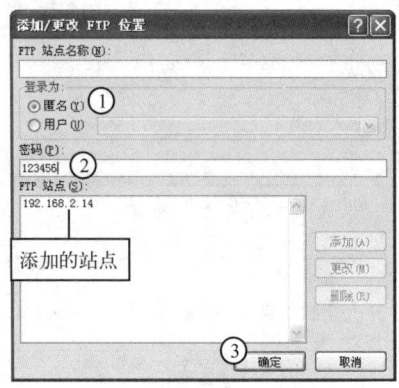

图 14-27　输入站点名称　　　　　　图 14-28　设置其他参数

4 返回"另存为"对话框,并生成如图 14-29 所示的文件夹,双击该文件夹然后单击"打开"按钮将工作表进行保存,之后通过 IE 等浏览器程序打开指定的 FTP 站点即可浏览共享在 Internet 上的工作表了。

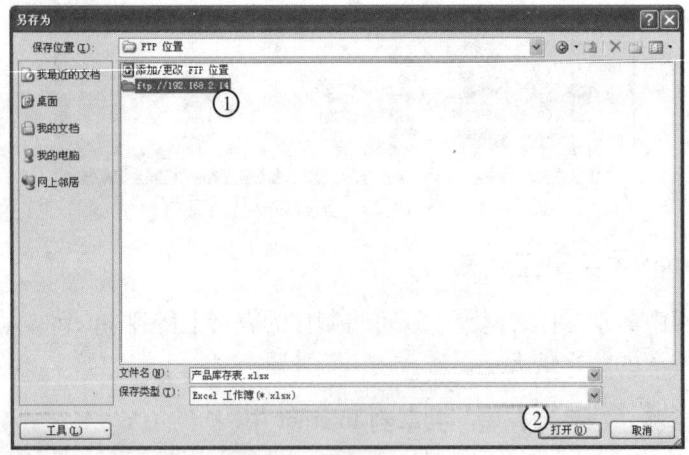

图 14-29　保存文件夹

14.2　Office 组件间的链接和嵌入

Excel 2007 是 Office 2007 的组件之一,由于这个关系,Excel 2007 可以很好地与 Office 2007 的其他组件共享资源,如 Excel 与 Word 的资源共享、Excel 与 Access 的资源共享等。

14.2.1　共享 Word 2007 的资源

通过 Excel 2007 中的"插入对象"功能,可将 Word 文档嵌入到 Excel 工作表中,并可在 Excel 的环境下，单独对 Word 文档的内容进行修改。

上机练习 14.7　在"考勤记录表"中嵌入"考勤规定"Word 文档

1　创建"考勤记录表"，输入如图 14-30 所示的数据。

2　单击"插入"选项卡，在"文本"组中单击"对象"按钮，如图 14-31 所示。

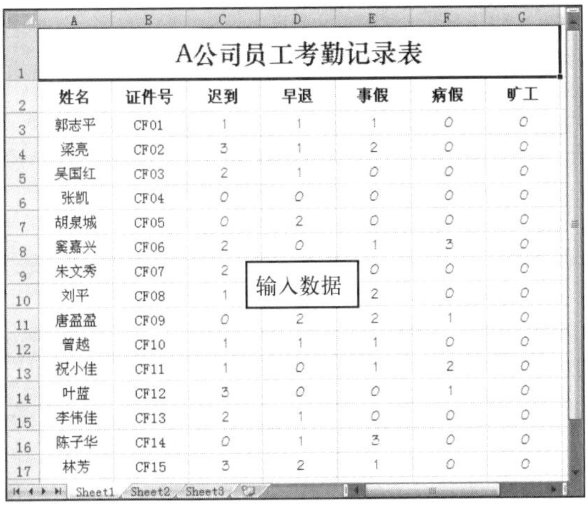

图 14-30　创建表格 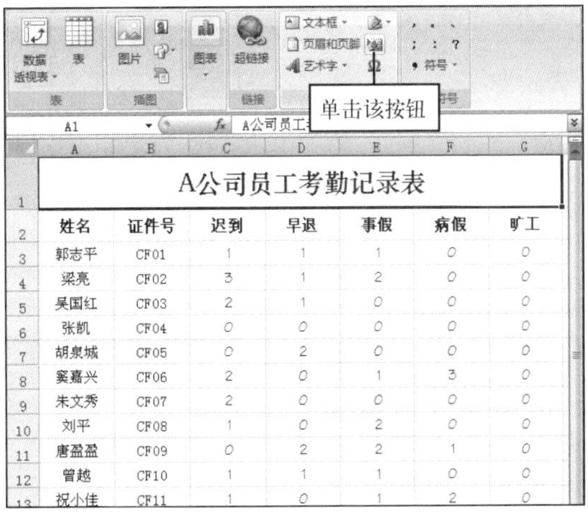　　　　　　　图 14-31　单击按钮

3　打开"对象"对话框，单击"由文件创建"选项卡，然后单击"浏览"按钮，如图 14-32 所示。

4　打开"浏览"对话框，在"查找范围"下拉列表框中选择文件存放的路径，在下方的列表框中选择相应的文件，这里选择"考勤规定.docx"文件，单击"插入"按钮，如图 14-33 所示。

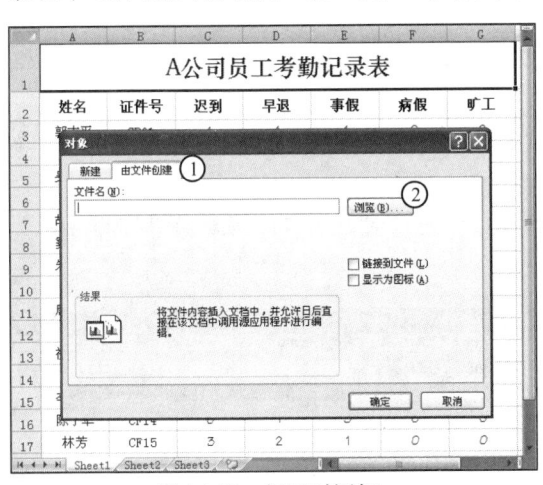

图 14-32　打开对话框 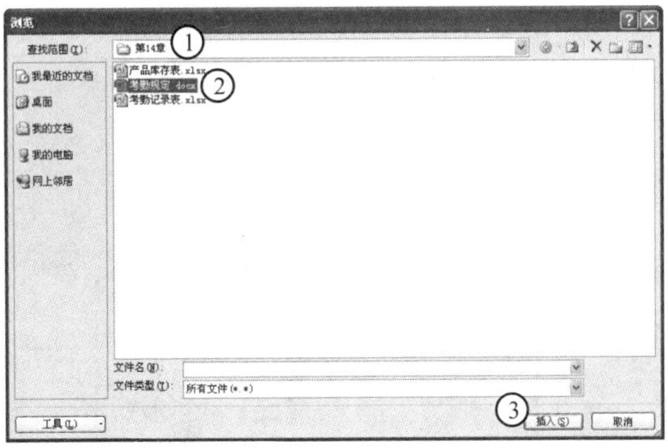　　　　　　　图 14-33　选择插入的文件

5　返回"对象"对话框，单击"确定"按钮，如图 14-34 所示。

6　关闭对话框，在插入的 Word 文档上按住鼠标左键不放，将其拖动到制作的表格下方，如图 14-35 所示。

7　在 Word 文件上双击鼠标，即可进入如图 14-36 所示的编辑环境，此时 Excel 2007 的工作界面会产生变化，以便对 Word 文档进行设置。

8　选择 Word 文件中第一行文本，然后选择"格式→字体"命令，如图 14-37 所示。

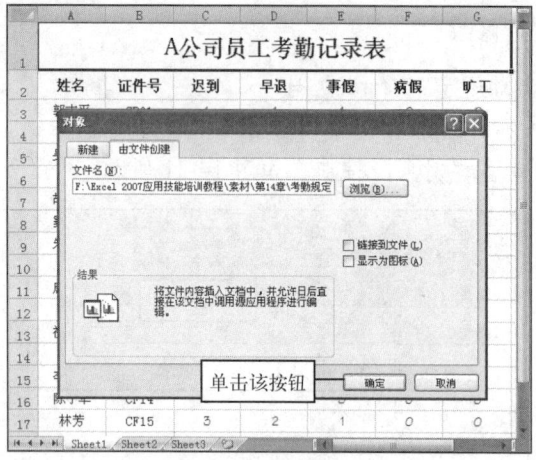

图 14-34　确认插入

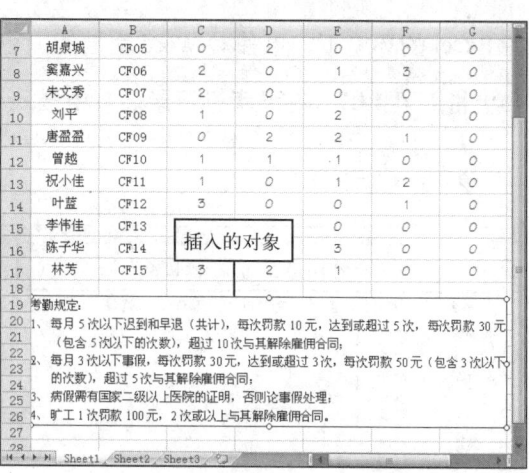

图 14-35　拖动 Word 文件

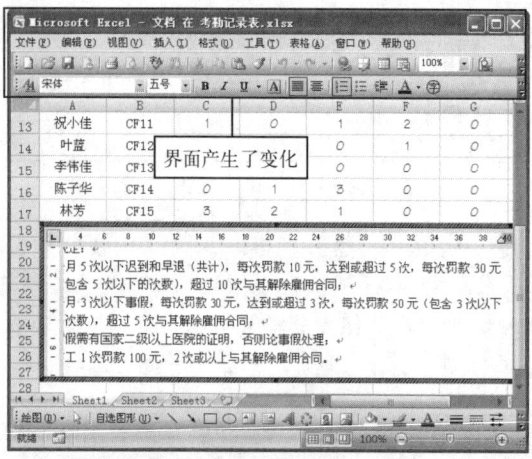

图 14-36　工作界面产生变化

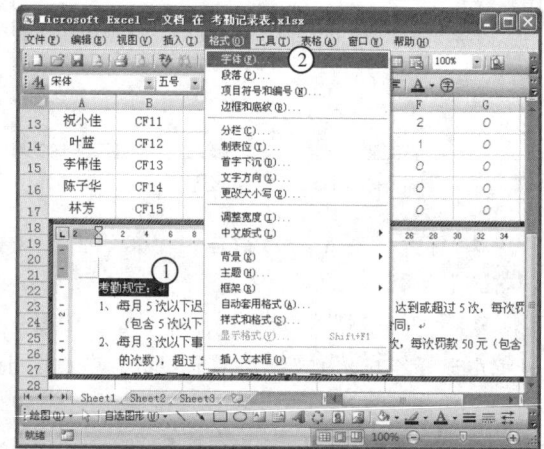

图 14-37　选择命令

9 打开"字体"对话框，在其中将字体格式设置为"华文中宋，倾斜，四号"，单击"确定"按钮，如图 14-38 所示。

10 选择 Word 文档中的具体规定文本，然后选择"格式→项目符号和编号"命令，如图 14-39 所示。

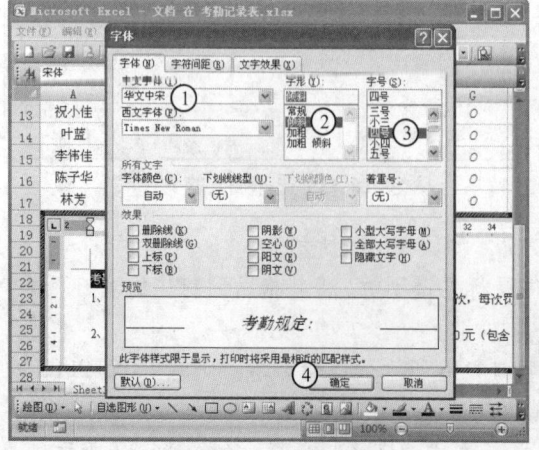

图 14-38　设置字体

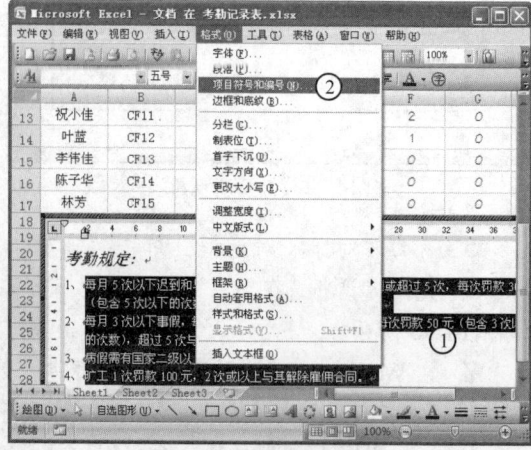

图 14-39　选择命令

11 打开"项目符号和编号"对话框,单击"项目符号"选项卡,在其中选择如图14-40所示的选项,然后单击"确定"按钮。

12 关闭对话框,此时文本应用了相应设置,如图14-41所示。

图14-40 设置项目符号

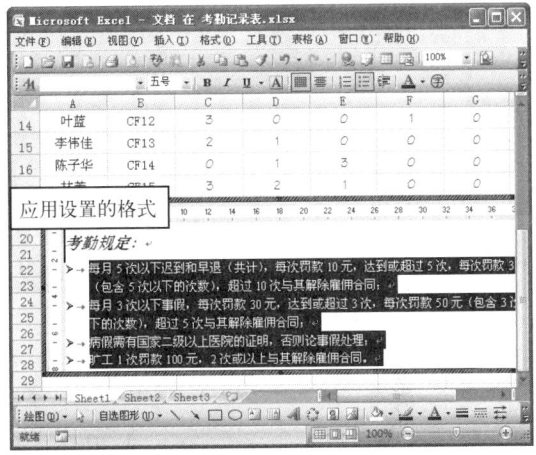
图14-41 应用设置

13 单击Word文件区域外的任意表格区域,退出编辑Word文档的环境,如图14-42所示。

14 在嵌入的Word文档上单击鼠标右键,在弹出的快捷菜单中选择"设置对象格式"命令,如图14-43所示。

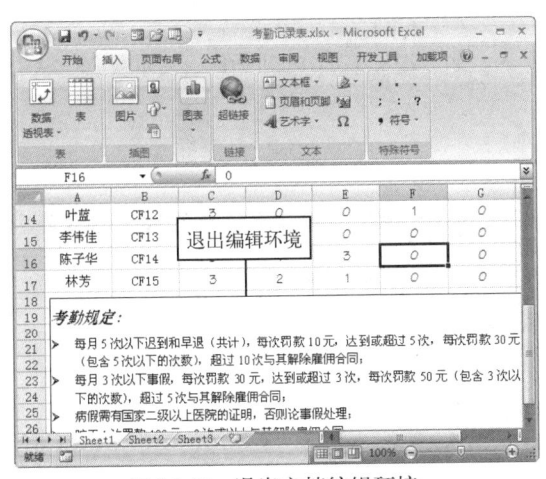
图14-42 退出文档编辑环境

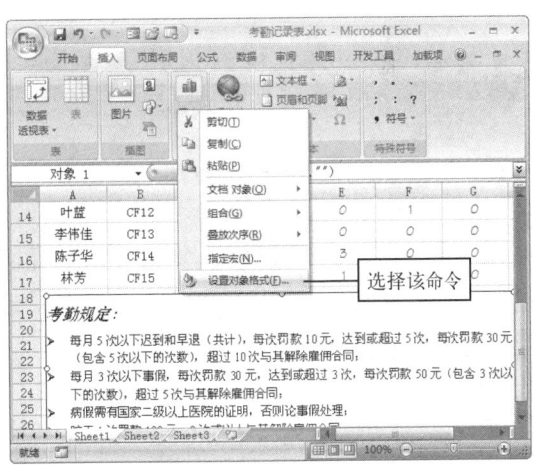
图14-43 选择命令

15 打开"设置对象格式"对话框,单击"颜色与线条"选项卡,在"填充"栏的"颜色"下拉列表框中选择"无填充颜色"选项,在"线条"栏的"颜色"下拉列表框中选择"无填充颜色"选项,单击"确定"按钮,如图14-44所示。

> **提示** 选择插入的对象后,该对象周围会出现8个控制点,拖动这些控制点可控制嵌入对象的界面大小,但不会影响其中内容的大小。

16 完成Word文档的嵌入,效果如图14-45所示。

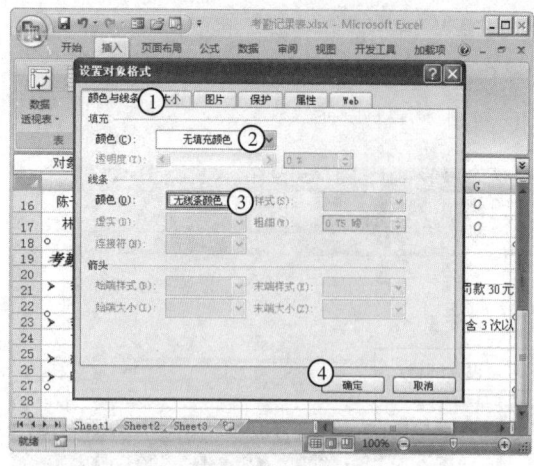

图 14-44 设置对象格式

图 14-45 嵌入并编辑后的效果

14.2.2 共享 Access 2007 的资源

除了嵌入各种对象之外，Excel 2007 还提供了获取外部数据的功能，利用此功能可方便地共享到 Access 的资源。

上机练习 14.8 在"考勤记录表"中获取"罚款清单"Access 数据表

1 在"考勤记录表"中单击"数据"选项卡，在"获取外部数据"组中单击"自 Access"按钮，如图 14-46 所示。

2 打开"选取数据源"对话框，在"查找范围"下拉列表框中选择需获取数据所在的保存路径，在下方的列表框中选择对应的数据，单击"打开"按钮，如图 14-47 所示。

> **提示** Excel 2007 除了可以获取 Access 的资源之外，还可获取网站资源、文本资源、SQL 资源、XML 数据资源等。

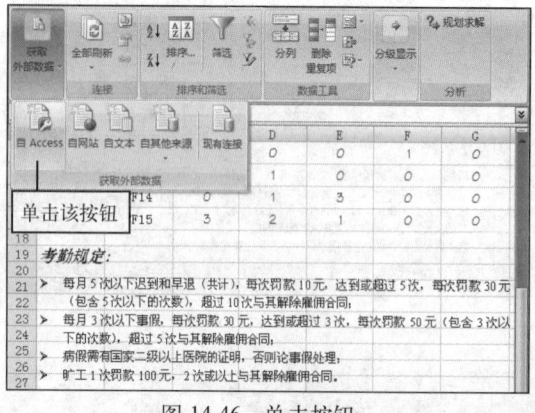

图 14-46 单击按钮

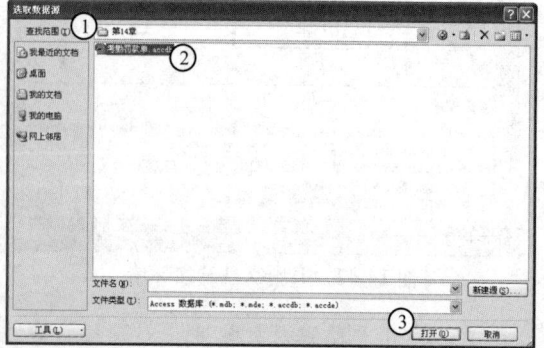

图 14-47 选择文件

3 若选择的数据库中有多个表格，则将打开"选择表格"对话框，在其中选择需获取的表，这里选择"罚款清单"选项，单击"确定"按钮，如图 14-48 所示。

4 打开"导入数据"对话框，在其中将导入数据后存放数据的单元格设置为如图 14-49 所示，单击"确定"按钮。

第14章 网络与共享

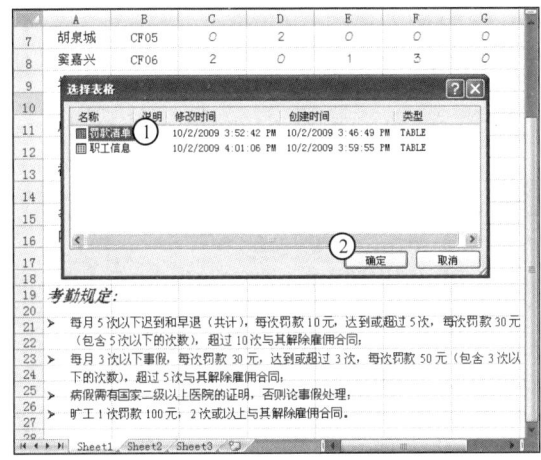

图 14-48 选择数据表

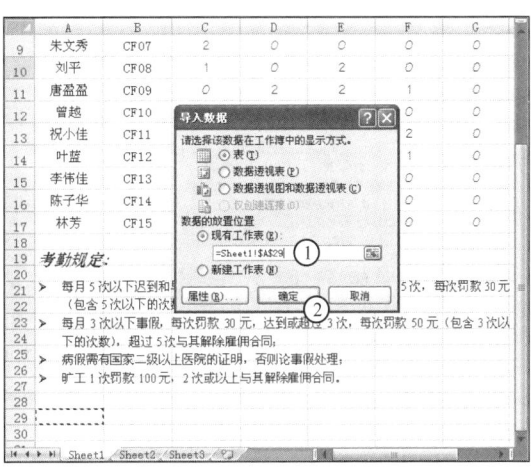

图 14-49 设置起始单元格

5 此时便将 Access 中的数据表导入到指定的单元格位置，如图 14-50 所示。

6 将鼠标指针移至导入的数据表右下角的■符号上，当其变为双向箭头形状后，按住鼠标左键不放并进行拖动，如图 14-51 所示。

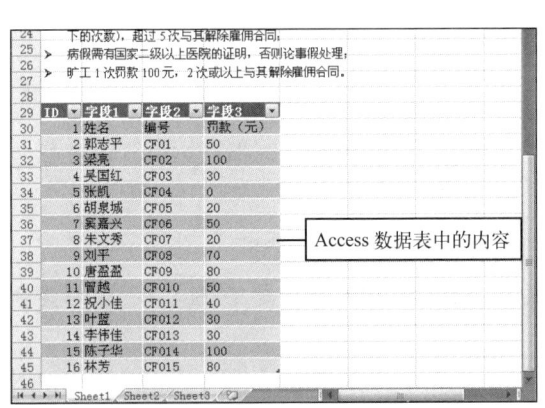

图 14-50 获取的 Access 数据表

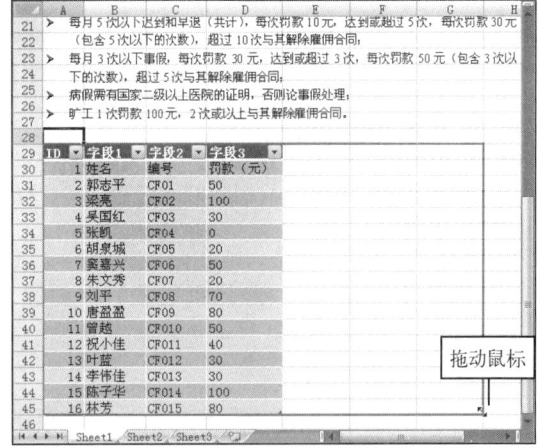

图 14-51 拖动鼠标

7 当到达合适的位置后，释放鼠标，便可快速增加数据表的字段，便于对表格数据的添加或修改等操作，如图 14-52 所示。

8 选择 Access 数据表所在区域中的任意一个单元格，此时功能选项卡中将出现"设计"选项卡，在该选项卡中单击"工具"组中的"通过数据透视表汇总"按钮，如图 14-53 所示。

9 打开"创建数据透视表"对话框，如图 14-54 所示，在其中可按前面介绍过的方法利用获取的 Access 数据表来创建数据透视表，便于数据分析。

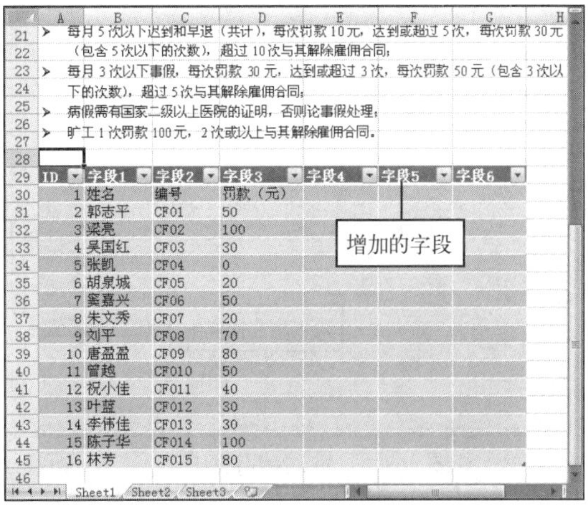

图 14-52 增加字段

261

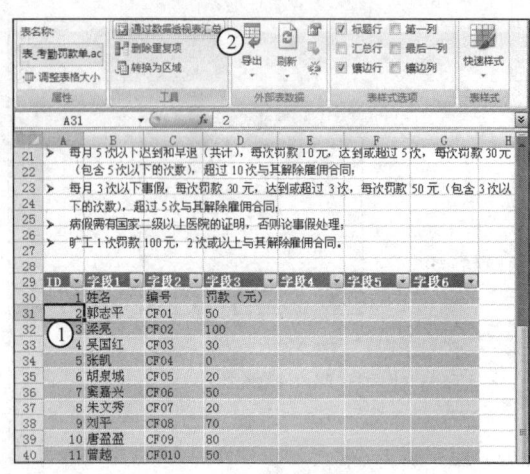
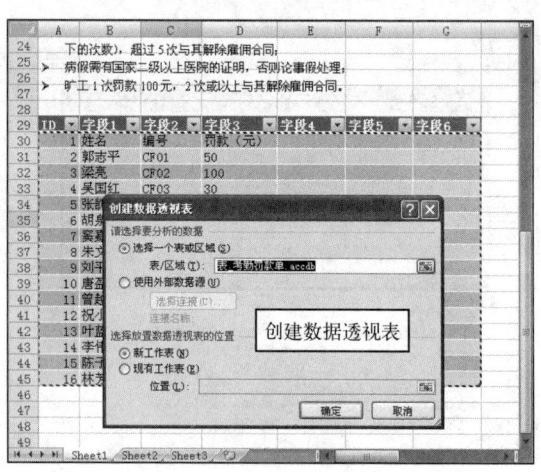

图 14-53 选择单元格　　　　图 14-54 创建数据透视表

14.3 超链接

在 Excel 2007 中，超链接是指可以快速切换到表格中的数据或文件的方法或通道，即用鼠标单击创建好的超链接后，便可切换到相应的单元格或其他工作表中。在实际工作或学习中，适当使用超链接浏览对象，可以更好地提高工作效率。

14.3.1 创建超链接

利用"超链接"对话框即可设置超链接的目标对象，并可添加鼠标指针定位到设置超链接区域时显示的文本。

上机练习 14.9　在"产品销售表"中创建"转到奖金分配表"超链接

1 在"产品销售表"中选择需创建超链接的单元格，在其中输入超链接文本"转到奖金分配表"，如图 14-55 所示。

2 选择该单元格，单击"插入"选项卡，在"链接"组中单击"超链接"按钮，如图 14-56 所示。

图 14-55 输入超链接文本　　　　图 14-56 单击按钮

3 打开"插入超链接"对话框，在左侧的"链接到"栏中选择"原有文件或网页"选项，

在"查找范围"下拉列表框中选择需链接文件的保存路径,在下方的列表框中选择需链接的文件,这里选择"奖金分配表.xlsx"选项,单击对话框右上角的"屏幕提示"按钮,如图14-57所示。

4 打开"设置超链接屏幕显示"对话框,在"屏幕提示文字"文本框中输入鼠标指针移至超链接上时需要显示的文本,这里输入如图14-58所示的文本,单击"确定"按钮。

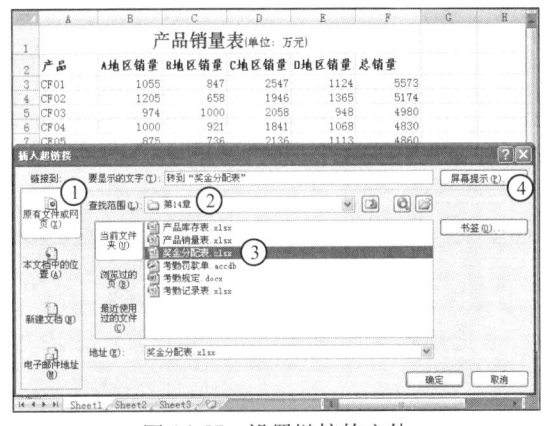

图 14-57　设置链接的文件

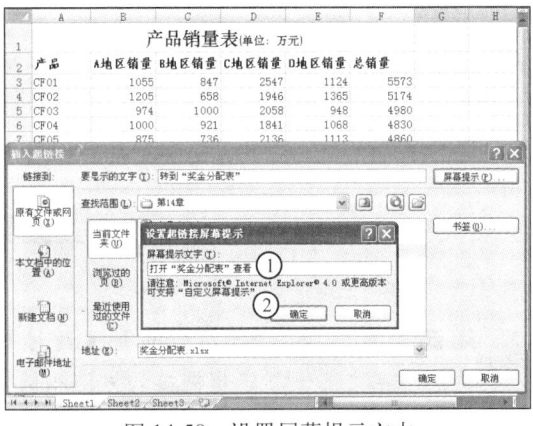

图 14-58　设置屏幕提示文本

5 返回"插入超链接"对话框,单击"确定"按钮。

6 关闭对话框,此时"转到'奖金分配表'"文本将以蓝色显示,且下方会多出一条下划线,将鼠标指针移至该文本上停留,稍后便将显示设置的屏幕提示文本,如图14-59所示。

7 单击"转到'奖金分配表'"文本。

8 此时将打开链接的目标文件"奖金分配表",如图14-60所示。

图 14-59　单击超链接

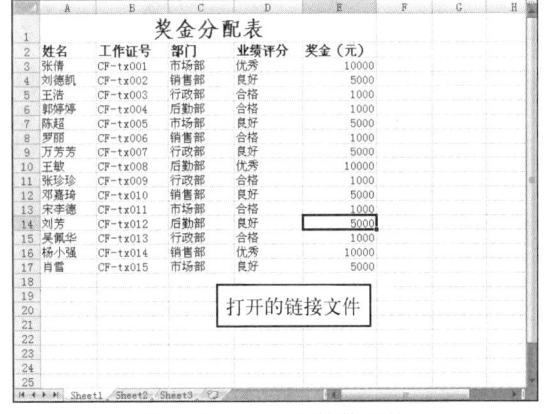

图 14-60　打开链接的文件

> **提示**　单击了超链接后,超链接文本的颜色将由蓝色变为紫色,表示使用了此超链接的效果。按照设置文本字体的方法可设置超链接的颜色和其他格式,如是否添加下划线等。

14.3.2　编辑超链接

若创建的超链接出现错误,可及时对其进行更改,方法为:在设置了超链接的文本上单击鼠标右键,在弹出的快捷菜单中选择"编辑超链接"命令,如图14-61所示。然后在打开的"编辑超链接"对话框中按照创建超链接的方法，重新设置链接对象即可，如图14-62所示。

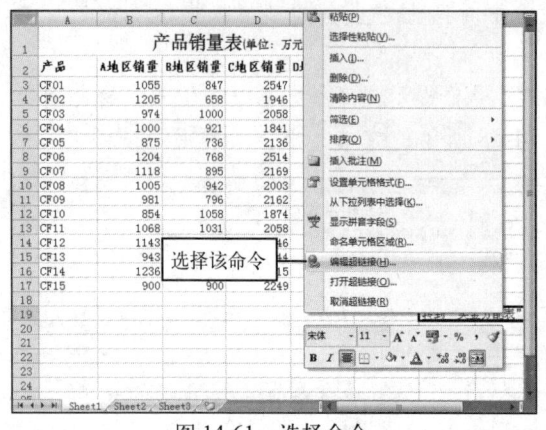 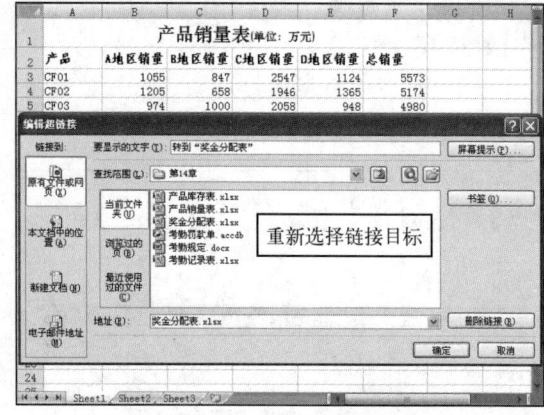

图 14-61　选择命令　　　　　　　　　　　图 14-62　编辑超链接

> **提示**　除了文本之外，Excel 还允许对图片、自选图形等各种对象添加超链接，方法与在文本上创建超链接的方法相同。

14.3.3　删除超链接

对于失效或无用的超链接，则可将其删除，方法为：在设置了超链接的文本上单击鼠标右键，在弹出的快捷菜单中选择"取消超链接"命令即可，取消后的文本格式将变为创建超链接之前的样式，如图14-63所示。

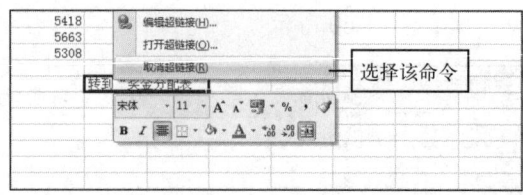 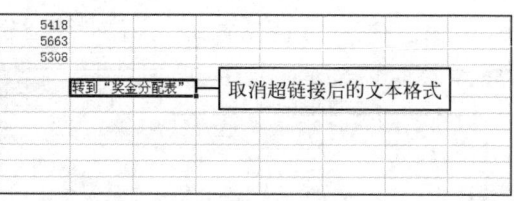

图 14-63　取消超链接的前后对比

14.4　发布 Excel 工作表

Excel 2007 允许将制作好的表格以网页的形式进行发布，以供他人学习浏览，这样可以在不安装 Excel 2007 的情况下也能浏览工作表内容，使大家能更好地进行交流和学习。

上机练习 14.10　发布"产品库存表"

1 在"产品销售表"中单击"Office"按钮，在弹出的菜单中选择"另存为"命令。打开"另存为"对话框，在"保存类型"下拉列表框中选择"网页"选项，单击"发布"按钮，如图14-64所示。

2 打开"发布为网页"对话框，在"选择"下拉列表框中选择"单元格区域"选项，单击下方文本框右侧的█按钮，如图14-65所示。

3 拖动鼠标选择待发布的单元格区域，这里选择 A1:G24 单元格区域，单击对话框右侧的█按钮，如图14-66所示。

图 14-64 选择保存格式

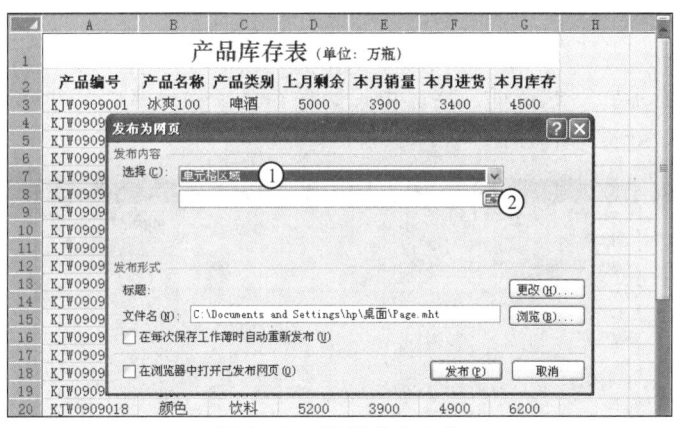

图 14-65 选择发布内容

4 返回"发布为网页"对话框,单击"标题"栏右侧的"更改"按钮,如图 14-67 所示。

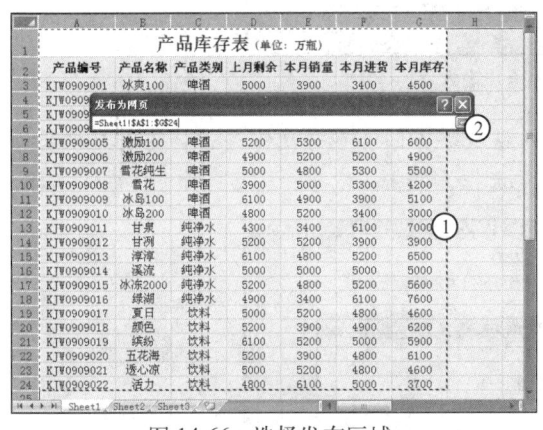

图 14-66 选择发布区域

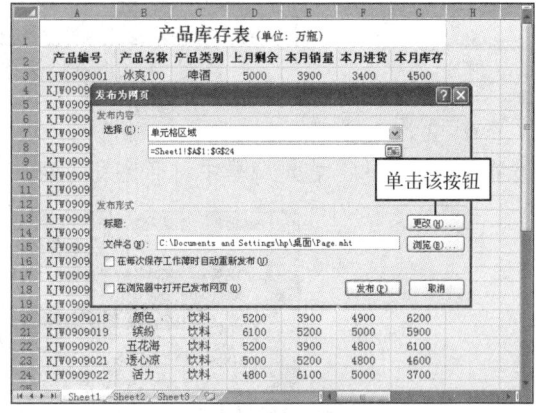

图 14-67 更改标题

5 打开"设置标题"对话框,在"标题"文本框中输入"产品库存清单",单击"确定"按钮,如图 14-68 所示。

> **提示** 在"设置标题"对话框的"标题"文本框中输入的文本,将在发布工作表后,以工作表表名的方式出现在表格内容的上方正中间。

6 返回"发布为网页"对话框,单击"文件名"文本框右侧的"浏览"按钮,如图14-69所示。

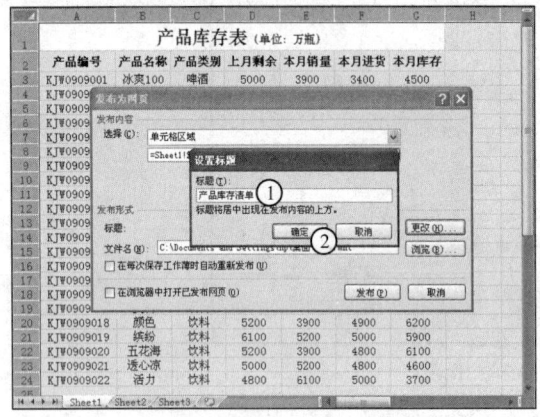
图14-68 输入标题内容

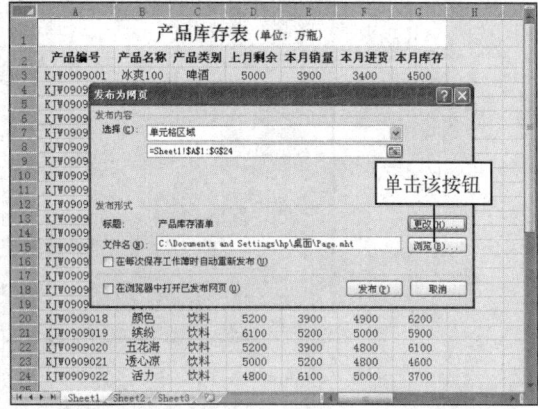
图14-69 设置保存文件的名称和路径

7 打开"发布形式"对话框,在其中设置保存路径和保存的文件名,这里设置为如图14-70所示,单击"确定"按钮。

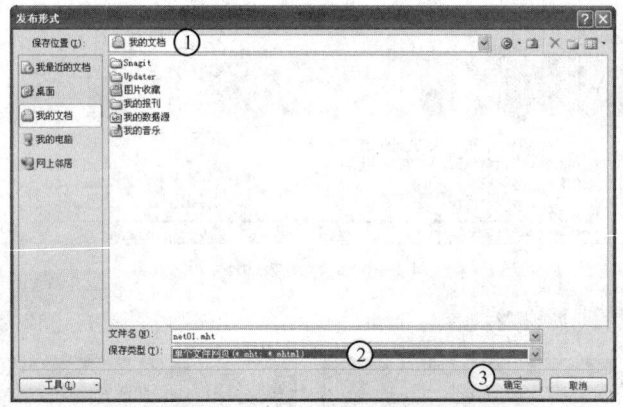
图14-70 选择保存路径并输入保存名称

8 再次返回"发布为网页"对话框,选中对话框下方的"在每次保存工作簿时自动重新发布"复选框和"在浏览器中打开已发布网页"复选框,单击"发布"按钮,如图14-71所示。

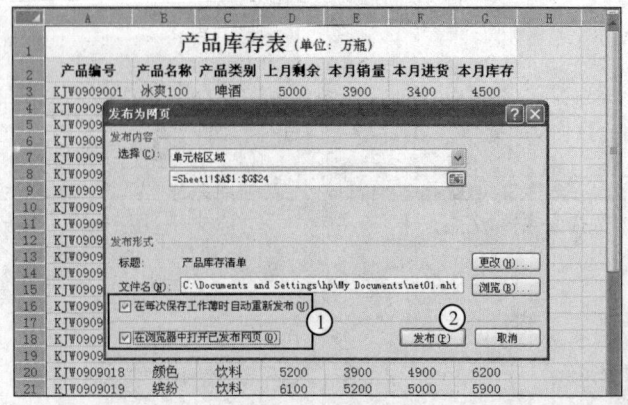
图14-71 发布网页

9 此时将自动打开 IE 浏览器并显示工作表中的数据发布的效果，如图 14-72 所示。

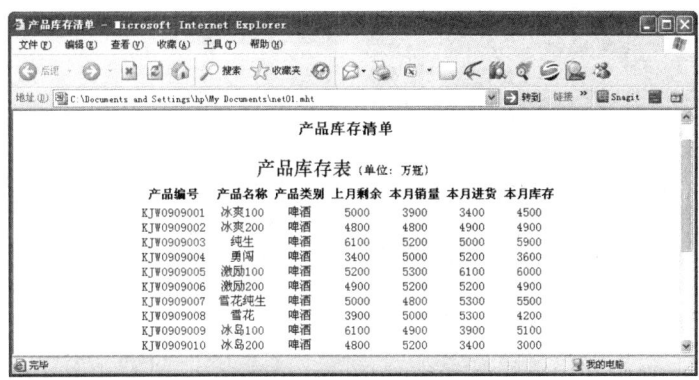

图 14-72　发布后的效果

14.5　以邮件方式发送 Excel 工作表

Excel 2007 中集成了电子邮件功能，从而实现了以邮件方式发送 Excel 工作表的目的，使 Excel 数据能以更快捷、更安全的方式交到使用者手中。

上机练习 14.11　以邮件方式发送"产品库存表"

1 在"产品销售表"中单击"Office"按钮，在弹出的菜单中选择"发送"命令，在弹出的子菜单中选择"电子邮件"命令，如图 14-73 所示。

2 打开提示对话框，提示尚未创建配置文件（从未使用 Office 组件中的 Outlook 或其他邮件管理软件便会打开此对话框），单击"确定"按钮，如图 14-74 所示。

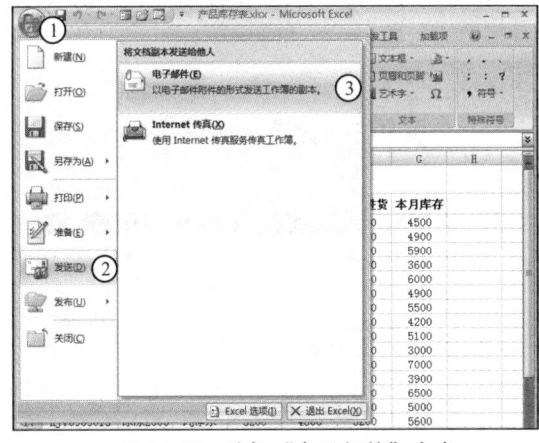

图 14-73　选择"电子邮件"命令

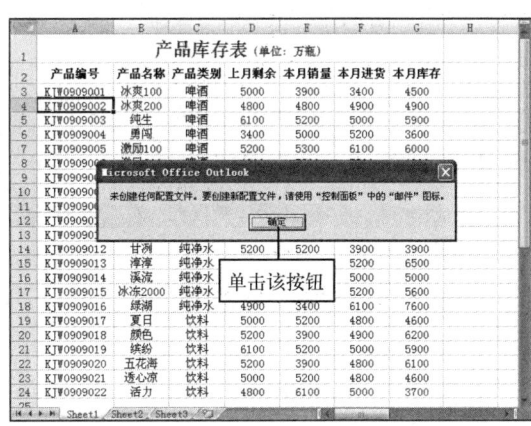

图 14-74　单击按钮

3 单击桌面左下角的"开始"按钮，在弹出的菜单中选择"控制面板"命令，打开"控制面板"窗口，单击左侧的"切换到经典视图"超链接，如图 14-75 所示。

4 此时"控制面板"中显示的模式将产生相应的变化，如图 14-76 所示，找到并双击窗口中的"邮件"图标。

5 打开"邮件"对话框，单击"添加"按钮，如图 14-77 所示。

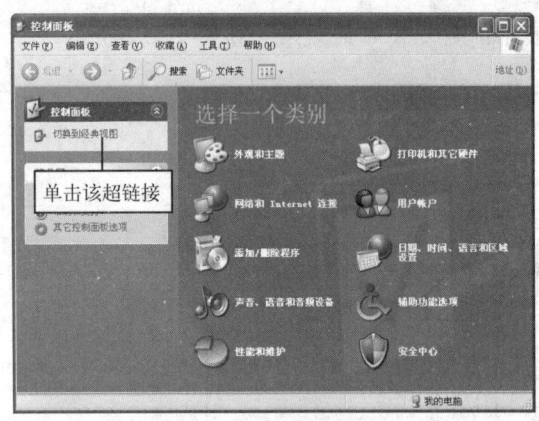
图 14-75 "控制面板"窗口

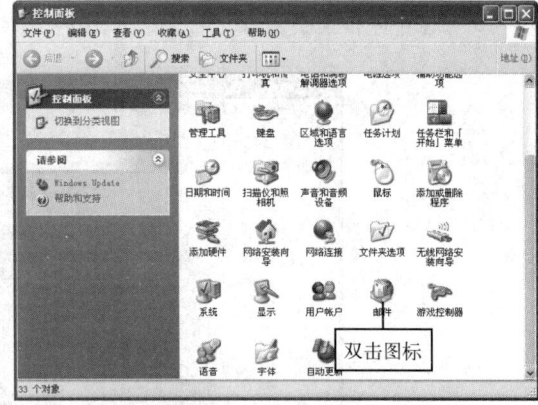
图 14-76 更改显示模式

6 打开"新建配置文件"对话框,在"配置文件名称"文本框中输入此配置文件的名称,这里输入"公司邮箱",单击"确定"按钮,如图 14-78 所示。

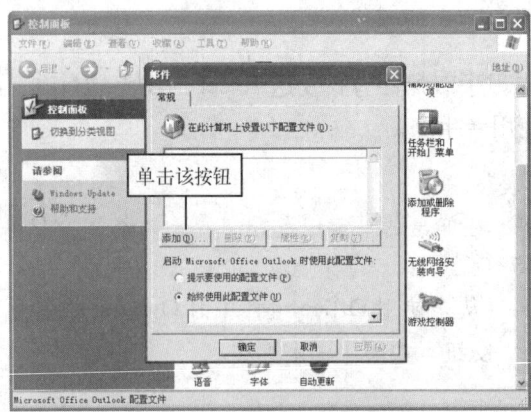
图 14-77 添加配置文件

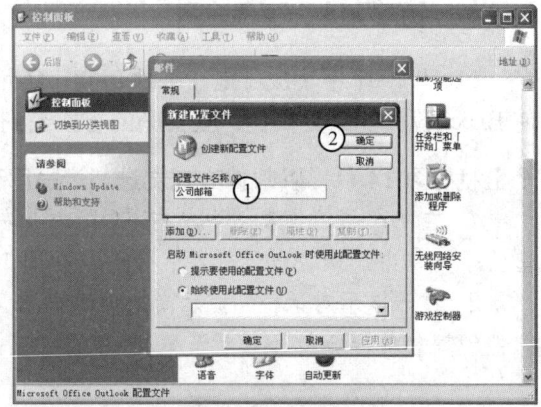
图 14-78 设置文件名称

7 打开"添加新电子邮件账户"对话框,直接单击"下一步"按钮,如图 14-79 所示。
8 在打开的对话框中按自己已有的邮箱信息进行设置,这里设置为如图 14-80 所示,单击"下一步"按钮。

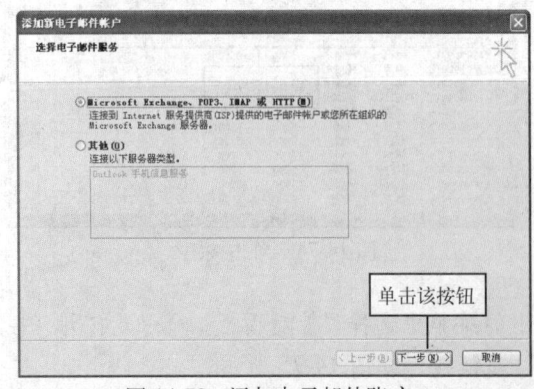
图 14-79 添加电子邮件账户

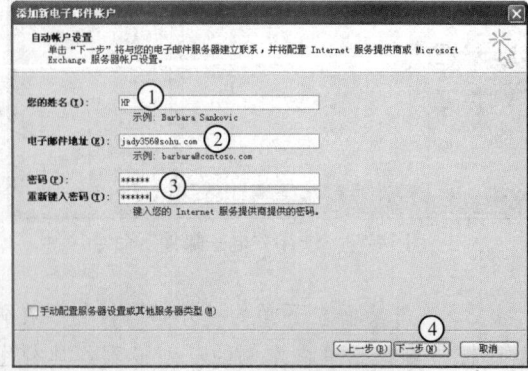
图 14-80 设置邮件参数

9 稍后程序自动开始进行连接,此步骤要求电脑能正常上网。完成连接和测试后,单击"完成"按钮,如图 14-81 所示。

10 再次利用 Excel 中的"Office"按钮选择"电子邮件"命令,打开如图 14-82 所示的窗口,在"收件人"文本框中输入接收此邮件的电子邮件地址,在"抄送"文本框中可输入其他电子邮件地址以便同时接收此邮件,在"主题"文本框中可输入邮件主题,在"附件"文本框中自动将 Excel 工作表添加到其中,在下方的文本框中输入邮件的内容,这里设置为如图 14-82 所示,然后单击"发送"按钮。

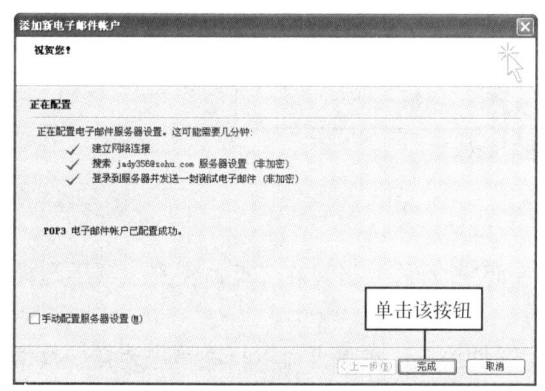

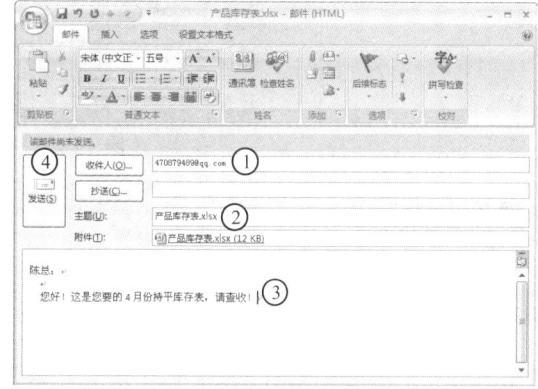

图 14-81　连接网络并测试服务器　　　　　　图 14-82　发送邮件

11 稍后便将邮件发送到指定的邮箱中,此时可启动 Office 组件中的 Outlook 程序(启动方法与启动 Excel 2007 类似),在其中也可看到发送邮件的信息,如图 14-83 所示。

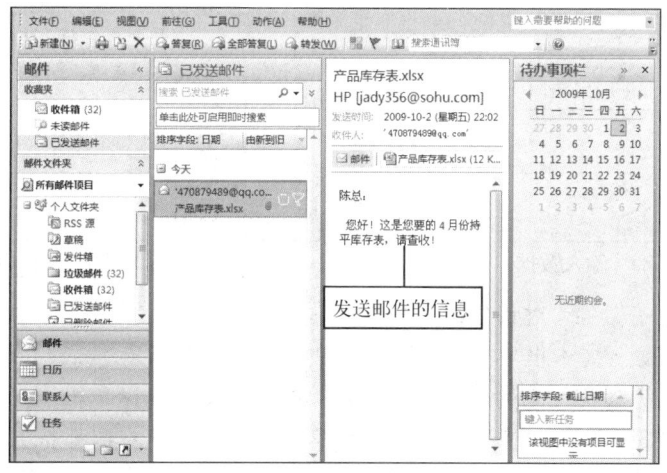

图 14-83　发送邮件的信息

14.6　技能实训

本章主要介绍了 Excel 2007 在网络与共享方面的应用,主要包括在局域网中共享工作表、编辑共享工作表、突出显示修订、接受或拒绝修订、设置数据有效性、在 Internet 中共享工作表、共享 Word 资源、共享 Access 资源、使用超链接、发布 Excel 工作表以及以邮件方式发送工作表等知识。下面将对"家电销量统计表"的部分内容进行数据有效性设置,然后共享该工作表,并显示和接受他人所做的修订,最后将此工作表进行发布保存,以巩固本章所学知识,如图 14-84 所示即为该工作表发布后的最终效果。

开心家电销量统计（万元）

品牌	产品类别	第一季度	第二季度	第三季度	第四季度	全年销量
傅里叶	空调	4160	3680	6040	4630	18510
万喜	冰箱	5850	4960	7530	3840	22180
康妮	空调	3400	6040	9800	6700	25940
国盛	电风扇	2400	5280	5850	6040	19570
汤普森	洗衣机	3680	6700	4630	3680	18690
国爱	冰箱	6040	4160	4960	4160	19320
力宏	厨卫电器	9800	9800	6040	4630	30270
长城	空调	4630	2400	4160	3400	14590
荣威	厨卫电器	5280	5850	3840	7530	22500
华胜	电视机	3680	4630	5850	7000	21160
永利	电风扇	4160	3400	4960	4160	16680
美好	洗衣机	7530	5130	3400	5280	21340
喜乐	空调	3400	4160	4630	2400	14590
好望角	冰箱	6700	4920	2400	5850	19870
光明	厨卫电器	5850	6040	3680	9800	25370
五星	洗衣机	3840	2400	5280	6040	17560
爱家	电视机	4960	7530	4160	7530	24180

图 14-84　发布后的效果

【操作步骤】

1 创建“家电销量统计表”，并输入如图 14-85 所示的数据，在“产品类别”项下选择 B3:B19 单元格区域。

2 在“数据工具”组中单击“数据有效性”下拉按钮，在弹出的下拉菜单中选择“数据有效性”命令，如图 14-86 所示。

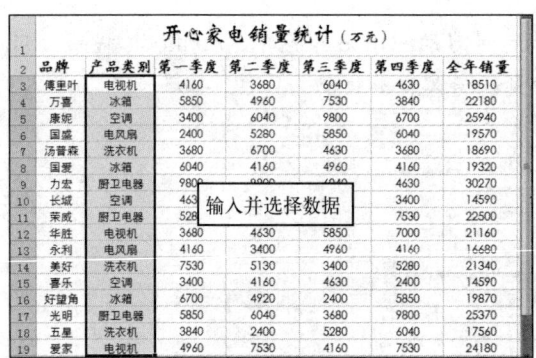

图 14-85　输入数据

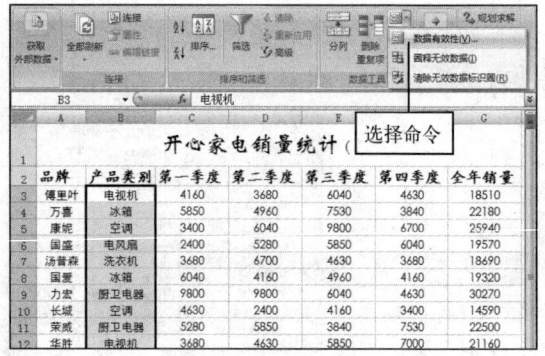

图 14-86　选择命令

3 打开“数据有效性”对话框，单击“设置”选项卡，在“允许”下拉列表框中选择“序列”选项，在“来源”文本框中输入“电视机,冰箱,空调,电风扇,洗衣机,厨卫电器”，注意其中的逗号需以英文状态输入，然后单击“确定”按钮，如图 14-87 所示。

4 任意选择 B3:B19 单元格区域中的某个单元格，可见其右侧都将出现下拉按钮，单击该按钮，可直接在弹出的下拉列表中选择产品类别进行输入，如图 14-88 所示。

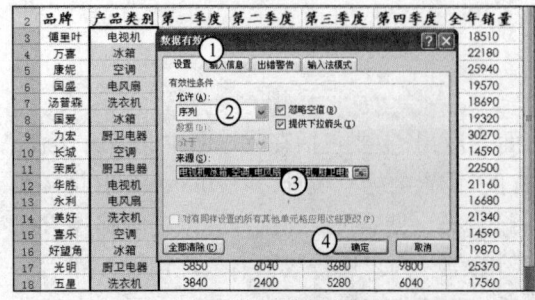

图 14-87　设置数据有效性

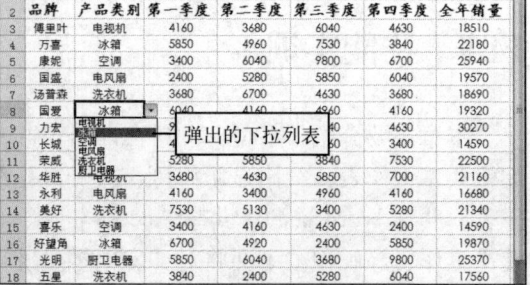

图 14-88　选择输入数据

5 单击“审阅”选项卡，在“更改”组中单击“共享工作簿”按钮，如图 14-89 所示。

6 打开"共享工作簿保护"对话框,单击"编辑"选项卡,选中"允许多用户同时编辑,同时允许工作簿合并"复选框,然后单击"确定"按钮,如图 14-90 所示。

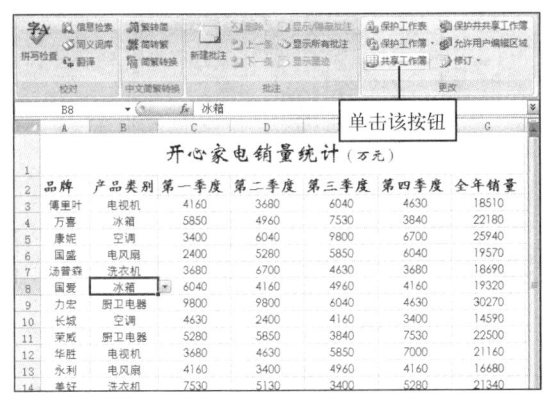

图 14-89 单击按钮

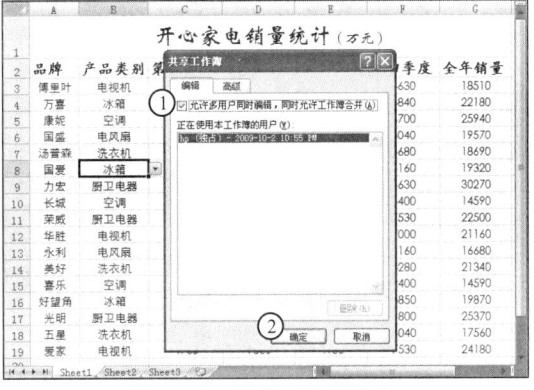

图 14-90 设置工作簿共享

7 打开提示对话框,提示执行此操作将导致保存工作簿,单击"确定"按钮,如图 14-91 所示。

8 完成工作簿的共享操作,且标题栏的工作簿名称后会出现"共享"字样,如图 14-92 所示。此时局域网中的其他用户便可对此工作表进行修订操作。

图 14-91 确定保存

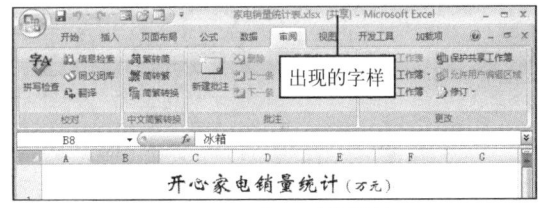

图 14-92 共享后的效果

9 在"审阅"选项卡的"更改"组中单击"修订"按钮,在弹出的下拉菜单中选择"突出显示修订"命令,如图 14-93 所示。

10 打开"突出显示修订"对话框,选中"时间"复选框,在右侧的下拉列表框中选择"全部"选项,选中"修订人"复选框,在右侧的下拉列表框中选择"除我之外每个人"选项,单击"位置"复选框右侧的 按钮,如图 14-94 所示。

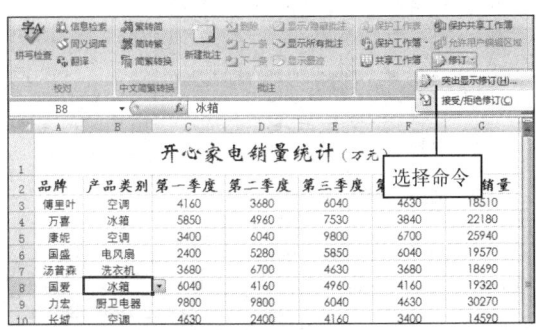

图 14-93 选择命令

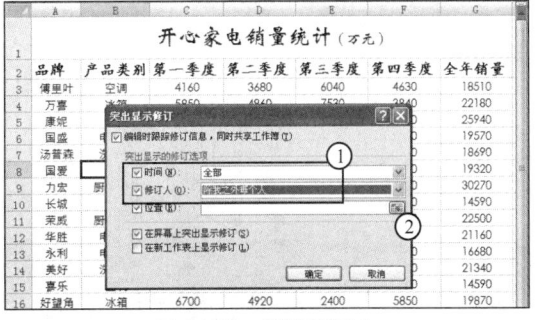

图 14-94 设置修订人

11 拖动鼠标选择 A2:G19 单元格区域,然后单击对话框右侧的 按钮,如图 14-95 所示。

12 在返回的对话框中单击"确定"按钮,如图 14-96 所示。

图 14-95 设置范围　　　　　　图 14-96 确认设置

13 此时若选择的单元格区域内有他人进行过修订，则该单元格边框将以紫色突出显示，将鼠标指针移至其上，还将弹出提示框，在其中详细显示了修订人和修订内容等信息，如图 14-97 所示。

图 14-97 显示修订内容

14 在"审阅"选项卡的"更改"组中单击"修订"按钮，在弹出的下拉菜单中选择"接受/拒绝修订"命令，如图 14-98 所示。

15 打开"接受或拒绝修订"对话框，选中"修订人"复选框，在右侧的下拉列表框中选择"除我之外每个人"选项，在"位置"复选框右侧的文本框中将单元格区域设置为如图 14-99 所示的区域，单击"确定"按钮。

 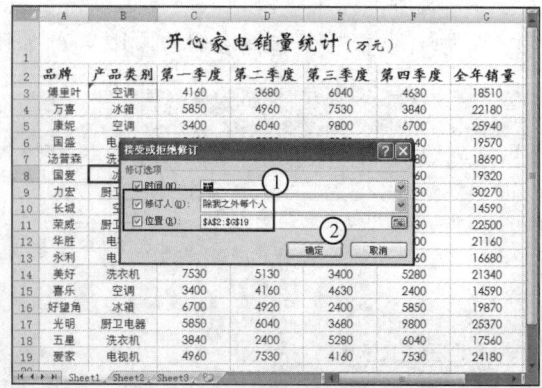

图 14-98 选择命令　　　　　　图 14-99 设置参数

16 在打开的对话框中显示了修订人和具体修订的内容，如图 14-100 所示，单击"接受"按钮接受所做修订。

17 单击"Office"按钮,在弹出的菜单中选择"另存为"命令。打开"另存为"对话框,在"保存类型"下拉列表框中选择"网页"选项,单击"发布"按钮,如图 14-101 所示。

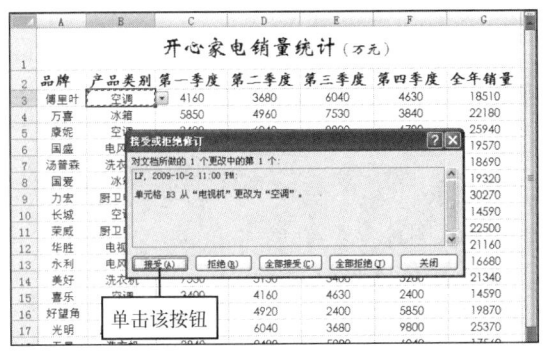

图 14-100 接受修订

图 14-101 设置保存类型

18 打开"发布为网页"对话框,在"选择"下拉列表框中选择"单元格区域"选项,在文本框中将参数设置为如图 14-102 所示,单击"文件名"文本框右侧的"浏览"按钮。

19 打开"发布形式"对话框,在其中设置保存路径和保存的文件名,这里设置为如图 14-103 所示,单击"确定"按钮。

20 返回"发布为网页"对话框,选中对话框下方的"在每次保存工作簿时自动重新发布"复选框和"在浏览器中打开已发布网页"复选框,单击"发布"按钮,如图 14-104 所示。

21 此时将自动打开 IE 浏览器并显示工作表中的数据发布的效果。

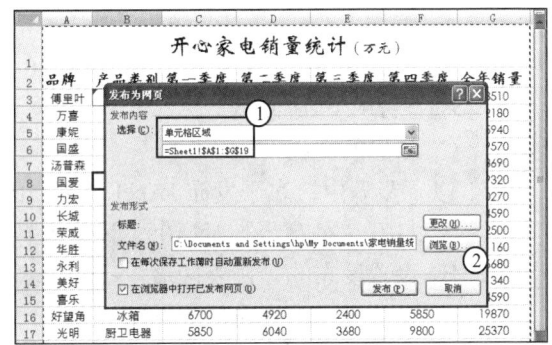

图 14-102 设置发布内容

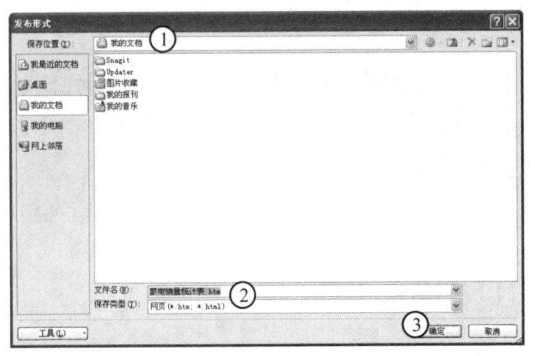

图 14-103 设置保存路径和文件名

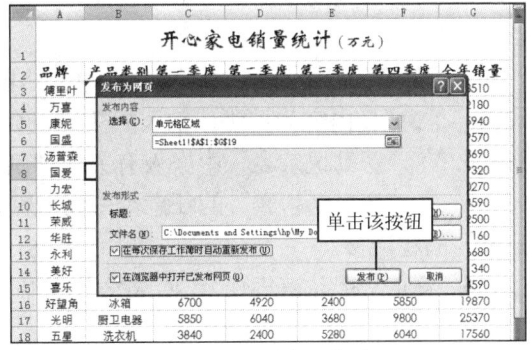

图 14-104 发布工作表

14.7 习题

一、填空题

1. 在_____选项卡中可对工作簿进行共享设置。

2. 对工作簿进行共享设置后,其标题栏的工作簿名称后面会出现_____字样。

3. 突出显示修订可显示包括_____、_____和等_____信息。
4. 设置_____可以限制修改单元格的范围，也可以限制输入的数据类型等，这对共享工作表提供了极大的安全保障。
5. 要想将制作的工作簿共享到 Internet 中，需在_____对话框中进行设置。
6. 利用 Excel 的_____和_____功能可实现与其他 Office 组件的数据共享。

二、选择题

1. 通过"对象"对话框，可以插入（　　）等对象。
   A. Word 文档   B. Word 图片
   C. Access 数据库   D. PowerPoint 幻灯片
2. 设置数据有效性条件时，以下属于允许条件范围的是（　　）。
   A. 整数   B. 小数   C. 序列   D. 时间
3. 不属于数据有效性出错警告的样式有（　　）。
   A. 停止   B. 警告   C. 信息   D. 严重错误
4. 在 Excel 中使用超链接，可链接到（　　）。
   A. 原有文件或网页   B. 本文档中的位置
   C. 新建的文档   D. 电子邮件地址
5. 以下步骤中，属于发布 Excel 会用到的操作有（　　）。
   A. 打开"另存为"对话框，设置保存类型
   B. 设置发布的工作表区域
   C. 设置工作表发布后的标题
   D. 设置发布的网址

三、操作题

1. 将制作的工作表共享到局域网中。
2. 为共享到局域网中的工作表设置突出显示修订，要求将"修订人"设置为"除我之外每个人"。
3. 将"产品库存表"中 D3:G24 单元格区域的输入类型为 0～9000 的整数，否则弹出样式为"信息"，内容为"确认输入的数据符合要求"的出错警告。
4. 在"考勤记录表"中嵌入有关考勤制度的 Word 文档。
5. 在"产品销售表"的任意空白区域输入"奖金分配表"，并在其上创建转到"奖金分配表"的超链接。
6. 发布"产品销售表"，要求发布范围是 A11:F17 单元格区域。

第 15 章 打 印 表 格

本章内容提要

在实际工作中，常常需要将制作好的表格打印到纸张上，供他人查看审阅。而在将表格打印出来之前，应根据不同的需要对表格的页面以及具体的打印任务进行相应设置。本章便将主要对这部分知识进行讲解，主要包括页面大小的设置、页边距的设置、页眉与页脚的设置、打印区域的设置以及其他各种打印任务设置。通过本章讲解，使读者能具备在日常工作或学习中涉及到打印 Excel 2007 工作表的基本能力。

教学重点与难点

- 页面大小设置
- 页边距设置
- 页眉与页脚设置
- 打印设置

15.1 页面设置

对表格进行页面设置可以合理安排表格数据的布局，使表格更加美观，页面设置主要包括页面总体设置、页边距设置、页眉与页脚设置等，下面分别讲解。

15.1.1 页面总体设置

页面总体设置可以控制打印纸张的方向、缩放比例、纸张大小、打印质量和起始页码等内容。

上机练习 15.1 对"缴费统计表"的页面总体进行设置

1 打开"缴费统计表"，单击"页面布局"选项卡，然后单击"页面设置"组右下角的按钮，打开"页面设置"对话框的"页面"选项卡。

2 在"方向"栏中可设置页面内容在纸张上的排列方向，这里选中"横向"单选按钮；在"纸张大小"下拉列表框中可设置待打印的数据按哪种纸张大小进行排列，这里选择"A4"选项；在"打印质量"下拉列表框中可设置打印精度，这里选择"200 点／英寸"选项；在"起始页码"文本框中可设置开始打印的位置，这里默认为"自动"，如图 15-1 所示，设置好后可单击"打印预览"按钮。

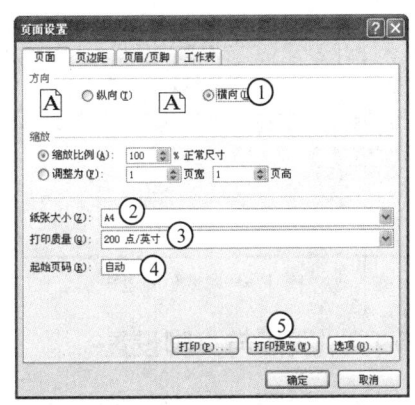

图 15-1 对页面进行总体设置

3 进入打印预览模式，在其中可显示当前设置后打印出来的效果，如图 15-2 所示。

4 预览后可单击"关闭打印预览"按钮退出打印预览状态。

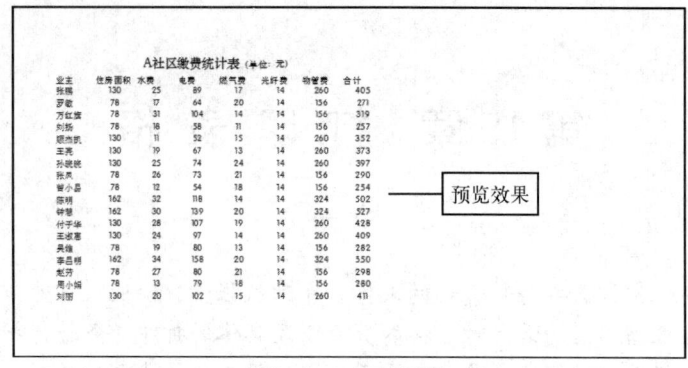

图 15-2 打印预览

15.1.2 页边距设置

页边距设置主要是控制表格数据与打印纸张边界的距离，如图 15-2 所示即为未设置页边距时预览的效果，此时可见打印出的数据排列并不美观。因此，对页边距进行适当设置，可增强表格数据的可读性和美观性。

上机练习 15.2 对"缴费统计表"的页边距进行设置

1 打开"缴费统计表"，单击"页面布局"选项卡，然后单击"页面设置"组右下角的 按钮，打开"页面设置"对话框，单击"页边距"选项卡。

2 在"上"、"下"、"左"、"右"、"页眉"和"页脚"数值框中可分别设置表格中的对象与纸张边界的距离，这里设置为如图 15-3 所示的数据。

3 在"居中方式"栏中可根据实际需要进行设置，这里选中"水平"和"垂直"复选框，单击"打印预览"按钮。

4 此时预览的效果如图 15-4 所示，可见表格数据在纸张上的排列更加合理和美观了。

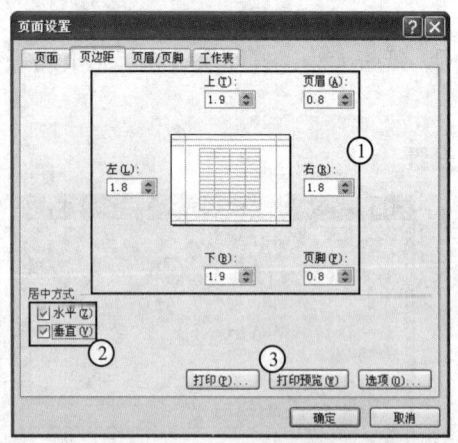

图 15-3 设置页边距

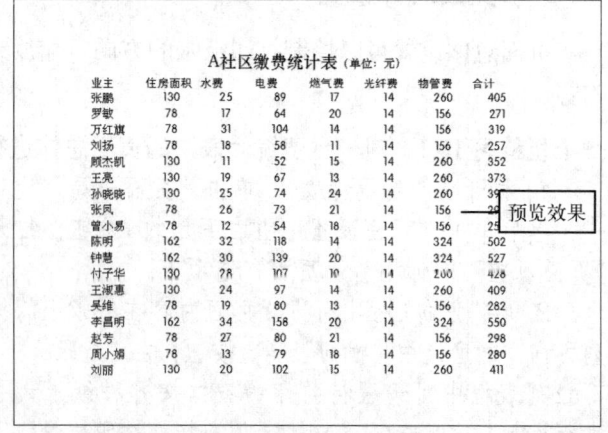

图 15-4 打印预览

15.1.3 页眉与页脚设置

页眉与页脚对表格数据有一定的辅助作用，适当对页眉与页脚进行设置不仅可以直观地显示表格数据要表达的内容，也能起到一定的美化作用。在 Excel 2007 中，允许用户使用现有的页眉与页脚样式，也允许用户自定义页眉与页脚。

1．使用现有的页眉与页脚样式

Excel 2007 中附带有多种页眉与页脚样式，可以满足许多不同的需求，使用这些现有的页眉与页脚样式可以十分快捷地为表格数据添加页眉与页脚。

上机练习 15.3　对"缴费统计表"套用现有的页眉与页脚

1 打开"页面设置"对话框，单击"页眉/页脚"选项卡。

2 在"页眉"和"页脚"下拉列表框中选择相应的选项即可，这里选择如图 15-5 所示的选项，单击"打印预览"按钮。

3 设置后预览的效果如图 15-6 所示。

图 15-5　设置页眉与页脚

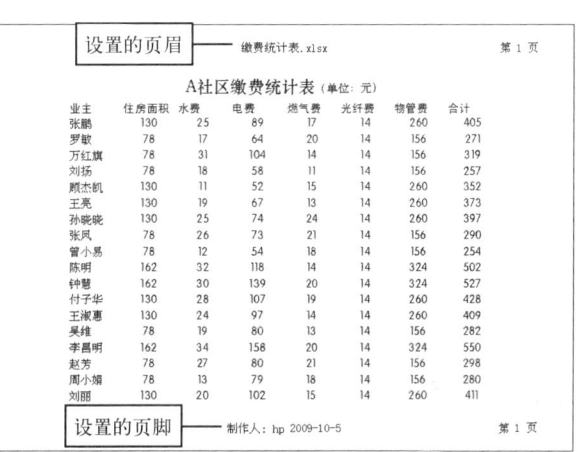

图 15-6　打印预览

2．自定义页眉与页脚样式

自定义页眉与页脚可以满足不同用户的各种不同需求，可以随意搭配在页眉或页脚区域需要显示的信息，具有更好地自主性。

上机练习 15.4　自定义"缴费统计表"的页眉与页脚

1 打开"页面设置"对话框，单击"页眉/页脚"选项卡，单击其中的"自定义页眉"按钮。

2 打开"页眉"对话框，在"左"文本框中单击鼠标定位插入点，然后单击对话框中的按钮即可在页眉的左侧插入相应的信息，按相同方法对"中"和"右"进行相应设置，这里设置的参数如图 15-7 所示。然后单击"确定"按钮。

3 返回"页面设置"对话框的"页眉/页脚"选项卡，单击"自定义页脚"按钮。

4 按照自定义页眉的方法将页脚显示的信息设置为如图 15-8 所示，单击"确定"按钮。

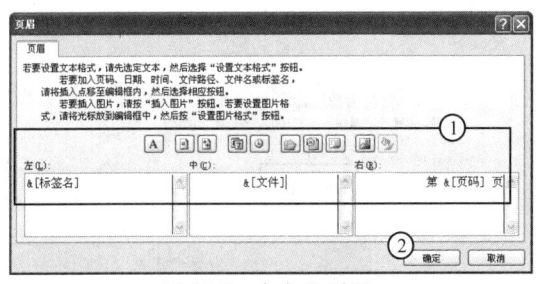

图 15-7　自定义页眉

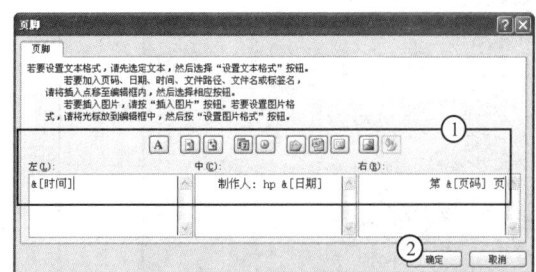

图 15-8　自定义页脚

5 返回"页面设置"对话框，单击"打印预览"按钮。

6 设置后预览的效果如图 15-9 所示。

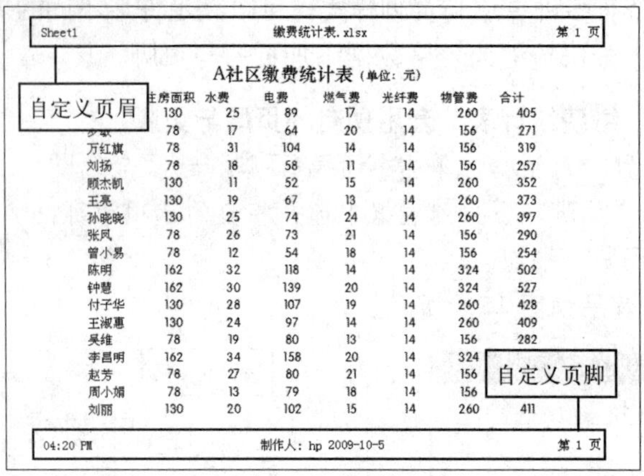

图 15-9 打印预览

> **提示** 自定义页眉或页脚时，将鼠标指针移至"自定义页眉"或"自定义页脚"对话框中的按钮上停留片刻，可根据显示的信息了解此按钮将插入的数据。另外，在对话框的各个文本框中，也可手动输入需显示的文本作为页眉或页脚区显示的信息。

15.2 打印设置

打印设置主要是指按照不同的打印任务在 Excel 中进行相应的设置，以满足这些任务的需求。如设置打印区域、打印若干份工作表、仅打印工作表中的图表等。

15.2.1 打印区域设置

有时因各种原因，会要求只打印表格中的部分数据，此时可通过设置实现仅打印工作表中指定区域的数据的目的。

上机练习 15.5　设置"缴费统计表"的打印区域为 A1:H3

1 打开"页面设置"对话框，单击"工作表"选项卡，利用  按钮将"打印区域"文本框中的参数设置为如图 15-10 所示。单击"打印预览"按钮。

2 此时可见设置后待打印的区域预览效果，如图 15-11 所示。

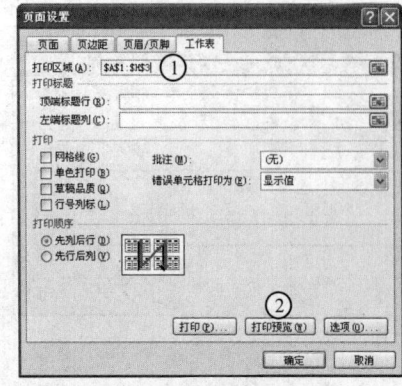

图 15-10 设置打印区域

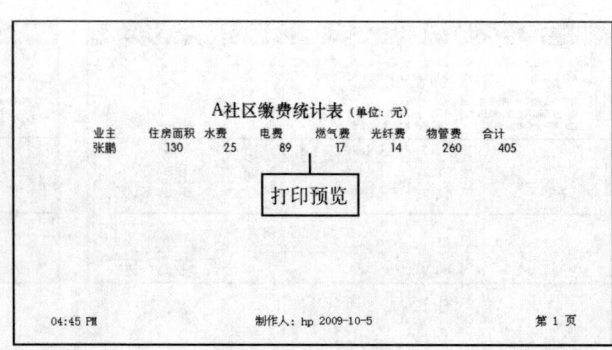

图 15-11 打印预览

> **提示** 在"页面设置"对话框的"工作表"选项卡还可对打印标题和其他打印对象进行设置,用户可利用预览的方法来查看各个设置参数的作用。

15.2.2 打印任务设置

利用 Excel 2007 的打印命令可对各种打印任务进行设置,如选择哪部打印机,打印几份工作表,是否打印工作表中的图表,是否打印整个工作簿等。

上机练习 15.6 在"缴费统计表"中进行打印设置

1 单击"Office"按钮,在弹出的菜单中选择"打印"命令,打开"打印内容"对话框。

2 在"名称"下拉列表框中可选择执行打印任务的打印机(需确保执行打印任务的打印机正确连接在电脑上)。

3 在"打印范围"栏中可设置打印的范围,即打印的页数。

4 在"打印内容"栏中选中相应的单选按钮可执行对应的命令,如仅打印选定的区域、打印整个工作簿,打印当前工作表,仅打印图表(工作表中包含图表时此选项才被激活)等。

5 在"打印份数"数值框中可设置打印份数,这里将这些参数设置为如图 15-12 所示。

6 最后单击"确定"按钮即可执行设置的打印任务。

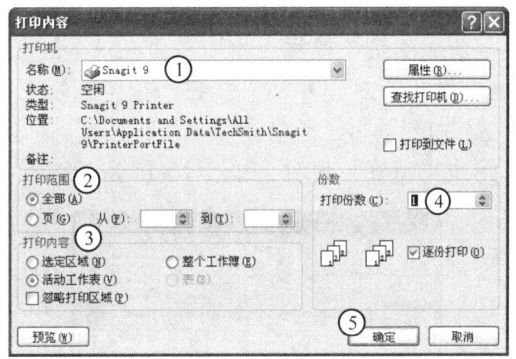

图 15-12 打印设置

15.3 技能实训

本章主要对表格的打印知识进行了介绍,这部分知识块主要分为页面设置和打印设置这两大部分,其中页面设置用于控制表格数据在打印纸张上的显示效果,而打印设置则用于完成各种不同的打印任务。下面将通过对"奖金分配表"进行页面设置和打印设置来巩固本章所学知识。

【操作步骤】

1 打开"奖金分配表",单击"页面布局"选项卡,然后单击"页面设置"组右下角的按钮。

2 打开"页面设置"对话框的"页面"选项卡,选中"横向"单选按钮,将"缩放比例"单选按钮右侧数值框中的数值设置为"150",如图 15-13 所示。

3 单击"页边距"选项卡,默认各数值框中的数值,选中"水平"和"垂直"复选框,如图 15-14 所示。

4 单击"页眉/页脚"选项卡,在"页眉"和"页脚"下拉列表框中选择如图 15-15 所示的选项。

图 15-13 设置打印方向和缩放比例

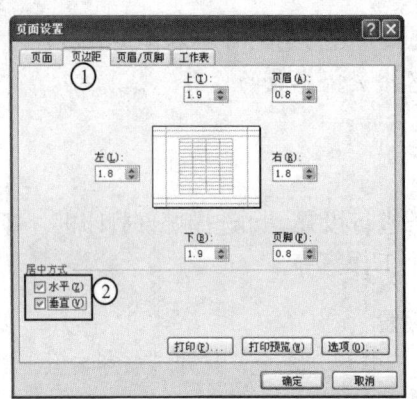
图 15-14 设置页边距

图 15-15 设置页眉页脚

5 单击"工作表"选项卡,将"打印区域"文本框的参数设置为如图 15-16 所示,然后单击"确定"按钮。

6 单击"Office"按钮,在弹出的菜单中选择"打印"命令,打开"打印内容"对话框,在"打印内容"栏中选中"选定区域"单选按钮,将"打印份数"数值框中的数值设置为"2",单击"预览"按钮,如图 15-17 所示。

图 15-16 设置打印区域

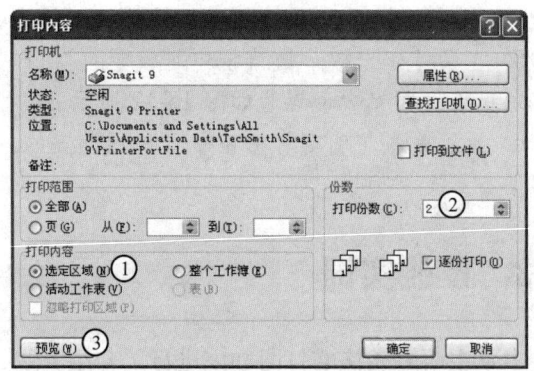
图 15-17 设置打印任务

7 此时可预览打印后的效果,如图 15-18 所示。确认无误后,可单击预览模式下功能选项卡区左侧的"打印"按钮即可将选定的区域打印两份出来。

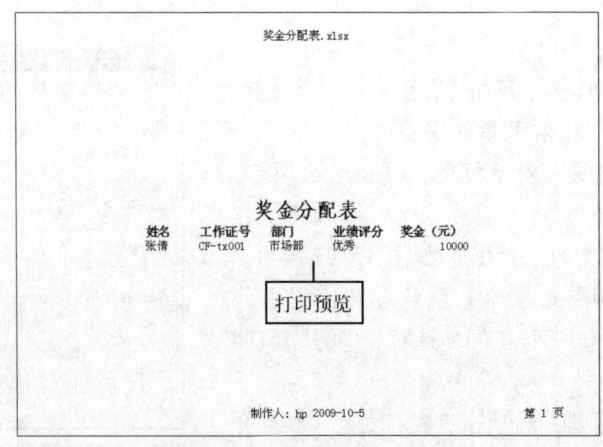
图 15-18 预览打印效果

15.4 习题

一、填空题

1. _____设置主要是控制表格数据与打印纸张边界的距离。
2. _____对表格数据有一定的辅助作用,适当进行设置不仅可以直观地显示表格数据要表达的内容,也能起到一定的美化作用。
3. Excel 允许用户自主设置页眉信息,此时需在"页面设置"对话框的"页眉/页脚"选项卡中单击_____按钮,在打开的对话框中进行设置即可。
4. _____主要是指按照不同的打印任务在 Excel 中进行相应的设置。

二、选择题

1. 在"页面设置"对话框的"页面"选项卡中,可设置(　　)。
   A. 页面方向　　　B. 打印质量　　　C. 纸张大小　　　D. 缩放比例
2. 对页边距进行设置,可控制(　　)。
   A. 页面四周与边缘的距离　　　　B. 页眉和页脚与边缘的距离
   C. 页面内容的居中显示方式　　　D. 页面的缩放比例
3. 自定义页脚时,不属于可添加对象的是(　　)。
   A. 制作人　　　B. 页数　　　C. 日期和时间　　　D. 文件名
4. 设置打印任务时,以下属于无法设置的是(　　)。
   A. 选择打印机　　　　　　　　B. 设置打印色彩
   C. 设置打印份数　　　　　　　D. 设置打印范围

三、操作题

1. 对"缴费统计表"的页面进行设置,要求页面方向设置为"横向",缩放比设置为"90%",打印质量设置为"300 点/英寸"。
2. 将"缴费统计表"的上下页边距设置为"1.0",左右页边距设置为"1.5"。
3. 为"缴费统计表"添加 Excel 自带的页眉,要求内容包括当前页的页码以及总页数。
4. 自定义"缴费统计表"的页脚,要求插入"日期、时间、页数、文件名"。
5. 将"缴费统计表"中所有包含数据的单元格区域打印 3 份。

第16章 综 合 案 例

本章内容提要

本章将结合全书所讲的知识，制作职工工资表。通过本章讲解，使读者认识到制作一个较为专业表格的一般流程和思路。在学习过程中，不仅要了解各种操作方法，更重要的是掌握表格的形成、结构以及功能展现等，这样才能做到举一反三、灵活运用所学知识的目的。

教学重点与难点

- 数据的输入与美化
- 数据有效性的设置
- 公式与函数的应用
- 个人所得税的计算
- 外部数据的调用
- 排序与筛选的应用
- 图表的使用

16.1 案例分析

职工工资管理是衡量企业正常运作的一个重要组成部分，因此对于每个企业来说，不仅需要有属于自己的职工工资表，更需要一个功能完善的工资表。如图16-1便是本案例制作出的职工工资表，它主要由“姓名”、“性别”、“基本工资”、“提成”、“奖金”、“补贴”、“社保”、“考勤扣除”、“应发工资”、“个人所得税”和“实发工资”等项目组成。根据不同企业不同的运营情况，职工工资表的项目也会有不同，如有的企业实行岗位工资，有的企业将五险一金都列举出来等，但总体来说，构成职工工资表最基本的项目必须有职工姓名、工资组成、工资扣除和实发工资这几项，其余项目可以根据各企业实际情况进行修改。

A企业职工工资表

姓名	性别	基本工资	提成	奖金	补贴	社保	考勤扣除	应发工资	个人所得税	实发工资
张婷	女	¥3,000	¥1,800	¥1,000	¥200	¥120	¥130	¥5,750	¥498	¥5,253
陈熙	女	¥2,000	¥1,400	¥800	¥200	¥120	¥0	¥4,280	¥277	¥4,003
蔡卓洋	男	¥1,500	¥2,000	¥500	¥200	¥120	¥30	¥4,050	¥243	¥3,808
何佳雯	女	¥1,500	¥1,100	¥500	¥200	¥120	¥80	¥3,100	¥125	¥2,975
宋科	男	¥1,500	¥900	¥500	¥200	¥120	¥100	¥2,880	¥103	¥2,777
刘里仁	男	¥3,000	¥900	¥1,000	¥200	¥120	¥0	¥4,980	¥382	¥4,598
李婉菲	女	¥1,500	¥1,000	¥500	¥200	¥120	¥120	¥2,960	¥111	¥2,849
王鹏	男	¥2,000	¥1,400	¥800	¥200	¥120	¥130	¥4,150	¥258	¥3,893
吴晓东	男	¥1,500	¥1,000	¥500	¥200	¥120	¥50	¥3,030	¥118	¥2,912
曾凯	男	¥1,500	¥1,800	¥500	¥200	¥120	¥120	¥3,760	¥199	¥3,561
胡小雅	女	¥1,500	¥1,000	¥500	¥200	¥120	¥0	¥3,080	¥123	¥2,957
王浩	男	¥3,000	¥900	¥1,000	¥200	¥120	¥120	¥4,860	¥364	¥4,496
宋戴琳	女	¥1,500	¥1,100	¥500	¥200	¥120	¥110	¥3,070	¥122	¥2,948
陈冲	男	¥1,500	¥1,000	¥500	¥200	¥120	¥0	¥3,080	¥123	¥2,957
何娟	女	¥2,000	¥1,400	¥800	¥200	¥120	¥40	¥4,240	¥271	¥3,969
李良	男	¥2,000	¥1,100	¥800	¥200	¥120	¥130	¥3,850	¥213	¥3,638
赵芳芳	女	¥3,000	¥1,800	¥1,000	¥200	¥120	¥30	¥5,850	¥513	¥5,338
邓丽蓉	女	¥1,500	¥2,000	¥500	¥200	¥120	¥80	¥4,000	¥235	¥3,765

九月工资 九月考勤 Sheet3

图16-1 职工工资表

对于本案例而言，由于构成的职工工资表中涉及到“考勤扣除”项目，因此需在其他工作表中将当月考勤情况详细列出，以供工资表调用，如图 16-2 所示即为本案例制作的考勤记录表。该表主要由“姓名”、“性别”、“迟到”、“早退”、“事假”、“病假”、“旷工”和“考勤扣除”等项目构成。不论是哪种企业，考勤记录表的构成也基本上由这些项目组成，当然也会有一定的出入，制作时也可根据具体情况稍作修改即可。

A企业职工考勤记录表

姓名	性别	迟到	早退	事假	病假	旷工	考勤扣除
张婷	女	2	0	2	1	0	130
陈熙	女	0	0	0	0	0	0
蔡卓洋	男	3	0	0	0	0	30
何佳雯	女	1	2	1	0	0	80
宋科	男	0	0	2	0	0	100
刘里仁	男	0	0	0	0	0	0
李婉菲	女	1	0	2	1	0	120
王鹏	男	2	0	2	1	0	130
吴晓东	男	5	0	0	0	0	50
曾凯	男	0	0	2	2	0	120
胡小雅	女	0	0	0	0	0	0
王浩	男	1	1	2	0	0	120
宋戴琳	女	4	0	1	2	0	110
陈冲	男	0	0	0	0	0	0
何娟	女	0	1	0	3	0	40
李良	男	1	1	2	1	0	130
赵芳芳	女	0	0	0	3	0	30
邓丽蓉	女	1	0	1	2	0	80

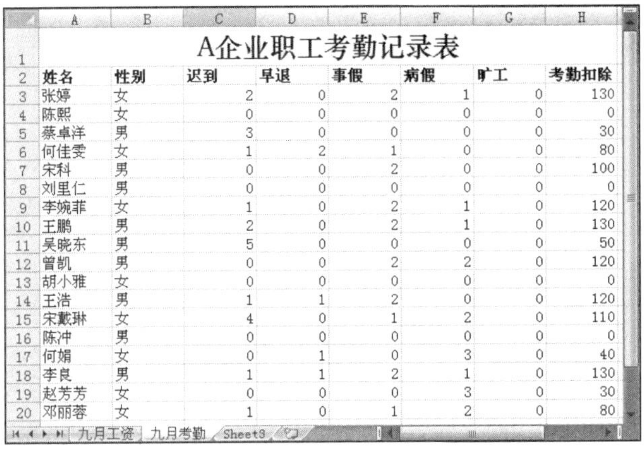

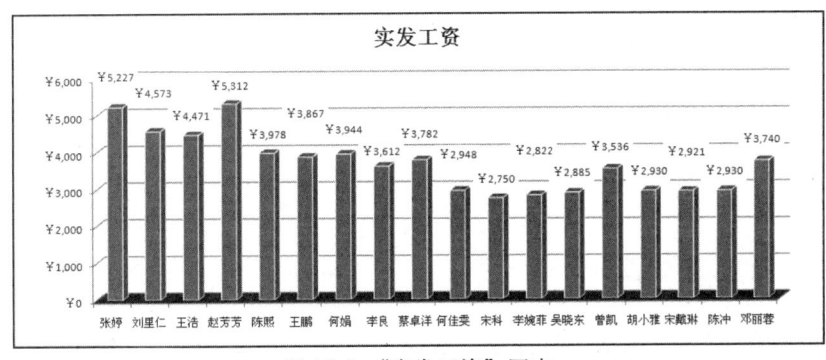

图 16-2　考勤记录表

除了上面两张表格之外，本案例还将创建以职工姓名和实发工资的数据为依据的三维柱形图表，如图 16-3 所示。创建图表的作用在于直观地分析和对比数据，如在下图中可以清晰地统计出实发工资高于 5000 的职工人数、实发工资最高和最低的职工姓名等。

图 16-3　“实发工资”图表

职工工资表往往需要打印出来以便在职工领取工资时签字确认，因此本案例也将涉及到关于页面设置和打印设置的操作。

16.2　案例操作

根据案例分析中的内容，下面便开始进入案例制作的环节。

16.2.1　制作职工工资表框架

制作职工工资表框架会涉及到 Excel 2007 的启动、工作表的重命名、工作表的保存、数据的输入以及数据和单元格的美化等操作。

上机练习 16.1　创建"职工工资表"工作簿

1 选择"开始→所有程序→Microsoft Office→Microsoft Office Excel 2007"命令，启动 Excel 2007，程序自动创建一个空白工作簿，单击自定义快速访问工具栏中的"保存"按钮，如图 16-4 所示。

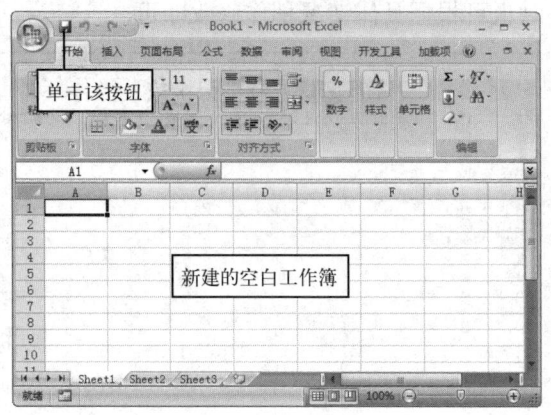

图 16-4　单击按钮

2 打开"另存为"对话框，在"保存位置"下拉列表框中选择"我的文档"选项，在"文件名"下拉列表框中输入"职工工资表.xlsx"，单击"保存"按钮，如图 16-5 所示。

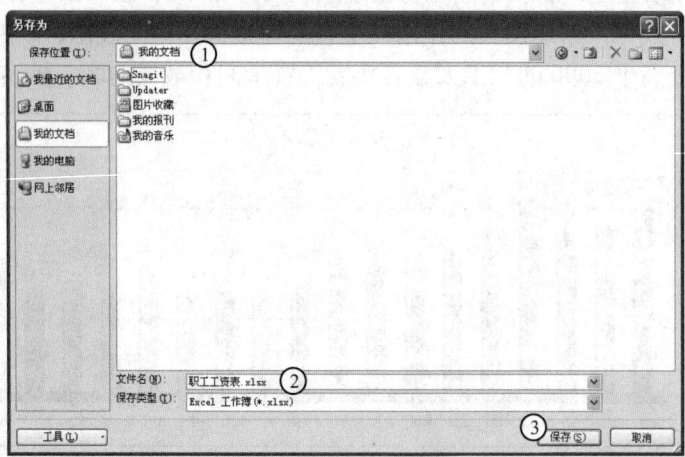

图 16-5　设置保存路径和文件名

3 完成保存工作簿的操作，此时标题栏显示的标题也发生了相应改变，如图 16-6 所示。

图 16-6　完成工作簿的保存操作

上机练习 16.2 重命名工作表与输入数据

提示 重命名工作表便于对工作簿的管理,特别是在一个工作簿中涉及到多种包含数据的工作表时,重命名工作表更显得尤为重要。接下来便对Sheet1工作表进行重命名操作,然后再输入构成职工工资表的框架数据。

1 在"职工工资表.xlsx"工作簿的 Sheet1 工作表标签上单击鼠标右键,在弹出的快捷菜单中选择"重命名"命令,如图16-7所示。

2 此时Sheet1工作表标签呈黑底白字的可编辑状态,如图16-8所示。

3 将输入法切换到中文状态,输入"九月工资",如图16-9所示。

4 按"Enter"键确认输入,如图16-10所示。

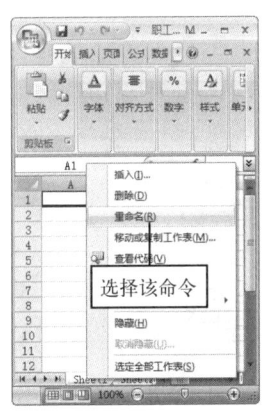 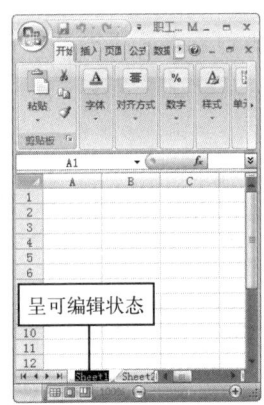 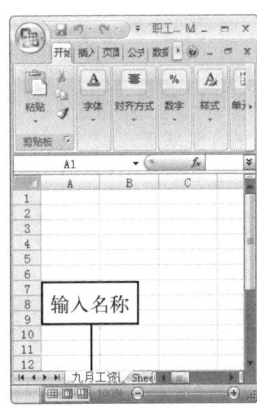 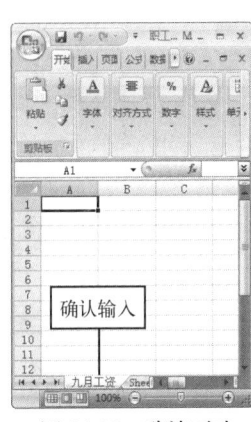

图 16-7　选择命令　　图 16-8　编辑名称　　图 16-9　输入名称　　图 16-10　确认更改

5 在"九月工资"工作表中默认选择 A1 单元格,直接输入"A 企业职工工资表",按"Enter"键确认输入并自动选择A2单元格,如图16-11所示。

6 继续输入"姓名",按"Tab"键,确认输入并选择B2单元格,如图16-12所示。

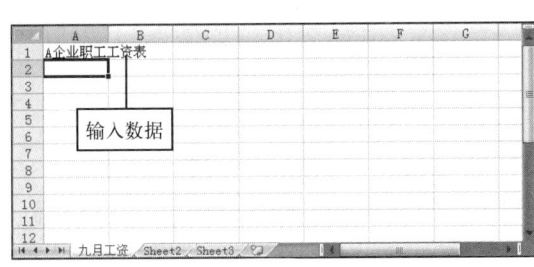 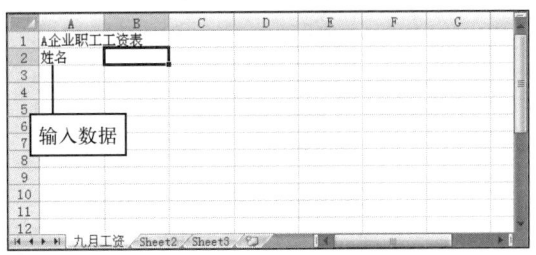

图 16-11　输入表名　　　　　　　　　图 16-12　输入项目

7 用相同方法继续输入其他表头项目,如图16-13所示。

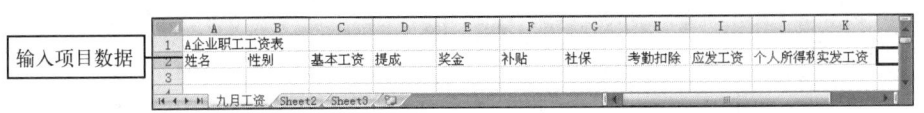

图 16-13　输入其余项目

8 在"姓名"项下输入职工姓名,如图16-14所示。

图 16-14　输入其余项目

🖱上机练习 16.3　美化数据和单元格

> **提示**　美化数据和单元格时，应突出表名和表头数据，并适当调整单元格大小，使其中的数据完全显示即可，并不需要将工作表美化得太过花俏。

1　拖动鼠标选择 A1:K1 单元格区域，单击"开始"选项卡的"对齐方式"组中的"合并后居中"按钮，如图 16-15 所示。

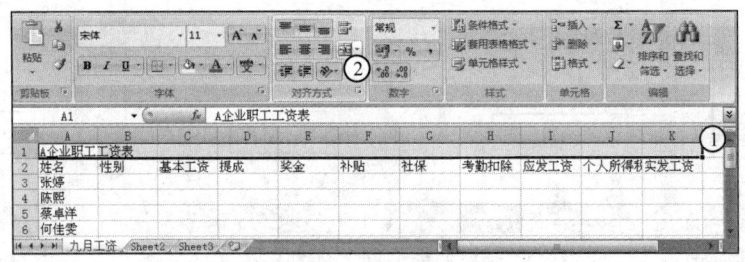

图 16-15　选择单元格区域

2　合并选择的单元格区域后，将鼠标指针移至第 1 行和第 2 行行号的交界处，向下拖动鼠标，使出现的提示文本中的数据显示"高度：41.25"，如图 16-16 所示。

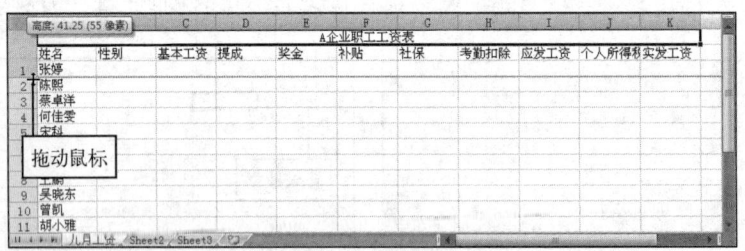

图 16-16　调整行高

3　释放鼠标完成行高的设置，用相同方法将第 2 行的行高设置为"27.00"，如图 16-17 所示。

图 16-17　调整行高

4 用相同方法，将 A 列至 I 列以及 K 列的列宽设置为"9.00"，将 J 列的列宽设置为"10.25"，如图 16-18 所示。

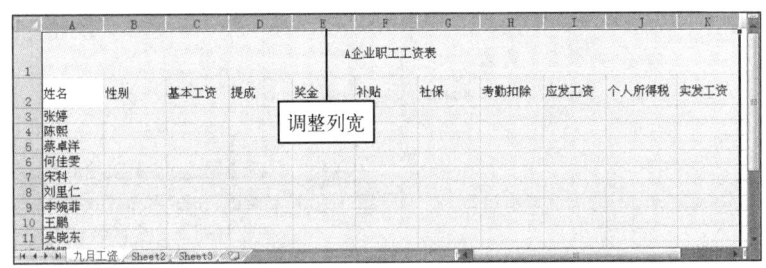

图 16-18　调整列宽

5 选择 A1 单元格，利用"开始"选项卡的"字体"组中的"字体"下拉列表框和"字号"下拉列表框将 A1 单元格中的文本格式设置为"华文中宋，22"，如图 16-19 所示。

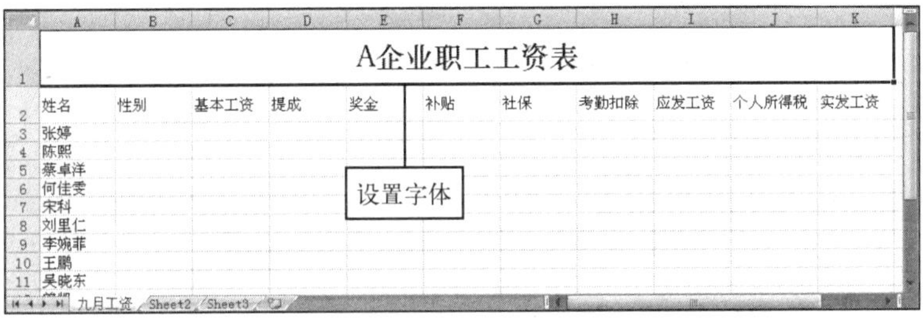

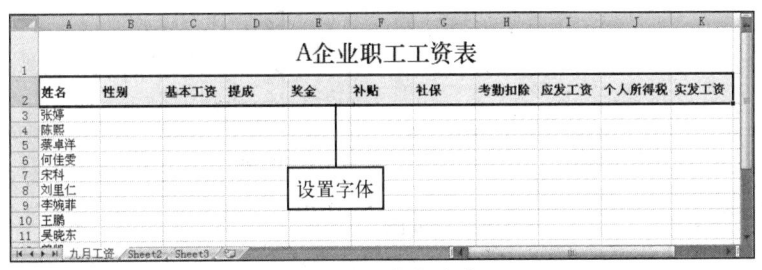

图 16-19　设置字体

6 选择 A2:K2 单元格区域，同样利用"开始"选项卡的"字体"组中的"加粗"按钮将选择的单元格区域中的文本加粗，如图 16-20 所示。

图 16-20　加粗字体

16.2.2　制作"性别"项目

制作"性别"这个较为特殊的项目时，可利用数据有效性设置为选择输入，以避免输入非"男"或"女"数据而闹出笑话。

上机练习 16.4　制作性别项目

1 选择 B3 单元格，在"数据"选项卡的"数据工具"组中单击"数据有效性"下拉按钮，在弹出的下拉菜单中选择"数据有效性"命令，如图 16-21 所示。

2 打开"数据有效性"对话框的"设置"选项卡，在"允许"下拉列表框中选择"序列"选项，在"来源"文本框中输入"男,女"，中间用英文状态下的逗号隔开，单击"确定"按钮，如图 16-22 所示。

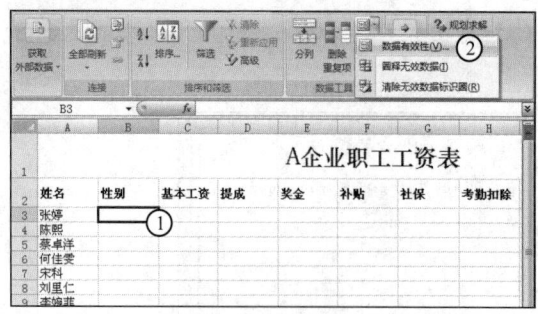

图 16-21　选择命令

图 16-22　设置数据有效性条件

3 将鼠标指针移至 B3 单元格右下角的填充柄上，按住鼠标左键不放向下拖动至 B20 单元格处，释放鼠标，将 B3 单元格的格式快速复制到 B4:B20 单元格区域中，如图 16-23 所示。

4 单击 B3 单元格右侧的下拉按钮，在弹出的下拉列表中选择"女"选项，如图 16-24 所示。

5 用相同方法通过下拉按钮进行选择来输入其余职工的性别，如图 16-25 所示。

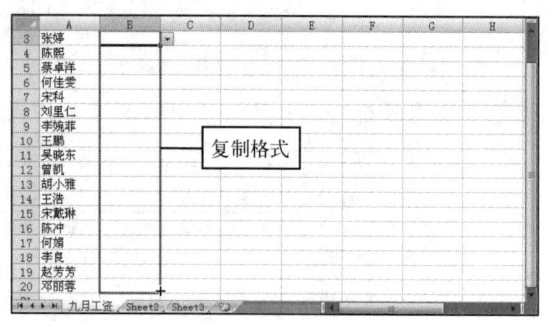

图 16-23　复制格式

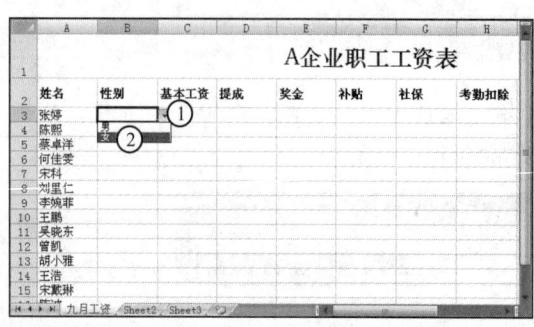

图 16-24　选择输入

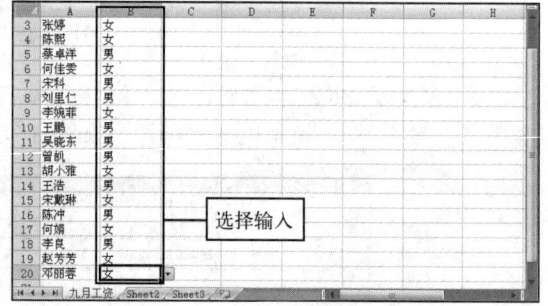

图 16-25　完成"性别"项目的制作

16.2.3　制作"基本工资"、"提成"项目

职工的基本工资和具体的提成都应该根据实际情况正确输入，应切忌在输入时不可大意，否则会给职工和企业带来直接的影响。

上机练习 16.5　制作"基本工资"、"提成"项目

1 按实际情况依次在 C3:D20 单元格区域中输入具体的数据，如图 16-26 所示。

2 选择 C3:K20 单元格区域，单击"开始"选项卡中"数字"组的"数字格式"下拉按钮，在弹出的下拉列表中选择"货币"选项，将选择的区域设置为货币格式，如图 16-27 所示。

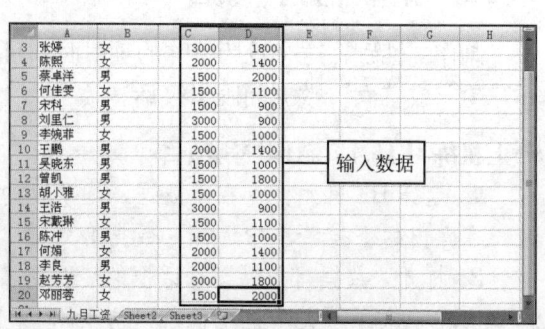

图 16-26　输入数据

提示 这里将除"基本工资"和"提成"项以外的单元格区域都进行了格式设置，是因为这些区域输入的数据代表的都是货币数值，因此一并进行了选择和设置。

3 此时选择的单元格区域将应用所设置的数据格式，如图 16-28 所示。

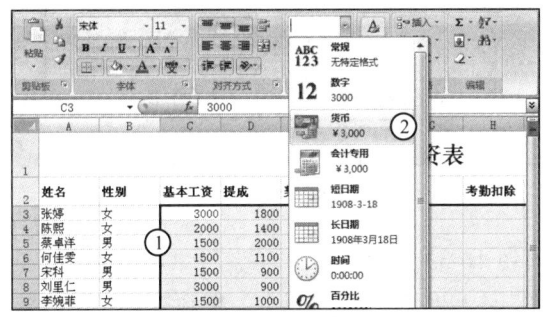

图 16-27 设置数字格式

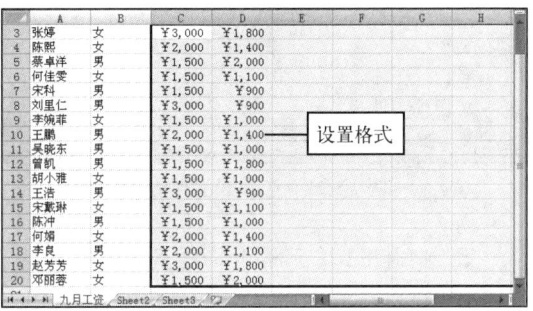

图 16-28 应用格式

16.2.4 制作"奖金"项目

奖金的发放每个企业有每个企业的规定，本案例规定基本工资为 3000 元的职工，发放 1000 元奖金；基本工资为 2000 元的职工，发放 800 元奖金；基本工资为 1500 元的职工，发放 500 元奖金。根据这种情况，如直接输入数据，不仅速度较慢，而且容易出错。此时可考虑利用 IF 函数进行输入，然后通过快速复制公式将函数应用到其他单元格区域。

上机练习 16.6 制作奖金项目

1 选择 E3 单元格，单击编辑栏中的"插入函数"按钮，打开"插入函数"对话框，在"或选择类别"下拉列表框中选择"逻辑"选项，在"选择函数"列表框中选择"IF"选项，单击"确定"按钮，如图 16-29 所示。

2 打开"函数参数"对话框，将其中的参数设置为如图 16-30 所示，并将插入点定位到"Value_if_false"文本框中。

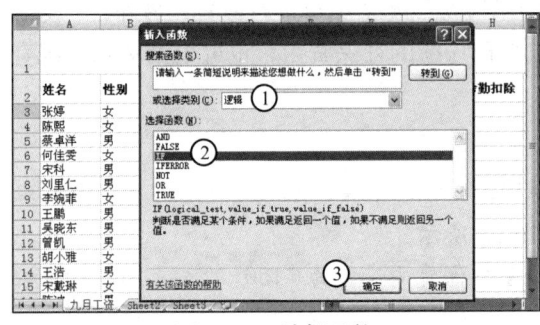

图 16-29 选择函数

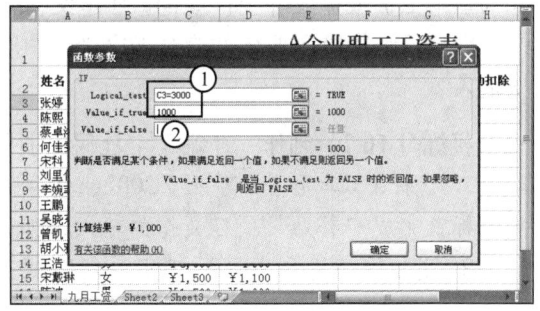

图 16-30 设置参数

3 单击编辑栏名称框右侧的下拉按钮，在弹出的下拉列表中选择"IF"选项，如图 16-31 所示。

4 再次打开"函数参数"对话框，将其中的参数设置为如图 16-32 所示，此时编辑栏的编辑区中已经显示出了函数的具体数据，最后单击"确定"按钮。

提示 公式"=IF(C3=3000,1000,IF(C3=2000,800,500))"表示当 C3 单元格中的数值为 3000 时，则返回值"1000"，若不等于 3000，则执行其中的嵌套 IF 函数。而嵌套 IF 函数又表示当 C3 单元格的数值为 2000 时，则返回值"800"，否则返回值"500"。

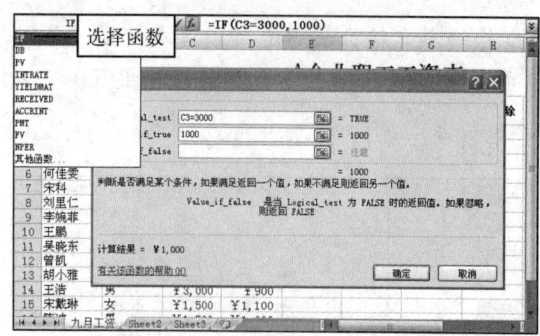

图 16-31 选择嵌套函数

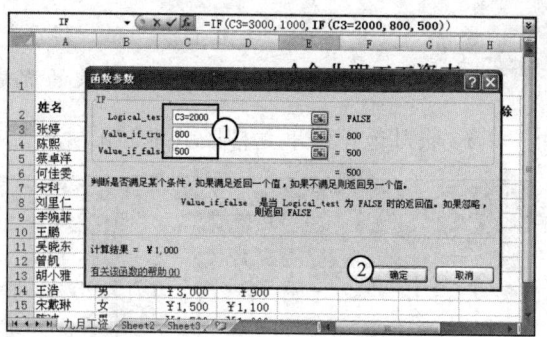

图 16-32 设置参数

5 此时 E3 单元格中将得到计算的数据，如图 16-33 所示。

6 利用填充柄将 E3 单元格中的公式拖动到 E4:E20 单元格区域中，使选择的单元格快速应用公式，如图 16-34 所示。

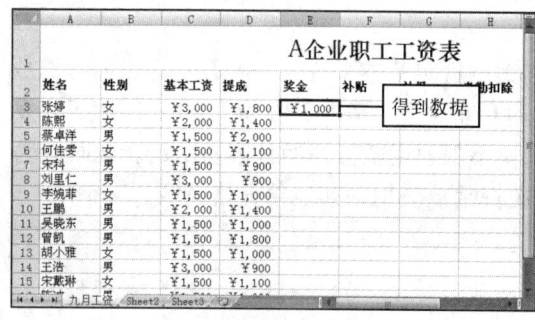

图 16-33 得到数据

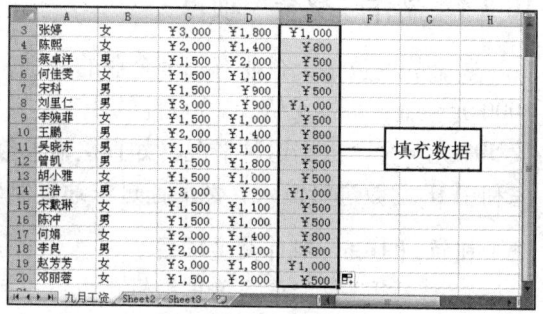

图 16-34 应用公式

16.2.5 制作"补贴"、"社保"项目

各企业向职工发放的补贴不尽相同，可根据实际情况输入便可，若补贴与其他项目挂钩，如与基本工资或提成等项目挂钩，则建议利用 IF 函数按照奖金项目进行设置。另外，本案例的社保项目是指除企业缴纳的社保之外，由职工自己应缴的社保费用，也可根据实际情况直接输入。

上机练习 16.7 制作"补贴"、"社保"项目

1 选择 F3 单元格，输入"200"，然后拖动该单元格右下角的填充柄至 F20 单元格，释放鼠标，完成"补贴"项目数据的输入，如图 16-35 所示。

2 用相同方法在"社保"项目中将各职工应缴社保费用设置为"150"，如图 16-36 所示。

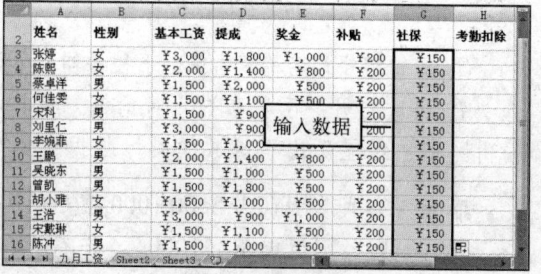

图 16-35 设置"补贴"项目　　　图 16-36 设置"社保"项目

16.2.6 制作"考勤扣除"项目

考勤扣除表示职工当月由于考勤记录而扣除的工资费用,这个项目的数据需调用考勤记录的详细信息。因此本案例将在 Sheet2 工作表中制作具体的考勤情况,最后在将需要的数据调用到"考勤记录"项目中。

上机练习 16.8 制作"考勤扣除"项目

1 双击 Sheet2 工作表标签,将其重命名为"九月考勤",然后根据"九月工资"工作表中的职工姓名等信息,制作九月考勤记录表格,如图 16-37 所示。

2 在"九月考勤"工作表中选择 H3 单元格,在编辑区中输入公式"=C3×10+D3×10+E3×50+F3×10+G3×200",如图 16-38 所示。表示考勤扣除是由"迟到扣除费用+早退扣除费用+事假扣除费用+病假扣除费用+旷工扣除费用"合计而得到。

图 16-37 输入考勤记录表相关数据

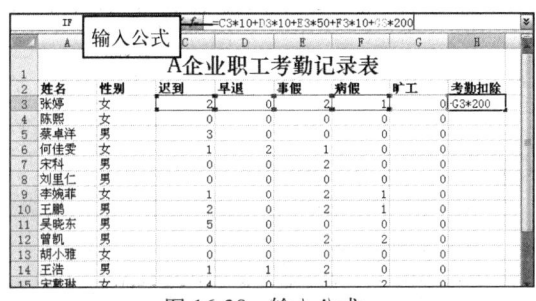

图 16-38 输入公式

3 按"Enter"键确认公式输入,然后利用拖动填充柄的方法将公式快速填充到 H4:H20 单元格区域,如图 16-39 所示。

4 切换到"九月工资"工作表,选择 H3 单元格,在编辑区中输入"="符号,如图 16-40 所示。

5 再次切换到"九月考勤"工作表,选择 H3 单元格,如图 16-41 所示。

6 按"Ctrl+Enter"键返回"九月工资"工作表,完成数据的引用,如图 16-42 所示。

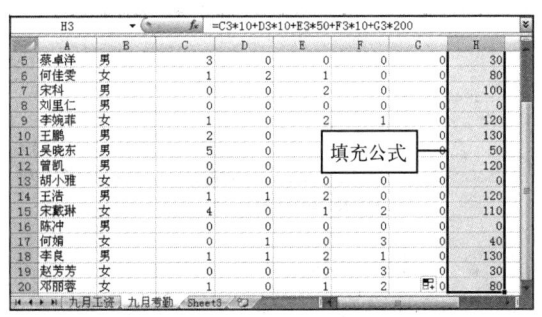

图 16-39 复制公式

图 16-40 输入"="符号

图 16-41 选择引用的单元格

7 利用拖动填充柄的方法将公式快速填充到 H4:H20 单元格区域,如图 16-43 所示,完成"考勤扣除"项目的制作。

图 16-42　完成数据引用

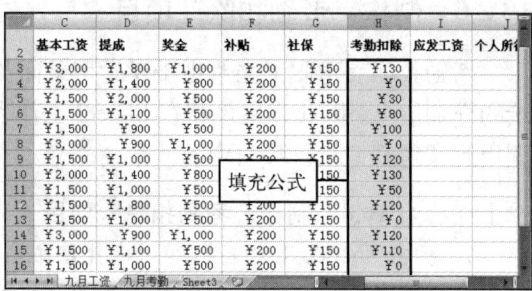
图 16-43　复制公式

16.2.7　制作"应发工资"项目

本案例中,应发工资=基本工资+提成+奖金+补贴-社保-考勤扣除,下面利用公式完成"应发工资"项目的制作。

上机练习 16.9　制作"应发工资"项目

1 在"九月工资"工作表中选择 I3 单元格,在编辑区中输入公式"=C3+D3+E3+F3-G3-H3",如图 16-44 所示。

2 按"Ctrl+Enter"键完成公式计算,如图 16-45 所示。

图 16-44　输入公式

图 16-45　完成计算

3 利用拖动填充柄的方法将公式快速填充到 I4:I20 单元格区域,如图 16-46 所示,完成"应发工资"项目的制作。

图 16-46　复制公式

16.2.8　制作"个人所得税"项目

职工工资当超过一定的数额后,应根据国家规定缴纳相应比例的个人所得税,计算公式为:个人所得税=(应发工资-个人所得税起征点)×税率-速算扣除数。表 16-1 中表示的便是在不同级数下对应的税率和速算扣除数。

表 16-1 不同工资级数下的税率和速算扣除数

级数	全月应纳所得税额（应发工资–个人所得税起征点）	税率	速算扣除数
1	不超过 500 元的部分	5%	0
2	超过 500 元至 2000 元的部分	10%	25
3	超过 2000 元至 5000 元的部分	15%	125
4	超过 5000 元至 20000 元的部分	20%	375
5	超过 20000 元至 40000 元的部分	25%	1375
6	超过 40000 元至 60000 元的部分	30%	3375
7	超过 60000 元至 80000 元的部分	35%	6375
8	超过 80000 元至 100000 元的部分	40%	10375
9	超过 100000 元的部分	45%	15375

对于本案例而言，假设个人所得税起征点为 1600 元，通过观察可以发现当应发工资减去个人所得税起征点后，剩余部分都没有超过 5000 元，因此只需要利用 IF 函数对前三级税率和速算扣除数进行判断和计算即可，具体公式即含义如下：

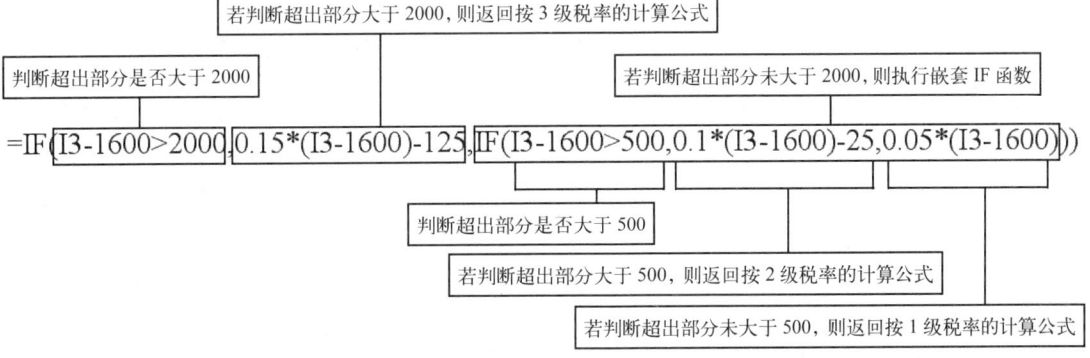

上机练习 16.10 制作"个人所得税"项目

1 在"九月工资"工作表中选择 J3 单元格，在编辑区中输入公式"=IF(I3-1600>2000, 0.15×(I3-1600)-125,IF(I3-1600>500,0.1×(I3-1600)-25,0.05×(I3-1600)))"，如图 16-47 所示。

2 按"Ctrl+Enter"键完成公式计算，如图 16-48 所示。

图 16-47 输入公式　　　　　图 16-48 完成计算

3 利用拖动填充柄的方法将公式快速填充到 J4:J20 单元格区域，如图 16-49 所示，完成

"个人所得税"项目的制作。

图16-49 复制公式

16.2.9 制作"实发工资"项目

本案例中,实发工资=应发工资-个人所得税,下面利用公式完成"实发工资"项目的制作。

上机练习16.11 制作"实发工资"项目

1 在"九月工资"工作表中选择K3单元格,在编辑栏中输入公式"=I3-J3",如图16-50所示。

2 按"Ctrl+Enter"键完成公式计算,如图16-51所示。

图16-50 输入公式

图16-51 完成计算

3 利用拖动填充柄的方法将公式快速填充到K4:K20单元格区域,如图16-52所示,完成"应发工资"项目的制作。

图16-52 复制公式

16.2.10 分析与管理职工工资数据

完成表格中各项目数据的输入和计算后,便可通过这些数据对职工工资进行各种分析和管理操作了。本案例将利用排序、筛选和分类汇总等功能分析和统计职工工资数据。

上机练习 16.12　分析与管理职工工资数据

1 在"九月工资"工作表中选择 C3:C20 单元格区域中的任意一个单元格,然后单击"数据"选项卡,在"排序和筛选"组中单击"降序"按钮,以基本工资为依据对表格数据进行降序排列,如图 16-53 所示。

2 在"数据"选项卡的"分级显示"组中单击"分类汇总"按钮,打开"分类汇总"对话框,在"分类字段"下拉列表框中选择"基本工资"选项,在"汇总方式"下拉列表框中选择"求和"选项,在"选定汇总项"列表框中选中"实发工资"复选框,然后单击"确定"按钮,如图 16-54 所示。

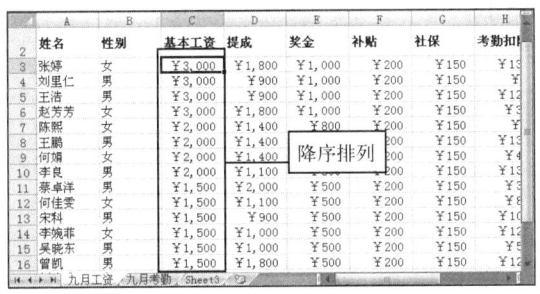

图 16-53　对数据进行排序

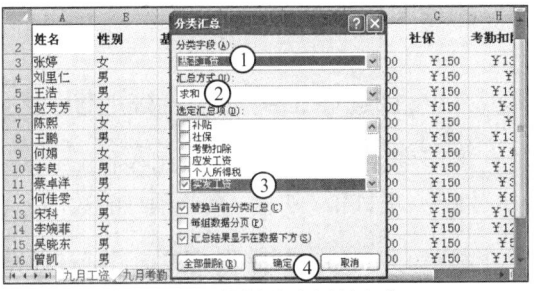

图 16-54　设置分类汇总条件

3 此时将汇总出同一基本工资下职工实发工资的总和,如图 16-55 所示。

4 单击"数据"选项卡中"排序和筛选"组中的"筛选"按钮,使各项目右侧出现下拉按钮,如图 16-56 所示。

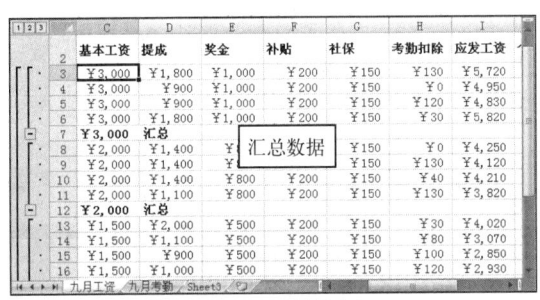

图 16-55　汇总数据

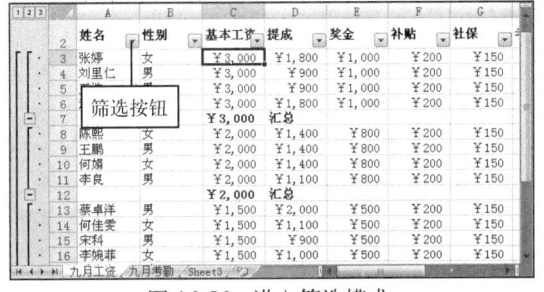

图 16-56　进入筛选模式

5 单击"实发工资"项目右侧的下拉按钮,在弹出的下拉菜单中选择"数字筛选→大于"命令,如图 16-57 所示。

6 打开"自定义自动筛选方式"对话框,在"实发工资"下方的下拉列表框中自动选择了"大于"选项,在右侧的下拉列表框中输入"3000",单击"确定"按钮,如图 16-58 所示。

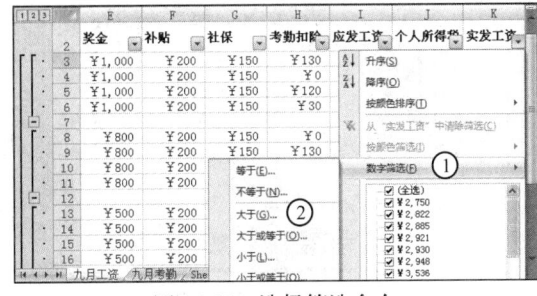

图 16-57　选择筛选命令

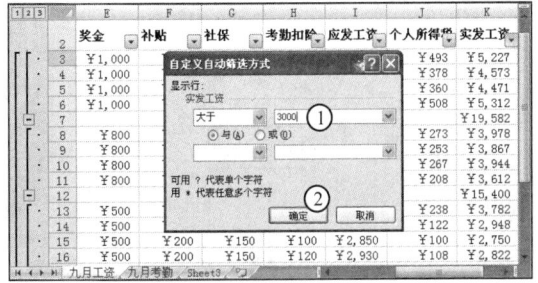

图 16-58　设置筛选条件

7 此时便将筛选出所有实发工资大于3000元的数据，如图16-59所示。

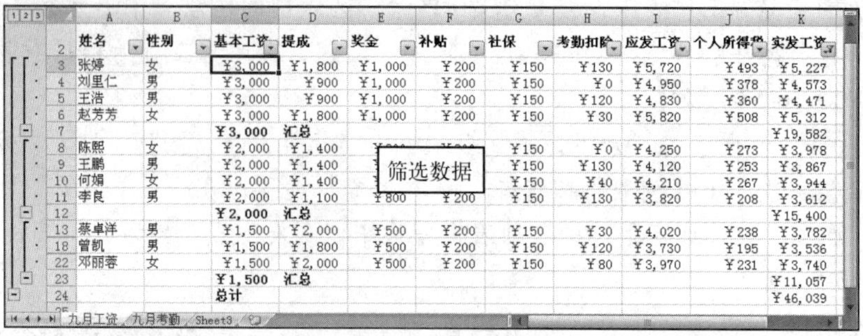

图 16-59　筛选出的数据

16.2.11　创建职工实发工资柱形图

为了更加直观地观察和对比各职工的实发工资数据，本案例将依据"九月工资"工作表中"姓名"项目和"实发工资"项目的数据创建实发工资柱形图，并对图表进行适当美化操作。

上机练习 16.13　创建职工实发工资柱形图

1 单击"筛选"按钮取消筛选状态，显示表格中的所有数据，如图 16-60 所示。

2 选择工作表中包含数据的任意单元格，打开"分类汇总"对话框，单击左下角的"全部删除"按钮，取消分类汇总状态，如图 16-61 所示。

图 16-60　取消筛选

图 16-61　取消分类汇总

3 选择工作表中的空白单元格，单击"插入"选项卡，在"图表"组中单击"柱形图"下拉按钮，在弹出的下拉列表中选择"三维堆积柱形图"选项，创建一个空白图表，如图 16-62 所示。

4 在"设计"选项卡的"数据"组中单击"选择数据"按钮，打开"选择数据源"对话框，将"图表数据区域"文本框中的参数设置为如图 16-63 所示，单击"确定"按钮。

图 16-62　创建空白图表

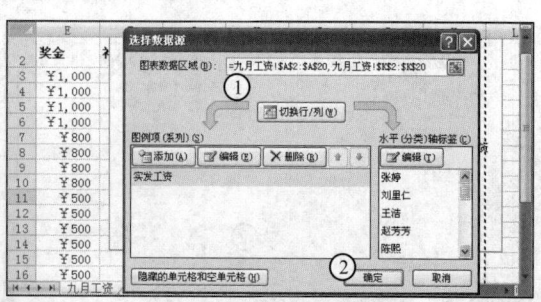

图 16-63　选择数据源

5 此时空白图表中将显示依据选择数据而形成的图形,删除图表区中的图例,然后将图表宽度增加,直到横坐标轴上的姓名文本能水平显示,如图 16-64 所示。

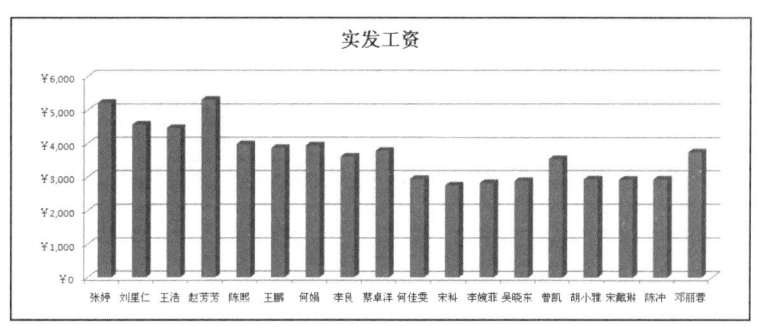

图 16-64　调整图表

提示　由于本案例创建的图表中图形区对应的数据仅有"实发工资",因此图例中显示的内容便与标题重复,所以这里才将图例删除。若图形对应的数据不止一种,则图例仍需保留。

6 单击"设计"选项卡,在"图表样式"组中选择"样式 14"选项,效果如图 16-65 所示。

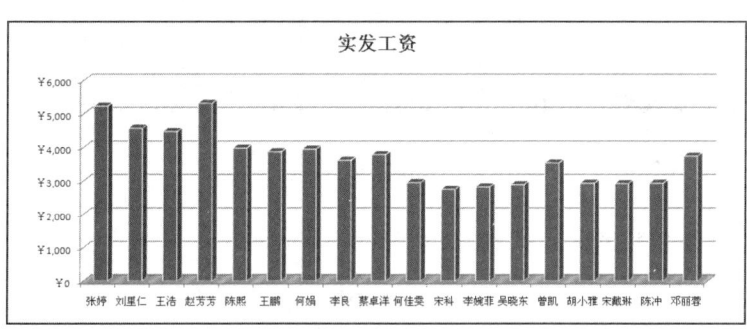

图 16-65　调整图表样式

7 选择绘图区中的基底对象,单击"格式"选项卡,在"形状样式"组中单击"形状填充"下拉按钮,在弹出的下拉列表中选择"紫色,强调文字颜色 4,深色 50%"选项,调整基底颜色,如图 16-66 所示。

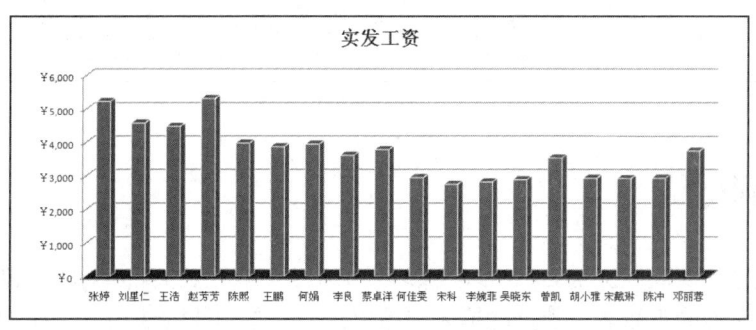

图 16-66　调整基底颜色

8 单击"布局"选项卡,在"标签"组中单击"数据标签"下拉按钮,在弹出的下拉菜单中选择"显示"命令,使图表中的图形出现相应的数据标签,如图 16-67 所示。

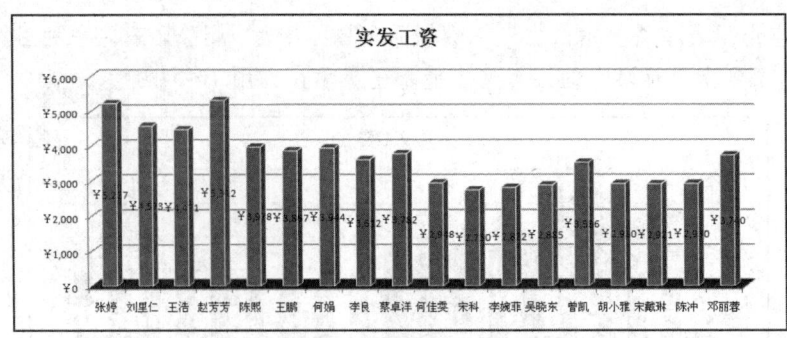

图 16-67　添加数据标签

9 选择添加的数据标签，单击"格式"选项卡，在"形状样式"组中单击"形状填充"下拉按钮，在弹出的下拉列表中选择"白色，背景 1"选项，调整数据标签的填充颜色，如图 16-68 所示。

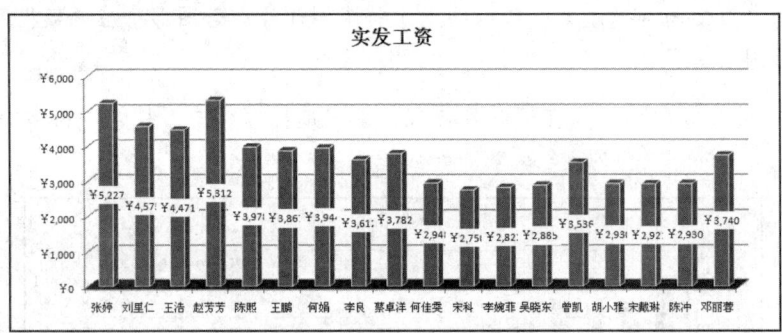

图 16-68　调整数据标签背景颜色

10 将数据标签移至相应柱形图上方，完成本案例的操作，如图 16-69 所示。

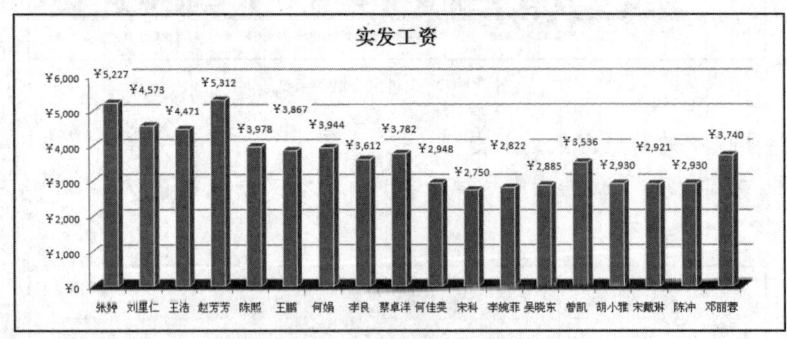

图 16-69　移动数据标签位置

16.3　案例总结

　　本章通过制作"职工工资表"，综合练习了 Excel 2007 各方面的功能，包括工作簿的创建与保存、工作表的重命名、数据的输入与美化、公式与函数的使用、排序、筛选与分类汇总的使用以及图表的创建与编辑等。对于本案例未涉及的知识点，希望读者通过前面的学习，通过大量上机练习，更好地吸收和掌握相应知识，从而提高使用 Excel 2007 制作与编辑表格的能力。

16.4 习题

创建"产品订单表"工作簿，并在其中建立如图 16-70 所示的"订单明细"和如图 16-71 所示的"订单金额"工作表，最后通过"订单金额"工作表建立"订单总额"图表，如图 16-72 所示。

\multicolumn{5}{c}{客户订单清单}				
编号	客户	产品代码	单价	数量（件）
XL-5401	陈永久	SGZY-01	¥2,000.00	500
XL-5402	刘凯	SGZY-05	¥1,500.00	300
XL-5403	张惠	SGZY-28	¥900.00	800
XL-5404	李辉	SGZY-19	¥500.00	1000
XL-5405	邓志喜	SGZY-28	¥900.00	200
XL-5406	王勇	SGZY-46	¥1,600.00	350
XL-5407	刘明杰	SGZY-05	¥1,500.00	1200
XL-5408	陈钢	SGZY-01	¥2,000.00	600
XL-5409	曹远聪	SGZY-46	¥1,600.00	4500
XL-5410	胡凤	SGZY-30	¥5,000.00	300
XL-5411	李莎莎	SGZY-19	¥500.00	1000
XL-5412	赵敏	SGZY-01	¥2,000.00	2000
XL-5413	宋子德	SGZY-28	¥900.00	800
XL-5414	郑欣宜	SGZY-05	¥1,500.00	400
XL-5415	罗妮娜	SGZY-01	¥2,000.00	900

图 16-70　订单明细

\multicolumn{4}{c}{客户订单费用清单}			
编号	客户	订单总额	其他费用
XL-5401	陈永久	¥1,000,500.00	¥500.00
XL-5402	刘凯	¥450,700.00	¥700.00
XL-5403	张惠	¥721,200.00	¥1,200.00
XL-5404	李辉	¥500,300.00	¥300.00
XL-5405	邓志喜	¥180,500.00	¥500.00
XL-5406	王勇	¥560,450.00	¥450.00
XL-5407	刘明杰	¥1,800,150.00	¥150.00
XL-5408	陈钢	¥1,200,100.00	¥100.00
XL-5409	曹远聪	¥7,200,350.00	¥350.00
XL-5410	胡凤	¥1,500,200.00	¥200.00
XL-5411	李莎莎	¥500,270.00	¥270.00
XL-5412	赵敏	¥4,000,100.00	¥100.00
XL-5413	宋子德	¥720,500.00	¥500.00
XL-5414	郑欣宜	¥600,300.00	¥300.00
XL-5415	罗妮娜	¥1,800,400.00	¥400.00

图 16-71　订单金额

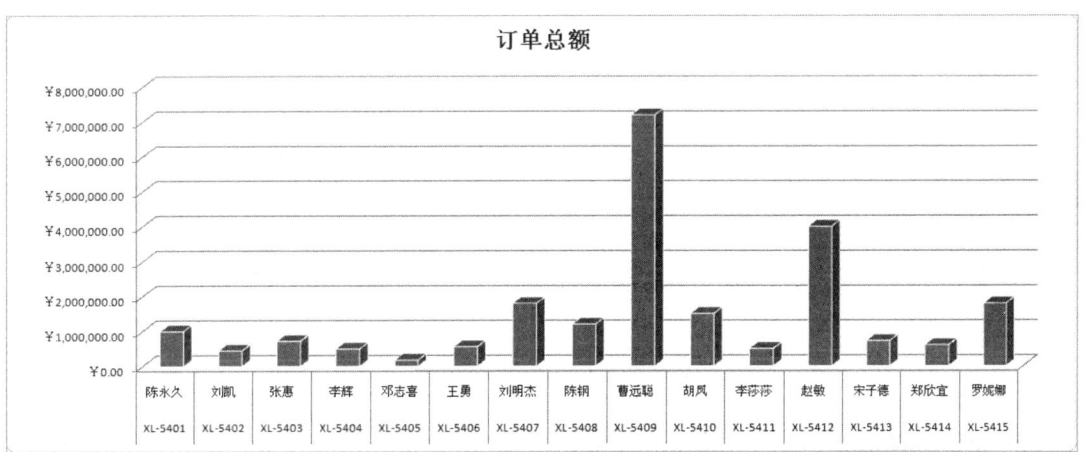

图 16-72　订单总额图表

习题参考答案

第1章

一、填空题
1. 标题栏　功能选项卡　编辑栏　工作表区　状态栏
2. 开始　所有程序　Microsoft Office　Microsoft Office Excel 2007
3. 双击

二、选择题
1. ABCD　　2. ACD

三、操作题
1. 单击桌面左下角的"开始"按钮，在弹出的子菜单中选择"所有程序"命令，然后在弹出的子菜单中选择"Microsoft Office"，再在弹出的子菜单中选择"Microsoft Office Excel 2007"命令。
2. 略。
3. 单击快速访问工具栏右侧的 按钮，在弹出的下拉列表中选择"打开"选项，使该选项左侧出现 标记。
4. 在功能区单击鼠标右键，在弹出的快捷菜单中选择"功能区最小化"命令。
5. 单击 Excel 2007 标题栏，使其成为当前窗口，然后按"Alt+F4"键。

第2章

一、填空题
1. 包含　被包含　包含　被包含（于）
2. Ctrl+N
3. 模板
4. 工作表
5. 合并　开始　单元格　格式

二、选择题
1. C　2. B　3. A D　4. B　5. B　6. A　7. A

三、操作题
1. 方法一：在工作表标签上单击鼠标右键，在弹出的快捷菜单中选择"插入"命令。
方法二：单击工作表标签右侧的"插入工作表"按钮 。
2. 单击 B5 单元格，按住"Ctrl"键不放的同时，在 C1 单元格上按住鼠标左键不放并拖动到 G1 单元格，然后释放鼠标。
3. 单击"审阅"选项卡，单击"更改"组中的"保护工作簿"按钮，在弹出的下拉菜单中选择"保护结构和窗口"命令，打开"保护结构和窗口"对话框，选中"结构"和"窗口"

复选框,在"密码"文本框中输入"123456",单击"确定"按钮,在打开的"确认密码"对话框的"重新输入密码"文本框中输入相同的密码,然后单击"确定"按钮。在"Office"菜单中选择"保存"命令,打开"另存为"对话框,在"文件名"下拉列表框中输入"工资表",单击"保存"按钮,最后在"Office"菜单中选择"关闭"命令。

4. 启动 Excel 2007,在"Office"菜单中选择"打开"命令,打开"打开"对话框,在"查找范围"下拉列表框中选择需要打开文件的保存路径,然后在下方的列表框中选择"学生成绩表"工作簿,单击"打开"按钮。

5. 双击"Sheet1"工作表标签,输入"高三(一)班"后按"Enter"键。

6. 选择 A1:G1 单元格区域,单击"合并后居中"按钮。

7. 在工作表标签上单击鼠标右键,在弹出的快捷菜单中选择"移动或复制工作表"命令,打开"移动或复制工作表"对话框,选中"建立副本"复选框,然后单击"确定"按钮,将复制的工作表名称更改为"高三(二)班"。打开 BOOK2 工作簿,切换到 BOOK1 工作簿中,在工作表标签上单击鼠标右键,在弹出的快捷菜单中选择"移动或复制工作表"命令,打开"移动或复制工作表"对话框,在"工作簿"下拉列表框中选择"BOOK2"选项,选中"建立副本"复选框,然后单击"确定"按钮

8. 在"学生成绩表"工作簿中,单击"Office"按钮,在弹出的菜单中选择"另存为"命令,打开"另存为"对话框,在"保存位置"下拉列表框中选择"我的文档"选项,单击"保存"按钮。

第 3 章

一、填空题

1. 左对齐 右对齐
2. 4 1/2
3. 设置单元格格式 对齐
4. 序列
5. 查找和替换
6. #######。
7. 科学型计数。

二、选择题

1. C   2. B   3. A B   4. AB   5. A B C D

三、操作题

1. 提示:向下拖动 B3 单元格的填充柄。

2. 提示:选择"报名时间"和"出生年月"栏对应的单元格区域,打开"设置单元格格式"对话框的"数字"选项卡,在"分类"列表框中选择"日期"选项并进行设置。

3. 略

4. 提示:打开"设置单元格格式"对话框的"数字"选项卡,在其中进行设置,选择 G3 单元格,拖动填充柄填充数据。

5. 提示:打开"查找和替换"对话框的"替换"选项卡,在"查找内容"下拉列表框中输入"计算机",在"替换为"下拉列表框中输入"计算机科学与技术",然后进行替换。

第 4 章

一、填空题
1. ￥5,000.00
2. 12,000.00
3. 左对齐　居中对齐　右对齐
4. 单元格　工作表标签颜色
5. 流程　循环
6. 横排　竖排
7. 批注

二、选择题
1. D　2. A B C D　3. B　4. C　5. C　6. A　7. C

三、操作题
1. 选择 A1:G1 单元格区域,单击"合并后居中"按钮。
2. 提示:选择 A1 单元格,在"设置单元格格式"对话框的"字体"选项卡中进行设置。
3. 提示:选择 B3:G12 单元格区域,在"设置单元格格式"对话框的"数字"选项卡中进行设置。
4. 提示:选择所有包含数据的单元格区域,在"设置单元格格式"对话框的"边框"选项卡中进行设置。
5. 提示:通过拖动第 2 行行号增加行高,然后利用"开始"选项卡的"字体"组或"设置单元格格式"对话框的"字体"选项卡进行设置。
6. 提示:通过拖动 A 列列标增加列宽,然后利用"开始"选项卡的"字体"组或"设置单元格格式"对话框的"字体"选项卡进行设置。
7. 选择 A1 单元格,单击"审阅"选项卡,在"批注"组中单击"新建批注"按钮,在显示的文本框中输入"初算,仅供参考"。

第 5 章

一、填空题
1. 模板
2. Excel 模板
3. 新建
4. 样式
5. 新建单元格样式

二、选择题
1. A C　2. C　3. B　4. B C　5. A B

三、操作题
1. 提示:修改工作表内容,单击"Office"按钮,在弹出的菜单中选择"另存为"→"Excel 工作簿"命令,打开"另存为"对话框,在"文件名"下拉列表框中输入"原创模板",在"保存类型"下拉列表框中选择"Excel 模板"选项,单击"确定"按钮。

2. 提示：同上题

3. 提示：选择A1单元格，单击"开始"选项卡，在"样式"组中单击"单元格格式"下拉按钮，在弹出的下拉列表中选择"好、差和适中"→"适中"选项。

4. 提示：在"适中"样式对应的选项上单击鼠标右键，在弹出的快捷菜单中选择"修改"命令，打开"样式"对话框，单击"格式"按钮，在打开的对话框中进行修改。

5. 在"好"样式上单击鼠标右键，在弹出的快捷菜单中选择"删除"命令。

第6章

一、填空题

1. 单元格引用
2. =
3. 相对引用　绝对引用　A5
4. 5
5. *

二、选择题

1. A　2. C　3. D　4. B　5. D　6. D

三、操作题

1. 提示：在总成本对应的单元格中输入公式"=总价对应的单元格+采购费对应的单元格"，然后利用拖动填充柄的方法求出其余材料的总成本。

2. 提示：在单位成本对应的单元格中输入公式"=总成本对应的单元格/入库数对应的单元格"，然后利用拖动填充柄的方法求出其余材料的单位成本。

3. 提示：思路同上，注意绝对引用的单元格地址前需加上"$"。

4. 提示：同上。

第7章

一、填空题

1. 数值　文本　逻辑值　表达式　单元格引用地址　嵌套函数
2. =SUM(A1:E1)
3. A3:A14单元格区域之和　不合格
4. =AVERAGE(F3:F22)

二、选择题

1. A C　2. B C D　3. C D　4. C　5. C　6. A C

三、操作题

1. 提示：在总分下的单元格中输入公式"=SUM(语文对应的单元格地址:理综对应的单元格地址)"，然后利用拖动填充柄的方法求其他学生的总分。

2. 提示：在平均分下的单元格中输入公式"=AVERAGE(语文对应的单元格地址:理综对应的单元格地址)"，然后利用拖动填充柄的方法求其他学生的平均分。

3. 提示：在各科最高分下的单元格中输入公式"=MAX(王英语文成绩对应的单元格地

址:洪德凯语文成绩对应的单元格地址)",然后利用拖动填充柄的方法求其他学科的最高分。

4. 提示：在各科最低分下的单元格中输入公式"=MIN(王英语文成绩对应的单元格地址:洪德凯语文成绩对应的单元格地址)",然后利用拖动填充柄的方法求其他学科的最低分。

第8章

一、填空题

1. 图形
2. 图表位置
3. 设计
4. 布局
5. 趋势线　误差线

二、选择题

1. BC　　2. D　　3. D　　4. D　　5. A

三、操作题

1. 提示：首先输入表数据，然后利用创建的数据创建饼图。
2. 提示：适当放大饼图，并添加图表标题，然后增大图例区，最后为饼图加上数据标签。

第9章

一、填空题

1. 数据清单　连续的　空行或空列　列　行
2. 记录单
3. 排序　升序　降序
4. 自定义筛选
5. 排序

二、选择题

1. A　　2. D　　3. C　　4. A　　5. B

三、操作题

1. 提示：将"记录单"按钮添加到快速访问工具栏，然后打开"Sheet1"对话框，单击"新建"按钮，依次在对应的文本框中输入"CF20013，赵芳，销售部，基本工资 2000，提成 3000"。
2. 提示：通过"记录单"按钮打开"Sheet1"对话框，找到周龙对应的记录，然后进行修改。
3. 提示：选择编号所在的单元格，单击"数据"选项卡的"排序和筛选"组中的"降序"按钮 。
4. 提示：单击"数据"选项卡的"排序和筛选"组中的"排序"按钮，打开"排序"对话框，将主要关键字设置为"实发工资"，并进行降序排序，添加次要关键字，并设置为"提成"和降序排序，继续添加次要关键字，并设置为"基本工资"和降序排序。
5. 提示：选择包含数据的任意一个单元格，然后单击"数据"选项卡的"排序和筛选"

组中的"筛选"按钮，此时表头右侧将出现下拉按钮，单击"实发工资"项右侧的下拉按钮，在弹出的下拉菜单中选择"数字筛选→10个最大的值"命令，并进行设置。

6. 提示：选择包含数据的任意一个单元格，然后单击"数据"选项卡的"排序和筛选"组中的"筛选"按钮，在弹出的下拉菜单中选择"数字筛选→自定义筛选"命令，打开"自定义自动筛选方式"对话框，在其中进行设置。

7. 提示：对部门进行排序，单击"数据"选项卡的"分级显示"组中的"分类汇总"按钮，在打开的对话框中进行设置。

第10章

一、填空题

1. 数据透视表　数据透视图
2. 新工作表　现有工作表
3. 图形
4. 选项

二、选择题

1. C D　2. D　3. A　4. D　5. D

三、操作题

1. 提示：在"插入"选项卡中单击"表"组中的"数据透视表"下拉按钮，在弹出的下拉菜单中选择"数据透视表"命令，然后根据题目进行创建。

2. 提示：通过"部门"字段到"行标签"下拉列表框，然后单击"求和项：实发工资"的下拉按钮，在弹出的下拉菜单中筛选数据。

3. 提示：通过"选项"选项卡利用现有的数据透视表来创建数据透视图。

第11章

一、填空题

1. 按类
2. 位置
3. 按类
4. 规划求解
5. 定义名称
6. 行列式　MINVERSE　SUMPRODUCT

二、选择题

1. C　2. B　3. D　4. C

三、操作题

1. 提示：输入相应工作表中的数据，然后在"数据"选项卡的"数据工具"组中单击"合并计算"按钮，打开"合并计算"对话框，在其中选择需合并计算的单元格区域并进行计算。

2. 提示：首先在Sheet2工作表中添加商品"毛笔"并新建Sheet4工作表，然后打开"合并计算"对话框，在其中选择需合并计算的单元格区域并进行计算。注意需选中"最左列"

复选框。

3. 提示：首先加载"规划求解"功能，然后输入数据，并明确可变单元格和目标单元格，根据方程输入对应的公式，单击"数据"选项卡中"分析"组的"规划求解"按钮，打开"规划求解参数"对话框，在其中进行计算。

4. 提示：定义两个数组的单元格区域名称，然后输入公式"=数组 A 对应的单元格区域名称+数组 B 对应的单元格区域名称"。

5. 提示：先定义矩阵名称，利用 SUMPRODUCT 函数进行计算。

第 12 章

一、填空题

1. 固定余额递减法
2. DDB
3. 年限总和折旧法
4. PMT
5. 方案管理器
6. NPER　PV　FV

二、选择题

1. A　　2. A　　3. B　　4. C　　5. D

三、操作题

1. 略。
2. 略。
3. 略。
4. 略。

第 13 章

一、填空题

1. 鼠标　键盘　自动化
2. 节约时间　节约磁盘空间
3. 禁用
4. 删除
5. 宏病毒

二、选择题

1. A　　2. C　　3. D　　4. A B C　　5. C

三、操作题

1. 提示：新建工作簿，单击"视图"选项卡，在"宏"组中单击"宏"下拉按钮，在弹出的下拉菜单中选择"录制宏"命令，在打开的对话框中按题目要求设置宏，并开始录制需要的内容。

2. 提示：在 Sheet2 工作表中按设置的宏快捷键运行宏。

3. 提示：单击"视图"选项卡，在"宏"组中单击"宏"下拉按钮，在弹出的下拉菜单中选择"查看宏"命令，打开"宏"对话框，选择需编辑的宏，单击右侧的"编辑"按钮，在打开的窗口中将相应的文本进行修改。

4. 提示：打开显示了宏对应的 VBA 语言的窗口，选择"调试→逐句式"命令，或按"F8"键。

第 14 章

一、填空题

1. 审阅

2. 共享

3. 时间　修订人　位置

4. 数据有效性

5. 另存为

6. 插入对象　获取外部数据

二、选择题

1. A B D　　2. A B C D　　3. D　　4. A B C D　　5. A B C

三、操作题

1. 提示：单击"审阅"选项卡，在"更改"组中单击"共享工作簿"按钮，打开"共享工作簿"对话框，单击"编辑"选项卡，在其中选中"允许多用户同时编辑，同时允许工作簿合并"复选框，然后单击"确定"按钮。

2. 提示：单击"审阅"选项卡，在"更改"组中单击"修订"按钮，在弹出的下拉菜单中选择"突出显示修订"命令，打开"突出显示修订"对话框，选中"修订人"复选框，在右侧的下拉列表框中选择"除我之外每个人"选项。

3. 提示：选择 D3:G24 单元格区域，打开"数据有效性"对话框的"设置"选项卡，根据题意进行设置后，单击"出错警告"选项卡，并进行相应设置。

4. 提示：单击"插入"选项卡，在"文本"组中单击"对象"按钮，在打开的对话框中插入 Word 文档。

5. 提示：输入"奖金分配表"，在其上单击鼠标右键，在弹出的快捷菜单中选择"超链接"命令，在打开的对话框中进行设置。

6. 提示：在"产品销售表"的任意空白区域输入"奖金分配表"，并在其上创建转到"奖金分配表"的超链接。

7. 提示：单击"Office"按钮，在弹出的菜单中选择"另存为"命令。打开"另存为"对话框，在"保存类型"下拉列表框中选择"网页"选项，单击"发布"按钮，打开"发布为网页"对话框，根据题意选择需发布的单元格区域，并进行其他设置。

第 15 章

一、填空题

1. 页边距

2. 页眉与页脚

3. 自定义页眉或自定义页脚
4. 打印设置

二、选择题

1. A B C D   2. A B C   3. A   4. B

三、操作题

1. 提示：单击"页面布局"选项卡，然后单击"页面设置"组右下角的按钮，打开"页面设置"对话框，根据题目进行设置。

2. 提示：单击"页面布局"选项卡，然后单击"页面设置"组右下角的按钮，打开"页面设置"对话框，单击"页边距"选项卡，根据题目进行设置。

3. 提示：打开"页面设置"对话框，单击"页眉/页脚"选项卡，在"页眉"下拉列表框中选择相应的选项。

4. 提示：打开"页面设置"对话框，单击"页眉/页脚"选项卡，单击"自定义页脚"按钮，在打开的对话框中插入题目要求的对象。

5. 提示：单击"Office"按钮，在弹出的菜单中选择"打印"命令，打开"打印内容"对话框，在其中进行设置。

第 16 章

制作思路：

1. 输入表格标题和表头，并合并标题区域，然后设置字体格式。
2. 利用拖动填充柄的方法填充编号。
3. 输入其他数据，其中相同数据可利用复制的方法提高输入效率。
4. 将单价数据设置为货币型数据。
5. 将制作的工作表保存为模板，然后新建以该模板为内容的工作表。
6. 更改新建的工作表的相关内容。
7. 利用公式"=E3+订单明细!D26*订单明细!E26"计算订单总额。
8. 选择数据创建三维柱形图。
9. 对图表进行美化。
10. 对表格进行页面设置后，将其打印出来。
11. 保存工作簿并退出 Excel 2007。